Erfolgreiches Wirtschaften mit biobasierten Kunststoff-Verbundwerkstoffen

Daniel Friedrich

Erfolgreiches Wirtschaften mit biobasierten Kunststoff-Verbundwerkstoffen

Eine Anleitung für Studium und Unternehmenspraxis

Daniel Friedrich
Neunkirchen, Deutschland

ISBN 978-3-658-47623-6   ISBN 978-3-658-47624-3 (eBook)
https://doi.org/10.1007/978-3-658-47624-3

Die Deutsche Nationalbibliothek verzeichnet diese Publikation in der Deutschen Nationalbibliografie; detaillierte bibliografische Daten sind im Internet über https://portal.dnb.de abrufbar.

© Der/die Herausgeber bzw. der/die Autor(en), exklusiv lizenziert an Springer Fachmedien Wiesbaden GmbH, ein Teil von Springer Nature 2025

Das Werk einschließlich aller seiner Teile ist urheberrechtlich geschützt. Jede Verwertung, die nicht ausdrücklich vom Urheberrechtsgesetz zugelassen ist, bedarf der vorherigen Zustimmung des Verlags. Das gilt insbesondere für Vervielfältigungen, Bearbeitungen, Übersetzungen, Mikroverfilmungen und die Einspeicherung und Verarbeitung in elektronischen Systemen.
Die Wiedergabe von allgemein beschreibenden Bezeichnungen, Marken, Unternehmensnamen etc. in diesem Werk bedeutet nicht, dass diese frei durch jede Person benutzt werden dürfen. Die Berechtigung zur Benutzung unterliegt, auch ohne gesonderten Hinweis hierzu, den Regeln des Markenrechts. Die Rechte des/der jeweiligen Zeicheninhaber*in sind zu beachten.
Der Verlag, die Autor*innen und die Herausgeber*innen gehen davon aus, dass die Angaben und Informationen in diesem Werk zum Zeitpunkt der Veröffentlichung vollständig und korrekt sind. Weder der Verlag noch die Autor*innen oder die Herausgeber*innen übernehmen, ausdrücklich oder implizit, Gewähr für den Inhalt des Werkes, etwaige Fehler oder Äußerungen. Der Verlag bleibt im Hinblick auf geografische Zuordnungen und Gebietsbezeichnungen in veröffentlichten Karten und Institutionsadressen neutral.

Springer Vieweg ist ein Imprint der eingetragenen Gesellschaft Springer Fachmedien Wiesbaden GmbH und ist ein Teil von Springer Nature.
Die Anschrift der Gesellschaft ist: Abraham-Lincoln-Str. 46, 65189 Wiesbaden, Germany

Wenn Sie dieses Produkt entsorgen, geben Sie das Papier bitte zum Recycling.

Vorwort

Kunststoff ist ein sehr effizienter Werkstoff. Unter moderaten Materialkosten lassen sich je nach Produktanwendung die gerade erforderlichen Leistungsfähigkeiten effektiv bereitstellen. Betriebswirtschaftlich ist Kunststoff daher unbestritten ein wichtiger Inputfaktor für Produzenten. Daraus resultieren die seit Jahrzehnten stetig zunehmenden Verbrauchsmengen. Leider bleibt dies nicht folgenlos für unsere Umwelt und uns Menschen. So effektiv Kunststoff in Gütern des täglichen Bedarfes seine Leistung entfaltet, so hartnäckig verbleibt es in unseren Ökosystemen. Die Konsequenzen sind vielfältig, von Müllrückständen, die uns überall in der Landschaft die Spuren unseres Konsums vergegenwärtigen, bis zu Mikroplastik, das in Ozeanen die Nahrungskette belastet. Die vermeintliche Annahme, das Plastikproblem sei durch Verbrennen aus der Welt zu schaffen, ist langfristig mit fatalen Folgen für das Weltklima verbunden. Plastik wiederzuverwerten ist effektiv, aber mit vielfältigen technischen Schwierigkeiten und persönlichem Engagement verbunden. Es scheint, dass die Vermeidung von Plastik immer noch die zuverlässigste Art der Schadensreduktion darstellt. Aber wer soll die Initiative hierfür ergreifen? Die Industrie, die die Möglichkeit besitzt, Ersatzmaterialien einzusetzen, oder Konsumenten, die Plastikprodukte meiden können? Wahrscheinlich sind beide in der Verantwortung.

Produzenten können also entscheidend zur einer Plastikwende beitragen. Dabei geht es nicht um eine Totalvermeidung, denn in vielen Anwendungen, wie in der Medizin, ist Plastik derzeit alternativlos bzw. mit unverhältnismäßig höheren Substitutionskosten verbunden. Es geht also darum, für jene Bereiche die Menge an Plastik einzuschränken, für die die Kosten der Transformation geringer wiegen als der hinzugewonnene Nutzen aus der Vermeidung. Dies sind primär diejenigen Plastikanwendungen, die am meisten zur Problematik beitragen. Ökonomisch wäre eine solche Transformation tatsächlich effizient. Substitutionstechnologien werden nämlich umso kostengünstiger und konkurrenzfähiger gegen konventionelles Plastik, je größer das Ausmaß der Transformation innerhalb der Industrie ist.

Stellt sich als Nächstes die Frage, welche Substitutionstechnologie hier ausreichend Potenzial für eine effektive Transformation bietet. Hierzu möchte dieses Buch über einen vielversprechenden Kandidaten informieren, nämlich über Holz-Kunststoff-Verbundwerkstoff, oder Wood-Plastic Composite (WPC). Dessen ökonomische Vorteile werden aus einer Vielzahl möglicher Betrachtungsperspektiven analysiert und diskutiert. Dabei macht es betriebs- und volkswirtschaftlich einen Unterscheid, ob eine Plastik-Transformation durch Massenproduzenten oder sogenannte Nischenanbieter angestrebt wird. Erstere tragen wohl am meisten zur Umweltproblematik aus Plastik bei, besitzen aber auch mehr Potenzial, den Erfolg aus einer Plastikwende spürbar herbeizuführen. Letztere stehen weniger unter Kostendruck, und ihnen sollte ein Wechsel zu teureren Substitutionsmaterialien leichter fallen. Womöglich könnten sie die Wende eher herbeiführen. Welche Gruppe überhaupt und in welcher Form die Transformation angehen sollte, und welche konkreten betriebswirtschaftlichen Erfolgstreiber den Ausschlag geben, darüber soll dieses Buch theoretisch und empirisch aufklären.

An wen richtet sich dieses Buch? Als ehemaliger Produktmanager bei zwei mittleren und großen Unternehmen der Zulieferindustrie weiß ich nur zu gut, wie wenig Zeit das Tagesgeschäft bietet, sich über neue Technologien und Verfahren zu informieren. Andererseits ist der Druck groß, die eigenen Produkte kontinuierlich weiter zu optimieren, den Bedürfnissen des Marktes zu entsprechen und gleichzeitig Gewinne zu maximieren. Allen Industriekolleginnen und Kollegen sollen die nachfolgenden Kapitel eine Inspiration sein. Die kompakten wirtschaftswissenschaftlichen Grundlagen stehen im direkten Kontext des biobasierten Kunststoff-Verbundwerkstoffes und lassen daher unmittelbare Rückschlüsse auf das eigene Wirtschaften mit solchen Substitutmaterialien im Unternehmen zu. Die Effekte aus einer betrieblichen Transformation hin zu Plastik-Substitutionstechnologien wie WPC, können daher mit den veranschaulichten Grundlagen besser eingeschätzt und zum Wohle des Unternehmens, aber auch der Gesellschaft, nutzbar gemacht werden. Während meiner anschließenden Tätigkeit als Materialtechnologe hatte ich mehrere Jahre in Forschung & Entwicklung eines Mittelständlers die Gelegenheit, Produkte und Werkstoffe zu testen und weiterzuentwickeln. Dabei ist es nicht immer selbstverständlich, die meist technischen Entscheidungen im Gesamtkontext des Unternehmens und des Marktes zu fällen. Den Impuls, künftig vermehrt biobasierte Plastik-Substitutmaterialien einzusetzen, kann genauso gut von der Entwicklungsabteilung ausgehen, und auch für jene Kolleginnen und Kollegen soll dieses Buch die entsprechenden Grundlagen schaffen. Geleitet von meiner Industrieerfahrung verknüpfe ich das Thema „biobasierte Kunststoffe" nun schon seit gut zehn Jahren mit meiner Hochschullehre. Der akademische Nachwuchs ist offen und interessiert an der Mitgestaltung der Nachhaltigkeitstransformation. Für Studierende und insbesondere jene, die ihr Studium mit einem dualen Partnerunternehmen absolvieren und dadurch unmittelbaren Praxisbezug haben, soll dieses Buch demonstrieren, dass eine tiefer gehende Kenntnis der betriebswirtschaftlichen Verflechtungen zwischen Unternehmen, Markt und Gesellschaft ein enormes Gestaltungspotenzial für derartige Transformationsprozesse bietet.

Ich wünsche Ihnen bei der Lektüre dieses Buches viele neue und weitergehende Erkenntnisse zur betrieblichen Plastik-Transformation, ein zunehmendes Interesse an und Verständnis für Wood-Plastic Composites (WPC) und den Ehrgeiz, die Plastik-Wende gemeinsam voranzubringen.

Neunkirchen, Deutschland   Daniel Friedrich

Interessenkonflikt

Der/die Autor*in hat keine für den Inhalt dieses Manuskripts relevanten Interessenkonflikte.

Inhaltsverzeichnis

1 **Wood-Plastic Composite als biobasierter Kunststoff-Verbundwerkstoff** 1
  1.1 Zusammensetzung und Eigenschaften von Wood-Plastic Composite 1
  1.2 Herstellung und Anwendung von Wood-Plastic Composite 3
  1.3 Literaturanalyse zur Einstellung des Marktes gegenüber biobasierten Kunststoffen 5
  1.4 Gewinnpotenzial aus Wood-Plastic Composites 7
  1.5 Gewinnentwicklung aus der Materialerfahrung der Konsumenten 9
  1.6 Gewinnentwicklung aus dem Gesundheitsbewusstsein der Konsumenten 10

2 **Betriebswirtschaftliche Grundlagen für biobasierte Kunststoff-Verbundwerkstoffe** 13
  2.1 Allgemeiner Begriff der Betriebswirtschaftslehre 13
  2.2 Spezielle Betriebswirtschaftslehre 13
  2.3 Elemente des Wirtschaftens 14
    2.3.1 Knappheit und ökonomisches Prinzip 14
    2.3.2 Basisaxiom der Wirtschaftswissenschaft 15
  2.4 Wirtschaften als Ergebnis von Entscheidungen 15
  2.5 Der Homo Oeconomicus als Konsument 16
    2.5.1 Grundlegende Merkmale des Käuferverhaltens 16
    2.5.2 Weitere Eigenschaften idealtypischen Kaufverhaltens 17
  2.6 Märkte als Ort des Güteraustauschs 18
  2.7 Marktformen 19
    2.7.1 Das Polypol 20
    2.7.2 Das Monopol 23
  2.8 Das „ideale" Unternehmen 24
  2.9 Wie wirtschaften Unternehmen? 26

2.10	Das Unternehmensumfeld	29
2.11	Organisation in Unternehmen	35
2.12	Managen und Leiten	40
	2.12.1 Managementfunktionen und -ebenen	40
	2.12.2 Handlungsleitende Instrumente	41
2.13	Strategie	43
2.14	Grundlagen des Planens und Entscheidens in Unternehmen	48
2.15	Wertschöpfung und Produktionstheorie	51
2.16	Kostenrechnung und Kalkulation	55
2.17	Übungen	58

3 Grundlagen des Marketings für biobasierte Kunststoff-Verbundwerkstoffe 79

3.1	Ziele und Zielerreichung im Marketing	79
3.2	Der Marketing-Zyklus	80
3.3	Der Innovationsprozess	81
3.4	Marktforschung zur Datengenerierung	82
3.5	Marketinginstrumente für den Marketing-Mix	83
3.6	Analysieren im Marketing	84
3.7	Absatzmarkt-gerichtete Maßgrößen	85
3.8	Marktsegmentierung	86
3.9	Marktpositionierung	87
3.10	Der Produktlebenszyklus	89
3.11	Produkt-politische Maßnahmen im Marketing-Mix	91
	3.11.1 Grundlagen der Produktpolitik	91
	3.11.2 Produkt- und Sortimentspolitische Basisentscheidungen	92
	3.11.3 Produktmarkierung	95
3.12	Preispolitische Maßnahmen im Marketing-Mix	95
3.13	Kommunikationspolitische Maßnahmen im Marketing-Mix	97
3.14	Distributionspolitische Maßnahmen im Marketing-Mix	98
3.15	Übungen	100

4 Wirtschaftsmathematische Grundlagen zur modelltheoretischen Plastiktransformation 117

4.1	Algebraische Grundkenntnisse	117
4.2	Reihen und Folgen	118
4.3	Funktionen in der Analysis	120
4.4	Polynom-Funktionen ersten Grades	122
4.5	Geradenfunktionen im wirtschaftlichen Kontext	124
4.6	Polynom-Funktionen zweiten Grades	128

4.7	Parabel-Funktionen im wirtschaftlichen Kontext	130
	4.7.1 Progressive Kostenentwicklungen beim Produzieren	130
	4.7.2 Degressives Nutzenempfinden im Konsum	132
	4.7.3 Degressive Umsatzentwicklung	133
	4.7.4 Degressive Gewinnentwicklung	134
4.8	Gebrochenrationale Funktionen	135
4.9	Bruch-Funktionen im wirtschaftlichen Kontext	136
4.10	Das Differenzial einer Funktion	138
	4.10.1 Bedeutung des Differenzials	138
	4.10.2 Ableitungsregeln	139
	4.10.3 Interpretation der Ableitung	142
4.11	Ableitung von Funktionen im wirtschaftlichen Kontext	143
4.12	Evidenz-basierte Forschung zu Konsumnutzen und Preisbereitschaft	145
4.13	Kostenfunktion und Grenzkosten der Produktion	146
4.14	Zusammenhang zwischen Grenznutzen und Grenzkosten im Polypol	147
4.15	Gesellschaftlich optimale Gesamtmarktmenge und Produktionsmenge des Polypolisten	149
4.16	Monopolisierung des Polypols	150
4.17	Differenzialanalyse der Gewinnmaximierung	152
4.18	Sonderfall: Gewinnmaximierung unter konstantem bzw. linearem Kostenverlauf	154
4.19	Exkurs: Effiziente Umweltschadensvermeidung bei der Produktion	156
4.20	Funktionen mit mehr als einer Variablen	157
4.21	Das Integral einer Funktion	159
	4.21.1 Bedeutung des Integrals	159
	4.21.2 Integrationsregeln	160
	4.21.3 Vom unbestimmten zum bestimmten Integral	161
4.22	Integration von Funktionen im wirtschaftlichen Kontext	164
	4.22.1 Integral zur Berechnung variabler Gesamtkosten	164
	4.22.2 Integral zur Berechnung des Umsatzes	165
	4.22.3 Polypolistischer Nettonutzen	166
4.23	Abschließende Betrachtung zur mathematischen Wirtschaftsanalyse	168
4.24	Übungen	168
5	**Investitionsmanagement zur betrieblichen Plastik-Transformation**	**265**
5.1	Ziele des Investitionsmanagements	265
5.2	Abgrenzung des Investitionsmanagements vom betrieblichen Finanzmanagement	266
5.3	Finanzmathematische Grundlagen der Investitionstheorie	267

5.4		Endvermögensbildung aus einer Zahlungsreihe	269
5.5		Investitionstheoretische Kennzahlen	270
	5.5.1	Endvermögen und Endwert	270
	5.5.2	Interpretation des Endwertes	271
	5.5.3	Vollständiger Finanzplan (VOFI) zur Berechnung des Endvermögens	272
	5.5.4	Kapitalwert des Endwertes	273
5.6		Opportunitätsentscheidungen unter Berücksichtigung der Projektlaufzeiten	274
5.7		Äquivalente Annuität für Gewinnentnahmen während der Projektlaufzeit	275
5.8		Interner Zinsfuß r für Investitionsentscheidungen	278
5.9		Leasing als Instrument für Investitionsanschaffungen	280
5.10		Investitionsanalyse im Unternehmensgesamtkontext	281
	5.10.1	Typische Investitionen der Polypolisten	281
	5.10.2	Typische Investitionen der Monopolisten	282
	5.10.3	Typische Investitionen der Mass-Customizer	283
5.11		Übungen	284

6 Literaturstudie zum Stand der Forschung über biobasierte Kunststoffe in Industrie und Markt ... 311

6.1		Studienziel und Stichprobenumfang	311
6.2		Methode	313
6.3		Ergebnisse	315
	6.3.1	Charakterisierung der Stichprobe	315
	6.3.2	Effektanalyse zwischen den Merkmalsvariablen	322
6.4		Schlussfolgern aus den Ergebnissen anhand ökonomischer Theorien	324
	6.4.1	Gossen'sches Gesetz	324
	6.4.2	Cournot'sche Gewinnmaximierung im Monopol	325
	6.4.3	3-Komponenten-Theorie über Kaufentscheidungsprozess	325
	6.4.4	SCP-Paradigma zur Beschreibung der Marktdynamik	326
6.5		Abschließendes Fazit aus der Studie	327

7 Experten-Studie zum betrieblichen Erfolgspotential aus WPC-Transformationstechnologie ... 329

7.1		Studienziel	329
7.2		Methode	330
7.3		Ergebnisse	334
	7.3.1	Charakterisierung der Stichprobe	334
	7.3.2	Einstellung gegenüber WPC als biobasierter Kunststoff	335
	7.3.3	Prädestinierte Güter für eine WPC-Transformation	336

	7.3.4	Prädestinierte Güter für eine WPC-Transformation 337
	7.3.5	Effektanalyse der Prüfvariablen 338
7.4	Empfehlungen für eine effektive Plastiktransformation mittels WPC-Substitutionstechnologie 340

Literatur 343

Inhaltsverzeichnis 347

Abkürzungsverzeichnis

a	Annuität
A	Aufwand
A	Fläche
a	Prohibitivpreis
A(x)	preisabhängige Angebotsmenge der Produzenten
abs	absolut
A_K	Anschaffungskosten
Anz	Anzahl
A_P	Andienungspreis
B2B	Business to Business
B2C	Business to Consumer
BEO	Bedingung erster Ordnung
Biobas	biobasiert
BioPlastik	Kunststoff aus reiner Biomasse raffiniert
BioWPC	WPC mit Kunststoffmatrix aus BioPlastik
C	Integrand
C	Kontoendstand
cost	konstant
D	Definitionsbereich
DLK	Durchschnittskosten
E	Erlöse bzw. Umsätze
e_0	Investitionsanfangsauszahlung
e^A	äquivalente Annuität
EK	Einzelkosten
eq	äquivalent
EV	Endvermögen
EW	Endwert
EZB	Europäische Zentralbank
f	Funktion
F	Stammfunktion
F+E	Forschung und Entwicklung

FR	Faktorregel
Ftg	Fertigung
G	Gewinn
GE	Grenzerlös
GK	Gemeinkosten
GK	Grenzkosten
GN	Grenznutzen
h	Skalenfaktor
HK	Holz-Kunststoff
HoKu	Holz-Kunststoff
i	Rang, Nummer
i	Zinssatz
K	Kapitalmenge
K, k	Kosten
K_0	Anfangskapital
kg	Kilogramm
KR	Konstantenregel
KW	Kapitalwert
L	Arbeitsmenge
L	Leasingrate
LOG	Logarithmus
M	Markt
M	Merkmal
m	Steigungsverhältnis
Mat	Material
max	maximal
min	minimal
Mio	Millionen
n	Gesamtzahl
NB	Nebenbedingung
P(x)	mengenabhängige Preisbereitschaft des Marktes
PE	Polyethylen
PetroPlastik	Kunststoff aus Erdöl raffiniert
PetroWPC	WPC mit petrochemischer Kunststoff-Matrix
PHA	Polyhydroxyalkanoate
PLA	Polylactide
Plas	Plastik
PP	Polypropylen
PR	Produktregel
PV	Produktvariante

PVC	Polyvinylchlorid
Q	Qualität
q	Verzinsungsfaktor
QR	Quotientenregel
quadr	quadratisch
R	interner Zinsfuß
R	Korrelationskoeffizient
R	Menge aller reellen Zahlen
r	Radius
RBF	Rentenbarwertfaktor
RBV	Resource-Based-View
rel	relativ
S	Scheitel
SCP	Structure-Conduct-Performance
SG	Stück-Gewinn
SGE	strategische Geschäftseinheit
SK	Schadenskosten
SP	Standardprodukt
SR	Summenregel
Stk	Stück
SWOT	Strengths, Weaknesses, Opportunities, Threats
T	Anzahl der Peioden
t	Perioden-Nummer
TK	Transformationskosten
to	Tonnen
TPB	Theorie des geplanten Verhaltens
U	Umsatz
U	Unternehmen
V	Marktvolumen
Var	Variable
Vertr	Vertrieb
Verw	Verwaltung
VK	Vermeidungskosten
VK	Vollkunststoff
VOFI	Vollständiger Finanzplan
Vollk	Volkunstsoff
WPC	Wood-Plastic Composite
WTP	Willingness-to-Pay bzw. Zahlungsbereitschaft
X	Produktions-, Output- bzw. Angebotsmenge
y	Funktionswert
Z	Zinsertrag

ZB	Zahnbürste
Δ	Differenzbetrag, Zuwachs
ε	Preiselastizität
μ	Proportionalitätsfaktor
ϕ	Anteil
Σ	Summe
∞	Unendlich

INDIZIERUNGEN

Asym	Asymptote
f	fix
Ges	Gesellschaft
I	Investition
L	Leasing
mon	im Monopol
net	netto
opt	optimal
pol	im Polypol
progress	progressiv
red	reduziert
SK	Schadenskosten
U	Unterlassungsalternative
v	variabel
x	verknüpft mit

Abbildungsverzeichnis

Abb. 1.1	WPC-Compound (**a**) und mikroskopische Aufnahme zum Holz-Kunststoff Verbund (**b**)	2
Abb. 1.2	WPC besitzt Holzinhaltsstoffe (**a**) und chemische Zusätze (**b**)	2
Abb. 1.3	WPC kann mit petrochemischer Kunststoffmatrix (links) oder einer Matrix aus mit Biopolymeren (rechts) bestehen	3
Abb. 1.4	WPC nach Verlassen der Extruderdüse (**a**), Kalibriereinrichtung mit Wasserbad zum Herunterkühlen des WPC-Profils (**b**) und fertiges Fassadenprofil (**c**)	4
Abb. 1.5	Extrudierte WPC-Hohlkammerprofile bzw. heißgepresste WPC-Tafeln (**a**) und co-exdrudierte bzw. gebürstete Oberflächen (**b**)	4
Abb. 1.6	WPC-Terrassendielen (**a**) und Fassadenpaneelen (**b**) als heutige Hauptprodukte in der Bauindustrie	4
Abb. 1.7	Spritzguss-WPC-Bodenfliesen (**a**) und WPC-Haushaltsprodukte (**b**)	5
Abb. 1.8	Ob ein Gut gekauft wird, hängt von drei Komponenten des Kaufenden ab	10
Abb. 2.1	In Märkten wirtschaftlich aktive Gruppen	14
Abb. 2.2	Die Marktdynamik ergibt sich als Wechselwirkung zwischen der Marktstruktur und dem Kaufverhalten, was dann das Marktergebnis bestimmt	18
Abb. 2.3	Marktformen	20
Abb. 2.4	Polypolistisches Marktmodell aus Angebots- und Nachfragekurve	21
Abb. 2.5	Allokationseffekte aus der Transformation von Kunststoffgütern zu mehr Biobasiertheit	22
Abb. 2.6	Preissetzung im Monopol	24
Abb. 2.7	Betrieblicher Prozess der Gütererstellung aus Inputfaktoren	25
Abb. 2.8	Einteilung der Produktionsfaktoren	26
Abb. 2.9	Funktionsmodell des idealtypischen Unternehmens und Einbettung in Märkte	27
Abb. 2.10	Konstante, sinkende und steigende Skalenerträge	28
Abb. 2.11	Stakeholder-Gruppen im Unternehmensumfeld	30
Abb. 2.12	Markt- und Ressourcen-orientierte Umfeldanalyse	34

Abb. 2.13	Organigramm für ein Einliniensystem mit Stabstelle (a) und für ein Mehrliniensystem mit Stabstelle (b)	37
Abb. 2.14	Eindimensional funktionale Organisation (a), eindimensional divisionale Organisation (b)	38
Abb. 2.15	Mehrdimensionale Organisationsstruktur nach Objekten	39
Abb. 2.16	Strategietypen und ihr Beitrag zur beabsichtigten Strategie	44
Abb. 2.17	Konzept der Strategiefindung im Unternehmen	44
Abb. 2.18	Marktanteils-/Marktwachstums-Portfolio. (Boston Consulting Group – BCG)	46
Abb. 2.19	SCP-Paradigma zur Beschreibung der Marktdynamik	50
Abb. 2.20	Unternehmens-ressourcen als Erfolgstreiber	50
Abb. 2.21	Zwei Wertketten horizontal miteinander verknüpft und dreimal von extern ergänzt	51
Abb. 2.22	Einteilung der Produktionsfaktoren	52
Abb. 2.23	Erzeugnisarten	52
Abb. 2.24	Lineare Erzzeugnisstruktur mehrstufiger Einproduktfertigung (a) und vernetzte Erzeugnisstruktur mehrstufiger Einproduktfertigung (b)	53
Abb. 2.25	WPC-Einzeldielen in einstufiger Einproduktfertigung (a) und WPC 1m^2-Fertigterrasse aus Dielen mittels Befestigungsclips auf Unterkonstruktion in mehrstufiger Einzelfertigung vormontiert (b)	54
Abb. 2.26	Nachfrageabhängige Produktionstypen	54
Abb. 2.27	Kalkulationsverfahren gemäß Produktionstypen	55
Abb. 2.28	Rechenschema der einstufigen (a) und der zweistufige Divisionskalkulation (b)	55
Abb. 2.29	Rechenschema Zuschlagskalkulation	57
Abb. 3.1	Verkaufsprozess durch das Marketing	80
Abb. 3.2	Marktanteile verschiedener Anbieter A bis D	86
Abb. 3.3	Positionierungsanalyse mit Benchmark-Produkt und Alternativanbieter am Beispiel WPC-Terrassen	88
Abb. 3.4	Produktlebenszyklus mit Umsatz- und Gewinnentwicklung	90
Abb. 3.5	Siegel der Qualitätsgemeinschaft Holzwerkstoffe e. V. für WPC-Terrassendielen	95
Abb. 3.6	Dimensionen des Absatzkanalsystems	99
Abb. 3.7	Plastikbüroabfalleimer und Drehstuhlelement	102
Abb. 3.8	Biobasierte Kunststoff-Küchenvorratsdose (www.kochexperte.com)	104
Abb. 3.9	Biobasierte Trinkflasche	105
Abb. 3.10	Bürodreh-stuhlelement	107
Abb. 3.11	Biobasiertes Kunststoff-Smartphone-Case. (www.pelacase.com)	109
Abb. 3.12	BCG-Portfolien	110
Abb. 3.13	WPC-Fassade (www.upm.com)	113
Abb. 4.1	Grafische Entwicklung von Umsätzen über $n = 8$ Perioden	120
Abb. 4.2	Markante Punkte im Graphen einer Polynom-Funktion	121

Abb. 4.3	Polynom-Funktion 1. Grades	122
Abb. 4.4	Vertikale und horizontale Addition von Geradengleichungen	123
Abb. 4.5	Schnittpunktbe-stimmung von Geradengleichungen	124
Abb. 4.6	Primär- und Sekundärachse unterschiedlicher Skalierung (a) und lineare Gesamt- und Fixkostenfunktion (b)	125
Abb. 4.7	Langfristiger progressiver oder degressiver Gesamtkostenverlauf, Entwicklungspfad und kurzfristige Geradenapproximation	126
Abb. 4.8	Vertikale Addition von Einzelkostenverläufen (a), mengenunabhängigen bzw. –abhängigen Kostenverläufe (b)	126
Abb. 4.9	Ökonomische Bedeutung der Geradensteigung bei der Preisfunktion $P(x)$	127
Abb. 4.10	Horizontale Aggregation von Preis-Mengen-Einzelfunktionen zu einer Gesamtmarktfunktion	128
Abb. 4.11	Binomische Formeln (a), Parabelverläufe (b) und Verlaufsformen (c)	129
Abb. 4.12	Bestimmung der Parabelgleichung aus Scheitelkoordinaten (a) und Ellipsengleichung (b)	130
Abb. 4.13	Mittelfristig parabelförmige Gesamtkosten (a) und Kostenaggregation (b)	131
Abb. 4.14	Degressiver Nutzenverlauf im Konsum von Gütern (a) und Darstellung als Ellipsenfunktion (b)	132
Abb. 4.15	Abhängigkeit des Umsatzverlaufs vom Prohibitivpreis (a) und von der Steigung der Preisgeraden (b)	133
Abb. 4.16	Grafische Bestimmung des Gewinns (a) und Relation der Gewinnkurve zu Umsatz- und Kostenverläufen (b)	134
Abb. 4.17	Gebrochenrationale Funktion mit nur einer vertikalen Asymptote	135
Abb. 4.18	Gebrochenrationale Funktion mit zwei vertikalen Asymptoten	136
Abb. 4.19	Durchschnittskosten-verläufe aus linearen und progressiven Gesamtkostenfunktionen verlaufen asymptotisch	137
Abb. 4.20	Die Steigung eines Funktionsgraphen ist die für Δx gegen 0 angenäherte Sehnenneigung	138
Abb. 4.21	h_i ist die innere Funktion ihrer äußeren Funktion g_i, wobei Letztere dann zur inneren Funktion ihrer äußeren Funktion g_a wird	141
Abb. 4.22	Zusammenhang zwischen Ursprungsfunktion und ihrer 1. und 2. Ableitung	142
Abb. 4.23	Die erste Ableitung der Nutzenfunktion ist die Preisfunktion	144
Abb. 4.24	Empirische Ermittlung der $P(x)$-Funktion für eine WPC-Handyschale mittels Umfragetechnik	146
Abb. 4.25	Gesamtkostenverlauf mit Grenzkosten unter linearer (a) und progressiver Entwicklung (b)	147
Abb. 4.26	Zusammenhang zwischen Nutzen- und Gesamtkostenfunktion (a, b) und gesellschaftlicher Gewinn (c)	148
Abb. 4.27	Optimale Produktionsmenge des Einzelproduzenten und des gesamten Marktes im Vergleich	150

Abb. 4.28	Effekte aus der Monopolisierung des Polypols auf die Menge und den Preis	151
Abb. 4.29	Zusammenhang zwischen monopolistischer und polypolistischer Effizienz	153
Abb. 4.30	Grafische Gewinnanalyse unter konstanten (b) und linearen Kostenverläufen (c) im Monopol	155
Abb. 4.31	Effiziente Vermeidung von Umweltschadenskosten aus Produktionstätigkeit	156
Abb. 4.32	Möglichen Kombinationen zweier Produktionsinputmengen x_1; x_2 für jeweils gleiche Gewinnmenge $G(x_1; x_2)$	158
Abb. 4.33	Das unbestimmte Integral bildet den Flächeninhalt der Funktion mit der x-Achse ab	159
Abb. 4.34	Das Hinzufügen von Integrationsgrenzen macht das Integral bestimmt	161
Abb. 4.35	Beispiel zur Berechnung des bestimmten Integrals	162
Abb. 4.36	Das Integral kann eine negative Fläche umfassen (a) oder segmentierte Teilflächen unterschiedlichen Vorzeichens (b)	162
Abb. 4.37	Das Integral kann auch für die Berechnung der eingeschlossenen Fläche zwischen zwei Graphen verwendet werden	163
Abb. 4.38	Variable Gesamtkosten als Integral konstanter (a) oder mit der Menge wachsender variabler Stückkosten (b)	164
Abb. 4.39	Umsatz als Integral konstanter (a) oder mit der Menge fallender Preise (b)	165
Abb. 4.40	Nettokonsumnutzen als Integral aus Preis- und Grenzkostenfunktion	167
Abb. 4.41	Funktionsgraph vom Typ x^2	173
Abb. 4.42	Gesamtkosten-verlauf Transportboxen aus Vollplastik oder biobasiertem Plastik	179
Abb. 4.43	Plastik-Teller aus biobasiertem Holz-Kunststoff-Verbundwerkstoff. (Quelle: Toghyani et al. 2017, Composite Structures 180: 845–852)	182
Abb. 4.44	Preis-Geraden der Plastikteller aus Vollkunststoff bzw. Holz-Kunststoff	183
Abb. 4.45	Der Graph der Parabel-Funktion $\frac{3}{2}x^2 + 6x + 5$ mit Scheitelkoordinate und Nullstellen	185
Abb. 4.46	Der Graph der Parabel-Funktion $-\frac{1}{3}x^2 + 2x - 6$ mit Scheitelkoordinate und Nullstellen	186
Abb. 4.47	Der Graph der Parabel-Funktion $\frac{3}{2}X^2 - \frac{3}{2}X + \frac{19}{8}$ mit Scheitelkoordinate und Nullstellen	186
Abb. 4.48	Brillengestellte aus Vollkunststoff (a), Holz-Kunststoff (b) und Vollholz (c)	189
Abb. 4.49	Verlauf der Nutzenzuwächse der Brillengestell-Varianten aus Konsumentensicht	191
Abb. 4.50	Holz-Kunststoff-Obstschale	192

Abb. 4.51	Verlauf der Zustimmungsgrade über dem Holzanteil in WPC und Bestimmung des Maximums	194
Abb. 4.52	Verlauf der Zustimmungsgrade über dem Holzanteil in WPC und Bestimmung der Nullstellen	194
Abb. 4.53	Bestandteile eines Joghurtbechers	195
Abb. 4.54	Nutzenverlauf aus Joghurt-Konsum und einhergehender Aufwand aus Entsorgung der Joghurtbecher	196
Abb. 4.55	Handy-Schale aus Holz-Kunststoff-Verbundwerkstoff	198
Abb. 4.56	Der Verlauf der Gewinnfunktion zeigt Nullstellen und ein Maximum	199
Abb. 4.57	Erlös- und Kostenentwicklung eines Gutes	200
Abb. 4.58	Gewinnentwicklung eines Gutes	201
Abb. 4.59	Blumenkübel aus Holz-Kunststoff	203
Abb. 4.60	Verlauf der Stückkosten-Funktion $y = K_A(x) = (x-2)^2$ über der Menge x	204
Abb. 4.61	Verlauf der Stückkosten-Funktion $y = K_B(x) = \frac{x^2 - 2x + 1}{x-1}$ über der Menge x	205
Abb. 4.62	Verlauf der Stückkosten-Funktion $y = K_C(x) = \frac{2(x^2 - 9)}{x+3}$ über der Menge x	205
Abb. 4.63	Verlauf der Stück- bzw. Durchschnittskosten-funktion mit eindeutigem Minimum	206
Abb. 4.64	Verlauf der Stück- bzw. Durchschnittskosten-funktion mit Produktionsoptimum	207
Abb. 4.65	Kurvenverlauf der Funktion $y = 2x^2 - x + 2$	211
Abb. 4.66	Kurvenverlauf der Funktion $y = -\frac{1}{2}x + 5$	212
Abb. 4.67	Kurvenverlauf der Funktion $y = x$	212
Abb. 4.68	Kurvenverlauf der Funktion $y = \frac{1}{x}$	213
Abb. 4.69	Kurvenverlauf der Funktion $y = -\frac{1}{2}x^2 + 3x - 4$	213
Abb. 4.70	Kurvenverlauf der Funktion $y = 2(x-3)^2 + 5$	213
Abb. 4.71	Kurvenverlauf der Funktion $y(x) = x^2 - 6x + 5$	214
Abb. 4.72	Kurvenverlauf der Funktion $y(x) = -1 + 2x - 0{,}5x^2$	214
Abb. 4.73	Kurvenverlauf der Funktion $y(x) = \frac{2}{3}x - \frac{1}{2}x^2$	214
Abb. 4.74	Kurvenverlauf der Funktion $y(x) = 2x^3 - 3x^2$	215
Abb. 4.75	Holz-Kunststoff-Materialmischung aus Plastik und Holzfasern	215
Abb. 4.76	Zahnbürste aus Plastik (Plas), Holz-Kunststoff (HoKu) und Holz (Holz)	217
Abb. 4.77	Ermittlung der Nutzenkurve der Holz-Kunststoff-Zahnbürste über das Ersatz-Parabel-Verfahren	218
Abb. 4.78	Holz-Kunststoff-Textmarker	220
Abb. 4.79	Empirisch ermittelte Preis-Absatz-Kurve	221
Abb. 4.80	Plastik-(Plas)-Schraubverschluss (**a**) und Holz-Kunststoff-(HoKu)-Schraubverschluss (**b**)	224
Abb. 4.81	Zusammenhang zwischen Preis- und Nutzenverlauf des Holz-Kunststoff-(HoKu)-Schraubverschlusses	226

Abb. 4.82	Einfluss der variablen Kosten auf das Betriebsoptimum	228
Abb. 4.83	Plastik-Gartenstuhl als mögliches Umstellungs-objekt für Holz-Kunststoff	230
Abb. 4.84	Der Holz-Kunststoff-Gartenstuhl könnte den Massenmarkt für Plastikstühle monopolisieren	231
Abb. 4.85	Fahrradhelm als mögliches Umstellungsobjekt für Holz-Kunststoff	233
Abb. 4.86	Umstellung der Fahrradhelmproduktion auf Holz-Kunststoff verändert den Grenzkosten-Verlauf	234
Abb. 4.87	Effekt aus der Holz-Kunststoff-Umstellung auf den Gewinn	235
Abb. 4.88	Plastikknöpfe als mögliches Umstellungsobjekt für Holz-Kunststoff	238
Abb. 4.89	Minimale Transaktionskosten der Plastikumstellung	239
Abb. 4.90	Minimale Transaktionskosten der Plastikumstellung	240
Abb. 4.91	Bivariate Gewinnentwicklung eines Zweiprodukt-Unternehmens	240
Abb. 4.92	Plastik-Gartenstuhl als mögliches Umstellungs-objekt für Holz-Kunststoff	242
Abb. 4.93	Kaffee-To-go-Becher als mögliches Umstellungsobjekt für Holz-Kunststoff	243
Abb. 4.94	Konsumgesamt-nutzen aus Kaffee-To-go-Bechern aus Vollkunststoff (Plast) und Holz-Kunststoff (HoKu)	243
Abb. 4.95	Lohn- und Kapital-intensive Holz-Kunststoff-Produktion	244
Abb. 4.96	Änderung der gewinnmaximalen Arbeitseinsatzmenge L^{opt} bei Zunahme des Lohn- und Kapitalaufwandes	246
Abb. 4.97	Änderung der gewinnmaximalen Kapitaleinsatzmenge K^{opt} bei Zunahme des Lohn- und Kapitalaufwandes	247
Abb. 4.98	Kunststoff-Tray als mögliches Umstellungsobjekt für Holz-Kunststoff	254
Abb. 4.99	Polypol-Menge x^{opt} an Trays (a) und reduzierte Menge x_{red} nach Umstellung auf Holz-Kunststoff (b)	255
Abb. 4.100	Kunststoff-Tray auf Holz-Kunststoff umgestellt	256
Abb. 4.101	Mengensteigerung transformierter Kunststoff-Produkte infolge höherer Preisbereitschaften	257
Abb. 5.1	Per Zahlenstrahl abgebildete Zahlungsreihe mit periodischen Ein- und Auszahlungssalden des Investitionsprojektes	268
Abb. 5.2	Verlauf des Kapitalwertes einer Zahlungsreihe	279
Abb. 5.3	Polypolisten versuchen, ihre Durchschnittskosten minimal zu halten	281
Abb. 5.4	Monopolisten schöpfen hohe Preisbereitschaft ab unter kleinem Angebot	283
Abb. 5.5	Kapitalwertverlauf in Abhängigkeit des Zinses i	289
Abb. 6.1	Verteilung der Stichprobe aus 100 wissenschaftlichen Publikationen nach Erscheinungsjahr	313

Abb. 6.2	Deskriptive Ergebnisdarstellung der (a) Merkmale 2 „Transformationsgründe" und (b) 3 „Art des biobasierten Kunststoffes"	315
Abb. 6.3	Deskriptive Ergebnisdarstellung der (a) Merkmale 4 „Fokus im Lebenszyklus" und (b) 5 „Produkte versus Verpackung"	316
Abb. 6.4	Deskriptive Ergebnisdarstellung der (a) Merkmale 6 „vorhandene Testobjekte zur Einstellungsmessung" und (b) 7 „Produktkategorien für Testobjekte"	316
Abb. 6.5	Deskriptive Ergebnisdarstellung der (a) Merkmale 8 „Experten-versus–Konsumenten-Studie" und (b) 9 „Interview-versus-Umfrage-Studie"	317
Abb. 6.6	Deskriptive Ergebnisdarstellung der (a) Merkmale 10 „Bezug zu Lebensmittelsegment" und (b) 11 „Preisbereitschaft"	318
Abb. 6.7	Deskriptive Ergebnisdarstellung der (a) Merkmale 12 „Personenmerkmale" und (b) 13 „Involvement"	318
Abb. 6.8	Deskriptive Ergebnisdarstellung des Merkmals 14 „Monopol versus Polypol"	319
Abb. 6.9	Deskriptive Ergebnisdarstellung des Merkmals 15 „Hürden der Plastiktransformation"	320
Abb. 6.10	Deskriptive Ergebnisdarstellung des Merkmals 16 „vorgeschlagene Testobjekte künftiger Studien"	321
Abb. 7.1	Leitfragen für das Interview-Protokoll	331
Abb. 7.2	Anteile der Funktionsbereiche in der Stichprobe	334
Abb. 7.3	Bedeutung von Produkten, Verpackungen und des Zielmaterials für die vertretenen Unternehmen	334
Abb. 7.4	Anteil monopolistischer oder polypolistischer Marktformen in der Stichprobe	335
Abb. 7.5	Wertschätzung von WPC als Substitutionstechnologie (a) und Gründe hierzu (b)	335
Abb. 7.6	Was konkret mit WPC zu welchem maximalen Biobasiertheitsgrad umgestellt werden sollte	336
Abb. 7.7	Maßnahmen zur Steigerung der Außenwahrnehmung der betrieblichen Plastik-Transformation	337
Abb. 7.8	Effekte auf die Kompetenzwahrnehmung aus der Plastik-Transformation im Unternehmen	338

Tabellenverzeichnis

Tab. 1.1	Bezeichnung der unterschiedlichen Ausgestaltungsformen von WPC aus reinem Petro- bzw. Bioplastik	3
Tab. 1.2	Kostenvergleich für petro- und biobasierte Kunststoffe und Holzinhaltsstoffe von WPC	8
Tab. 2.1	Klassifikation des Kostenbegriffes am Beispiel $K(x) = ax^2 + b$	27
Tab. 2.2	Kostenvergleich für petro- und biobasierte Kunststoffe und Holzbestandteile von WPC	29
Tab. 3.1	Stufen des Innovationsprozesses und die Rolle des Marketings	82
Tab. 3.2	SWOT-Matrix zur Ableitung von Teilzielen	84
Tab. 3.3	Produktklassifizierung nach Holbrook und Howard gemäß Involvement, Kaufaufwand und Erfahrungsgrad	92
Tab. 3.4	SWOT-Analyse zu Biokunststoff-basiertem Büro-Equipment	103
Tab. 3.5	Absatzmarkt-bezogene Analyse	105
Tab. 4.1	Regeln zur Potenz- und Wurzelrechnung	118
Tab. 4.2	Umsatzreihe	119
Tab. 4.3	Ableitungsregeln	140
Tab. 5.1	VOFI-Schema für eigenfinanzierte, kreditfinanzierte Projektalternativen und der Unterlassungsalternative	272
Tab. 5.2	Rentenbarwertfaktor RBF(T;i) in Abhängigkeit der Periodenzahl T und Zinssatz i	276
Tab. 5.3	VOFI für kreditfinanzierte Projektalternative gemäß Zahlenbeispiel	280
Tab. 6.1	Kontextfaktoren des Merkmalskatalogs und deren Codierung zur Auswertung der Literaturquellen	312
Tab. 6.2	Korrelationsmatrix mit Effektstärke, Signifikanzniveau ($\leq 0{,}05$) und Anzahl der Items	323
Tab. 6.3	Nomologische Aussagen aus der Korrelationsmatrix	324
Tab. 7.1	Leitfragen im Interview und Zuordnung der Variablen-Nummer	333
Tab. 7.2	Korrelationsmatrix mit Effektstärke, Signifikanzniveau und Anzahl der Items	339

Wood-Plastic Composite als biobasierter Kunststoff-Verbundwerkstoff

1

1.1 Zusammensetzung und Eigenschaften von Wood-Plastic Composite

Wood-Plastic Composite (WPC) ist ein Verbund-Werkstoff aus Holzfasern, die in eine Kunststoff-Matrix eingebettet werden. Die Matrix besteht typischerweise aus thermoplastischen Kunststoffen wie Polyvinylchlorid (PVC), Polypropylen (PP) und Polyethylen (PE). Die Mischung aus Holzfasern und Kunststoff wird als **Compound** bezeichnet (Abb. 1.1a). Darin enthalten sind sogenannte Haftvermittler, die den Verbund zwischen Holzfaser und Kunststoff gewährleisten. In der Regel können bis zu 70 Volumenprozent Holzfasern verwendet werden, wobei die Fasern ein maximales Dicken-Längen-Verhältnis von 1:50 aufweisen können (Abb. 1.1b). Anstatt Fasern kann auch Holzstaub zu Anwendung kommen. Fasern jedoch verleihen dem Kunststoff eine höhere Belastbarkeit im Vergleich zu reinem Kunststoff, und sie sind ein kosteneffizienter Werkstoff, den die Holz-verarbeitende Industrie meist als Abfall- oder Nebenprodukt anbietet.

WPC, oder auf Deutsch ***„Holz-Kunststoff-Verbundwerkstoff"***, ist aufgrund seines Biomassegehalts feuchteempfindlich, und der Kunststoff selbst ist lichtsensibel. UV-Strahlen spalten die langen Polymerketten im Kunststoff, wodurch das Material im Laufe der Jahre heller und spröder wird. Daher muss WPC für den Einsatz im Freien optimiert werden. Dies kann durch Zugabe von UV-Stabilisierern und Additiven (Abb. 1.2) oder durch Aufspritzen einer dünnen, schützenden PVC-Schicht auf die Oberfläche erfolgen. Allerdings erhöhen solche Maßnahmen die Kosten des Werkstoffes. WPC besitzt durchschnittliche Biegefestigkeiten von etwa 30 N/mm^2. Es wird bei Temperaturen über 105 °C plastisch verformbar und bei über 170 °C viskos. Die Wasseraufnahme nach 30 Tagen Wasserlagerung beträgt durchschnittlich 18 % des Trockengewichts. WPC mit PP- und

© Der/die Autor(en), exklusiv lizenziert an Springer Fachmedien
Wiesbaden GmbH, ein Teil von Springer Nature 2025
D. Friedrich, *Erfolgreiches Wirtschaften mit biobasierten Kunststoff-Verbundwerkstoffen*, https://doi.org/10.1007/978-3-658-47624-3_1

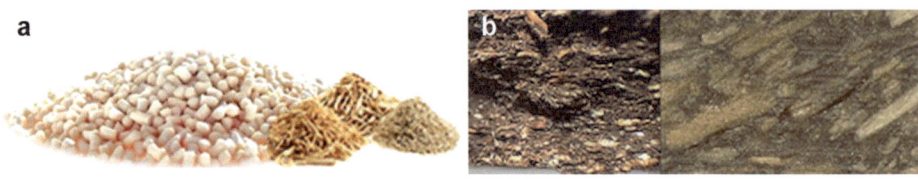

Abb. 1.1 WPC-Compound (**a**) und mikroskopische Aufnahme zum Holz-Kunststoff Verbund (**b**)

Wood-Plastic Composites (WPC):

Fossil-basierte thermoplastische Kunststoffe (PP, PE, PVC)

+ Holz/Gras-Faser (Fichte, Ahorn, Bambus, Gras, Reishülsen, Hanf, Flachs, etc.)

+ Additive

+ Haftvermittler

+ Stabilisierer

= WPC

Abb. 1.2 WPC besitzt Holzinhaltsstoffe (**a**) und chemische Zusätze (**b**)

PE-Matrix gilt als normal entflammbar, während WPC mit PVC-Matrix eine verbesserte Brandschutzklasse, nämlich schwer entflammbar, aufweist.

Grundsätzlich können anstatt petrochemischer Kunststoffe auch Biopolymere, sprich ***Bioplastik***, verwendet werden (Abb. 1.3). Diese sind in den Eigenschaften sehr ähnlich und lassen sich unter der gleichen Technologie mit Holzinhaltsstoffen ausstatten. Egal ob WPC mit Erdöl-basierten oder reinen Biopolymeren hergestellt wird, in beiden Fällen spricht man von einem biobasierten Kunststoff-Verbundwerkstoff. Dennoch ergibt eine Unterscheidung hinsichtlich der Art der Kunststoff-Matrix Sinn, denn wird petrochemisches Plastik verwendet, ist WPC über den Restmüll zu entsorgen, andernfalls kann es, zumindest theoretisch, biologisch abgebaut werden. Für einen einheitlichen Sprachgebrauch soll Tab. 1.1 die möglichen Zusammensetzungen für WPC mit hälftigem Biomasse-Anteil verdeutlichen. Ausgangspunkt ist zunächst reines ***Petroplastik*** (100 %), in das dann 50 % Holzbestandteile eingebettet werden können und es zu ***PetroWPC*** macht. Genauso gut lässt sich ***BioWPC*** erzeugen, indem reine Biopolymere (100 %) mit 50 % Holzanteile ausstatten werden.

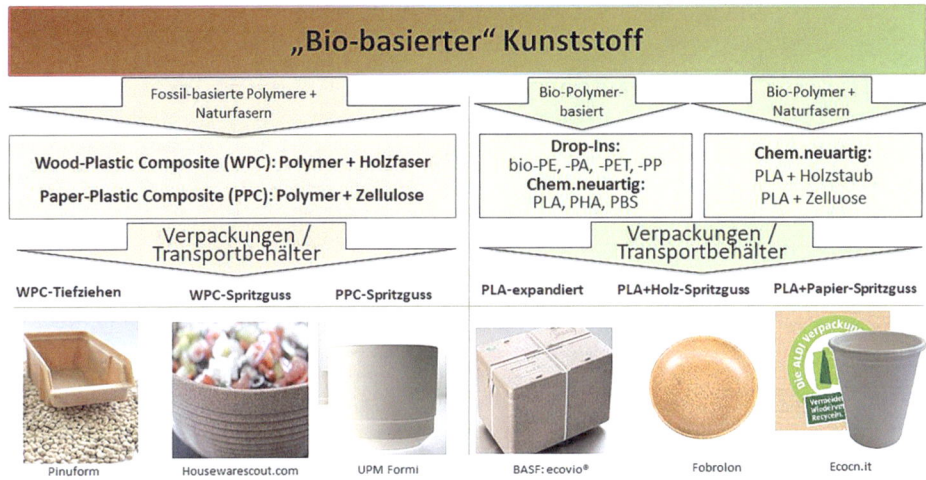

Abb. 1.3 WPC kann mit petrochemischer Kunststoffmatrix (links) oder einer Matrix aus mit Biopolymeren (rechts) bestehen

Tab. 1.1 Bezeichnung der unterschiedlichen Ausgestaltungsformen von WPC aus reinem Petro- bzw. Bioplastik

Kurzbezeichnung	Petroplastik	Bioplastik	Holzinhalt
Petroplastik	100 %	0 %	0 %
PetroWPC	50 %	0 %	50 %
Bioplastik	0 %	100 %	0 %
BioWPC	0 %	50 %	50 %

1.2 Herstellung und Anwendung von Wood-Plastic Composite

Die Herstellung von WPC erfolgt meist durch Extrusion. Hierbei wird das Compound mittels gegenläufiger **Extruderschnecken** zermahlen und erhitzt, bevor es durch eine Düse gepresst wird. Dies ermöglicht die kontinuierliche Produktion von linearen, eindimensionalen Leisten (Abb. 1.4). Alternativ kann WPC auch mittels Spritzgusstechnik in Form gebracht werden, bei der das erhitzte Compound in eine geschlossene Form gepresst wird, schnell abkühlt und als dreidimensionales Objekt entnommen wird. Schließlich kann das Compound auch in einer Heißpresse zu Tafeln gepresst werden (Abb. 1.5a).

WPC wurde Anfang der 2000er-Jahre in Form von Terrassendielen (Abb. 1.6a) in großen Mengen angeboten, als nachhaltige Alternative zu tropischem Hartholz. Seither hat WPC im Bauwesen weite Anwendung gefunden, beispielsweise in Fassadenpaneelen (Abb. 1.6b), die aus dem gleichen Compound mit derselben **Extrusionslinie**, jedoch mit anderen **Extrusionswerkzeugen** hergestellt werden. Im Co-Extrusionsverfahren können den Terrassen- und Fassadenprofilen zusätzlich eine PVC-Schicht aufgespritzt und mit

Abb. 1.4 WPC nach Verlassen der Extruderdüse (**a**), Kalibriereinrichtung mit Wasserbad zum Herunterkühlen des WPC-Profils (**b**) und fertiges Fassadenprofil (**c**)

Abb. 1.5 Extrudierte WPC-Hohlkammerprofile bzw. heißgepresste WPC-Tafeln (**a**) und co-exdrudierte bzw. gebürstete Oberflächen (**b**)

Abb. 1.6 WPC-Terrassendielen (**a**) und Fassadenpaneelen (**b**) als heutige Hauptprodukte in der Bauindustrie

Abb. 1.7 Spritzguss-WPC-Bodenfliesen (**a**) und WPC-Haushaltsprodukte (**b**)

einer Struktur versehen werden, um ihnen ein holzähnliches Aussehen zu verleihen. Alternativ raut man die Oberfläche von WPC-Terrassendielen mit einer Drahtbürste auf, was ebenso ein Holz-ähnliches Aussehen erzeugt (Abb. 1.5b). Im Spritzgussverfahren werden Zubehörteile, wie Verbindungsclips oder Endkappen, für die linearen Profile hergestellt. Zudem gibt es mittlerweile auch WPC-Bodenfliesen als reine Spritzgussprodukte (Abb. 1.7a). Neben Bauanwendungen bietet der Handel auch innovative WPC-Produkte an, wie Camping-Essbesteck, To-go-Becher und Kindersandspielzeug (Abb. 1.7b).

1.3 Literaturanalyse zur Einstellung des Marktes gegenüber biobasierten Kunststoffen

2022 betrug die weltweite Menge an Petroplastik 400 Mio. t, wovon 40 % auf Verpackungen fielen (PlasticsEurope 2024). Das größte Problem dabei ist die kurzzeitige Nutzung und Entsorgung direkt nach dem Gebrauch. Dies führt zu steigenden Umweltschäden, trägt zur globalen Erwärmung bei, verschwendet knappe Ressourcen und Energie und versauert die Böden. 75 % der Konsumenten sehen eine Lösung in grünen Verpackungen (Hao et al. 2019). Solche Materialien können teilweise oder vollständig aus primärer oder sekundärer Biomasse raffiniert werden. Werden Biopolymere gesammelt und behandelt, sind manche von ihnen sogar kompostierbar. Der Anteil reiner Biopolymere am gesamten Plastik beträgt aber nur 2 % (Aeschelmann et al. 2017). Von den weltweit produzierten 2,11 Mio. t Bioplastik fielen 2018 bereits 57 % auf Verpackungen (Buschmann und Freund 2019). Aber auch petrochemisches Plastik kann durch Beimengung von Biomasse gegrünt werden, woraus ebenfalls biobasierter Kunststoff entsteht. Die bereits vorgestellten Wood-Plastic Composites (WPC) sind ein Hauptvertreter dieser neuartigen Werkstoffe. Mit maximalen 80 % Holzfasern in einer Petroplastik-Matrix schonen sie also Erdölressourcen

(Carus et al. 2016). Als biobasiertes Material werden sie zunehmend auch für die Konsumgüterindustrie interessant (Friedrich 2020). Gemäß Teuber et al. (2016) haben WPCs zwar immer noch eine schlechtere CO_2-Bilanz als Vollholz, aber bereits wesentlich geringer als reines Petroplastik. Die weltweiten Produktionsmengen von WPC sind mit Bioplastik vergleichbar gering, und für 2022 wurden 7,76 Mio. t weltweiter Jahresproduktionsmenge prognostiziert (Statista 2024). Mit 3 % jährlichen Zuwachsraten sind sie bereits in diversen technischen Anwendungen, Möbeln und Konsumgütern enthalten (Carus and Partanen 2018). Osburg et al. (2016) sehen ein großes Potenzial, bestehende Anwendungen durch WPC mit Agrarreststoffen und Holzresten der Sägewerksindustrie nachhaltiger zu gestalten. Mit Blick auf grüne Verpackungen jedoch vermuten Hao et al. (2019) noch einen erheblichen Investitionsbedarf der Industrie in Entwicklungen. Auch Accorsi et al. (2014) bezeichnen eine Umstellung auf grüne Verpackungen als eine der aktuell größten Herausforderungen für die Industrie und Forschung. Jedoch leiten Brockhaus et al. (2016) aus einer Expertenstudie eine hohe Skepsis gegenüber der Haltbarkeit und Funktionstüchtigkeit von Biokunststoff-basierten Produkten ab.

Ob die gleiche Skepsis auch gegenüber WPC als neuartiges biobasiertes Verpackungsmaterial gilt, ist aus der jüngsten Forschung nicht eindeutig abzuleiten, weil WPC gegenüber Biokunststoffen weit weniger lange im Markt bekannt ist. Osburg et al. (2016) untersuchten die Reaktionen deutscher Konsumenten auf einen WPC-basierten Stuhl, und die Präferenzen lagen exakt zwischen der reinen Kunststoff- und Holzvariante. Auch offenbarten innovationsinteressiertere Konsumenten höhere Zahlungs- bzw. Preisbereitschaften, als den Preis, den Konsumenten bereit sind, noch zu zahlen. Lettner et al. (2017) befürchten für die Produzenten einen erheblichen Kostenanstieg bei der Kunststoffumstellung auf biobasiert, was Biopolymere nicht in jedem Falle konkurrenzfähig macht. Friedrich (2020) fand unter deutschen Industrieexperten heraus, dass die Lebensmittelbranche die Mehrkosten aus der Umstellung an den Markt weitergeben würde. Heidbreder et al. (2019) leiten aus der Literatur grundsätzlich eine höhere Präferenz von Konsumenten für biobasierte Produkte ab, räumen aber ein, dass recycelbares Petroplastik als gleichermaßen nachhaltig gewertet wird. Brockhaus et al. (2016) unterstützen diese These, gleichzeitig konnten sie aber keine höhere Zahlungsbereitschaft erkennen. Bei Martinho et al. (2015) hingegen zeigten gut 70 % der Befragten eine Akzeptanz von bis zu 5 % höherer Preise für nachhaltigere Verpackung.

Im Gegensatz zu Bioplastik sind Konsumentenstudien zu WPC-Verpackung rar. Lediglich Friedrich (2020) fand für eine WPC-Salatschale und einer teuren WPC-Weingeschenkbox gleichermaßen signifikant höhere Zahlungsbereitschaften. Ob dies, wie bei Osburg et al. (2016), an dem noch innovativen Charakter der Verpackung lag, lässt die Studie offen. In der Tat weisen manche Studien auf besonders große Hürden für WPC als Verpackungsmaterial hin. Einerseits weil es neu ist und einem Hype unterliegt. Andererseits fanden Onwezen et al. (2017), dass negative Teilaspekte bei einer Entscheidungsfällung die positiven überproportional stark überlagern können. Für hybride, biobasierte Materialien wiesen Reinders et al. (2017) eine hohe Zustimmung für rein grüne Werkstoffe nach, teilweise grüne Materialien waren jedoch kaum gefragter als vollständig braune Werkstoffe.

Die aktuelle Forschungsliteratur lässt für WPC als biobasierte Verpackung noch viele Fragen offen. Als Kunststoff mit hohem Holzfaseranteil liegt die Vermutung nahe, dass es kostengünstiger ist als reine Biopolymere. Da für Letztere aber nicht immer höhere Zahlungsbereitschaften nachgewiesen wurden, könnte nach Abflauen des Innovationscharakters WPC als kaum besser gesehen werden als Petroplastik. Potenzial besitzt WPC dennoch, denn, wie bereits erläutert, könnte auch dessen Plastikmatrix aus Biopolymeren bestehen. Dies macht es zu einem kompostierbaren Green-Composite, dessen Kosten wegen der Holzfaser vermutlich weit geringer wären als reine Biopolymere.

Künftige Studien können hierzu Klarheit schaffen und sollten insbesondere untersuchen, wie eine technisch optimale Entwicklung biobasierter Verpackungen eine Substitutions- bzw. *Transformationstechnologie*, wie WPC, integrieren sollte, oder ob, wie bisher, nur reines Bioplastik effektiver wäre. Von Seiten des Marktes interessiert, ob dann die vorhandene Holzfaser in entsprechenden Produkten tatsächlich zu höheren Preisbereitschaften führt, und ob auch eine zusätzliche Bioplastik-basierte Kunststoffmatrix in WPC die Preiseakzeptanz bei Konsumenten sogar steigern würde. Die Literatur berichtet eher allgemein zu Effekten aus der Biobasiertheit von Verpackungen, die Rolle der Produkte selbst bleibt oft unberücksichtigt. Deshalb sollte zusätzlich geklärt werden, ob WPC in Verbindung mit einem Food- und Non-Food-Produkt unterschiedliche Marktreaktionen hervorrufen würde, und ob dies auch vom Neuigkeitsgrad bzw. bisheriger Erfahrung der Konsumenten mit dem Material abhängt. Schließlich könnte es für eine effektive Produktumstellung erforderlich sein herauszufinden, ob WPC durch Petro- bzw. Bio-Matrix im Markt für besonders gesundheitsbewusste Konsumenten differenziert werden sollte. Diese Fragen sind für die Industrie von entscheidender Bedeutung, denn einerseits versprechen größtmögliche Zahlungsbereitschaften unter geringsten Zusatzkosten der Materialumstellung maximale Gewinne als Anreiz für die Kunststoffwende mit positivem Effekt auf die Umwelt und Ressourcen. Andererseits macht es die Produktentwicklung zielgerichteter, wenn sie auf die Produktgruppe und Eigenschaften der Konsumenten eingeht.

1.4 Gewinnpotenzial aus Wood-Plastic Composites

Die Konsumententheorie nach Lancaster (1966) unterstellt, dass Verbraucher Teilnutzen aus den einzelnen Produkteigenschaften ziehen, und nicht pauschal aus dem Produkt als Ganzes. Demnach müsste ein Wechsel zur Biobasiertheit der Verpackung einen Nutzenunterschied bewirken, was sich in der Preisbereitschaft offenbart. Konsumentenakzeptanz höherer Preise aus einer nachhaltigeren Verpackung oder einem biobasierten Kunststoff-Produkt sollte daher im Vergleich zu einer herkömmlichen Kunststoff-Variante einen Unterschied bei den Konsumenten bewirken. Gewinnsteigerungen könnten aber auch aus geringeren Kosten resultieren. Petroplastik besitzt bereits für Produktentwickler ein äußerst günstiges Preis-Leistungsverhältnis (Heidbreder et al. 2019). Ob dies auch für WPC gilt, zeigt Tab. 1.2. Sie fasst die Kosten der Inhaltsstoffe der Zielmaterialien gemäß Kunststoff-

Tab. 1.2 Kostenvergleich für petro- und biobasierte Kunststoffe und Holzinhaltsstoffe von WPC

	Material	Kosten [€/kg]	Referenz
petro-basiert	Polyethylen (PE)	1,35	Sommerhuber et al. (2015)
	Polypropylen (PP)	1,10	
biobasiert	BioPolyethylen (BioPE)	1,80	van den Oever et al. (2017)
	BioPolypropylen (BioPP)	2,10	
	Polylactid (PLA)	4,05	
	Polyhydroxyalkanoate (PHA)	8,10	
	Holz-Fasern	0,30	Keskisaari und Kärki (2018)
	Holz-Staub	0,06	

Arten und für Holzinhaltsstoffe als Faser und Staub zusammen. Wie man sieht, sind reine Biopolymere 20 % bis 500 % teurer als ihre petrochemischen Pendants. Holzfasern kosten nur ein Viertel von Petroplastik, das Mischen ist also aus Kostengründen sehr effektiv. Eder und Carus (2013) berichten über Marktpreise von 1,0 €/kg bis 4,0 €/kg für fertig produziertes WPC-Compound, was alleine den reinen Materialinputkosten für Petroplastik entspricht. In WPC sehen Sommerhuber et al. (2015) deshalb nur noch die Plastikmatrix als Kostentreiber der Produktion. Würden Konsumenten somit für Verpackungen aus Petro-WPC sogar höhere Preisaufschläge akzeptieren, könnten Produzenten womöglich unter den Kostenvorteilen höhere Gewinne als zuvor tätigen. Dies würde auch die Umwelt und Ressourcen bereits spürbar entlasten.

Tab. 1.2 offenbart auch, dass der Wechsel zu Bioplastik für Konsumenten teurer wird, insbesondere wenn dieser im Falle von Polylactiden (PLA) und Polyhydroxyalkanoaten (PHA) kompostierfähig ist. Granarić et al. (2013) sehen einen langfristigen Erfolg von Bioplastik nur bei abnehmenden Produktionskosten, die Leistungsfähigkeit ist sonst mit Petroplastik vergleichbar. Damit die biologische Abbauarbeit von Bioplastik-Verpackung maximale Umweltentlastung bringt, müssten somit Konsumenten besonders hohe Preisbereitschaften offenbaren. Aber auch hier ist WPC vorteilhaft, denn der Kostenvorteil aus dem Holzanteil ist ebenfalls unter reiner Bioplastik-Matrix zu erwarten. Wenn dann Konsumenten unabhängig von der Produktkategorie für BioWPC-Verpackungen gleiche Preisaufschläge wie für konventionelles Bioplastik akzeptierten, ergeben sich für Produzenten erneut Kostenvorteile mit gewinnsteigernder Wirkung.

Bisherige Ausführungen legen den Verdacht nahe, dass nicht immer eine Bioplastik-Variante dem Petroplastik überlegen ist. Insbesondere wenn Letzteres vollständig recycelt wird, schwindet der Vorteil aus der Kompostierbarkeit. Damit der Kostenvorteil aus dem Holzanteil weiter genutzt werden kann, sollte WPC differenziert werden nach kompostierbaren Verpackungen aus BioWPC (Tab. 1.2) und nach recycelbaren PetroWPC-Verpackungen. Ersteres würde von Haushalten mit der Biotonne entsorgt werden, Letzteres durch Haushalte und Handel über Wertstoffcontainer. Da BioWPC dennoch teurer ist als PetroWPC, sollte Ersteres auch höhere Preisbereitschaften offenbaren.

1.5 Gewinnentwicklung aus der Materialerfahrung der Konsumenten

Dass Konsumenten für Biomaterialien eine höhere Zahlungsbereitschaft offenbaren, wurde bereits anhand der einschlägigen Forschungsliteratur belegt, die Gründe hierfür sind jedoch nicht einheitlich. Todeschini et al. (2017) erklären eine Änderung des Kaufverhaltens mit dem anfänglich gestiegenen Interesse an biobasierten Lösungen. Carus et al. (2016) untersuchten die Akzeptanz von Industrieentscheidern für Preisaufschläge aus der Biobasiertheit von Produkten. Gegenüber einer Voruntersuchung aus dem Jahr 2013 stellen sie für 2016 bereits eine signifikante Abnahme fest. Diese wurde mit zunehmender Gewohnheit und dem Innovationsverfall erklärt. WPC-Erfahrung hingegen ist unter Entscheidern noch sehr gering ausgeprägt (Friedrich 2021). Kuzman et al. (2018) studierten die Einstellung von Bauexperten gegenüber Holz-basierten Produkten und WPC belegte lediglich Rang 5, wobei die Befragten einen Mangel an Informationen in den Fachmedien beklagten. Ob aus Konsumentensicht WPC tatsächlich am Anfang seines Lebenszyklus steht, kann durch Vergleich der Erfahrung mit jener zu Bioplastik beantwortet werden. WPC-Verpackungen wären vergleichsweise neuer und könnten dann von ihrem Innovationscharakter zusätzlich profitieren, was sie dann auch reizvoll für Produzenten macht.

Unterschiede im Erfahrungsgrad könnten erklären, warum die Preisbereitschaft für reines Petroplastik und für PetroWPC unterschiedlich ausfällt. Interessant wäre nun zu erfahren, ob sich weniger Erfahrung mit WPC tatsächlich in höherer Preisbereitschaft manifestiert, weil es innovativer empfunden wird. Friedrich (2020) untersuchte dies bereits anhand zweier unterschiedlicher Lebensmittelprodukte als Petro-WPC-basierter Primär- und Sekundärverpackung und konnte stets signifikant höhere Zahlungsbereitschaften im Vergleich zu reinem Petroplastik nachweisen. Allerdings sehen Onwezen et al. (2017) teils biobasierte Materialien nahe an den reinen Petro-Varianten, sodass der Bio-Effekt bei den erwähnten Autoren kaum Unterschiede hervorbrachte.

Sollten aber dennoch WPC mit petrochemischer Kunststoffmatrix gegenüber reinen Petroplastik-Produkten als innovativer gesehen werden, dann ist WPC als Substitutions- bzw. Transformationstechnologie nicht nur kostensenkend wegen des Holzanteils, sondern der Gewinn kann zusätzlich durch höhere Preise gesteigert werden. Wie bereits erwähnt, verursachen WPCs aufgrund ihres Holzanteils weniger Umweltschäden, was sie zur sinnvollen Alternative macht. Ein Anreiz für mehr Nachhaltigkeit bestünde für die Industrie dann, wenn sich damit höhere Gewinne erzielen ließen. Klein et al. (2019) leiteten aus einer Konsumentenbefragung deutlich höhere Zahlungsbereitschaft für Biokunststoff-basierte Kleidung ab. Brockhaus et al. (2016) konnten dies aus Industriesicht nicht bestätigen. Wenn also keine signifikant höheren Preise für WPC-transformierte Güter am Markt erzielbar wären, dann brächte zumindest der Holzfaseranteil im Material einen gewinnsteigernden Kostenvorteil. Damit ließen sich zumindest die Mehrkosten aus der Plastikumstellung ausgleichen und Gewinne konstant halten, aber vor allen auch Ölressourcen schonen. Wären darüber hinaus tatsächlich auch Zahlungsbereitschaften höher, könnten diese sogar in die Kompostierfähigkeit der Verpackung aus PLA- oder PHB-basierten BioWPCs investiert werden.

1.6 Gewinnentwicklung aus dem Gesundheitsbewusstsein der Konsumenten

Khoshnava et al. (2018) sehen in grünen Materialien nicht nur eine Umweltentlastung, sondern auch einen höheren Gesundheitsschutz von Konsumenten. Laut der **3-Komponenten-Theorie**, bzw. der Theorie des geplanten Verhaltens (TPB) nach Ajzen (1991) ist die Kaufentscheidung auch von der persönlichen Einstellung abhängig (Abb. 1.8), so auch vom Gesundheitsbewusstsein. Tatsächlich stellten Heidbreder et al. (2019) fest, dass Konsumenten aus Petroplastik neben Umweltverschmutzung auch die Gefahr für die eigene Gesundheit als hoch eingeschätzten. Laut Onwezen et al. (2017) leiten Konsumenten aus Biomaterialien eine Nutzensteigerung für ihr Wohlbefinden ab, was sich bei Feucht und Zander (2018) durch Labels oder Herstellerstatements noch verstärken ließ. Ob PetroWPC in direktem Lebensmittelkontakt wegen dem Plastikanteil genauso negativ gesehen wird wie reines Petroplastik oder näher an reinem Holz/Pappe liegt, wurde von Friedrich (2020) an einer Pizza-Box untersucht. WPC wurde dazwischen eingestuft mit Tendenz zu reinem Petroplastik, also wurde der Holzanteil zwar positiv wahrgenommen, Petroplastik dominierte aber die Einschätzung. Ob tatsächlich ein signifikanter Unterschied zu einer Non-Food-Verpackung besteht, ließ die Studie offen. Um diese Lücke zu schließen, sollten weitere Studien prüfen, ob gesundheitsbewusste Konsumenten tatsächlich die Plastik-Matrix in PetroWPC bei einer primären Lebensmittelverpackung negativer sehen als bei einer Non-Food-Verpackung. Ist dies der Fall sein, sollten WPC-Verpackungen Produkt-abhängig entwickelt werden, und im direkten Lebensmittelkontakt dann tatsächlich WPCs mit Biopolymer-basierter Matrix eingesetzt werden. Zeigten solche Studien einen positiven Zusammenhang zwischen Matrix-Polymer und Gesundheitsbedenken, so ließe sich schlussfolgern, dass Gesundheitsschutz noch vor Umweltschutz gewertet wird, denn das Non-Food-Produkt belastet wie auch für das Lebensmittel mit seiner PetroWPC-Verpackung die Umwelt gleichermaßen. Buschmann und Freund (2019) weisen auf die Giftigkeit aus Additiven und Mikropartikel aus Plastik hin, und gemäß Sijtsema et al. (2016) werden diese Aspekte auch bei hybriden Materialien mit Petroplastik-Anteilen noch verstärkt wahrgenommen. Insofern macht es einen Unterschied, ob PetroWPC bei feuchten und absorbierenden Lebensmitteln, z. B. Fleisch, eingesetzt wird. Ob dies tatsächlich kaufentscheidend ist, kann bei gesundheitsbewussten Konsumenten aus deren Preisbereitschaft für PetroWPC und BioWPC in direktem Lebensmittelkontakt abgelesen werden.

Sollte ein solcher Zusammenhang nicht festgestellt werden, kann dies auch darauf hindeuten, dass die im WPC enthaltene hydrophile Holzfaser als unhygienisch empfunden wird. Dann wäre WPC für derartige Produkte gar keine Option, und reines Bioplastik müsste zu Anwendung kommen. Granarić et al. (2013) würdigen die anti-allergene Wir-

Abb. 1.8 Ob ein Gut gekauft wird, hängt von drei Komponenten des Kaufenden ab

kung von PLA, und auch Panichsombat et al. (2019) wiesen auf geringe Toxizität dieses Polymers hin. Als kompostierbare Variante wäre eine PLA-Verpackung zwar das Beste für die Umwelt, für Produzenten bietet es wegen der höchsten Kosten (Tab. 1.2) jedoch kaum Anreiz. Ob sich mittels PLA tatsächlich signifikant höhere Preisbereitschaften zumindest bei Lebensmittelprodukten erzielen lassen, ist derzeit noch zu wenig beforscht.

Die Literatur sieht für WPC als Substitutionstechnologie für reine Petroplastik-basierte Güter und Verpackungen durchaus Potenzial, Produzenten die Transformation infolge Kosteneinsparungseffekten und höherer Preisakzeptanzen erstrebenswert zu machen. Dennoch bietet das Thema Anlass zu weitergehender Forschung, um Effekte eindeutig nachzuweisen. Immerhin ist die Umstellung auf WPC zunächst kapitalintensiv, also mit Risiken verbunden. Andererseits gibt es bereits gesicherte betriebs- und volkswirtschaftliche Zusammenhänge, die die Einschätzung der Folgen aus der Umstellung auf die Kosten- und Marktsituation annähernd prognostizierbar machen. Die Grundlagen dafür bilden die nachfolgenden Kapitel über betriebswirtschaftliche, Marketing-relevante und Wirtschafts-mathematische Grundlagen zur WPC-Substitutionstechnologie.

Betriebswirtschaftliche Grundlagen für biobasierte Kunststoff-Verbundwerkstoffe 2

2.1 Allgemeiner Begriff der Betriebswirtschaftslehre

Die Betriebswirtschaftslehre befasst sich mit der planerischen, organisatorischen und rechentechnischen Unterstützung der Betriebsabläufe im Sinne eines übergeordneten Unternehmenszieles, das meist die Gewinnmaximierung betrifft. Betriebe nehmen volkswirtschaftlich eine bestimmte Funktion ein, z. B. Marktversorgung mit einem bestimmten Gut, und sie tun dies als Mitglied einer bestimmten Branche. Dadurch sind sie auch gewissen Zwängen unterworfen, wie Tarifbindung oder Kennzeichnungspflichten. Neben dieser funktions- und branchenübergreifenden Ausrichtung betriebswirtschaftlichen Handelns müssen Unternehmen auch fachübergreifend denken und agieren. Dazu gehört beispielsweise die Einführung neuer Technologien zur Erreichung von Null-Emissionszielen.

2.2 Spezielle Betriebswirtschaftslehre

Die allgemeine Betriebswirtschaftslehre deckt ein breites Spektrum an Themen ab, die einerseits allgemeinen Charakter haben und damit primär theoretischer Natur sind, wie z. B. Kostenrechnung als Disziplin. In den letzten Jahrzehnten jedoch fanden bestimmte betriebswirtschaftliche Bereiche eine stärkere Fokussierung in Forschung und Lehre, wozu sicherlich die Themen Führungslehre und Managementtheorie zählen. Unter zunehmender Komplexität des Wirtschaftens in Organisationen fand auch die Querschnittsfunktionslehre Einzug, die sich mit der Vernetzung der verschiedenen Unternehmensbereiche befasst und damit die Flexibilität von Unternehmensabläufen optimieren möchte. Zu diesen speziellen Unternehmensthemen zählt sicherlich auch die Plastiktransformation als neue Disziplin.

2.3 Elemente des Wirtschaftens

Unternehmen sind keine isolierten Räume, in denen betriebliche Abläufe ohne Auswirkung auf die Umwelt stattfinden. Im Gegenteil, viele Aktivitäten innerhalb der Unternehmensgrenzen haben Auswirkung auf andere Teilnehmer innerhalb des Marktes, der Volkswirtschaft oder der globalen Umwelt.

2.3.1 Knappheit und ökonomisches Prinzip

Die gute Nachricht für Unternehmen ist, dass Menschen zur Unersättlichkeit neigen und daher der Bedarf an Gütern absehbar hoch ist. Die schlechte Nachricht ist aber, dass die Ressourcenausstattung zur Befriedigung dieser Nachfrage vergleichsweise niedrig ist und auch immer knapper wird. Diese in nur begrenztem Umfang vorhandenen Mittel führen zu einem Verteilungsproblem zwischen den Unternehmen, dessen Lösung nur in der bestmöglichen Ausschöpfung aller gegebenen Möglichkeiten liegt. Die Betriebswirtschaftslehre, oder allgemeiner die Wirtschaftswissenschaft, befasst sich daher mit der Analyse und der Bewältigung des Knappheitsproblems.

Wirtschaftssubjekte spielen hierbei eine zentrale Rolle (Abb. 2.1). Als Haushalte stellen sie diejenige Gruppe dar, die Güter am Markt nachfragt. Je mehr sie das tun und dabei auch bereit sind, viel dafür zu bezahlen, desto weniger tangiert das Knappheitsproblem die Anbieter. Auf der anderen Seite sind da noch die anderen Produzenten, die ebenfalls um die Gunst der Konsumenten buhlen und durch deren gleichzeitigen Zugriff auf die Ressourcen sich das Problem eher noch verschlimmert. Der Vollständigkeit halber seien auch die öffentlichen Unternehmen aufzuführen, die sowohl Anbieter als auch Nachfrager der Güter sind, wobei es hier mehrheitlich um Dienstleistungen als angebotenes Gut geht, wie z. B. medizinische Behandlung. Aber auch diese verbrauchen Ressourcen und tragen dadurch zur Knappheit bei.

Im Zuge sich verknappender Erdölressourcen stellt sich durchaus die Frage, on dieses Gut künftig eher als Energieträger eingesetzt werden sollte, insbesondere dann, wenn dies noch ökologisch vertretbar ist, statt es in Einwegverbundverpackungen nach dem Konsum der Müllverbrennung zuzuführen. Ohne diese Frage endgültig zu beantworten, wird doch

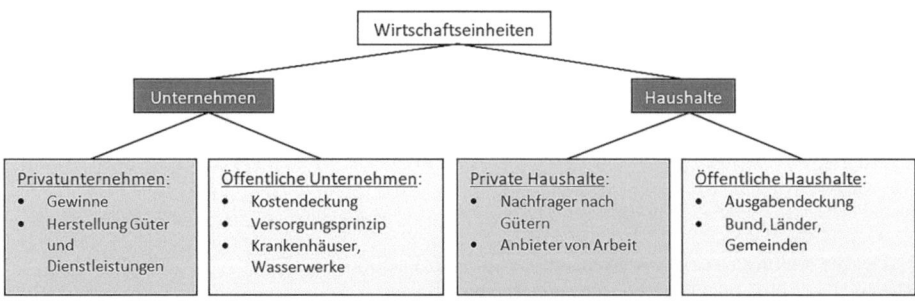

Abb. 2.1 In Märkten wirtschaftlich aktive Gruppen

eines zunehmend klarer, nämlich dass die Verwendung von fossilen Rohstoffen künftig mehr überdacht werden muss, wenn weiterhin dieselben oder noch mehr Produkte im Markt angeboten werden sollen. Dies verlangt nach Handlungsprinzipien im Ressourcenumgang.

2.3.2 Basisaxiom der Wirtschaftswissenschaft

Der Umgang mit knappen Ressourcen orientiert sich am ökonomischen Grundprinzip der Optimalität einer Zielerreichung. Auf dem Weg dorthin werden Mittel eingesetzt, die Voraussetzung sind für das Erreichen eines nächst höheren Zieles auf dem Weg zum obersten Unternehmensziel. Nach dem ***Minimalprinzip*** wird Letzteres unter geringstmöglichem Mittelverbrauch erreicht. Beispielsweise legt die Unternehmensleitung fest, dass ein Umsatz von 100 Mio. € zu erwirtschaften ist. Wenn dieses unter dem Minimalprinzip erreicht wird, müsste dann auch der Gewinn maximal ausfallen, denn dann wird vom Umsatz die geringstmögliche Menge an Kosten abgezogen, was gewinnmaximierend wirkt. Dieser Fall wird eher im operativen Geschäft von Massenproduzenten praktiziert. Diese durchlaufen immer wieder die gleichen Wertschöpfungsaktivitäten und gleichzeitig versucht man, immer kosteneffizienter zu werden.

Nach dem ***Maximalprinzip*** hingegen wird ein festes Ressourcenbudget verbraucht und daraus ein möglichst hohes Ziel erreicht. Dies wäre der Fall, wenn Ausgaben in Höhe von 250.000 € genehmigt würden, und daraus soll ein möglichst nachhaltiges Produkt entwickelt werden. Diese Variante ist eher bei Projekten gebräuchlich, für die im Vorfeld ein Budget freigegeben wird. Im Rahmen einer betrieblichen Plastiktransformation würden dann zunächst Projekte zur Entwicklung von Produkten, Produktionstechnologien und Vermarktungsstrategien unter dem Maximalprinzip realisiert werden. Sind die Produkte dann marktreif, beginnt die gewinnmaximierende operative Unternehmenstätigkeit, und unter dem Minimalprinzip wächst das Unternehmen dann profitabel.

2.4 Wirtschaften als Ergebnis von Entscheidungen

Wie schließlich ein Unternehmen wirtschaftet, ist das Ergebnis vieler Entscheidungen, zu denen auch die Festlegung des obersten Unternehmenszieles gehört. Schwierigkeiten bereiten oftmals die Alternativen, unter denen es auszuwählen gilt. Grundsätzlich aber verfolgen die in Abb. 2.1 vorgestellten Marktteilnehmer eigene Ziele, nämlich die Gewinnmaximierung bei privaten Unternehmen und die Nutzenmaximierung bei privaten Haushalten. Erstere wirtschaften demnach anhand des Minimalprinzips, welches Kosten minimiert. Haushalte hingegen haben ein festes Budget, nämlich das Einkommen. Unter dem Maximalprinzip versuchen sie also, möglichst solche Güter daraus zu erwerben, deren Konsum ihnen dann maximalen Nutzen verleiht. Wie sie das realisieren, liegt komplett in deren Ermessen. Oftmals spielt die persönliche Neigung eine große Rolle. Beispielsweise würden dann umweltbewusste Haushalte eher aus ihrem knappen Budget zwar weniger Güter, aber dafür ökologisch nützlichere Produkte konsumieren, was ihnen offensichtlich mehr Nutzen bereitet als bei weniger nachhaltig denkenden Konsumenten. Die Präferenzen von Haushalten sind demnach vielfältig und werden in der Wirtschaftswissenschaft als Konsumentensouveränität bezeichnet. Gäbe es diese Eigenschaft nicht, also würden Konsumenten naturgemäß dem immer gleichen Angebot der Unternehmen zustimmen, hätten biobasierte Kunststoff-Produkte kaum eine Chance, denn den Produzenten steht das Minimalprinzip im Wege, das die Realisierung kostenintensiver Transformationsprojekte verhindern würde. Es kommt bei der Plastiktransformation also nicht allein auf die Industrie an, sondern die Konsumentensouveränität könnte auch eine treibende Kraft darstellen.

2.5 Der Homo Oeconomicus als Konsument

2.5.1 Grundlegende Merkmale des Käuferverhaltens

Die Wissenschaft hat dem idealtypischen Konsumenten einen eigenen Fachbegriff eingeräumt, nämlich den Homo Oeconomicus. Demnach lassen sich bei Konsumenten folgende Merkmale immer wieder beobachten:

(1) *Rationale Entscheidungen*: Auch wenn Menschen, und damit die Konsumenten, heterogen sind, so sind Entscheidungen immer noch rational nachvollziehbar. Ein wesentliches Merkmal wurde bereits erkannt, nämlich die Nutzenmaximierung bei begrenztem Budget. Praktisch bedeutet dies, dass Konsumenten bei Preisnachlässen mehr vom gleichen Gut kaufen. Ein Merkmal, von dem die Industrie regelmäßig Gebraucht macht.

(2) *Freie und von der Persönlichkeit abhängige Zielvorstellungen im Konsum*: Unter dem Begriff Konsumentensouveränität wurde die Abhängigkeit des Kaufs von der persönlichen Eigenschaft des Konsumenten bereits angesprochen. Präferenzen sind also frei, nur selten gibt es konkrete Verbote, bestimmte Güter zu kaufen, z. B. Drogen oder Waffen. Plastikprodukte, die auf biobasiert umgestellt sind, werden also potenziell gekauft, und dies umso mehr, wenn Konsumenten persönlich von deren Nutzensteigerung überzeugt sind.

(3) *Streben nach Nutzenmaximierung*: Dieses Kriterium des Homo Oeconomicus garantiert, dass biobasierte Produkte nicht zwangsläufig günstiger oder genauso teuer sein müssen wie konventionelle Plastikgüter. Wenn sie bei gleicher Funktionstüchtigkeit zusätzlich nachhaltiger erscheinen, bieten sie bei gleichem Preis mehr Nutzen, sofern dies den persönlichen Präferenzen entspricht.

(4) *Produzenten sind gleichzeitig auch Konsumenten*: Gewerbliche Einkäufer in Unternehmen weisen ebenfalls Merkmale des Homo Oeconomicus auf. Demnach unterstützt das Nutzenmaximierungsziel auch die Gewinnmaximierungsabsicht. Verspricht ein gekauftes Gut einem Unternehmen einen hohen Nutzen, dann trägt es auch mehr zur

Ertragssteigerung bei, es ist also produktiver. So könnte ein Dienstleistungsunternehmen seine Betriebsmittel, z. B. Transportboxen zur Auslieferung der Ware, auf biobasiertes Plastik umstellen. Durch dieses, für Kunden wahrnehmbare Nachhaltigkeitsimage ließe sich womöglich mehr Umsatz generieren. Ein Umstand, der von Unternehmen bereits erkannt wurde und als Sustainable Business Management beschrieben wird.

2.5.2 Weitere Eigenschaften idealtypischen Kaufverhaltens

Es gibt weitere Konsumenteneigenschaften, die einer Plastikumstellung zu mehr biobasierten Produkten dienlich sein können. Hierzu zählt, dass der Konsum zweckorientiert ist. Der Kauf nachhaltigerer Güter soll damit ein elementares psychisches Bedürfnis befriedigen, wie z. B. ein gutes Gewissen, umweltfreundlich gehandelt zu haben. Ebenfalls relevant in diesem Kontext sind weitere typische Kaufgründe, wie das Streben nach Status, nach Selbstverwirklichung, Existenzsicherung, Pflege sozialer Kontakte oder einfach das Erleben einer neuen Situation.

Konsumentenverhalten hat auch Prozesscharakter, was für die Erforschung von Kaufszenarien entscheidend ist. Wäre nämlich das Kaufverhalten ein Zufallsereignis, ließen sich keine Verhaltensweisen gegenüber solch neuartigen biobasierten Kunststoffprodukten empirisch untersuchen und prognostizieren. Besonders konkret werden diese Verhaltensweisen in der Industrie, wo der Beschaffungsprozess formal geregelt ist. Hier bietet sich hohes Erfolgspotenzial für WPC-Produkte, sofern deren Anbieter die kaufrelevanten Faktoren potenzieller Industrieentscheider untersucht haben und in ihre Produkte und Angebotsprozesse integrieren.

Schließlich ist das Kaufverhalten neben persönlichen und formalen Kriterien auch von der Kaufsituation selbst abhängig. Dies kennen wir alle aus dem Alltag, denn nicht selten triggern uns Online-Plattformen zum vorschnellen Kauf. Dies wirkt insbesondere dann, wenn es heißt, dass nur noch fünf Stück des Produktes im Angebot sind, oder fünf andere Kunden sehen sich gerade dieses Angebot an. In wieweit eine stimulierende Kaufsituation in Verbindung mit biobasierten Kunststoffprodukten geschaffen werden kann, soll an dieser Stelle der Kreativität künftiger Anbieter überlassen werden, aber Instrumente, wie ein WPC-spezifisches Nachhaltigkeitslabel, könnten am Point of Sales durchaus letzte Zweifel beim Käufer ausräumen.

Was das Produkt selbst angeht, so gibt es Güter, die naturgemäß mehr Aufwand beim Kauf abverlangen, einerseits, weil die Verarbeitung relevanter Informationen eine Rolle spielt, andererseits könnte das Gut personalisiert angeboten sein, also den speziellen Wünschen des Käufers zugeschnitten hergestellt werden. In diesem Falle spricht man von extensiven Kaufentscheidungen. WPC-Terrassendielen (Abb. 1.6) würden darunter fallen. Wenngleich sie auch im Baumarkt erhältlich sind, verlangen vergleichsweise höhere Anschaffungskosten einen Vergleich mit alternativen Holzprodukten, Einbauanleitungen und Produktgarantien, was Langlebigkeit und Pflegeaufwand angeht. Das Gegenteil hierzu sind habitualisierte Kaufentscheidungen, die dann nicht mehr sogenannte Investitionsgüter betreffen, sondern eher bei Routineeinkäufen auftreten. Dies betrifft also Güter des täglichen Bedarfs. Auch dies kann für WPC relevant werden, sollte es in transformierten Verpackungen, wie z. B. Joghurtbechern, eingesetzt werden, natürlich mit entsprechendem Weiterentwicklungsaufwand. Werden Alltagsgüter ebenfalls in WPC-Variante angeboten, z. B. eine Zahnbürste, dann werden habitualisierte Kaufeigenschaften für deren Vermarktung durchaus eine Rolle spielen.

2.6 Märkte als Ort des Güteraustauschs

Auf Märkten werden Leistungen ausgetauscht, also Geld gegen Ware, wobei deren Wert einander entsprechen. Der Preis hat dort eine Koordinationsfunktion, und dient somit der Orientierung von Anbieter und Nachfrager. Erstere können über den Preis ihre Angebotsmenge regeln, wobei sich unter hohen Preisen die Menge verringert, denn es werden sich weniger Käufer dieses teurere Gut leisten können. Andererseits werden Anbieter den Preis nie unter den eigenen Herstellkosten, also den Stückkosten, setzen können, sonst machen sie Verluste. Auf der anderen Seite werden Konsumenten sehr wohl eine Preisvorstellung beim Betreten des Marktes besitzen, sodass sie den Angebotspreis ständig mit ihren Erwartungen abgleichen. Der Marktpreis, die Preisvorstellung und die Stückkosten liegen also eng beieinander. Würden somit WPC-transformierte Alltagsgüter viel teurer als ihre petrochemischen Alternativen angeboten werden, stehen die habitualisierten Preisvorstellungen der Konsumenten einer Akzeptanz entgegen. Bei gleicher Leistungsfähigkeit des Gutes müsste dann alleine die Nachhaltigkeit den höheren Angebotspreis rechtfertigen. Anders bei Innovationen. Würden gänzlich neue WPC-Produkte angeboten, also Güter für die es keine petrochemischen Substitute gibt, dann haben hohe Angebotspreise eher eine Chance im Markt.

Positiv wirkt hier der Umstand, dass Märkte von Natur aus eine hohe Dynamik besitzen (Abb. 2.2). Sie lassen sich also bewusst umgestalten. So könnten petrochemische Substitute künstlich verteuert werden, z. B. über eine Plastiksteuer, was die Preisvorstellung

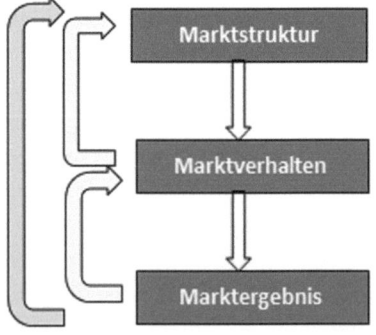

Abb. 2.2 Die Marktdynamik ergibt sich als Wechselwirkung zwischen der Marktstruktur und dem Kaufverhalten, was dann das Marktergebnis bestimmt

der Konsumenten anhebt und teurere WPC-Transformationen nun relativ günstiger erscheinen lassen. Auch können sich persönliche Einstellungen von Konsumenten ändern. Wenn sich also das Image petrochemischer Kunststoffe verschlechtern würde, eben weil mehr Umweltschäden aus Mikroplastik offensichtlich werden, dann verleiht der Kauf biobasierter Plastikprodukte mehr Nutzen, und auch dann erscheinen höhere Angebotspreise akzeptabler, zumindest für einen Teil der Käuferschaft. Also müssen transformierte WPC-Produkte nicht zwangsläufig Innovationen darstellen. Effektiv könnte es nämlich sein, Alltagsgüter, die zunehmend kritischer gesehen werden, durch WPC biobasiert zu machen. Durch sich ändernde Rahmenbedingungen im Markt, also der Marktstruktur, werden dann auch WPC-Produkte zunehmend attraktiver.

Die Interaktion von Anbietern und Nachfragern am Markt hinterlässt eindeutige Spuren. So gibt die Marktallokation Hinweise darauf, wie viele Güter zu welchem Preis abgekauft wurden. Gleichzeitig muss das Ergebnis **pareto-optimal** sein. Das heißt, es gibt keine andere Konstellation zwischen Preis und Menge, die nutzenstiftender wäre. Immerhin haben alle Teilnehmer versucht, ihren Gewinn und Nutzen zu maximieren, und sie haben dabei rational gehandelt. So zumindest die Theorie, aber in der Praxis können unvollständige Informationen über das Gut zu Kaufentscheidungen geführt haben, die sonst nicht stattgefunden hätten. Im weitesten Sinne ist die Marktallokation auch eine optimale Ressourcenallokation. Wenn man nämlich davon ausgeht, dass rationales Handeln auch zweckorientiert war, haben diejenigen das Gut bekommen, die daraus auch den höchsten Nutzen ziehen. Damit sind knappe Ressourcen als Rohstoffe und Arbeit effizient eingesetzt worden.

In diesem Zusammenhang ist ein vertieftes Verständnis des Effizient-Begriffs Voraussetzung für weitere ökonomische Betrachtungen. In der Praxis wird Effizienz oft mit Effektivität gleichgesetzt. Effektivität bezeichnet den Grad einer Zielerreichung. Gelang es einem Unternehmen, die Verwendung von Plastik komplett auf biobasierte Kunststoffe umzustellen, war es *effektiv*. Tat es dies unter Einhaltung des Minimal- bzw. Maximalprinzips, so war es zudem auch *effizient*. Es hat also knappe Ressourcen bei der Umsetzung in geringstmöglichem Ausmaß eingesetzt oder aus einem Ressourcenbudget maximalen Erfolg generiert. Beide Begriffe spielen in der Nachhaltigkeitsbewertung eine maßgebende Rolle. So steht die Öko-Effektivität beispielsweise dafür, Produkte generell länger im Stoffkreislauf zu halten. Bei WPC wäre dies die Verwendung von recyceltem Plastik und Holzfasern als Reststoff aus der Holzindustrie. Als öko-effizient gilt dann auch eine reduzierte klimaschädliche Produktion der gleichen Gütermenge (Minimalprinzip) oder eine gesteigerte Lebensdauer der Güter bei gleichbleibend schädlicher Produktion (Maximalprinzip).

2.7 Marktformen

Das Gut bestimmt die Marktform, und hierbei unterscheidet man zwei Extreme. Güter, die in großen Mengen produziert und angeboten werden, bezeichnen den Massenmarkt oder auch *Polypol* genannt. Sie sind meist substitutiv, also austauschbar, zueinander. Ihre

Anzahl Anbieter	Güterart	
	homogen	heterogen
viele	vollständige Konkurrenz	monopolistische Konkurrenz
mehrere	homogenes Oligopol	heterogenes Oligopol
einziger	Monopol	

Abb. 2.3 Marktformen

Qualität ist oft standardisiert, wodurch auch der Preis vergleichsweise gering ist. Als Alltagsprodukte werden sie regelmäßig gekauft, was bereits als habitualisiertes Kaufverhalten beschrieben wurde. Das andere Extrem stellt das *Monopol* dar. Hier werden Güter in geringer Stückzahl von wenigen Anbietern auf dem Markt vertrieben. Sie besitzen seltene Eigenschaften, die dann auch nur von wenigen Konsumenten so gewünscht sind. Da diese spezielle Nachfragergruppe einen besonders hohen Nutzen in ihnen sieht, werden sie zu vergleichsweise höheren Preisen angeboten. Abb. 2.3 ergänzt beide Marktformen um das Oligopol als Zwischenform, bei dem wenige Anbieter auf wenige Nachfrager treffen. In diesem Falle kann die Preisfindung nicht eindeutig gering oder hoch ausfallen wie im Polypol oder Monopol. Sowohl das Polypol als auch das Monopol können für biobasierte Transformationsprodukte eine maßgebende Marktform werden, sodass diese im weiteren Verlauf näher erörtert werden.

2.7.1 Das Polypol

Im Polypol nehmen Produzenten eine rein nach innen gerichtete Sichtweise ein, und sie fragen sich, wie viel können wir produzieren, sodass unsere Kosten pro Stück minimal sind. Unter dieser Anforderung, kosteneffizient zu wirtschaften, werden sie immer weiter ihre Menge ausweiten, solange die Stückkosten sinken. Dies gelingt zunächst gut, da ein größerer Ressourceneinsatz sogenannte Mengenvorteile verschaffen kann. Beispielsweise können sie vom Lieferanten Rabatte aushandeln, Maschinen können lückenloser belegt werden und haben weniger Leerlauf, das Personal kann vielfältiger eingesetzt werden etc. Aber ab einem bestimmten Punkt fangen die Stückkosten wieder an zu steigen. Denn irgendwann muss man mehr Personal einstellen, das nicht von Anfang an genauso produktiv ist wie bisher. Oder es müssen neue Maschinen angeschafft werden, deren Benutzung eine gewisse Einarbeitungs- und Gewöhnungszeit abverlangt. Oder eine weitere Produktions- und Lagerhalle muss gebaut werden, die nicht vom ersten Tag an wieder voll ausgelastet wird. Es gibt also ein Kostenminimum, das sich nur unter einer betriebsoptimalen Produktionsmenge einstellt. Diese Menge wird dann am Markt angeboten. Andere Produzenten, von denen es ja im Polypol genügend gibt, werden eine ähnliche Rechnung durchführen. Sie kommen dann auf dieselbe kostenminimale Stückzahl, denn auch sie arbeiten in diese Branche mit den gleichen Rohstoffen, den gleichen Maschinen und ähnlichen qualifizierten und produktiven Fachkräften. Wenn nun alle Produzenten ähnliche Mengen zu vergleichbaren Stückkosten anbieten, könnte nun einer davon auf die

2.7 Marktformen

Idee kommen, aus Gewinnmaximierungsabsicht einen höheren Preis zu verlangen als seine Konkurrenten. Diesen höheren Preis wird er aber nicht lange halten können, denn andere Produzenten würden ihn bewusst preislich unterbieten, um ihre Menge besser absetzen zu können. Dieser Unterbietungswettbewerb geht so lange, bis das Preisniveau unwesentlich höher ist als die Stückkosten, die ja minimal sind. Im Ergebnis ist also der Marktpreis so hoch wie die Stückkosten, und der Gewinn muss somit nahezu null sein. Dennoch können Polypolisten gut existieren, denn ihre Kosten sind alle gedeckt. Nur werden sie Mühe haben, sich weiterzuentwickeln, neue Produkte zu kreieren, neue Technologien zu erforschen etc. Deshalb sind Massengüter sehr ähnlich und langfristig konstant in ihren wesentlichen Eigenschaften. Für den Produzenten selbst bedeutet dies, dass der Marktpreis das Ergebnis aller Produzenten ist, und man selbst hat man kaum Möglichkeiten, diesen zu beeinflussen. Man sagt, im Polypol ist der Marktpreis exogen, also von außen vorgegeben. Eine Tatsache, die durchaus bei der Plastiktransformation hin zu biobasierten Kunststoffprodukten eine Rolle spielt. Denn wenn Massengüter umgestellt werden sollen, dann doch eher diejenigen, deren Transformation am wenigsten Entwicklungsaufwand abverlangt. Denn der Basisnutzen ist weiterhin derselbe, nur die Nachhaltigkeit ist gestiegen und kann dann auch nur von einer bestimmten Konsumentengruppe wertgeschätzt werden. Ob sich damit viel höhere Preise am Markt erzielen lassen, ist zunächst fraglich.

Das Polypol ist volkswirtschaftlich interessant, denn es werden Güter angeboten, deren Preisniveau eine breite Zustimmung erfahren, und die Bevölkerung wird bestmöglich versorgt in Menge und Nutzen aus Güterkonsum. Ein solcher Markt zeigt ein Gleichgewicht zwischen Preisakzeptanz der Konsumenten und kostendeckendem Produktionsniveau aller Anbieter. Dieses Gleichgewicht wird in einem Schaubild mit der x-Achse als Angebots- bzw. Konsummenge an Gütern und der y-Achse als Preisbereitschaft P(x) bzw. Preisangebot A(x) dargestellt. Wie die Abb. 2.4 zeigt, sind P(x) eine fallende und A(x) als steigende Gerade. Deren Herleitung wird später noch erläutert. Wie man sieht gibt es einen gleichgewichtigen Marktpreis P^* unter der gleichgewichtigen Menge x^*. Aus der

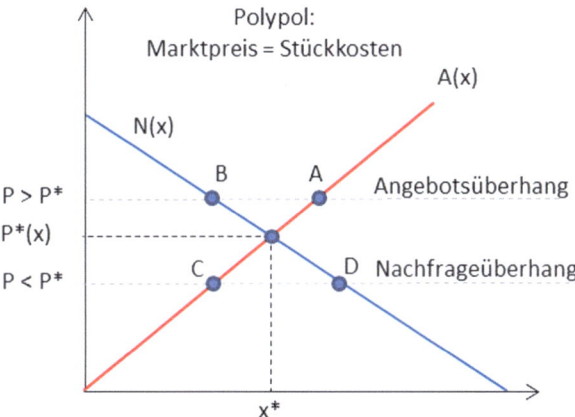

Abb. 2.4 Polypolistisches Marktmodell aus Angebots- und Nachfragekurve

Abbildung lässt sich nun der Effekt zu hoher oder zu niedriger Preise ablesen. Gilt $P > P^*$, dann würden Produzenten mehr von diesem Gut herstellen und anbieten (Punkt A), Konsumenten aber würden unter höheren Preisen weniger davon kaufen wollen (Punkt B). Dieser **Angebotsüberhang** führt dazu, dass Ware im Lager verbleibt und ggf. verdirbt oder weggeworfen werden muss. Dies übt auf die Anbieter einen Druck aus, ihre Preise in Richtung P^* zu senken. Ist $P < P^*$, dann bieten Hersteller weniger an (Punkt C), weil unter größeren Mengen ihre Kosten zu hoch ausfallen würden. Konsumenten wollen aber unter niedrigeren Preise mehr von diesem Gut erwerben (Punkt D). Dieser **Nachfrageüberhang** führt zu einer Unterversorgung des Marktes und übt nun einen Druck auf die Nachfrager aus, auch höhere Preise zu akzeptieren, damit sie ihr gewünschtes Gut erhalten. Auch hier resultiert P^* als Endergebnis. Im Polypol ist der Gleichgewichtspreis also ein Ergebnis der Marktkräfte.

Im Polypol-Marktmodell (Abb. 2.5) lassen sich aber auch Marktänderungseffekte beurteilen. Dies ist der Fall, wenn Konsumenten in einem Gut einen höheren Nutzen sehen, z. B. weil Plastikprodukte nun mittels WPC biobasiert werden. Dann sehen sie in der aktuellen Angebotsmenge x^* einen höheren Konsumnutzen und sind deswegen bereit, höhere Preise zu akzeptieren. Dies kommt einer Verschiebung der P(x)-Geraden nach oben gleichem (Pfeil 1). Im Ergebnis wird sich die neue Gleichgewichtsmenge im Punkt B einstellen. Dies liegt daran, dass unter höherer Preisakzeptanz die Anbieter ihre Mengen ausweiten werden. Die damit verbundene Kostensteigerung kann ja durch die höhere Preisakzeptanz durchaus abgefangen werden. Produzenten nehmen also einen höheren Punkt (B) entlang ihrer A(x)-Geraden ein, bis dieser auf der P(x)-Geraden liegt. Als Resultat ist die Angebots- und Konsummenge gestiegen. Werden also Plastik-intensive Güter mit Naturfasern ausgestattet und empfinden dies die Konsumenten als nutzenstiftend, wird der Markt sogar mit mehr Gütern versorgt also zuvor. Dies gilt aber nur, wenn sich die Produktionskosten durch die Materialumstellung nicht wesentlich erhöhen. Ist dies

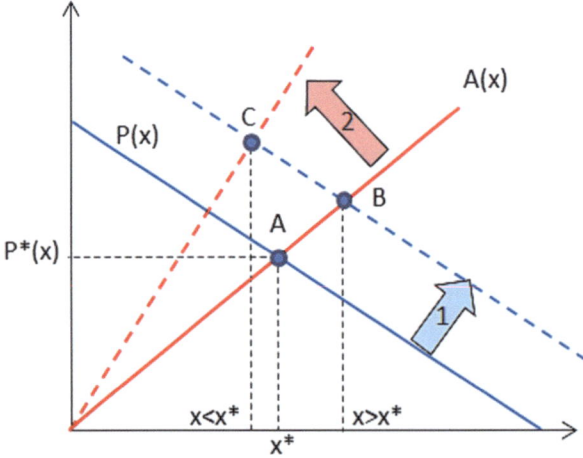

Abb. 2.5 Allokationseffekte aus der Transformation von Kunststoffgütern zu mehr Biobasiertheit

jedoch der Fall, dann wird die A(x)-Gerade steiler (Pfeil 2), und trotz höherem Nutzenempfinden der Konsumenten ist nun der gleichgewichtige Marktpreis so hoch, dass deutlich weniger solcher Güter nachgefragt werden als zuvor unter x^*. Plastiktransformierte Güter sollten daher mehr Nutzen versprechen, aber nur geringfügig teurer in der Produktion werden, dass zumindest die alten Marktmengen erhalten bleiben.

Polypolisten müssen also versuchen, ihre Kosten gering zu halten, indem sie immer wieder ihre Prozesse auf Effizienz hin überprüfen und optimieren. Nur so können sie zumindest langfristig im Markt bestehen. Schaffen sie es, darüberhinaus ihre Kosten weiter zu senken, natürlich ohne ihre Produkte durch abnehmende Qualität im Nutzen zu schmälern, dann können sie sogar bei gleicher Produktionsmenge x die Differenz zwischen exogenem Marktpreis P^* und ihren Durchschnittskosten als Gewinn einstreichen. Die Gefahr ist aber hoch, dass dies den Konkurrenten ebenfalls gelingt, die dann aber ihre Differenz nur teilweise als Gewinn verbuchen und den Rest zu Preissenkungen nutzen. Dies käme in Abb. 2.5 nun einer Drehung von A(x) im Uhrzeigersinn gleich, was dann eine Ausweitung der Angebotsmengen unter kleinerem Preis erlaubt, die dann auch komplett von Konsumenten abgekauft wird. Diese Strategie der teilweisen Preissenkungen und Mengenausweitung kann schließlich den zunächst ungenutzten Gewinnspielraum wieder ausgleichen und dem Polypolisten mehr Marktanteil und damit mehr Marktmacht einräumen. Die gewinnmaximalste Strategie aber wäre es doch, als Einziger im Markt zu sein und nur kleine Menge zu maximal akzeptierten Preisen anbieten zu können. Diese, dem Polypol gegensätzliche Marktform, nennt man Monopol und soll im Folgenden ebenfalls erläutert werden.

2.7.2 Das Monopol

Monopolisten sind alleinige Anbieter eines bestimmten Gutes. Als einziges Unternehmen sehen Sie die Preis-Absatz-Funktion P(x) als Ergebnis ihrer eigenen Marktgestaltung. Dies erstreckt sich in der Regel auf Innovationen oder Werbung. Es gibt weitere Gründe, warum sie für eine gewisse Zeit ihre Monopolstellung aufrechterhalten können. Beispielsweise verleiht ihnen ein Patent das Exklusivrecht am Vertrieb des Gutes. Oder eine staatliche Konzession, also eine behördliche Genehmigung, gewährt ihnen die alleinige Produktion und den Verkauf dieses Gutes, zumindest in einem bestimmten Absatzgebiet. Monopolisten können auch aufgrund ihrer natürlichen Lage alleiniger Anbieter sein. Beispielsweise kann ein Bauernhof im Gebirge Wanderern Kost und Unterkunft zu hohen Reisen anbieten, insbesondere, wenn sich der nächste Anbieter in weiter Ferne befindet. Monopolisten errichten oftmals Eintrittsbarrieren, die es potenziellen Konkurrenten schwer machen, diesen Markt zu betreten. Solche Newcomer müssten dann eventuell hohe Qualitätsanforderungen einhalten oder eigene Vertriebsstrukturen aufbauen. Auch könnten sogenannte „Sank Costs" von einem Markteintritt abschrecken, insbesondere wenn Spezialmaschinen oder Personal mit einzigartigen Kompetenzen Voraussetzung für die Produktion des monopolistischen Gutes sind. Diese Kosten gehen bei Betriebsaufgabe verloren, da diese Ressourcen für andere Unternehmen zu speziell sind.

Abb. 2.6 Preissetzung im Monopol

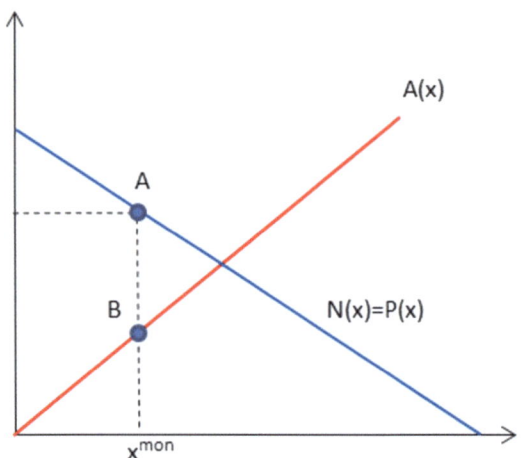

Die Mühen, ein Monopol zu errichten, lohnen sich für Unternehmen. Mussten im Polypol solche Unternehmen minimalste Marktpreise auf Höhe ihrer Durchschnittskosten akzeptieren, können Monopolisten vergleichsweise höhere Preise im Markt durchsetzen. Dies gelingt ihnen, da sie mangels Konkurrenten nicht unterboten werden können. Höhere Preise als im Polypol sind aber nur bei vergleichsweise kleineren Mengen als unter x^* (Abb. 2.6) möglich. Dies stellt aber kein Problem dar, denn im Polypol verteilt sich die Gleichgewichtsmenge x^* sowieso auf viele Einzelanbieter. Insofern muss die Monopolmenge nicht wesentlich kleiner sein, als die Angebotsmenge eines Einzelanbieters im Polypol. Entscheidend ist, dass in einem Markt für monopolistische Güter, die *P(x)*-Gerade deutlich höher liegt als für Massengüter im Polypol. Immerhin handelt es sich meist um sehr spezielle und innovative Sonderprodukte, die Konsumenten einen hohen Nutzen bieten. Der Monopolist würde nun die Produktionsmenge nicht derart ausweiten, dass die Durchschnittskosten gerade den akzeptierten Marktpreisen entsprechen, was bisher dem idealtypischen Polypol-Fall entsprach. Im Gegenteil, der Monopolist würden nun bewusst kleine Mengen produzieren, die Konsumenten den Eindruck eines seltenen und damit wertvollen Gutes vermitteln. Diese erscheinen dann besonders begehrenswert, weshalb sie mit hohen Preisen am Markt gewinnbringend abgesetzt werden können. Dies ist so, weil diese geringen Mengen nun unter vergleichsweise moderateren Kosten produziert werden können als im Falle polypolistischer Massengüter. Der Monopolist wird also die Differenz zwischen hoher Preisbereitschaft (Punkt A) und geringeren Stückkosten (Punkt B) als Gewinne abschöpfen, ohne jeglichen Konkurrenzdruck (Abb. 2.6).

2.8 Das „ideale" Unternehmen

Die Betriebswirtschaft beschäftigt sich mit empirischen Untersuchungen zu real existierenden Betrieben, doch der idealtypische Betrieb ist eine rein gedankliche Vorstellung. In der betrieblichen Realität ist die Komplexität und Ganzheitlichkeit kaum erfassbar. Den-

2.8 Das „ideale" Unternehmen

Abb. 2.7 Betrieblicher Prozess der Gütererstellung aus Inputfaktoren

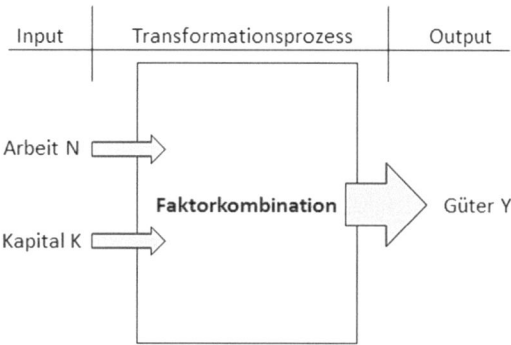

noch lassen sich grundlegende Prinzipien wirtschaftlichen Entscheidens und Handelns für Unternehmen gleichen welchen Typs ableiten. Demnach besteht die Aufgabe des idealtypischen Betriebes sowohl für Monopolisten als auch Polypolisten gleichermaßen in der Gewinnung, Erstellung, Bereitstellung und/oder Verteilung von Gütern und Dienstleistungen. Wie bereits erläutert, unterliegen diese Aktivitäten dem ökonomischen Prinzip, das entweder maximale Zielerreichung oder minimalen Ressourceneinsatz anstrebt. Betriebe verwenden dabei unterschiedliche Ressourcen als Produktionsfaktoren, wobei der betriebliche Leistungsprozess auf eine Kombination und Transformation dieser Faktoren abzielt (Abb. 2.7).

Die Produktionsfaktoren gemäß Abb. 2.7 lassen sich grob unterteilen in Arbeit, die körperliche und geistige Arbeitsleistungen umfasst, Boden als vorgefundene natürliche Ressourcen und Kapital, das zumeist als Material und Maschinen zur Güterproduktion eingesetzt wird. Eine verfeinerte Unterteilung umfasst Betriebsmittel, Werkstoffe und den Menschen. Dabei sind Betriebsmittel die Leistungskapazitäten in Form von Geräten zur Verrichtungen des Leistungserstellungsprozesses, Werkstoffe beziehen sich auf Verbrauchsgüter für die Produktion wie Roh-, Hilfs- und Betriebsstoffe, und der Mensch kombiniert diese Betriebsmittel und Werkstoffe durch objektbezogene, also an Gütern selbst, oder dispositive Arbeit, nämlich zur Aufrechterhaltung der Leistungsprozesse (Abb. 2.8).

Abb. 2.7 zeigt, dass Güter oder Dienstleistungen durch die Kombination von **Elementarfaktoren** gewonnen, erstellt, bereitgestellt oder verteilt werden. Diese objektbezogenen Aktivitäten werden dann durch den *dispositiven Faktor* (Abb. 2.8) geleitet, geplant, organisiert und kontrolliert, wobei dabei immer das ökonomische Prinzip gewahrt wird.

Unternehmen sind in eine marktwirtschaftliche Wirtschaftsordnung eingebettet und werden durch das geldwirtschaftliche System gelenkt. Marktwirtschaftlich-orientierte Betriebe zeichnen sich durch eine Autonomie aus, also weitestgehend ohne Zustimmung Dritter wirtschaften zu dürfen, sie streben auch ein finanzielles Gleichgewicht an, nämlich die verursachten Kosten durch die eigene wirtschaftliche Tätigkeit zu decken, und schließlich verfolgen sie das erwerbswirtschaftliche Prinzip, das auf Gewinnmaximierung und Verlustvermeidung abzielt.

Abb. 2.8 Einteilung der Produktionsfaktoren

2.9 Wie wirtschaften Unternehmen?

Unternehmen wirtschaften, indem sie betriebliche Produktion betreiben. Produktion bedeutet, dass Produktionsmittel kombiniert werden, um daraus Sachgüter herzustellen. Inputgüter sind Ressourcen, wie Holz und Kunststoff, oder Produktionsfaktoren, wie Extrusionsanlagen, die zur Produktion eingesetzt werden, während Outputgüter die Ergebnisse des Kombinations- und Umwandlungsprozesses darstellen, z. B. Holz-Kunststoff-Profile (Abb. 1.6). Elementarfaktoren umfassen menschliche Arbeitsleistungen, Betriebsmittel und Werkstoffe, die als Inputgüter eingesetzt werden. Der dispositive Faktor übernimmt die planerische Gestaltung und Kontrolle der Betriebsabläufe, wie beispielsweise die Wartung der Extrusionsanlagen oder die Entwicklungsarbeit für neue WPC-Produkte.

Die verschiedenen Leistungsprozesse müssen nun in Gruppen zusammengefasst werden, je nachdem, ob sie primär objektbezogen oder sekundär dispositiv sind. Aus dieser Unterteilung entstehen verschiedene funktionsbezogene Teilbereiche. Hierzu gehören gemäß Abb. 2.9 die Beschaffung, Produktion und Absatz als Primärbereiche, da sie direkt an den Gütern arbeiten. Unterstützende Funktion besitzen die Bereiche Unternehmensführung, Personal, Investition- und Finanzierung und evt. die Entsorgung.

Wie bereits erläutert basieren die Prinzipien und Ziele betrieblichen Handelns auf dem Rationalprinzip, das entweder das Minimum- oder das Maximalprinzip verfolgt. Unter Wahrung des finanziellen Gleichgewichts werden genügend vorhandene und kurzfristig beschaffbare finanzielle Mittel für alle fälligen Verbindlichkeiten bereitgestellt, und unter dem erwerbswirtschaftlichen Prinzip wird das Ziel der Gewinnmaximierung verfolgt. Als weitere Ziele gelten die Rentabilität, stabile Preise und Gewinne, die Bewahrung bzw. der Ausbau des Marktanteils und der Wettbewerb mit der Konkurrenz. Dabei spielen *Kosten* (K) eine große Rolle (Tab. 2.1). Ihnen kommt eine Erklärungs- und Gestaltungsaufgabe zu. Erstere besteht darin, Kosteneinflussgrößen zu erfassen und deren Effekte auf die Gesamtkosten zu bestimmen. Unter der Gestaltungsaufgabe versteht man, die Kosteneinflussgrößen so zu moderieren, dass der Output kostenminimal wird. Der allgemeine Kostenbegriff umfasst dabei den wertmäßigen Kostenbegriff, der den mit Preisen bewerteten Faktorverzehr (Sachgüter und Dienstleistungen) für betriebliche Leistungen bzw. deren Bereitstellung beschreibt. Kosten umfassen aber auch weitere betriebliche Wertabgänge, wie Steuerzahlungen und intern verbrauchte Güter, bewertet zum Wiederbeschaf-

2.9 Wie wirtschaften Unternehmen?

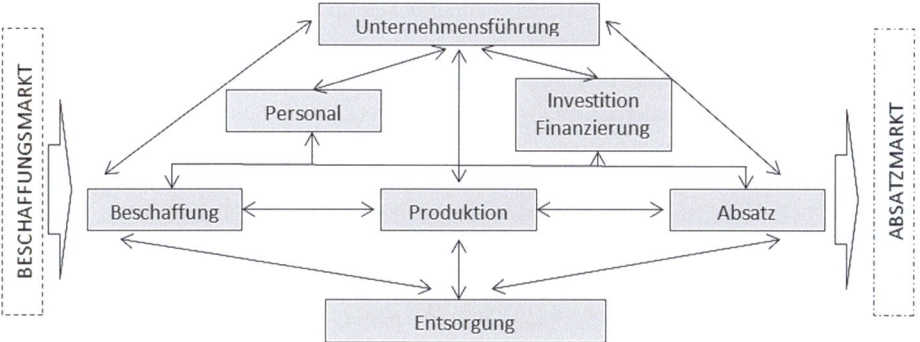

Abb. 2.9 Funktionsmodell des idealtypischen Unternehmens und Einbettung in Märkte

Tab. 2.1 Klassifikation des Kostenbegriffes am Beispiel $K(x) = ax^2 + b$

Kostenbegriff	Symbol	Kostenfunktion
Gesamtkosten	K	$K(x) = ax^2 + b$
Variable Kosten	K_v	$K_v(x) = ax^2$
Fixe Kosten	K_f	$K_f = b$
Gesamtkosten pro Stück	$k = K/x$	$k(x) = ax + b/x$
Variable Kosten pro Stück	$k_v = K_v/x$	$k_v(X) = ax$
Fixe Kosten pro Stück	$K_f = K_f/x$	$k_f(x) = b/x$
Grenzkosten	$K'(x) = \partial K/\partial x$	$K'(x) = 2ax$

mit x = Output-Menge

fungspreis (z. B. Maschinenabnutzung). Erlöse (E) zielen auf die mit Verkaufspreisen im Markt abgesetzten Produktmengen ab. Gewinne (G) ergeben sich dann aus den Erlösen minus den Kosten (G = E − K). Tab. 2.1 fasst die unterschiedlichen Kostenbegriffe und deren Ableitung aus der Kostenfunktion zusammen.

Kostenverläufe können linear, progressiv, degressiv oder regressiv sein. Der Verlauf der Gesamtkosten (K) kann in einem festen Verhältnis zur Ausbringungsmenge x von niedrig nach hoch ansteigen (proportionaler Verlauf), überproportional mit Erhöhung der Produktion zunehmen (progressiver Verlauf) oder unterproportional bei steigender Ausbringungsmenge ansteigen (degressiver Verlauf). Schließlich können Kosten auch, zumindest theoretisch, regressiv bei zunehmender Ausbringungsmenge von hoch nach niedrig fallen. Dass also die Gesamtkosten mit zunehmender Produktionsmenge x abnehmen, erscheint zunächst paradox, könnte aber dann der Fall sein, wenn beispielsweise auf dem Weg zu großen Mengen radikal neue und extrem kosteneffiziente Technologien entdeckt werden. Künstliche Intelligenz (KI) könnte hier für manche Branchen zu einer Schlüsseltechnologie werden.

Kostenfunktionen beschreiben also den Zusammenhang zwischen Produktmenge und Kosten für deren Erzeugung. Die Minimalkostenkombination besagt dann, dass für eine Produktion der Menge x stets die kostenminimale Faktorkombination gewählt wird. Ähnlich, wie schon der Zusammenhang zwischen Outputmenge und Gesamtkosten entweder linear, progressiv, degressiv oder sogar regressiv sein kann, beschreiben *Skalenerträge* den Zusammenhang zwischen Input- und Outputwerten. Der Skalentyp ergibt sich aus der Analyse, wie sich unter proportionaler Erhöhung der Faktoreinsatzmenge um den Proportionalitätsfaktor µ der Output um das $µ^h$-Fache ändert. Die Unbekannte h ist der Skalenfaktor, und er legt dann den Skalentyp fest und beträgt bei konstanter Outputänderung $h = 1$, womit der Output proportional zum Faktoreinsatz ansteigt. Bei steigenden Skalenerträgen, nämlich $h > 1$, nimmt der Output überproportional zum Input zu, und bei sinkenden Skalenerträgen, $h < 1$, ist die Zunahme unterproportional (Abb. 2.10). Wenn es also gelingt, mit zunehmender Plastiksubstitution künftig immer weniger petrochemische Kunststoffe zu verbrauchen, weist die WPC-Technologie zunehmende Skalenerträge auf, was durchaus wünschenswert wäre. Dann wäre nicht nur mit steigender Inputmenge an Petroplastik die Menge an WPC-Produkten überproportional höher, sondern es gelte dann auch andersherum, dass sowohl unter gleicher Petroplastik-Einsatzmenge, und natürlich auch unter abnehmender Kunststoff-Einsatzmenge, der WPC-Output erst recht höher ausfällt.

Fixe und variable Kosten sind ebenfalls maßgebend für betriebliche Entscheidungen. Bestimmte Faktoren wie Miete sind auf kurze Frist fix, während alle anderen Kosten kurzfristig mit der Verbrauchsmenge variieren, z. B. Material. Der Verlauf der durchschnittlichen fixen Kosten sinkt insbesondere mit steigender Produktmenge, ist also stets kleiner als die durchschnittlichen Gesamtkosten und geht bei unendlicher Produktmenge gegen null. Je mehr produziert wird, desto geringer ist der Anteil der Fixkosten an den Stückkosten und desto kleiner der Angebotspreis. Gleichzeitig können auch die durchschnittlichen variablen Kosten signifikant abnehmen, insbesondere unter steigenden Skalenerträgen. Die Plastiktransformation mittels WPC-Substitutionstechnologie ist hier vielversprechend, denn Tab. 2.2 verdeutlicht die Kosteneffizienz von WPC infolge vergleichsweise geringerer Materialkosten aus den Holzbestandteilen im Compound. Es ist anzunehmen, dass der Anteil kosteneffizienter und klimaneutraler Holzfasern gegenüber Kunststoff, der zunehmend auch Umweltschadenskosten decken muss, mit zunehmender WPC-Outputmenge durchaus höher ausfallen wird und dadurch hilft, die variablen Stückkosten zu senken.

Abb. 2.10 Konstante, sinkende und steigende Skalenerträge

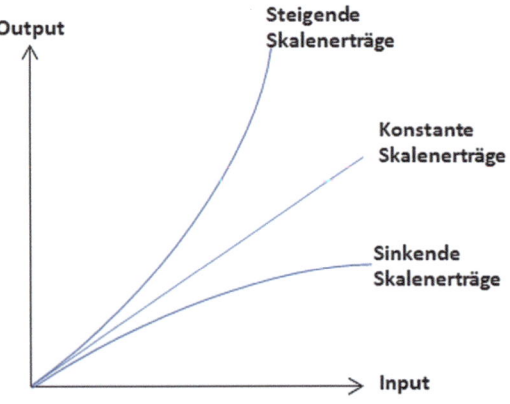

Tab. 2.2 Kostenvergleich für petro- und biobasierte Kunststoffe und Holzbestandteile von WPC

	Material	Kosten [€/kg]	Referenz
Petro-chemisch	Polyethylen (PE)	1,35	Sommerhuber et al. (2015)
	Polypropylen (PP)	1,10	
Bio-basiert	BioPolyethylen (BioPE)	1,80	van den Oever et al. (2017)
	BioPolypropylen (BioPP)	2,10	
	Polylactid (PLA)	4,05	
	Polyhydroxyalkanoate (PHA)	8,10	
	Holzfaser	0,30	Keskisaari und Kärki (2018)
	Holzstaub	0,06	

2.10 Das Unternehmensumfeld

Unternehmen sollten nicht nur ihren Blick nach innen richten, wenn es um die Analyse der effektivsten Variante wirtschaftlichen Handelns geht. Auch die Außenwelt hat entscheidenden Einfluss auf den Unternehmenserfolg. Hierbei stellen sogenannte **Stakeholder** die Anspruchsgruppen gegenüber einem Unternehmen dar, da sie berechtigt sind, bestimmte Forderungen zu stellen. Diese Stakeholder-Gruppen werden zu einem entscheidenden Bestandteil des Unternehmensumfelds. „Stakeholder" ist gleichbedeutend mit „Anspruchsgruppen", wobei das Wort „Stake" auf den Anspruch hinweist, den diese Gruppen haben. Ihre Einflussnahme erstreckt sich über die Wettbewerbsfähigkeit sowie die allgemeine Entwicklung des Unternehmens.

Das weitere Umfeld, in dem ein Unternehmen tätig ist, besteht aus verschiedenen Dimensionen (Abb. 2.11). Die ökonomische Umwelt erfordert heute mehr denn je eine Anpassung an den Klimawandel sowie die Schonung der Ökosysteme. Hier kann Plastiksubstitution tatsächlich zum Wettbewerbsvorteil werden. Die politisch-rechtliche Umwelt stellt Unternehmen vor die Herausforderung, sich an geltende Gesetze und Auflagen anzupassen. Eine Plastiksteuer könnt hier den Druck zur Kunststoffvermeidung erhöhen. Die sozio-kulturelle Umwelt drückt sich durch Werte und Traditionen aus, die das Unternehmen beeinflussen können. Konsumenten beispielsweise sehen den direkten Kontakt von Lebensmittel mit petrochemischen Kunststoffen zunehmend kritischer. Ebenso relevant ist die natürlich-physische Umwelt, also vorhandene Ökosysteme, die einen Ressourcenlieferanten für Unternehmen darstellen. Deutschland mit einer ausgeprägten Holzwirtschaft könnte hier die WPC-Produktion unterstützen und die Abhängigkeit von Öl aus anderen Ländern reduzieren.

Die Identifizierung von Stakeholder-Anspruchsgruppen ist für jedes Unternehmen strategisch bedeutsam, aber für Monopolisten umso mehr, da sie sich immer wieder ihren Markt mit Innovationen oder neuen Produktvarianten erkämpfen müssen. Hierbei ist es besonders wichtig, jene Stakeholder herauszufiltern, die bedeutenden Einfluss auf das Unternehmen ausüben können und so ein Risiko, aber auch einen Vorteil bieten können.

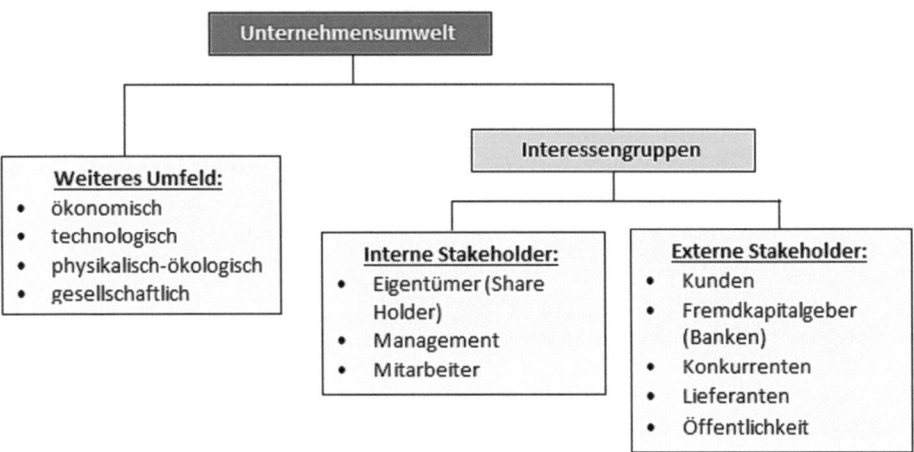

Abb. 2.11 Stakeholder-Gruppen im Unternehmensumfeld

Unternehmen müssen diese Gruppen identifizieren, um angemessen auf ihre Interessen und Einflussmöglichkeiten reagieren zu können.

Die Branchenstruktur gibt Unternehmen weitestgehend die Typen und Eigenschaften der Stakeholder vor. Eine Branche besteht aus einer Gruppe von Herstellern, die substitutive, also untereinander austauschbare Produkte anbieten. Innerhalb dieser Branche gibt es mehrere für alle Unternehmen relevante Gruppen, darunter Kunden, Lieferanten, Konkurrenten und Nachfrager. Diese Gruppen beeinflussen die Dynamik und die Wettbewerbssituation in der Branche erheblich und üben sogenannte **Wettbewerbskräfte** auf die Mitglieder aus. Ein bekanntes Verfahren zur Analyse dieser Wettbewerbskräfte ist das von Michael Porter entwickelte Fünf-Kräfte-Modell. Neue Anbieter können den Markt verändern, indem sie entweder neue Produkte einführen oder bestehende Produkte zu niedrigeren Preisen anbieten. Abnehmer besitzen die Macht, Preise zu diktieren und somit die Rentabilität der Unternehmen in der Branche zu beeinflussen. Lieferanten können durch die Erhöhung der Kosten für Rohstoffe oder Dienstleistungen Kostendruck auf die Unternehmen ausüben. Ersatzprodukte stellen eine weitere Herausforderung dar, da sie zur Standardisierung des Marktes beitragen und Preisdruck erzeugen können. Dies ist ein Phänomen, das auch als Polypolisierung des Marktes bezeichnet wird, denn sie sorgen langfristig für fallende Preise. Schließlich konkurrieren die bisherigen Wettbewerber um Marktanteile, was zu intensiven Rivalitäten und ständigen Bemühungen um Differenzierung, also Abgrenzung von vereinheitlichten Produkten durch Produktvariantenbildung und Kostenreduktion führt. Die branchenweite Einführung der WPC-Substitutionstechnologie kann hier durchaus die Branchenstruktur verändern. Umstellende Unternehmen sind weit weniger der Verhandlungsmacht ihrer Kunststoffgranulat-Lieferanten ausgesetzt, insbesondere wenn sich wegen steigender Energiekosten dieser Input-Faktor verteuert. Mit klimaneutralem WPC-Material könnten sich Produkthersteller besser von Massenanbietern differenzieren und so den Wettbewerbsdruck als Polypolist umgehen. Es kommt dann zur Monopolisierung des Polypols. Schließlich können sie eine neue, umweltbewusstere Kun-

2.10 Das Unternehmensumfeld

denzielgruppe ansprechen, die unter höherer Preisakzeptanz zur Gewinnmaximierung beiträgt, insbesondere wenn die WPC-Produktion mit steigenden Skalenerträgen einhergeht.

Der Wechsel auf eine neue Technologie kann also die Branchenstruktur erheblich verändern. Dies gibt der Forschung immer wieder Anlass, wenn sich ein Technologieumbruch ankündigt die unternehmerischen Gestaltungsperspektiven zu analysieren und Wettbewerbsstrategien abzuleiten. Dieser Forschungszweig wird Industrieökonomik genannt. Sie untersucht den Kausalzusammenhang zwischen der Struktur einer Branche und dem Erfolg der darin tätigen Unternehmen. Dazu sind mehrere Informationen einzuholen, nämlich die Strategien der verschiedenen Anbieter innerhalb der Branche, insbesondere über sich verändernde Wertschöpfungsprozesse. Hierbei kann es zur vertikalen Integration kommen, bei der sich der Wertschöpfungsprozess verlängert. Beispielsweise könnten Hersteller von Plastikprodukten unter WPC-Einsatz nun beabsichtigen, auch selbst Wälder zu bewirtschaften aus denen sie ihren eigenen Rohstoff „Holzfaser" gewinnen. Unter einer Verkürzung kommt es zur Spezialisierung, nämlich einer Fokussierung auf nur wenige Prozessetappen. Dies könnte der Fall sein, wenn sich diese Hersteller nur noch auf die WPC-Compound-Erzeugung fokussieren und dieses Zwischenprodukt nur noch an andere Produzenten verkaufen. Am Ende ist die Rivalität zwischen den strategischen Gruppen innerhalb einer Branche entscheidend, denn Hersteller werden immer versuchen, diese zu mildern, um unter weniger Risiko und Aufwand zur Erfolgssicherung noch leichter ihr Gewinnpotenzial zu maximieren. Die dabei zu beachtenden Kontextfaktoren sind vielfältig und aus ihnen resultierende Brancheneffekte lassen sich wie folgt beschreiben:

A) Faktor „Rivalität"

A.1) *Branchenwachstum*: Dies bezieht sich auf das Wachstum der gesamten Branche. Bei geringem Branchenwachstum ist die Rivalität höher, da Unternehmen stärker um Marktanteile konkurrieren müssen.

A.2) *Überkapazitäten*: Wenn Unternehmen mehr produzieren können, als der Markt aufnehmen kann, führt dies zu Überkapazitäten. Dies verstärkt die Rivalität, da Unternehmen gezwungen sind, ihre Produkte zu niedrigeren Preisen anzubieten, um ihre Kapazitäten auszulasten.

A.3) *Produktunterschiede*: Geringe Unterschiede zwischen den Produkten der Konkurrenten erhöhen die Rivalität, weil die Kunden weniger Loyalität gegenüber einer bestimmten Marke zeigen und stärker auf den Preis achten.

A.4) *Markenidentität*: Eine starke Markenidentität kann die Rivalität verringern, da Kunden bereit sind, höhere Preise für Markenprodukte zu zahlen und weniger wahrscheinlich zu konkurrierenden Marken wechseln.

A.5) *Umstellungskosten*: Hohe Umstellungskosten für Kunden, die zu einem anderen Anbieter wechseln wollen, reduzieren die Rivalität, weil es für die Kunden teuer und schwierig ist, den Anbieter zu wechseln.

A.6) *Konzentration und Gleichgewicht*: In einer Branche mit wenigen großen, gleichgewichtigen Unternehmen ist die Rivalität intensiver, da diese Unternehmen über ähnliche Marktanteile und Ressourcen verfügen und aggressiver um Marktführerschaft kämpfen.

A.7) *Komplexe Informationslage*: Wenn die Informationen über Konkurrenten und Marktbedingungen unklar oder schwer zugänglich sind, kann dies die Rivalität verstärken, da Unternehmen unsichere oder spekulative Entscheidungen treffen müssen.

A.8) *Austrittsbarrieren*: Hohe Kosten oder andere Schwierigkeiten beim Verlassen einer Branche erhöhen die Rivalität, da Unternehmen trotz unprofitabler Bedingungen im Markt bleiben und weiterhin konkurrieren.

B) Faktor „Eintrittsbarrieren"

B.1) *Economies of Scale*: Große, etablierte Unternehmen profitieren von Kostenvorteilen durch hohe Produktionsmengen. Neue Marktteilnehmer können diese Kostenvorteile oft nicht sofort erreichen, was den Markteintritt erschwert.

B.2) *Markenidentität*: Etablierte Marken genießen hohe Bekanntheit und Kundenloyalität. Neue Anbieter müssen erhebliche Anstrengungen und Investitionen in Marketing und Werbung tätigen, um die gleiche Markenidentität zu erreichen, was eine hohe Eintrittsbarriere darstellt.

B.3) *Umstellungskosten*: Wenn Kunden hohe Kosten oder großen Aufwand haben, um zu einem neuen Anbieter zu wechseln, wird der Markteintritt für neue Unternehmen schwieriger, da es schwerer ist, Kunden von etablierten Anbietern abzuwerben.

B.4) *Kapitalbedarf*: Der Markteintritt erfordert oft hohe Anfangsinvestitionen in Anlagen, Technologie, Personal und Marketing. Hoher Kapitalbedarf stellt somit eine erhebliche Eintrittsbarriere dar.

B.5) *Zugang zur Distribution*: Etablierte Unternehmen haben oft exklusive oder bevorzugte Verträge mit wichtigen Distributionskanälen. Neue Marktteilnehmer haben Schwierigkeiten, Zugang zu diesen Kanälen zu erhalten, was den Markteintritt erschwert.

B.6) *Staatliche Politik*: Regulierungen, Lizenzanforderungen und andere staatliche Vorschriften können den Markteintritt erschweren. Neue Anbieter müssen diese Anforderungen erfüllen, was zeit- und kostenintensiv sein kann.

B.7) *Vergeltungsmaßnahmen der Anbieter*: Etablierte Unternehmen können aggressive Gegenmaßnahmen ergreifen, wie Preissenkungen oder Marketingkampagnen, um neue Konkurrenten abzuschrecken. Die Aussicht auf solche Vergeltungsmaßnahmen kann potenzielle Neueinsteiger abschrecken.

C) Faktor „Lieferantenmacht"

C.1) *Umstellungskosten Lieferanten*: Hohe Kosten oder Schwierigkeiten für ein Unternehmen, zu einem anderen Lieferanten zu wechseln, erhöhen die Macht des aktuellen Lieferanten. Unternehmen sind weniger flexibel und müssen möglicherweise höhere Preise oder ungünstigere Konditionen akzeptieren.

C.2) *Lieferantenkonzentration*: Wenn es nur wenige Lieferanten für einen bestimmten Rohstoff oder eine Dienstleistung gibt, ist die Macht dieser Lieferanten größer. Unternehmen haben weniger Alternativen und müssen die Bedingungen dieser wenigen Lieferanten akzeptieren.

C.3) *Anteil Bezugskosten an Gesamtkosten*: Wenn die Kosten für die von den Lieferanten bereitgestellten Rohstoffe oder Dienstleistungen einen hohen Anteil an den Gesamt-

2.10 Das Unternehmensumfeld

kosten eines Unternehmens ausmachen, steigt die Abhängigkeit von diesen Lieferanten. Dies gibt den Lieferanten mehr Verhandlungsmacht.

C.4) *Gefahr der Rückwärtsintegration*: Wenn Lieferanten drohen oder die Möglichkeit haben, selbst in die Produktion einzusteigen und so direkt mit ihren Abnehmern zu konkurrieren, stärkt dies ihre Verhandlungsposition. Unternehmen sind dann eher bereit, Zugeständnisse zu machen, um diese Integration zu verhindern.

D) Faktor „Abnehmerstärke"

D.1) *Abnehmerkonzentration*: Wenn es nur wenige, aber große Abnehmer gibt, haben diese eine stärkere Verhandlungsposition gegenüber dem Lieferanten. Große Abnehmer können bessere Konditionen und Preise durchsetzen.

D.2) *Abnehmervolumen*: Abnehmer, die große Mengen eines Produktes kaufen, haben mehr Verhandlungsmacht. Lieferanten sind eher bereit, Rabatte oder bessere Bedingungen anzubieten, um diese wichtigen Kunden zu halten.

D.3) *Umstellungskosten der Abnehmer*: Geringe Kosten oder geringer Aufwand für Abnehmer, zu einem anderen Lieferanten zu wechseln, erhöhen deren Macht. Sie können leicht drohen, den Lieferanten zu wechseln, um bessere Konditionen auszuhandeln.

D.4) *Informationsstand der Abnehmer*: Gut informierte Abnehmer, die über Marktpreise und alternative Anbieter Bescheid wissen, können besser verhandeln. Ihre Kenntnis des Marktes ermöglicht es ihnen, Druck auf die Lieferanten auszuüben.

D.5) *Fähigkeit zur Rückwärtsintegration*: Wenn Abnehmer die Möglichkeit haben, selbst die Produktion zu übernehmen und damit zu ihren eigenen Lieferanten zu werden, erhöht dies ihre Macht. Lieferanten müssen oft Zugeständnisse machen, um diese Integration zu vermeiden.

D.6) *Ersatzprodukte*: Die Verfügbarkeit von Ersatzprodukten gibt Abnehmern mehr Macht, da sie leicht zu alternativen Produkten wechseln können, falls die Bedingungen eines Lieferanten nicht zufriedenstellend sind.

E) Faktor „Preisempfindlichkeit"

E.1) *Produktunterschiede*: Geringe Unterschiede zwischen Produkten erhöhen die Preissensitivität der Kunden, da sie eher geneigt sind, auf den Preis zu achten und das günstigere Produkt zu wählen. Große Unterschiede hingegen können die Preissensitivität verringern.

E.2) *Markenidentität*: Eine starke Markenidentität reduziert die Preissensitivität der Kunden, da sie bereit sind, für eine bekannte und vertrauenswürdige Marke mehr zu bezahlen. Schwache Markenidentität führt zu höherer Preissensitivität, da Kunden weniger markentreu sind und eher auf den Preis achten.

E.3) *Abnehmergewinne*: Wenn Abnehmer hohe Gewinne erzielen, sind sie weniger preissensitiv, da sie sich höhere Preise leisten können und weniger auf Preisänderungen reagieren. Niedrige Abnehmergewinne führen hingegen zu höherer Preissensitivität, da Abnehmer preissensibler sind und stärker auf Kosten achten.

E.4) *Anreiz der Kaufentscheidung*: Je höher der Anreiz für den Abnehmer, eine Kaufentscheidung zu treffen (z. B. durch Rabatte, Sonderangebote oder Zusatznutzen), desto geringer ist die Preissensitivität. Geringe Anreize führen zu höherer Preissensitivität, da Kunden mehr auf den Preis als auf andere Faktoren achten.

Bei der Umstellung auf WPC-basierte Kunststoff-Produkte können also Hersteller eine Vielzahl unterschiedlicher strategischer Maßnahmen ergreifen. Sind beispielsweise aus der Faktor-Gruppe A die Umstellungskosten auf WPC erheblich (A.5), aber für manche Unternehmen durchaus verkraftbar, können sie dadurch die Rivalität mit Konkurrenten ohne Umstellungspotenzial mindern. Durch die Bildung eines Markenbewusstseins ihrer Abnehmer für diese „biobasierten" Kunststoffprodukte (B.2), z. B. weil sie als Hersteller hierin besonders kompetent sind, schützen sie ihren neu geschaffenen Markt vor dem Eintritt weiterer Konkurrenten. Sollten WPC-Compound-Hersteller ihren Abnehmern klarmachen, dass sie auch potenziell in der Lage sind, Produkte daraus zu herzustellen (C.4), werden sie weniger dem Preisdruck ihrer Abnehmer ausgeliefert. Genauso gut können Plastikproduktehersteller ihren WPC-Compound-Lieferanten drohen, selbst künftig das Materialgemisch zu produzieren (D.5), was ihnen eine bessere Position bei deren Preisverhandlungen verleiht. Und schließlich können sie ihren Konsumenten Kaufanreize schaffen (E.4), indem sie beispielsweise verbrauchte Produkte zurücknehmen, und das WPC-Material wieder in ihren Produktionsprozess einspeisen, ganz im Sinne einer effektiven zirkulären Rohstoffnutzung mit Kosteneinspareffekt.

Die Kunst ist es nun, die Erkenntnisse aus der unternehmensinternen Prozess- und Kostenanalyse mit jenen der Umfeld- und Branchenanalyse so zu koppeln, um maximal strategischen Nutzen zu ziehen. Abb. 2.12 verdeutlicht dies als Synthese, bei der effektive Strategiekonzepte generiert werden und jene mit maximalem Gewinnpotenzial schließlich

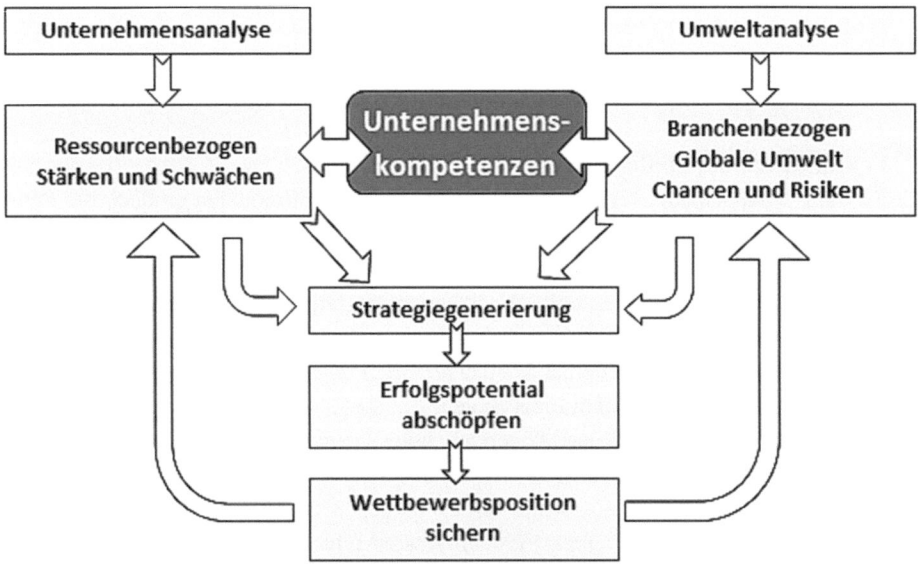

Abb. 2.12 Markt- und Ressourcen-orientierte Umfeldanalyse

zur Ausführung kommen sollten. Mittelfristig wird die umgesetzte Strategie Impulse in die Branche zurückgeben, die zu verändernden Reaktionen aller weiteren Teilnehmer führen wird. Unter dieser Dynamik bleibt die Industrie im ständigen Wandel, was den permanenten Bedarf an interner und externer Umfeldanalyse rechtfertigt und die Adaptation neuer Technologien, wie WPC, unumgänglich macht.

2.11 Organisation in Unternehmen

Unternehmen brauchen für ein effektives Wirtschaften feste Strukturen zur Realisierung bestimmter Prozesse. Auch kann die Anpassung bisheriger organisationaler Strukturen infolge eines Technologiewechsels, wie z. B. Umstellung auf WPC, erforderlich werden.

Eine wesentliche Voraussetzung für eine erfolgreiche Organisationsgestaltung ist, dass sie dem Menschsein gerecht wird. Motivation spielt hierbei eine entscheidende Rolle, da sie individuellen Schwankungen unterliegt und von verschiedenen Faktoren beeinflusst wird. In diesem Kontext spielt die **Unternehmenskultur** eine wichtige Rolle. Diese umfasst ein akzeptiertes Wertesystem sowie Verhaltensnormen und Denk- und Handlungsweisen, die innerhalb des Unternehmens verbreitet sind. Die Unternehmenskultur zeichnet sich durch Prägnanz, also Klarheit, aus. Der Verbreitungsgrad, also wie weit diese Kultur zwischen den Unternehmensmitgliedern geteilt wird, ist ebenfalls von Bedeutung. Die Verankerungstiefe beschreibt, wie selbstverständlich die Unternehmenskultur im Alltag gelebt wird. Schließlich muss die Unternehmenskultur die Umsetzung geplanter Strategien unterstützen. Formulierte Wettbewerbs-, Unternehmens- und sonstige funktionale Strategien, wie z. B. die Etablierung einer Marke, bilden dabei die Unterziele, die auf die langfristigen Ziele des Unternehmens, nämlich Wachstum und Gewinnmaximierung, ausgerichtet sind. Diese Strategien müssen mit der Unternehmenskultur und der Motivation der Mitarbeiter in Einklang stehen, um die Gesamtziele des Unternehmens effektiv zu erreichen.

Führungskompetenzen, und vor allen der Führungsstil, gewinnen hier an Bedeutung. In der Literatur werden hierunter folgende Managementtechniken unterschieden:

a) *Management by Decision Rules (primär-polypolistisch)*: Dieses Konzept basiert auf vordefinierten Entscheidungsregeln (z. B. Richtlinien) für Führungskräfte, um Entscheidungsprozesse zu standardisieren und effizienter zu gestalten. Da Polypol-Unternehmen in Massen produzieren und so die Vielfalt an Entscheidungssituationen eher gering ausfällt, ist dieses Konzept für sie sehr effizient.

b) *Management by Exception (semi-polypolistisch)*: Bei diesem Ansatz greift das Management nur ein, wenn Abweichungen von den festgelegten Standards oder Zielen auftreten. Führungskräfte können sich mehr auf außergewöhnliche Fälle konzentrieren, die besondere Aufmerksamkeit erfordern. Polypolisten mit primär standardisierten Prozessen und ergänzenden monopolistischen Produktvarianten könnten diesem Ansatz eher folgen.

c) *Management by Results (semi-polypolistisch)*: Bei diesem Konzept liegt der Fokus auf den erzielten Ergebnissen. Führungskräfte setzen klare Ziele und bewerten die Leistung der Mitarbeiter anhand der erreichten Resultate. Dies fördert eine ergebnisorientierte Kultur und hilft, die Ziele des Unternehmens klar zu verfolgen. Auch hierin liegt eine Mischung aus standardisierten polypolistischen Produkten und daraus abgeleiteten monopolistischen Sondervarianten vor, die auf Standardprodukten basieren, diese aber weiterentwickeln. Alle Mitarbeiter sind soweit durch das Standardgeschäft routiniert, können aber punktuell darüber hinaus Spezialisierungen hervorbringen und werden nur an diesen Ergebnissen gemessen.

d) *Management by Delegation (primär monopolistisch)*: Aufgaben und Entscheidungsbefugnisse werden an nachgeordnete Mitarbeiter delegiert. Eigenverantwortung und Motivation der Mitarbeiter wird gefördert und die Führungsebene entlastet. Für reine Monopolisten ist diese Konzept zielführend, denn die Vielfalt an unterschiedlichen Produkten und deren kurzen Innovationszyklen erfordert ein Höchstmaß an Flexibilität und pro-aktives Handeln jedes Einzelnen.

e) *Management by Systems (primär monopolistisch)*: Das Unternehmen wird hier als System miteinander verbundener Prozesse und Strukturen gesehen. Managemententscheidungen basieren auf einer systematischen Analyse dieser Prozesse, um Effizienz und Effektivität zu maximieren. Monopolisten sollten eher diesen Führungsstil pflegen, um immer wieder auf neue Marktanforderungen reagieren zu können und permanent Innovationen hervorzubringen.

Damit das Führen in Unternehmen seine Wirkung entfalten kann, braucht es die bereits erwähnte Organisationsstruktur. Hierbei stellen die Aufbau- und Ablauforganisation die zentralen Konzepte dar, wie Arbeitsteilung in Unternehmen effektiv vonstattengeht. Bei der Arbeitsteilung unterscheidet man zwischen **Mengen- und Artenteilung**. Ersteres bedeutet, dass eine Aufgabe auf mehrere Personen verteilt wird. Müssen täglich 10 t WPC-Compound hergestellt werden und schafft ein Mitarbeiter 1 t pro Tag, wird die Arbeit auf 10 Mitarbeiter verteilt. Artenteilung hingegen bedeutet, dass eine Person unterschiedliche Aufgaben übernimmt. Demnach wäre ein Mitarbeiter nicht nur für die Compound-Herstellung am Extruder verantwortlich, sondern übernimmt auch Rohstoffbestellung, Maschinenwartung und Konfektionierung der Produkte. Demnach könnten für die 10 t Tagesmenge mehr als 10 Mitarbeiter erforderlich werden, da diese auch andere Tätigkeiten übernehmen. Polypolistische Unternehmen setzen mehr auf Kosteneffizienz und favorisieren die Mengenteilung, was der Einfachheit der Produkte eher entgegenkommt, wohingegen Monopolisten auf die Artenteilung setzen, da Produkte immer wieder wechseln und flexible Kompetenzen bei den Mitarbeitenden abverlangt.

Die Organisation des Unternehmens muss nun den gewählten Arbeitsteilungsprinzipien gerecht werden. Organisatorisch unterscheidet man zwischen der **Aufbau- und Ablauforganisation**. Erstere regelt die Verteilung von Aufgaben und Kompetenzen durch eine physische Struktur. Bei der Ausgestaltung kommt es darauf an, ob beim Wirtschaften des Unternehmens eher die Tätigkeit, also die Verrichtung, oder das Gut, also Objekte, im

2.11 Organisation in Unternehmen

Vordergrund stehen. Ersteres ist eher für Massenproduzenten als Polypolisten von Bedeutung, denn die Produkte sind hoch standardisiert aber der Verrichtungsprozess muss höchsten Effizienzanforderungen genügen, um bei geringen exogen vorgegebenen Marktpreisen noch irgendwelche Gewinne zu erzielen. Für Monopolisten sind die Objekte eher von Interesse, wie Zielgruppen oder innovative Produktvarianten, und je einzigartiger diese ausgestaltet sind, desto besser die Gewinnaussichten. Ein nächstes Kriterium der Aufbauorganisation ist das Wertschöpfungspotenzial, also ob organisationale Elemente der Unternehmensstruktur, egal ob *verrichtungs- oder objektbezogen*, direkte Wertschöpfung generieren, z. B. durch einen Transformationsprozess am Inputfaktor selbst. Oder ob sie solchen betrieblichen Elementen nur eine unterstützende Funktion anbieten, wie z. B. die Personalabteilung. Hier unterscheidet man zwischen Primär- und Sekundärorganisation. Erstere besteht aus dauerhaften Organisationseinheiten, wie Stellen und Abteilungen, die in hierarchischen Beziehungen zueinander stehen. Die Sekundärorganisation hingegen kann sogar zeitlich begrenzte Organisationsstrukturen umfassen, wie beispielsweise Projektteams, die ergänzend zur Primärorganisation fungieren.

Die Ablauforganisation legt die einzelnen Prozesse der Aufgabenerfüllung fest. Sie muss noch mehr die spezifische Form der Arbeitsteilung unterstützen, indem sie eher sporadische oder eher permanente Prozesse lenkt. Hieraus leitet sich auch das Ausmaß der Entscheidungsdelegation ab, ob und welche Entscheidungen an wen weitergeleitet werden. Das so resultierende Leitungssystem kann dann entweder nur innerhalb einer Abteilung oder abteilungsübergreifend angelegt sein.

Leitungssysteme regeln also den Informationsfluss zwischen hierarchischen Ebenen und gleichzeitig legen sie fest, welchen übergeordneten Instanzen eine Stelle weisungsgebunden ist. Beim *Einliniensystem* in Abb. 2.13a besitzt jede untergeordnete Stelle nur eine übergeordnete Instanz. Dies führt zu klaren Kommunikationswegen und eindeutigen Zuständigkeiten. Zum Beispiel weiß ein Mitarbeiter in der Marketingabteilung genau, dass er seine Berichte direkt an den Marketingleiter senden muss. Im Gegensatz dazu stehen Mitarbeiter im *Mehrliniensystem* (Abb. 2.13b) mehreren übergeordneten Stellen gegenüber. Dies kann die Kommunikation flexibler und schneller machen, aber auch zu Konflikten führen, da ein Mitarbeiter Anweisungen von verschiedenen Vorgesetzten erhalten kann. Ein Beispiel wäre ein Mitarbeiter, der sowohl dem Produktionsleiter als auch dem

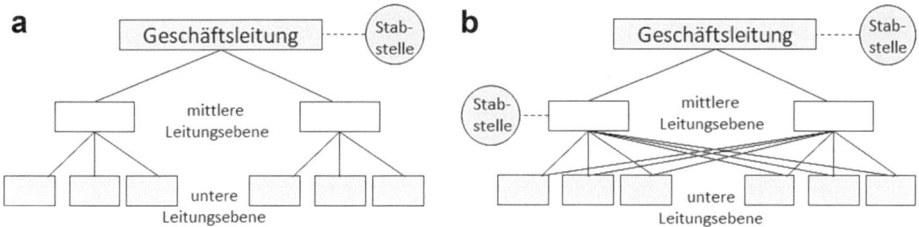

Abb. 2.13 Organigramm für ein Einliniensystem mit Stabstelle (a) und für ein Mehrliniensystem mit Stabstelle (b)

Qualitätsmanager berichten muss. Eine Kombination aus beiden Systemen führt zu einer Struktur, bei der es eine eindeutige disziplinarisch übergeordnete Stelle gibt, und eine oder mehrere Instanzen, die limitierte Befugnisse haben, z. B. nur in bestimmten fachlichen Fragestellungen reagieren. Beispielsweise könnte ein Vertriebsmitarbeiter Anweisungen von beiden, dem Verkaufsleiter und dem Produktmanager, erhalten, während der Verkaufsleiter die disziplinarische Kontrolle behält. Das Stab-Linien-System erweitert das Einliniensystem durch sogenannte Stabsstellen, die einer Leitungsstelle zugeordnet sind. Diese Stabsstellen dienen als Berater und Unterstützer der Leitungsstellen, ohne auch gegenüber den Linienmitarbeitern befugt oder weisungsgebunden zu sein. Ein Beispiel wäre ein Finanzberater, der dem Geschäftsführer zugeordnet ist und beratende Funktionen übernimmt, aber keine direkten Anweisungen an die Buchhaltung gibt. Aus den Ausführungen wird nachvollziehbar, dass polypolistische Unternehmen eher dem Einliniensystem folgen, da hier der Komplexitätsgrad der Wertschöpfungsprozesse infolge standardisierter Massenproduktion wenig ausgeprägt ist und daher Abstimmungs- und Koordinationsbedarf geringer ausfällt. Monopolistische Unternehmen hingeben brauchen ein Höchstmaß an Flexibilität, da viel Unvorhergesehenes auftreten kann und eine rasche Abstimmung mit Instanzen hoher Fachkenntnisse erforderlich wird.

Die Konfiguration von Unternehmen, also die äußere Gestalt der Organisation, erfolgt nun wie im Baukastenprinzip anhand der zuvor erläuterten Instrumente, nämlich mit verrichtungs- bzw. objektbezogenem Charakter, Aufgabenteilungsprinzipien, Unterscheidung nach primär- und sekundärorganisatorischen Instanzen und Ausgestaltung des Leistungssystems. Es haben sich bis heute folgende Unternehmensstrukturen in der Praxis durchgesetzt, nämlich das eindimensionale Ein- und Mehrliniensystemen und die mehrdimensionale Matrix-Struktur.

Die *funktionale Organisation* ist ein Beispiel für eindimensionale Strukturen. Wie Abb. 2.14a zeigt, befindet sich auf der ersten Hierarchieebene die Unternehmensleitung. Auf der zweiten Hierarchieebene folgen die Hauptabteilungen, die nach funktionalen Bereichen gegliedert sind, wie Beschaffung, Forschung und Entwicklung (F+E), Produk-

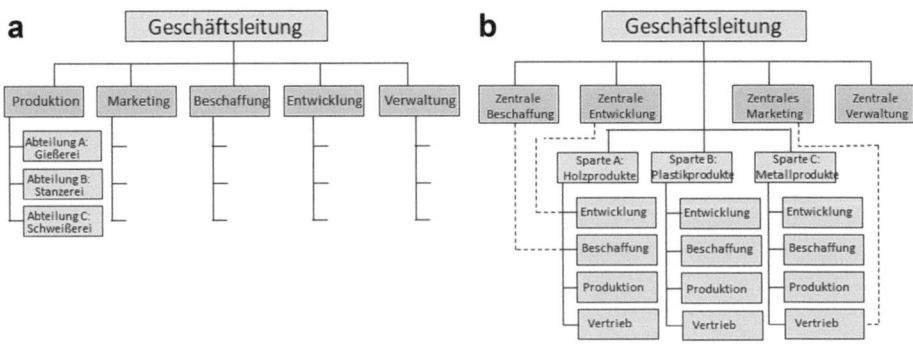

Abb. 2.14 Eindimensional funktionale Organisation (a), eindimensional divisionale Organisation (b)

2.11 Organisation in Unternehmen

tion und Absatz. Zusätzlich gibt es indirekte Funktionsbereiche, wie Finanzierung und Personal. Auf der dritten Hierarchieebene sind diese Hauptabteilungen weiter in Unterabteilungen oder Gruppen gegliedert, die nach Objektkriterien wie Produkt A, Produkt B usw. ausgerichtet sind. Massenproduzenten mit wenigen Standardprodukten wählen diese Form, denn der Abstimmungsbedarf ist gering und die übersichtliche klare Struktur muss wie ein Uhrwerk die immer gleichen Prozesse unterstützen.

Divisionale Organisationen gemäß Abb. 2.14b stellen eine Erweiterung der Funktionalen dar. Auch hier steht auf der ersten Hierarchieebene die Unternehmensleitung. Auf der zweiten Hierarchieebene folgen nach Funktionen gegliederte zentrale Abteilungen. Sie übernehmen fachlich übergeordnete Aufgaben, die von den nachfolgenden Ebenen gleichermaßen in Anspruch genommen werden, wie z. B. Personalbeschaffung. Auf der 3. Ebene wiederholen sich die Funktionalbereiche gleich mehrfach, da aber das Gesamtunternehmen nun objektorientiert wirtschaftet, sind sie nun bestimmten Divisionen als Produktgruppen, Märkten oder Kunden zugeordnet und auch kleiner als die Zentralbereiche ausgestaltet. Der Vorteil ist nun, dass die Divisionen weitestgehend selbstständig operieren können, aber auch eigenverantwortlich für Erfolg und Verlust sind. Andererseits sind sie mehrlinig ausgestaltet, sind also der Zentralinstanz und der divisionalen Instanz weisungsgebunden. Bei diesem System erkennt man bereits den Trend typischer Massenproduzenten, sich mit Produktvarianten (Division) zunehmend auch zu spezialisieren und höhere Preise und Gewinne zu erwirtschaften. Sie kann man als semi-polypolistisch bezeichnen.

Die beiden eindimensionalen Strukturen zeigen, dass jeweils primär die Verrichtung oder das Objekt im Mittelpunkt stehen muss. Diese Festlegung hebt die mehrdimensionale Struktur auf. Als *Matrixorganisation* kann sie nämlich beide Dimensionen miteinander verbinden, also divisionale Elemente mit Funktionalbereichen kombinieren, und dies umso intensiver, je höher der Abstimmungsbedarf ist. Diese Struktur verdeutlicht Abb. 2.15. Wie man sieht, gibt es zahlreiche Schnittstellen zwischen beiden Dimensionen, und diese gleichen den bisher bekannten Stabstellen. Tatsächlich werden sie oft von sogenannten

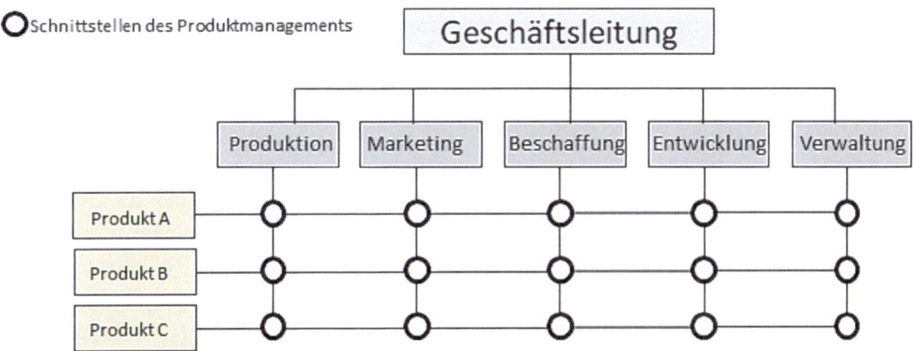

Abb. 2.15 Mehrdimensionale Organisationsstruktur nach Objekten

Produktmanagern besetzt, die meist über verdichtetes Spezialwissen über die ihnen zugeordneten divisionalen Objekte, also Produktgruppen, verfügen. Wann immer Abstimmungsbedarf entsteht, können sie die Leistung der Funktionsbereiche heranziehen und erreichen dadurch eine hohe Flexibilität und verbesserte Zusammenarbeit zwischen verschiedenen Abteilungen und Fachbereichen. Andere Ausgestaltungsformen bevorzugen je nach Objektbezug anstatt Produktmanager dann eher Kundenmanager, auch Key Account Manager genannt, die sich exklusiv um Schlüsselkunden des Unternehmens kümmern. Alternativ können in den Schnittstellen auch Exportabteilungen die Koordination aller Auslandsaktivitäten des Unternehmens koordinieren. Die mehrdimensionale Struktur wird komplexen Anforderungen und Herausforderungen gerechter und verhilft insbesondere Monopolisten zu einer starken Marktposition.

2.12 Managen und Leiten

2.12.1 Managementfunktionen und -ebenen

Sind effektive Strukturen für den organisatorischen Aufbau und Ablauf im Unternehmen implementiert, braucht es eine Steuerung der Prozesse, also auch der Mitarbeitenden. Dies kann aus funktionaler und institutioneller Sicht erfolgen. Erstere stützt sich auf die Analyse der Betriebsprozesse als systematische Untersuchung der Unternehmensabläufe. Hierbei stehen die Handlungen und der Leistungsprozess im Vordergrund. Die Managementfunktionen überlagern die primären und sekundären Abläufe querschnittsartig, was bedeutet, dass Führungstätigkeiten über alle spezifischen Betriebsprozesse hinweg ausgeübt werden. Die institutionelle Perspektive hingegen betrachtet Unternehmensführung als eine Ansammlung stabiler Regeln und Strukturen, die zur Erfüllung der Unternehmensziele dienen. Diese Perspektive legt den Fokus auf die formalen und festgelegten Strukturen innerhalb eines Unternehmens.

Managementebenen geben allen Strukturen eine grundlegende Untergliederung. Oberes Management besteht aus Vorstand und Geschäftsführung und ist für die strategische Ausrichtung und die langfristigen Ziele des Unternehmens verantwortlich. Das mittlere Management umfasst Abteilungsleiter, wie Betriebs-, Fertigungs- oder Ressortleiter, die die Brücke zwischen der strategischen Ebene und der operativen Umsetzung schlagen. Schließlich umfasst das untere Management die Stellen- oder Gruppenleiter, Meister und Vorarbeiter. Diese Ebene ist direkt mit der operativen Durchführung und der unmittelbaren Anleitung der Mitarbeiter betraut. Die drei Managementebenen sollen im Folgenden hinsichtlich Verantwortlichkeiten und Handlungsspielräumen näher erläutert werden.

Während das obere Management die Unternehmenspolitik und die Zielhierarchie festlegt, ist es wenig direkten Anforderungen und Nebenbedingungen unterworfen, besitzt also viel Handlungsspielraum. Die Mitglieder des oberen Managements, wie Vorstände und Geschäftsführer, konzentrieren sich dabei auf die langfristige strategische Ausrichtung des Unternehmens.

Das mittlere Management trägt operative Verantwortung für die Erreichung der strategischen Unternehmensziele. Dabei wird es von direkten Anforderungen geleitet, Nebenbedingungen und Handlungsfreiräume sind mittel ausgeprägt. Abteilungsleiter und Ressortleiter stellen sicher, dass die strategischen Vorgaben des oberen Managements in den operativen Bereichen umgesetzt werden.

Das untere Management ist ein integraler Bestandteil des operativen Geschäfts und konzentriert sich auf die effiziente Verwendung von Ressourcen und das Ausschöpfen von Produktivitätspotenzialen. Dabei muss es die betrieblichen Anforderungen und viele Nebenbedingungen beachten, während die Handlungsfreiräume eher gering sind. Stellen- oder Gruppenleiter, Meister und Vorarbeiter arbeiten direkt mit den Mitarbeitern, müssen z. B. mit knappem Budget zurechtkommen und sorgen für die Umsetzung der operativen Aufgaben.

In allen drei Ebenen muss geführt werden, wobei die klassischen fünf Managementfunktionen eine zentrale Rolle spielen. Zu ihnen gehören das

1) Planen, als gedankliche Vorwegnahme künftigen Handelns und die Entwicklung von Strategien zur Erreichung der Unternehmensziele.
2) Beim Organisieren werden die übergeordneten Unternehmensziele in Einzelziele und konkrete Handlungen zerlegt, um eine strukturierte Umsetzung zu gewährleisten.
3) Die personelle Besetzung garantiert, dass die verschiedenen Unternehmensfunktionen mit geeigneten Mitarbeitern ausgestattet sind.
4) Führen beinhaltet das Motivieren und die Handlungssteuerung der Mitarbeiter, um deren Leistung und Engagement zu maximieren und
5) Controlling beinhaltet die Reflexion und Überwachung von Entscheidungen, um sicherzustellen, dass die Unternehmensziele erreicht und gegebenenfalls Anpassungen vorgenommen werden.

Die strukturelle Einteilung des Gesamtunternehmens in die drei Managementebenen ist insbesondere bei Großunternehmen, die meist auch standardisierte Massenfertigung betrieben, effizient, denn hier geht es hauptsächlich um „Mengen" und weniger um „Sorten". Bei Letzterem hingegen ist es durchaus sinnvoll, wenn sich die Ebenen weitreichend durchdringen, das obere Management also auch mit dem unteren direkt vernetz ist. Dies ist bei Monopolisten ausgeprägt, wo nicht selten die Geschäftsleitung mit den Produktionsmitarbeitern direkt kommuniziert und deren Kompetenzen kennt.

2.12.2 Handlungsleitende Instrumente

Eine Unternehmensstruktur muss aber auch unabhängig einer temporären Intervention durch das Management den Mitarbeitern Orientierung geben. Einen grundsätzlichen Wegweiser bilden die Instrumente **Vision** und **Mission**. Ersteres stellt die langfristige Perspektive eines Unternehmens dar und beantwortet die Frage: „Was wollen wir erreichen und wie?" Die Unternehmensvision ist sinnstiftend, motivierend und handlungsleitend, indem sie den Mitarbeitern eine klare Richtung und Inspiration bietet. Die Mission hingegen definiert den konkreten mittelfristigen Auftrag des Unternehmens und gibt Auskunft darüber, welche Ziele und Aufgaben das Unternehmen in naher Zukunft erfüllen möchte, also mindestens in den nächsten fünf Jahren.

Konkreter wird die **Unternehmenskultur**, denn sie ist ein weitervermitteltes System kollektiver Verhaltensnormen und -muster aller Mitarbeitenden. Sie umfasst alle vorherrschenden Denkmuster, Wertorientierungen, Verhaltensnormen sowie Artefakte und Symbole. Diese Aspekte prägen das tägliche Handeln und die Entscheidungen. Die Akzeptanz der Unternehmenskultur hängt dabei von ihrer Prägnanz, ihrem Verbreitungsgrad und ihrer Verankerungstiefe ab. Prägnanz bezieht sich auf die Klarheit und Eindeutigkeit der Kultur, der Verbreitungsgrad auf die Akzeptanz und Umsetzung durch die Mitarbeiter und die Verankerungstiefe auf das Ausmaß, in dem die Kultur als selbstverständlich angesehen wird. Die Unternehmenskultur ist nach innen und außen sichtbar, z. B. durch einheitliche Arbeitskleidung, das Unternehmenslogo oder Standardbegrüßungsformeln. Das Kulturverständnis in Unternehmen kann unterschiedlich ausgeprägt sein. Die Universalisten sind der Ansicht, dass Managementprinzipien und -techniken unabhängig von der Unternehmenskultur angewendet werden können. Sie glauben, dass erfolgreiche Managementpraktiken universell einsetzbar sind, unabhängig von den kulturellen Rahmenbedingungen des Unternehmens. Die Kulturisten hingegen sehen das Management als eine Funktion kultureller Rahmenbedingungen. Sie betonen, dass Managementpraktiken und -prinzipien stark von der spezifischen Unternehmenskultur beeinflusst werden und nicht losgelöst davon betrachtet werden können. Dieses Verständnis von Unternehmenskultur und den unterschiedlichen Ansätzen zum Kulturverständnis zeigt, wie wichtig es ist, die kulturellen Aspekte bei der Entwicklung und Implementierung von Managementstrategien zu berücksichtigen. Auch kann es erforderlich werden, einen angestrebten Transformationsprozess in Unternehmen mit einer angepassten Unternehmenskultur zu verknüpfen. Die Plastiktransformation kann ein solcher Paradigmenwechsel für Unternehmen darstellen, und für eine bessere Verankerungstriefe sollten alle Mitarbeitenden über den Sinn und Zweck einer reduzierten Plastikverwendung aufgeklärt und motiviert werden. Der Einsatz von Plastiksubstitutionstechnologien, wie biobasierte Kunststoff-Verbundwerkstoffe, betrifft also nicht nur einen Materialwechsel in der Produktion. Auch der Einkauf kann bei der Anschaffung von betrieblichen Gebrauchs- und Verbrauchsgütern von den Lieferanten entsprechende Produkte einfordern. Das Marketing kann durch entsprechende Statements, auch in der Unternehmensvision, auf den bewussteren Umgang mit Plastik im Unternehmensalltag hinweisen und dies nach außen als Unternehmensphilosophie proklamieren. Der Vertrieb kann gegenüber Kunden diese Haltung demonstrieren, indem beispielsweise Werbegeschenke, sogenannte Streuartikel, biobasiert sind.

Die Handlungsleitung im Unternehmen braucht aber auch konkretere Ausgestaltung als die bisher erläuterten Instrumente. Das langfristige, durch die Unternehmensvision formulierte Ziel muss nun in konkretere Unterziele aufgeteilt werden. Bei der **Zielformulierung** ist zu beachten, dass Ziele das Zielobjekt, den Zielinhalt, den Zielbewertungsmaßstab, die zeitliche Festlegung der Zielerreichung und die hierzu verantwortliche Durchführungsebene berücksichtigen müssen.

Das Zielobjekt bezieht sich beispielsweise auf die Marktführerschaft, während der Zielinhalt konkreter sein kann, wie etwa im deutschen Markt Hauptanbieter für biobasierte Kunststoffprodukte zu werden. Der Zielbewertungsmaßstab misst den Erfolg anhand von Kriterien wie Gesamtumsatz, Kundenanzahl oder Anzahl der Verkaufsstellen. Die zeitliche Festlegung der Zielerreichung kann mittelfristig sein, wie etwa innerhalb von fünf Jahren. Schließlich wird die Durchführungsebene unterschieden, wobei das untere Management operativ und das mittlere oder obere Management strategisch agiert.

Alle Teilziele müssen ein Zielsystem bilden. Dieses umfasst die Gesamtheit aller autorisierten Ziele, die nun in eine logische Reihenfolge gebracht werden. Wichtige Eigenschaften dieses Zielsystems sind Realitätsbezug, Vollständigkeit, Anpassungsfähigkeit und Akzeptanz. Die Zielbeziehungen untereinander können vielfältig sein. Beispielsweise bedeutet Zielkomplementarität, dass zwei Unterziele einander entsprechen, z. B. Ziel 1 „Unser Material soll aus regenerativen Stoffen bestehen" und Ziel 2 „Unser Material soll rein biobasiert sein". Zielkonkurrenz hingegen liegt vor, wenn das Erreichen eines Unterziels das Erreichen eines anderen erschwert. Zum Beispiel, wollen wir laut Ziel 1 „Unser Material rein biobasiert machen" und Ziel 2 „Unser Material soll schwer entflammbar sein". Bei der Zielneutralität oder -indifferenz hat das Erreichen eines Unterziels keinen Einfluss auf ein anderes. Zum Beispiel, verlangt Ziel 1 „Unser Material soll rein biobasiert werden" und Ziel 2 „Wir stellen 10 % mehr Mitarbeiter ein". Zielidentität hingegen liegt vor, wenn das Erreichen eines Unterziels automatisch das Erreichen eines anderen zur Folge hat. Dies ist der Fall, wenn Ziel 1 „Wir verwenden nun WPC mit 50 % Holzfaseranteil" gilt und Ziel 2 „Wir verwenden WPC mit 50 % Plastikgehalt". Schließlich beschreibt die Zielantinomie den Zustand, in dem das Erreichen eines Unterziels das Erreichen eines anderen sogar unmöglich macht. Dies entspräche Ziel 1 „Unser Material soll kompostierbar sein" und Ziel 2 „Unser Material soll als Fassadenverkleidung 50 Jahre Lebensdauer besitzen".

In Ursachen-Wirkungs-Zusammenhängen innerhalb von Zielsystemen fungieren die Oberziele als Wirkungen, während die Unterziele als Mittel dienen. Die Hierarchie der Ziele bildet somit eine Wirkungskette, die zeigt, wie einzelne Ziele miteinander verknüpft sind und sich gegenseitig beeinflussen. Beispielsweise ist die Einrichtung einer Entwicklungsabteilung ein Mittel für das Oberziel, künftig selbst als Monopolist neue Produkte zu kreieren, was dann eine Wirkung darstellt.

2.13 Strategie

Zielsetzungen sind meist das Ergebnis eingehender Planungsleistungen und Analysen. Der Grund dafür wurde bereits besprochen und liegt in der Absicht, erfolgreich zu wirtschaften. Zielsetzung folgt also einer Strategie, nämlich maximale Gewinne zu erzielen und profitabel zu wachsen. Strategisches Management nimmt hierbei eine Schlüsselrolle ein und zielt darauf ab, identifizierte Erfolgspotenziale zu generieren, indem es die Chancen und

Risiken der Unternehmensumwelt sowie die Stärken und Schwächen des Unternehmens kennt und berücksichtigt. Eine effektive Strategieformulierung beabsichtigt daher, Chancen in den Bereichen Wirtschaft, Politik, Gesellschaft und Technologie zu sichten und diese anhand eigener Potenziale des Unternehmens zu heben.

Abb. 2.16 zeigt verschiedene **Strategietypologien**. Sogenannte „deliberate Strategien" bezeichnen sich auf ein bewusstes, durchdachtes und organisiertes Handeln eines Unternehmens und seiner Führung. Dabei werden klare Ziele und Pläne verfolgt. Aus verschiedenen Gründen kann es auch zu „aufgegebenen Strategien" kommen, wenn also Teile ursprünglicher Wachstumspläne nicht weiterverfolgt werden können. „Emergente Strategien" sind solche, die sich selbst verwirklichen und unbeabsichtigt entstehen, oft als Reaktion auf unvorhergesehene Ereignisse oder Veränderungen in der Unternehmensumwelt. Diese müssen nicht zwangsläufig den „deliberaten Strategien" entsprechen und können sogar eine absichtliche Gegenbewegung hierzu bilden.

Wie es nach der Unternehmens- und Umweltanalyse zur Strategieformulierung und Implementierung kommt, fasst Abb. 2.17 zusammen. Sie zeigt, dass Unternehmen durch die Kombination beider Perspektiven strategisch langfristige Erfolgspotenziale entwickeln und Wettbewerbsfähigkeit sichern können. Im Folgenden soll insbesondere die nach innen gerichtete Analyse der Erfolgspotenziale eines Unternehmens näher erläutert werden.

Abb. 2.16 Strategietypen und ihr Beitrag zur beabsichtigten Strategie

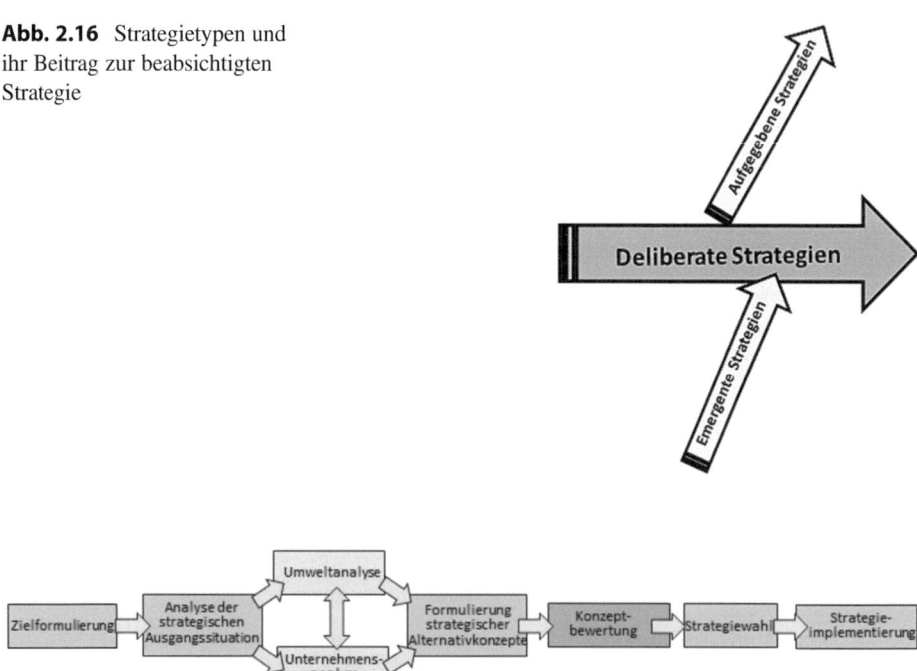

Abb. 2.17 Konzept der Strategiefindung im Unternehmen

Bei der *Unternehmensanalyse* sind vor allem jene Ressourcen im Unternehme von Interesse, die am meisten zur Wertschöpfung beitragen. Beispielsweise ist ein Unternehmen Spezialist für Fassadenverkleidungen, also sollte es dann bei der Umstellung von bisherigen Kunststoffpaneelen auf biobasierten Kunststoff-Verbundwerkstoff auch weiterhin Bauanwendungen mit Dauerhaftigkeitsanforderungen für Produkte im Außenbereich mit diesem neuen Material anbieten, eben weil es hierin seine Kernkompetenzen besitzt. Eine funktionsbereichsbezogene Analyse untersucht die fünf zentralen Ressourcenarten im Unternehmen. Hierin umfassen finanzielle Ressourcen beispielsweise Aktienbeteiligungen, Eigenkapital und Einlagen. Diese Ressourcen sind essenziell, um Investitionen zu tätigen und finanzielle Stabilität zu gewährleisten. Hat ein Unternehmen bisherige Gewinne gut angelegt, sollte es immer wieder Übergewinne aus solchen Anlagen abschöpfen, um damit Zukunftsprojekte zu finanzieren. Physische Ressourcen, wie Land, Gebäude und Anlagen, sind ebenfalls von großer Bedeutung, da sie die materiellen Grundlagen des Unternehmens bilden. Personelle Ressourcen beziehen sich auf die Mitarbeiter mit speziellen Fähigkeiten, die das Know-how und die Innovationskraft des Unternehmens stärken. Organisatorische Ressourcen, wie Managementkapazitäten oder ein treuer Kundenstamm, tragen zur Effizienz und Marktposition bei. Schließlich umfassen technologische Ressourcen Patente, Software und Entwicklungslabore, die die technologische Wettbewerbsfähigkeit des Unternehmens sichern. Die wertschöpfungsbezogene Analyse zielt schließlich darauf ab, das Unternehmen in wertsteigernde Aktivitäten zu gliedern und deren Beitrag zur Wertschöpfung zu analysieren. Hierbei wird untersucht, welche Prozesse und Aktivitäten innerhalb des Unternehmens tatsächlich Wert schaffen und wie diese optimiert werden können. Monopolisten scheinen offensichtlich Kompetenzen und kreative Entwickler zu besitzen, eine personelle Ressource also, die ihnen immer wieder neue Innovationen beschert. Polypolisten hingegen sollten ihre Kernkompetenzen in physischen Ressourcen finden, also hohe Produktionskapazitäten, um schnell große Gütermengen kostengünstig für den Markt bereitzustellen.

Die Untersuchung von einmaligen Unternehmensvorteilen wird von der Wissenschaft als „*Resource-Based-View (RBV)*" bezeichnet. Sie ist ein Forschungszweig, der sich auf Ressourcen mit bereichsübergreifender Wirkung und hohem strategischen Potenzial bezieht. Hierbei wird bewertet, ob Unternehmenskompetenzen wertvoll sind, ob die Ressourcen selten sind und ob die eigene Organisation in der Lage ist, diese Ressourcen in marktfähige Produkte umzuwandeln. Durch diese Analysen können Unternehmen ein tiefes Verständnis ihrer internen Ressourcen und Fähigkeiten entwickeln und gezielte Strategien zur Verbesserung ihrer Wettbewerbsposition formulieren.

Strategien auf Gesamtunternehmensebene umfassen Entscheidungen, die das langfristige Wachstum und die Wettbewerbsfähigkeit eines Unternehmens bestimmen. Dazu gehört, welche Produkte und Dienstleistungen auf dem Markt angeboten werden sollen, wie Synergieeffekte genutzt werden können, wie das Unternehmen Kompetenzen effektiv einsetzt und wie groß das Unternehmen letztlich aufgestellt sein sollte. Ein hilfreiches Instrument zur Analyse und Planung ist das *Marktanteils-/Marktwachstums-Portfolio (BCG-Analyse)*. Es beurteilt für alle im Unternehmen vorherrschenden Produktkategorien

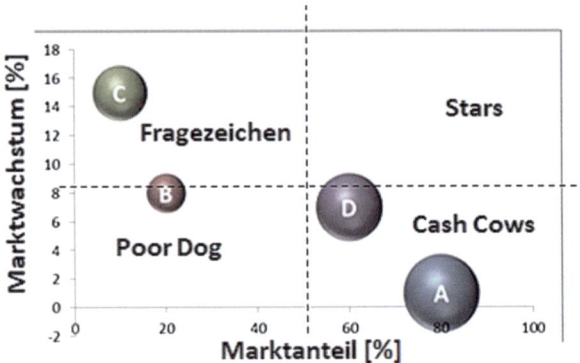

Abb. 2.18 Marktanteils-/Marktwachstums-Portfolio. (Boston Consulting Group – BCG)

innerhalb des Gesamtportfolios, ob sich diese in einem noch wachsenden Markt befinden und wie hoch deren Marktanteil im Vergleich zum Marktführer ist. Ist das Unternehmen selbst Marktführer für diese Produktkategorie, beträgt der Marktanteil 100 %. Die eigenen Produkte, was auch für Dienstleistungen als Produkt gilt, werden gemäß Abb. 2.18 in vier Quadranten eingeteilt und im Lichte der beiden Dimensionen Marktwachstum [%] und Marktanteil [%] analysiert und die weitere künftige Strategie daraus abgeleitet. Insbesondere geht es dabei um die Zuweisung von Budgets, d. h. das Gesamtinvestitionsvolumen soll prozentual auf die Produktkategorien aufgeteilt werden. Ist also für ein Plastik-intensives Produkt der Markt weiterhin im Wachstum und besitzt das Unternehmen hierin nur wenig Marktanteil, kann eine Transformation mit biobasiertem Holz-Kunststoff durchaus ein Mittel sein, um das Marktwachstum zu steigern, was dem Unternehmen dann weitere Gewinne versprechen wird. Im Folgenden sollen die vier Quadranten näher erläutert werden.

Quadrant „Poor Dogs (Sorgenkinder)": Diese Produkte haben sowohl einen geringen Marktanteil als auch ein niedriges Marktwachstum. Hier sollten die Wachstumshinderungsgründe analysiert, und unter eher pessimistischen Aussichten sollte diese Produktstrategie aufgegeben werden.

Quadrant „Fragezeichen": Das Marktwachstum dieser Produkte ist noch jung, der Marktanteil jedoch gering. Hier sollte selektiv investiert werden, um mit dem Markt zu wachsen und parallel Marktanteil zu gewinnen.

Quadrant „Stars": Produkte oder Dienstleistungen haben einen hohen Marktanteil und befinden sich in einem noch weiter wachsenden oder bereits gesättigten Markt. Das Ziel ist, die Marktführerschaft weiter auszubauen, aber mindestens zu halten.

Quadrant „Cash Cows": Der Marktanteil dieser Produktgruppe stagniert bereits. Sie haben aber schon einen so hohen Marktanteil erlangt, sodass sie dem Unternehmen regelmäßig hohe Gewinne garantieren und die finanziellen Ressourcen (Cash-Flow) stellen. Dieses Stadium gilt es, mit geeigneten Marketingmittel so lange es geht aufrechtzuerhalten, z. B. durch regelmäßige Werbung und Adaption der Produkte an sich ändernde Kundenwünsche. Auch hier kann die WPC-Substitutionstechnologie helfen, Cash Cow Produkte länger im Lebenszyklus zu halten, indem sie nachhaltiger gestaltet werden.

2.13 Strategie

Es ist nachvollziehbar, dass sich Produkte vom Quadrant „Poor Dog" bzw. „Fragezeichen" ausgehend über „Stars" zu „Cash Cows" entwickeln, diese Quadranten also dem natürlichen Lebenszyklus von Produkten nachempfunden sind.

Ein Unternehmen muss nun dafür sorgen, dass alle Produktkategorien über die vier Quadranten ausgewogen positioniert sind. Es braucht mindestens eine Cash Cow, um die finanziellen Mittel für die Weiterentwicklung der anderen Produkte zu garantieren, um sie zu künftigen Cash Cows heranzubilden. Die Schnelligkeit, mit der die Produkte im Marktanteils-/Marktwachstums-Portfolio wandern, hängt von der Marktform ab. Bei Polypolisten dürfte das Produktportfolio eher statisch aufgestellt sein, da Massengüter immer in nahezu gleicher Intensität nachgefragt werden. Bei ihnen ist der Markt eher gesättigt, was sie dauerhaft in der Cash-Cow-Position verharren lässt. Monopolisten hingegen müssen damit rechnen, dass ihre innovativen Produkte, die anfänglich rasch zu Stars heranwuchsen, nicht sehr lange als Cash Cow verweilen. Also müssen sie immer wieder innovieren und neue Produkte zu Stars heranziehen. Dabei müssen sie nicht gänzlich von vorne anfangen, sondern auf Basis ihrer Kernkompetenzen, beispielsweise in nachhaltigen Materialien, sich neue Anwendungen einfallen lassen, die den Markt immer wieder aufs Neue begeistern.

Die Festlegung künftiger Ziele erfolgen neben wesentlichen Erkenntnissen aus vorgenannter Portfolio-Analyse auch im Lichte weiterer gewinnmaximierender Grundsätze. Eine zentrale Strategiekomponente ist die **Diversifikation**, bei der das Unternehmen seine Aktivitäten auf neue Produkte oder Märkte ausweitet. Dies ist insbesondere nötig, um höheren Umsatz und mehr Gewinne zu erzielen. Eine weitere Komponente ist das Erreichen von Mindestgrößen, also Stückkosten-reduzierende Produktionsmengen, um in den Genuss von Economies of Scale zu kommen. Sie besitzen Kostensenkungspotenziale und ergeben sich aus einem Ausbau der Produktion infolge Erschließung neuer Märkte. Eine weitere Strategiekomponente ist die Reduzierung von Abhängigkeiten von einzelnen Produkten oder Märkten, um die Resilienz des Unternehmens zu erhöhen und das Risiko zu verringern. Unter **Produkt-Kannibalismus** konkurrieren Produktkategorien innerhalb des Marktanteils-/Marktwachstums-Portfolios, denn ist eine Cash Cow vom Produkt her einem Fragezeichen-Produkt zu ähnlich geworden, kann es der Grund für dessen Wachstumshemmnis sein. Um dies zu vermeiden, kann das Unternehmen seine Produkte leicht abändern, um verschiedene Zielgruppen anzusprechen. Eine weitere Komponente liegt in der Nutzung von Synergien, indem besonders wertschöpfende Aktivitäten bei der Fertigung oder Vertrieb eines Cash-Cow-Produktes auch von anderen Produkten genutzt werden, um ihnen mehr Wachstum zu verleihen. Ebenfalls kann im Rahmen einer vertikalen Integrationsstrategie das Unternehmen die Fertigungstiefe erhöhen, also bisherige Zukaufprodukte oder Rohstoffe nun selbst erzeugen. Dies kann zur Kostenführerschaft beitragen. Schließlich kann durch Outsourcing die Vergabe an externe Unternehmen und durch Offshoring die Verlagerung der Fertigung in Niedriglohnländer erfolgen, mit ähnlichem Kostensenkungspotenzial. Auch dies verhilft Produkten in eine Star-Position. In den letzten beiden Jahrzehnten spielten Kooperationen eine immer wichtigere Rolle, wobei sich Unternehmen zusammentun und Synergiepotenzial gemeinsam nutzen. Durch eine solche Konzentrationsstrategie kann die kollektive und individuelle Leistungsfähigkeit gesteigert werden. Kooperationen ermöglichen es, Zeit bei Produktentwicklungen und Markteinführungen zu gewinnen, kritische Ressourcen zu bündeln und Economies of Scale besser zu erreichen. Zudem bieten Kooperationen einen vereinfachten Zugang zu Kunden und tragen zur Risikoteilung und -reduzierung bei. All diese Strategiekomponenten sind entscheidend, um in einem wettbewerbsintensiven Marktumfeld erfolgreich zu sein und langfristig zu wachsen.

Grundsätzlich umfasst die Implementierung von Strategien den Transfer der entwickelten Strategie-Komponenten in konkrete operative Vorgaben, die sowohl inhaltlich als auch zeitlich definiert sind. Eine sachorientierte Umsetzung beinhaltet dabei die Ableitung von Teilstrategien und Teilzielen, die in spezifische Teilpläne, Aufgaben und Maßnahmen untergliedert werden. Diese detaillierte Planung sorgt dafür, dass die strategischen Ziele auf allen Ebenen des Unternehmens klar definiert und verfolgt werden können. Parallel dazu ist die verhaltensorientierte Strategieumsetzung von großer Bedeutung. Hierbei geht es darum, Widerstände zu überwinden, die durch persönliche Interessen, mangelnde Einsicht, fehlendes Wissen oder unzureichende Fähigkeiten entstehen können. Es ist wichtig, die Mitarbeiter zu motivieren und deren Verständnis für die strategischen Ziele zu fördern, um eine erfolgreiche Umsetzung zu gewährleisten.

2.14 Grundlagen des Planens und Entscheidens in Unternehmen

Die Implementierung von Strategien bedarf einer vorausgehenden Planungsleistung. Auch hierbei lassen sich Unterschiede zwischen der typischen Vorgehensweise von Polypolisten und Monopolisten erkennen. Komplexe Prozesse, die, nachdem sie geplant und im Unternehmen verankert wurden, für eine gewisse Zeitdauer die maßgebende Grundlage des Wirtschaftens bieten, brauchen erst recht eine vorstrukturierte Herangehensweise. Dies läuft auf eine *synoptische Planung* hinaus. Sie besitzt eine holistische Planungsperspektive und erstreckt sich bis über nahezu alle Einzelprozesse innerhalb des Unternehmens. Während der Planung werden zunächst die Ziele festgelegt, dann alle Handlungsalternativen analysiert, um schließlich die Alternative mit dem höchsten Zielerreichungsgrad auszuwählen. Sie bildet dann die Grundlage für die anschließende Detailplanung. Die synoptische Planung ist besonders für Polypolisten effektiv, denn sie bringt stets die optimalste Vorgehensweise hervor, die dann auch für längere Zeit in Anspruch genommen wird.

Im Gegensatz dazu beginnt die *inkrementelle Planung* lediglich mit einer Analyse des Ausgangszustands. Das Planungsvorgehen verläuft weniger strukturiert, und die Entscheidungen werden in kleinen Etappen getroffen, was als Stückwerktechnologie bezeichnet wird. Die inkrementelle Planung setzt also Anfangsakzente und entwickelt sich aus der Dynamik des Geschehens weiter, sie hält ein Höchstmaß an Flexibilität vor, um auf Unvorhergesehenes angepasst zu reagieren. Monopolisten bevorzugen dieses Prinzip, denn ihre Produkte besitzen vergleichsweise kürzere Lebenszyklen und brauchen eine stetige Anpassung an sich ändernde Marktbedürfnisse.

Als Kompromiss bietet sich der **logische Inkrementalismus** an, bei dem detaillierte Planung nur in Teilbereichen erfolgt. Ein vorgegebener Planungsrahmen und -umfang wird durch subjektive Ergänzungen vervollständigt. Somit könnte man sekundäre Betriebsprozesse synoptisch planen, was bei einer divisionalen Organisationsstruktur für zentrale Funktionsbereiche gelten würde. Innerhalb der Divisionen sollte hingegen inkremental geplant werden. Somit zeichnet sich das Unternehmen durch einen festen strukturellen Ablauf aus, in dem die unmittelbar wertschöpfenden Prozesse nach wie vor flexibel bleiben können. Diese Form der Planungsstruktur herrscht bereits bei den meisten WPC-verarbeitenden Unternehmen vor. Unter einer synoptischen Planung wird das Standard-Compound entwickelt und für die Produktion mehrerer Produktkategorien in konstanter Qualität bereitgestellt, wobei alle Prozesse bezüglich Rohstoffbezug, Compoundieren, Pelletieren, Materialprüfung, Zertifizierung etc. detailliert geplant und implementiert sind. Die einzelnen Produktsparten beziehen das Compound von den entsprechenden Zentralbereichen und entwickeln selbstständig ihre Produkte daraus für ihre Märkte und deren Bedürfnisse. Letzteres unterliegt einer stärkeren Dynamik als die primäre Materialbereitstellung, weshalb hier eine inkrementelle Planung sinnvoller ist.

Die wesentlichen **Merkmale der Planung** lassen sich wie folgt zusammenfassen. Sie ist zukunftsbezogen, gestaltungsorientiert, informationsverarbeitend, subjektiv und rational. Ihre Funktion liegt in der Selektion, Bündelung und Vereinfachung von Informationen, um eine höhere Flexibilität zu gewährleisten. Die zeitliche Planungsperspektive bezieht sich auf flexible Bedarfsplanungen, d. h., es wird nur dann konkret geplant, wenn die Anforderungen real geworden sind. Dies kann als rollierend praktiziert werden, bei der quantitative Ziele nur wage vordefiniert und dann kurzfristig vor dem Stichtag konkretisiert werden. Die Planungsziele können einerseits horizontal, also in die Breite gehend, und/ oder auch vertikal orientiert sein, dann einen höheren Detaillierungsgrad aufweisen. Zudem kann die Planung hierarchisch ausgerichtet sein. Als Top-down-Planung werden die Teilziele der unteren Instanzen von den oberen festgelegt. Bei der Bottom-up-Planung legen die unteren Instanzen ihre Teilziele selbst fest und geben sie zur Aggregation an die oberen weiter. Ein Kompromiss stellt das Gegenstromverfahren dar, bei dem zuerst die Teilziele wage von den oberen Instanzen nach unten vorgegeben werden, Letztere diese dann konkretisieren und wieder zur Aggregation nach oben zurückdelegieren.

Wie bereits erläutert, betont der industrieökonomische Ansatz, dass die Marktstruktur das unternehmerische Handeln beeinflusst und der Erfolg branchenabhängig ist. Das **Structure-Conduct-Performance-Paradigma (SCP-Paradigma)** konkretisiert diese Sichtweise, insofern dass die Marktstruktur (Structure) das strategische Unternehmensverhalten (Conduct) beeinflusst, was sich auf das Marktergebnis (Performance) niederschlägt (Abb. 2.19). Eine gründliche Marktanalyse wird somit zum Erfolgstreiber betrieblichen Handelns. Demgegenüber erkennt der ressourcenorientierte Ansatz (**Resource-Based-View, RBV**) unternehmensspezifische Ressourcen mit Erfolgspotenzial. Auch hierzu wurden bereit die Grundlagen erklärt. Dabei geht es primär um Ressourcen, wie Güter, Material, Technologien und Personal, und die daraus abgeleiteten Kompetenzen, die zur Generierung hohen Produktnutzens dienen (Abb. 2.20). Sie gelten als Erfolgstreiber,

Abb. 2.19 SCP-Paradigma zur Beschreibung der Marktdynamik

Abb. 2.20 Unternehmensressourcen als Erfolgstreiber

allerdings ist es entscheidend, diese erfolgreichen Ressourcen bestmöglich mit dem Markt zu verknüpfen, um den maximalen Nutzen zu erzielen.

Eine detaillierte Prozessplanung garantiert zwar, dass alle für die Wertschöpfung erforderlichen Aktivitäten bereitgestellt werden, aber der praktische Ablauf ist dadurch nicht automatisch störungsfrei. Prozesse müssen also koordiniert werden, um **Interdependenzen** effektiv zu managen. Bei sequenziellen Interdependenzen sind nachgelagerte Prozesse von vorherigen abhängig. Bei gepoolten Interdependenzen greifen Prozesse zeitgleich auf Teilprozesse und Ressourcen, wie Personal, Sachmittel oder Finanzmittel zu. Um Interdependenzen abzubauen, können getrennte Koordinationsmechanismen genutzt werden, wie beispielsweise die bereist besprochene divisionale, also objektbezogene, Organisation. Pufferzeiten, etwa durch Zwischenlager oder Schlupfzeiten zwischen Produktionsstufen, schaffen zusätzliche Flexibilität. Ebenso können flexible Ressourcen, wie Maschinen oder Mitarbeiter, nur bei Bedarf eingesetzt werden. Organizational Slack bezeichnet die Schaffung von Überschussressourcen, während durch die Verringerung von Standards und Bandbreiten, also die Vergrößerung von Toleranzen, oder die Herabsetzung von Gesamterwartungen, wie Rentabilitätszielen, ebenfalls Interdependenzen reduziert werden können.

All diese Maßnahmen können helfen, immer wieder auftretende Störungen zu verhindern. Ihre Implementierung wurde höchstwahrscheinlich im Rahmen einer synoptischen Planung erforderlich und ist daher in der Regel fest im betrieblichen Ablauf als unpersönliche, verschriftlichte Regelungen verankert. Eine solche Standardisierung erfolgt durch Verhaltensvorschriften mit Routinewirkung, wie Regeln (wenn, dann), Programme (Handlungsmuster) und Rollen (Profile für Stelleninhaber). Damit schaffen sie eine standardmäßige Flexibilität und sind eher für eine polypolistische Massenproduktion effektiv.

Flexibilitätsbedarf unter monopolistisch ausgerichteter Wertschöpfung hingegen ist primär fakultativ, tritt daher unvorhergesehen auf und erfordert eine Berücksichtigung der aktuellen Umstände, die, wie bisher erläutert, aus der Umweltdynamik herrührt. Daher bieten sich nun eher personenorientierte Instrumente an, die die Abstimmung zwischen den Beteiligten und deren Kenntnisstand fördert. Strukturell ergänzende Instrumente verleihen solchen hauptsächlich inkrementell planenden Unternehmen zumindest einen logisch-inkrementellen Charakter, indem spezielle organisatorische Einheiten, wie Stäbe oder Ausschüsse, helfen, die persönliche Abstimmung von einer punktuellen auf eine generelle Ebene zu verlagern. Großunternehmen schaffen zusätzlich interne Märkte, die koordinierend wirken. Das heißt, dass innerhalb des Unternehmens Leistungen zwischen Organisationen zu Verrechnungspreisen nachgefragt und angeboten werden. So zu tun, als ob im Unternehmen ein Markt herrscht, zwingt die Beteiligten ökonomisch effizient zu handeln, was ebenfalls koordinierend ist, denn dann werden insbesondere ineffiziente Prozesse gemieden, und das wirkt wie ein Koordinationsmechanismus.

2.15 Wertschöpfung und Produktionstheorie

Die Umstellung petrochemischer Produkte auf biobasiert mittels WPC-Transformation stellt einen Wertschöpfungsprozess dar, bei dem das Endprodukt eine Nutzensteigerung erfährt. Allgemein ist Wertschöpfung die Differenz zwischen erbrachter Unternehmensleistung als Output-Wert und der aufgewendeten Vorleistungen, also der Werte der Input-Faktoren. Ein effektives Mittel zur Analyse und Optimierung der Wertschöpfung ist die Wertkette (Abb. 2.21). Diese Methode zerlegt den Gesamtprozess in einzelne wertschaffende Bereiche und analysiert die erbrachten Werte. Dies verschafft einen Überblick über Kosten und Erträge (Produktivität). Diversifizierung, als die Verknüpfung der Wertkette mit benachbarten Wertketten, kann dabei helfen, besonders wertschaffende Prozesse so oft

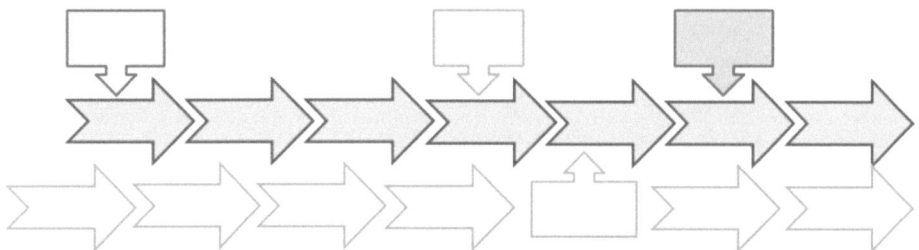

Abb. 2.21 Zwei Wertketten horizontal miteinander verknüpft und dreimal von extern ergänzt

wie möglich im Transformationsprozess aller Produktgruppen einzusetzen. Dies kann die Verwendung von WPC-Compound in allen Plastik-basierten Produkten sein.

Primäre Aktivitäten der Wertschöpfungskette lassen sich den Bereichen Eingangslogistik, Produktion, Ausgangslogistik, Marketing und Vertrieb zuordnen. Unterstützende Aktivitäten gehören beispielsweise zum Rechnungswesen, Finanzierung, Planung, zum Personalmanagement (Personalakquise und -entwicklung), zur Technologienentwicklung (Forschung und Entwicklung, Prozesstechnologie) und zur Beschaffung (Roh- und Hilfsmaterialeinkauf, Bereitstellung von Betriebsstoffen).

In der Produktion werden Rohstoffe und zugekaufte Zwischenprodukte zu Gütern umgewandelt bzw. kombiniert. Produktionsfaktoren können entweder dispositiv zur Planung und Kontrolle der Produktionsabläufe dienen, z. B. die Personal- oder Maschineneinsatzplanung, oder elementar sein (Abb. 2.22). Letztere werden als Verbrauchsfaktoren substanziell oder nur unterstützend im Transformationsprozess eingesetzt, wie Holzfasern und Kunststoffgranulat oder Kühlwasser, Energie und Schmierstoffe für den Extrusions-Prozess von WPC. Als elementare Gebrauchsfaktoren gelten beispielsweise der Extruder als Produktionsmaschine oder der Gabelstapler, welcher nicht unmittelbar Leistung an den Primärprozess abgibt. Ganze Produktionseinheiten aus einer Kombination aller genannten Faktoren werden Aggregate genannt, was eine Extruderlinie aus Extrusions-Maschine mit Kalibriereinrichtung sein kann, inklusive dem daran arbeitenden Personal.

Als Output des Transformationsprozesses gelten gemäß Abb. 2.23 Endprodukte zur Weitergabe an Abnehmer oder Zwischenprodukte zur internen oder externen Weitergabe

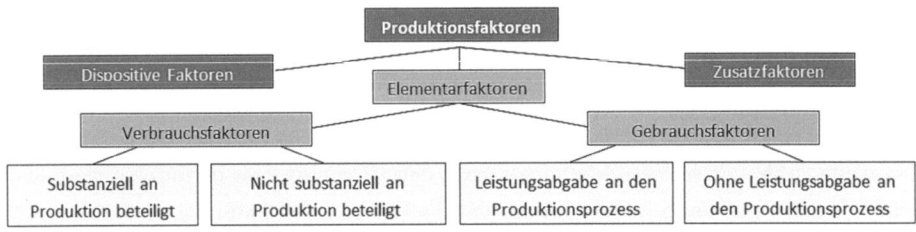

Abb. 2.22 Einteilung der Produktionsfaktoren

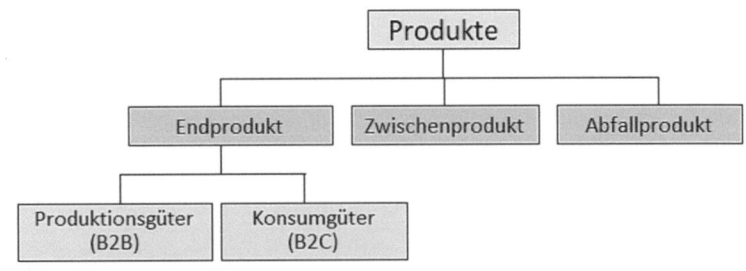

Abb. 2.23 Erzeugnisarten

2.15 Wertschöpfung und Produktionstheorie

an die Industrie, und Abfallprodukte, die in der Regel keine Wertschöpfung für das eigene Unternehmen haben. Bei WPC hingegen haben Produktionsreststoffe durchaus weiteres Wertschöpfungspotenzial, denn es kann erneut dem Extrusionsprozess zugeführt werden, immerhin enthält WPC einen thermoplastischem Kunststoff, der eingeschmolzen werden kann.

Jene Prozessetappen der Wertschöpfungskette, die der Produktion zugerechnet werden können, lassen sich in Fertigungsstufen unterteilen. Die Erzeugnisstruktur gibt Aufschluss über die Komplexität des Transformationsprozesses. Eine lineare Erzeugnisstruktur bedeutet, dass das Endprodukt aus nur einer Rohstoffquelle über eine oder mehrere Fertigungsstufen hergestellt wird. Im einfachsten Falle werden bei einer einstufigen Einproduktfertigung die Produktionsfaktoren nur einmal kombiniert, ohne Zwischenschritte, und es entsteht das immer gleiche Einzelprodukt (Abb. 2.24a). Dies ist bei extrudierten WPC-Terrassendielen der Fall (Abb. 2.25a). Die mehrstufige Einproduktfertigung gemäß Abb. 2.24b beinhaltet Zwischen- oder Vorprodukte für nachgelagerte Produktionsstufen. Unter einer solch vernetzten Erzeugnisstruktur wird das Endprodukt aus mehreren Rohstoffquellen und verschiedenen Produktionsstufen aus kombinierten Teilelementen oder Baugruppen hergestellt. Beispielsweise könnten laut Abb. 2.25b komplett montierte $1m^2$-Terrassenelemente aus Dielen und Unterkonstruktion als Endprodukt „Terrassen-Kassette" angeboten werden. Unter einer mehrstufigen Mehrproduktfertigung werden aus mehreren Zwischenprodukten gleich mehrere Endprodukte hergestellt. Denkbar wäre ein extrudiertes WPC-Wendeprofil, das sowohl als Terrassen- als auch als Fassadenpaneele eingesetzt werden kann, und aus denen zusammen mit einer Standard-Unterkonstruktionsleiste die bereits genannte „Terrassen-Kassette" an Baumärkte vertrieben wird, aber auch als Fassadenbausatz in den professionellen Handel geht.

Abb. 2.26 verdeutlicht die Produktionstypen der Fertigung. Polypolisten setzen auf Massenfertigung, bei der ein und dasselbe Gut ständig produziert wird, was bei Einproduktunternehmen der Fall ist. Bei der parallelen Massenfertigung stellen Mehrproduktunternehmen mehrere Güter mit jeweiliger Produktionskapazität in großen Mengen her. Polypolisten praktizieren auch Sortenfertigung, bei der mehrere Güter sequenziell auf

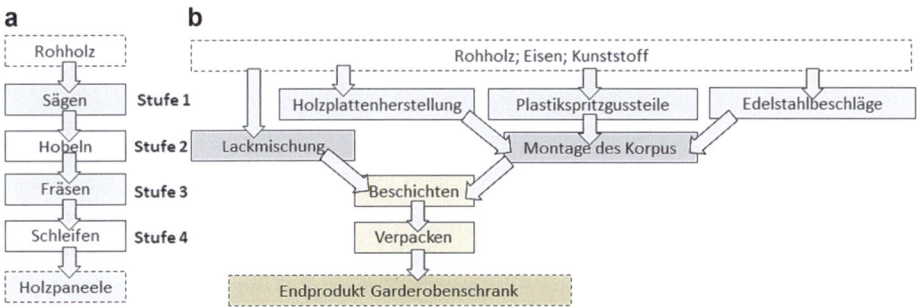

Abb. 2.24 Lineare Erzeugnisstruktur mehrstufiger Einproduktfertigung (a) und vernetzte Erzeugnisstruktur mehrstufiger Einproduktfertigung (b)

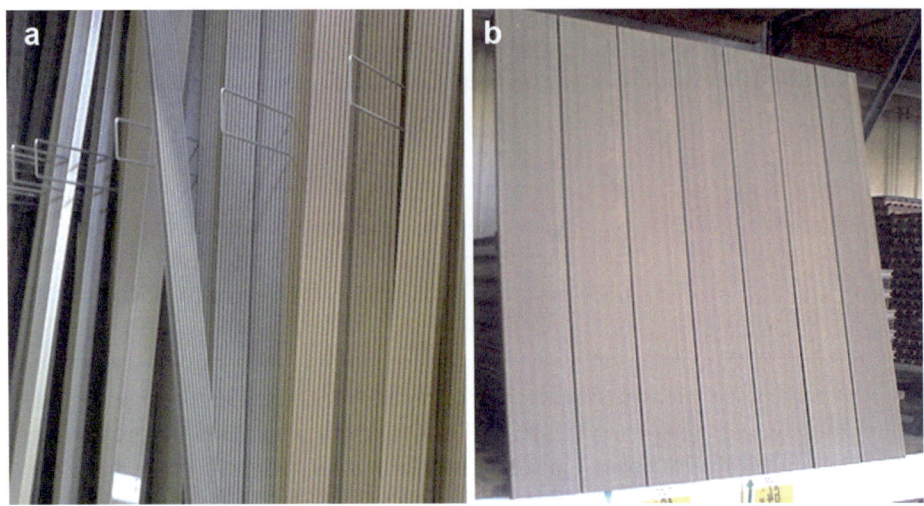

Abb. 2.25 WPC-Einzeldielen in einstufiger Einproduktfertigung (a) und WPC 1m²-Fertigterrasse aus Dielen mittels Befestigungsclips auf Unterkonstruktion in mehrstufiger Einzelfertigung vormontiert (b)

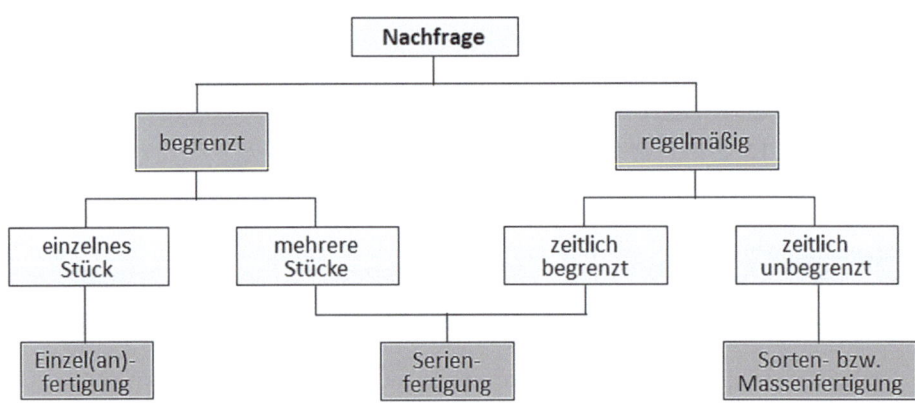

Abb. 2.26 Nachfrageabhängige Produktionstypen

derselben Fertigungsstraße in größeren Mengen entstehen. Deren Bedarf ist im Vergleich zur reinen Massenfertigung eher temporär. Die Serienfertigung verlangt die polypolistischen Produktionstypen mehr in Richtung Monopol, denn nun werden geringerer Mengen ähnlicher Güter parallel oder hintereinander gefertigt. Unter rein monopolistischer Einzelfertigung kommt es zur individuellen Anfertigung bestimmter Güter nach Kundenwunsch, wie beispielsweise eine Einbauküche. Somit wechseln die Produktionstypen in Abb. 2.26 von monopolistisch (links) nach polypolistisch (rechts).

2.16 Kostenrechnung und Kalkulation

Der allgemeine Kostenbegriff beschreibt den mit Faktorpreisen bewerteten Verzehr von Gütern und Dienstleistungen für die betriebliche Leistungserbringung bzw. Bereitstellung. Wie aus einzelnen Kosten für bestimmte Prozesse die Gesamtkosten, und daraus schließlich dann auch der Angebotspreis kalkuliert werden, hängt maßgeblich vom Produktionstyp gemäß Abb. 2.26 ab. Für die Massenfertigung von Einzelprodukten kommt gemäß Abb. 2.27 die Divisionskalkulation zur Anwendung. Wird also nur eine Produktart hergestellt, ist die Divisionskalkulation einstufig (Abb. 2.28a). Es werden über den Fertigungsprozess hinweg alle anfallenden Kosten zu Gesamtkosten aufaddiert und diese durch die Ausbringungsmenge, also die Output-Menge, geteilt. Hier wird unterstellt, dass der gesamte Output auch abgesetzt wurde, weshalb in den Gesamtkosten auch die Verwaltungs- und Vertriebskosten enthalten sind. Wird nur ein Teil des Outputs verkauft, bleibt der Rest im Lager. Für beide Teilmengen fallen Herstellkosten an, die Verwaltungs- und Vertriebskosten aber nur für die abgesetzte Teilmenge. Die mehrstufige Divisionskalkulation berücksichtigt diesen Umstand und verteilt wieder die Herstellkosten auf die produzierte Menge, während Verwaltungs- und Vertriebskosten nur auf die Absatzmenge bezogen werden (Abb. 2.28b). Werden also wie in Abb. 2.25a WPC-Profile am laufenden Band extrudiert und diese anschließend an den Großhandel geliefert, erfolgt die Stück-

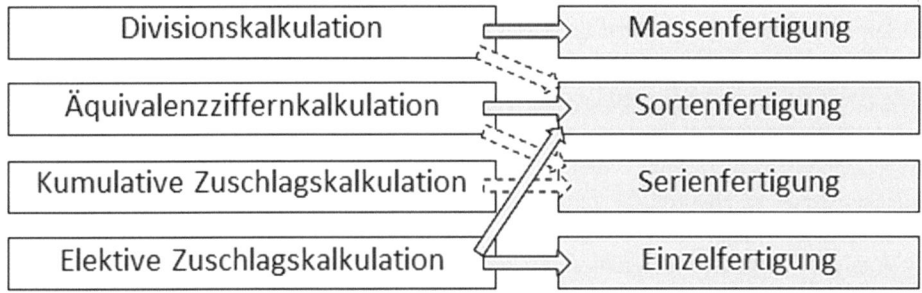

Abb. 2.27 Kalkulationsverfahren gemäß Produktionstypen

a
$$\frac{\text{Gesamtkosten}}{\text{hergestellte Menge}} = \text{Stückkosten [€/Stück]}$$

b
$$\frac{\text{Herstellkosten}}{\text{hergestellte Menge}} + \frac{\text{Verwaltungs- und Vertriebskosten}}{\text{abgesetzte Menge}} = \text{Stückkosten [€/Stück]}$$

Abb. 2.28 Rechenschema der einstufigen (a) und der zweistufige Divisionskalkulation (b)

kostenermittlung nach der einstufigen Divisionskalkulation. Verbleiben Teilmengen im Lager, wird die Kalkulation mehrstufig. Je länger der der Kalkulation zugrunde liegende Betrachtungszeitraum ist, desto mehr tendiert sie gegen eine einstufige Division.

Die Äquivalenzziffernkalkulation findet Anwendung bei der Sortenfertigung (Abb. 2.27). Hierbei werden Äquivalenzziffern als Verhältniszahlen für jede Produktart hinsichtlich ihrer Häufigkeit, Größe, Masse usw. genutzt, wobei eine Produktart als Einheitssorte festgelegt wird, und alle anderen relativ dazu kalkuliert werden. Zum Beispiel, bilden 6 m WPC-Dielen die Einheitssorte mit 20 € Stückkosten. Von ihnen wurden 1000 Stück hergestellt. Sie bekommt die Äquivalenzziffer 1. Die Produktart 3 m-Diele wurde 2000-mal produziert und bekommt nun die Ziffer 0,5 und die 1,5er Diele mit 3000 Stück erhält die Ziffer 0,25. Die Gesamtkosten aller Mengen beläuft sich auf 11.000 €. Nun wird die Anzahl der Grundeinheiten berechnet, indem die Menge der Einheitssorte mit 1 multipliziert wird zuzüglich der Menge jeder weiteren Sorte multipliziert mit der jeweiligen Äquivalenzziffer. Somit beträgt die Anzahl Grundeinheiten 1000*1 + 2000*0,5 + 3000*0,25 = 2750. Der Anteil der Grundeinheit an den Gesamtkosten ergibt sich aus den Gesamtkosten geteilt durch die Anzahl der Grundeinheiten, hier also 11.000 €/ 2750 = 4 €. Die Stückkosten je Sorte berechnen sich dann aus den Stückkosten der Grundeinheiten mit 4 €/Stk. multipliziert mit der jeweiligen Äquivalenzziffer, hier also 6 m-Diele = 4 €/Stk.; 3 m-Diele = 2 €/Stk. und 1,5 m-Diel = 1 €/Stk. Bei Lagerbestandsveränderungen wird, wie bei der Divisionskalkulation, die Äquivalenzziffernkalkulation mehrstufig.

Die Zuschlagskalkulation ist typisch für Mehrproduktunternehmen bzw. auch bei Auftragsfertigung, was beides bei Monopolisten vorherrscht. Werden gleich mehrere Produkte hergestellt, fallen meist Kosten bereichsübergreifend an, insbesondere wenn gemäß Diversifizierungsstrategie die Produkt-individuellen Wertketten miteinander verknüpft sind, um Synergieeffekte zu erzielen. Unabhängig davon fallen Fixkosten sowieso für alle Produkte gleichermaßen an. Da für diese gemeinsamen Bereiche die gemessenen Kosten nicht direkt einem Produkt zugeordnet werden können, werden sie als Gemeinkostenzuschläge prozentual den Einzelkosten der Produkte hinzuaddiert. Auch bei Einzelfertigung ist dieses Verfahren sinnvoll. Obwohl hier alle Kosten für nur ein Produkt anfallen würden, müssen im Vorfeld der Produktion bereits die zu erwartenden Kosten vorkalkuliert werden, um einen Angebotspreis zu ermitteln. Im Gegensatz zu Polypolisten müssen nämlich Monopolisten oftmals zuerst den Auftrag für eine Einzelanfertigung einholen. Somit werden aus der Vergangenheit stammende Gemeinkostenzuschläge auf die per Fertigungspläne abgeleiteten Materialeinzelkosten hinzuaddiert, und auch die geschätzten oder gemessenen Arbeitskosten als Fertigungskosten bekommen einen solchen Gemeinkostenzuschlag (Abb. 2.29). Verwaltungs- und Vertriebskosten werden immer als Zuschläge auf fertigungsbezogenen Gesamtkosten berechnet.

2.16 Kostenrechnung und Kalkulation

Abb. 2.29 Rechenschema Zuschlagskalkulation

Materialeinzelkosten (Mat.-EK)
+ Materialgemeinkosten (Mat.-GK)
= **Materialkosten**
Fertigungseinzelkosten (Ftg.-EK)
+ Fertigungsgemeinkosten (Ftg.-GK)
= **Fertigungskosten**
+ Verwaltungsgemeinkosten (Verw.-GK)
+ Vertriebsgemeinkosten (Vertr.-GK)
= **Selbstkosten**

Die Zuschlagskalkulation wird bislang bei der Produktion von Standard-WPC-Produkten kaum angewendet, da es eher um Massengüter geht, wie Terrassen- oder Fassadenpaneelen. Dennoch rückt die Individualfertigung mit sich weiterentwickelnden Fertigungstechnologien rund um WPC in den Vordergrund. Denkbar wäre z. B., großformatige WPC-Platten als Zwischenprodukt in einer weiteren Fertigungsstufe thermisch umzuformen. Wenn dies im Zuge einer Baustellenfertigung nach örtlichen Gegebenheiten erfolgen würde, quasi als Einzelfertigung, und das verarbeitende Unternehmen diese standardmäßig in wechselnden Projekten anwendet, bieten sich tatsächlich Gemeinkostenzuschläge für das thermische Umformen an.

Einzelkosten sind für Unternehmen gut beherrschbar und können bei abnehmender Auftragslage zumindest reduziert oder sogar gänzlich vermieden werden, beispielsweise durch das Stornieren von Rohstofflieferungen. Gemeinkosten beinhalten in der Regel die Fixkosten des Unternehmens. Sie werden bei rückläufigen Aufträgen kritisch für die Gewinnentwicklung. Damit der Gewinn nicht negativ wird, also Verluste eingefahren werden, müssen die Mindestproduktionsmengen berechnet werden, mit denen sich zumindest die Fixkosten decken lassen. Jedes Stück eines Gutes trägt mit der Differenz zwischen Verkaufspreis P und der Summe seiner Einzelkosten für Material und Fertigung zur Fixkostendeckung bei. Das heißt, eine Mindestmenge, auch Break-Even-Stückzahl genannt, muss diese Deckungsmenge in Höhe der Fixkosten generieren. Gleichzeitig sorgt die Preisuntergrenze PU eines bestimmten Gutes dafür, dass mindestens die Einzelkosten gedeckt werden, sofern die Fixkosten durch andere Produkte bereits gedeckt sind. Davon abgesehen muss die PU auch die Fixkosten mit abdecken. Ersteres kann insbesondere bei Monopolisten als Austragsfertiger dann vorkommen, wenn sie später im Jahr noch Zusatzaufträge annehmen wollen, bisherige Aufträge aber ihre Fixkosten bereist abdeckten.

2.17 Übungen

In den folgenden Übungen spielen ein Haushalt und ein Produzent die Hauptrolle. Beide stehen stellvertretend für die jeweiligen Sektoren in der Wirtschaft.

Haushalte werden vertreten durch die Familie „Konsumehr". Als eine kleine Wirtschaftseinheit aus Eltern und Kindern haben sie Konsumbedürfnisse, die sie am Markt befriedigen können. Dazu steht ihren ein Haushaltsbudget zur Verfügung.

Die Firma „Compolytica" repräsentiert die Produzenten. Als Wirtschaftseinheit stellt sie Güter her. Compolytica hat sich auf innovative biobasierte Kunststoff-Anwendungen (Bioplastik oder Wood-Plastic Composites) spezialisiert und sieht darin ein hohes künftiges Potenzial.

Aufgabe 2.17.1
1. Beschreiben sie die Familie „Konsumehr" gemäß grundlegender ökonomischer Prinzipien.
2. Beschreiben Sie die Firma „Compolytica" gemäß grundlegender ökonomischer Prinzipien.

Lösung:

1. Konsumehr entspricht dem Typ des Homo economicus und besitzt konkrete rational nachvollziehbare Präferenzen für ihren Konsum, der bestimmte Ziele verfolgt, z. B. durch den Kauf von biobasierten Plastik-Produkten die Umwelt zu schonen. Dabei dürfen wir gerne unterstellen, dass dies egoistisch ist, denn vielleicht wollen sie dadurch ihre eigene Gesundheit und ihr Gewissen schonen.
2. Compolytica verfolgt ebenfalls konkret rational nachvollziehbare Ziele, nämlich die Gewinnmaximierung. Dabei ist ihr Handeln gewissen Restriktionen unterworfen, z. B. kann sie nicht unendlich viel produzieren.

Konsumehr und Compolytica treffen sich auf dem Markt als dem Ort, wo Compolytica ihre biobasierten Kunststoff-Produkte mit Konsumehr gegen Geld tauscht.

Aufgabe 2.17.2
Wie verlagert sich die Nachfragekurve nach biobasierten Holz-Kunststoff-Produkten von Compolytica, wenn …

a) das Einkommen der Familie Konsumehr steigt,
b) der Preis der Compolytica-Produkte steigt,
c) das Bewusstsein der Konsumehrs für Nachhaltigkeit beim Produktkauf wieder sinkt,
d) Haushalte, wie Konsumehr, über ein Rücknahmesystem für Holz-Kunststoff-Produkte zum Recycling beitragen können.

2.17 Übungen

Lösung:

Nachfrage-kurve….	…verschiebt sich…			
	…nach links	…nach rechts	…nicht	
a)		X		
b)			X	
c)	X			
d)		X		

(Diagramm: Preis P über Menge x, Nachfragekurve $P(x)$ mit Verschiebungspfeilen)

Aufgabe 2.17.3

Compolytica überlegt nun, ihr Monopol für Holz-Kunststoff-Produkte gegen Nachahmer zu schützen. Welche fünf Maßnahmen könnte die Geschäftsführung einleiten, um den Markteintritt potenzieller Neueinsteiger zu erschweren?

Lösung:

1. Hartholzfasern in Holz-Kunststoff verleihen dem Werkstoff höhere Festigkeit, die Fasern sind aber am Markt im Vergleich zu Weichholzfasern nur begrenzt verfügbar. Compolytica könnte von den wenigen Faseranbietern alles Material bestellen, sodass diese ausschließlich an Compolytica liefern (*Vorsicht*: Compliance Regeln beachten! Keine unlauteren Verträge abschließen, die gegen Markttransparenz verstoßen).
2. Compolytica sollte die Qualitätsstandards für Holz-Kunststoff-Produkte erhöhen. Damit wird es für Neueinsteiger schwerer, das Produkt aufgrund mangelnden Know-hows zu kopieren.
3. Compolytica sollte ihre Vertriebskanäle so weit wie möglich ausbauen, um es Konkurrenten unmöglich zu machen, weitere Vertriebspartner in ihrem Gebiet zu finden.
4. Compolytica sollte Verträge mit ihren wichtigsten Mitarbeitern abschließen, um zu verhindern, dass diese eine bessere Position bei der Konkurrenz einnehmen.
5. Compolytica sollte ihren Kunden einen besonderen Service anbieten, z. B. Wartungsverträge über die Produkte, regelmäßige Produkt-Upgrades usw., um es für Konsumenten weniger interessant zu machen, zu potenziellen Wettbewerbern zu gehen.

Aufgabe 2.17.4

Der Markt für Holz-Kunststoff-Produkte hat sich über die Jahre stark ausgedehnt und biobasierte Kunststoff-Verbundwerkstoffe sind in nahezu allen Plastikprodukten enthalten. Erklären Sie, weshalb Compolytica nun den Marktpreis für solche Produkte als gegeben

ansehen muss, also jegliche Maßnahmen der preispolitischen Beeinflussung wenig erfolgsversprechend sein werden.
Lösung:
Familie Konsumehr hat nun sehr viele Alternativen beim Kauf von Holz-Kunststoff-Produkten. Wenn Compolytica nun für ihre Produkte mehr verlangen würde, dann wählt Konsumehr einfachen einen anderen Anbieter.

Aber auch die Konsumehrs haben wenig Aussicht auf Erfolg, wollten sie beim Einkauf bei Compolytica den Preis nach unten drücken, denn dann würde Compolytica ihr Gut einfach dem nächsten Interessenten anbieten.

Der im Polypolmarkt entstandene Gleichgewichtspreis muss also von Konsumenten und Produzenten hingenommen werden.

Aufgabe 2.17.5
Überlegen Sie sich die wichtigsten generellen Informationen, über die Compolytica verfügen müsste, um über ihre Produktionsmenge strategisch entscheiden zu können. Orientieren Sie sich an der Gewinnformel $G(x) = P(x) * x - K(x)$.
Lösung:
P(x): Der Absatzpreis im Markt, denn je höher dieser über den eigenen Herstellkosten liegt, desto größer die Gewinne und desto eher befindet sich Compolytica in einem Monopolmarkt und desto weniger muss sie produzieren.

K(x): Die Produktionstechnik, Verfahren, Know-how etc.

K(x): Die Produktionsfaktoren in Art, Menge und Kosten (Preis) zur Bereitstellung des Angebots

Aufgabe 2.17.6
Angenommen Compolytica befände sich in einem Monopolmarkt mit ihren biobasierten Kunststoff-Produkten. Wie würde sich der Monopolpreis verändern, wenn die Fixkosten von Compolytica anstiegen? *Achtung*: Der Monopolpreis ist ein Ergebnis der Bedingung: Grenzerlös $E' =$ Grenzkosten K'
Lösung:
Die Grenzkosten sind ein entscheidendes Element für die Bildung des Monopolpreises. Grenzkosten resultieren aus der ersten Ableitung der Gesamtkostenfunktion der Form:

$$K(x) = \text{variable Kosten} + \text{Fixe Kosten, z. B. } 20x^2 - 4x + 50.$$

Wie man sieht, sind die Fixkosten von x unabhängig und werden beim Differenzieren zu null. Damit entfallen sie aus jeder weiteren Betrachtung.
Fazit: Der Monopolpreis reagiert *nicht* auf Veränderungen der Fixkosten.

2.17 Übungen

Aufgabe 2.17.7
Compolytica befindet sich nun im einem Konkurrenzmarkt, in dem, wie wir gelernt haben, die Preise als gegeben erachtet werden können. Beschreiben Sie mit eigenen Worten die betriebliche Situation von Compolytica, indem Sie auf folgende Aspekte eingehen:

1. Anzahl angebotener Produkte (Varianten), 2. Inputfaktoren, 3. Unternehmenshauptziel, 4. Rolle der Kosten, 5. Beeinflussbarkeit des Marktpreises, 6. Verfügbare Informationen zum Markt.

Lösung:

1. Im Konkurrenzmarkt wird Compolytica ihr Produkt ohne Variantenvielfalt anbieten und versuchen, es so kostengünstig wie möglich in Massen herzustellen.
2. Als Produktionsfaktoren dienen Arbeit mit Know-how und Kapital mit Maschinen, Werkhallen, Entwicklungsabteilungen etc.
3. Das Hauptziel ist, möglichst hohe Output-Mengen zu niedrigen Preisen anzubieten, um den Gewinn zu maximieren (im Gegensatz zum Monopol, wo wenig zu hohen Preisen angeboten wird).
4. Die Kosten sollen minimal sein, was den Gewinn maximiert.
5. Der Marktpreis ist gegeben, eine Beeinflussung wäre sinnlos, weil Konsumenten sofort zu anderen Anbietern wechseln würden.
6. Informationen sind wegen der hohen Zahl an Nachfragern und Anbietern transparent und überall verfügbar.

Aufgabe 2.17.8
Die Geschäftsführung von Compolytica möchte ihre Unternehmensumwelt besser einschätzen, um strategische Maßnahmen effektiver planen zu können. Sie hat Erkundigungen über die nachfolgenden Unternehmen eingeholt, mit denen sie Geschäftsbeziehungen pflegen. Positionieren Sie die Stakeholder in der nachfolgenden Matrix mit den Dimensionen „Stakeholder-Einfluss" und „Stakeholder-Interesse in Compolytica".

1. „ExpressSourcing" GmbH, ein Lieferant, der Compolytica wöchentlich mit allen Rohstoffen unterstützt, die Compolytica aber auch überall anders bekommen kann. Dies ist Deutschlands größter Lieferant, der mit einem flächendeckenden Vertriebsnetz arbeitet und natürlich auch die Konkurrenz von Compolytica beliefert.
2. Die „PreciseTec" GmbH ist ein lokales Unternehmen, das mit nur fünf Mitarbeitern sehr gut in der Kunststoffumformtechnik ist. „PreciseTec" arbeitet auch für einige andere Firmen, die aber nicht in Compolyticas Branche tätig sind.
3. „MoneyMaker" ist Compolyticas Hausbank, bei der sie einen großen Kredit laufen hat und die zu den fünf stärksten Bankinstituten Deutschlands gehört.
4. Herr Müller arbeitet für das „Städtisches Gewerbeamt" und kommt einmal im Jahr vorbei, um zu überprüfen, ob Compolyticas Kantine den Hygienevorschriften entspricht.

5. Herr Stark von der „PowerTrader" GmbH ist Compolyticas Hauptkunde, ein gewiefter Verhandlungspartner und immer an einer schnellen Lieferung, aber auch an niedrigen Preisen interessiert. Trotzdem bestellt er mindestens zweimal im Monat. Bislang gute Geschäfte, aber er fragt auch regelmäßig bei Compolyticas Konkurrenten nach einem Angebot!

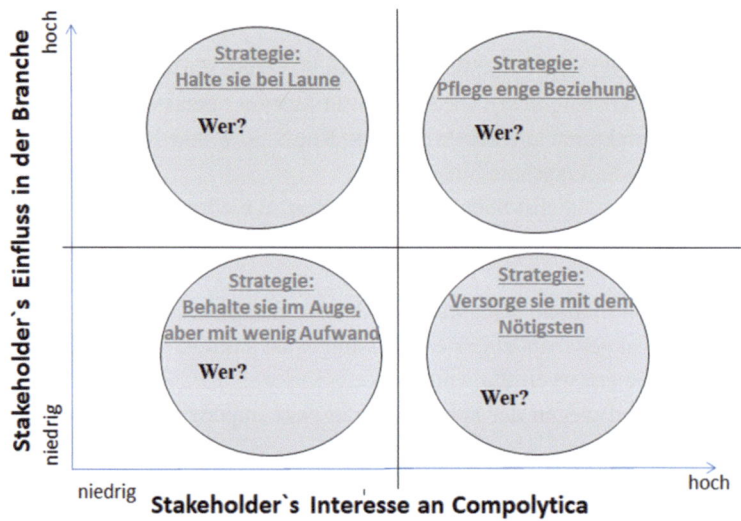

Lösung:

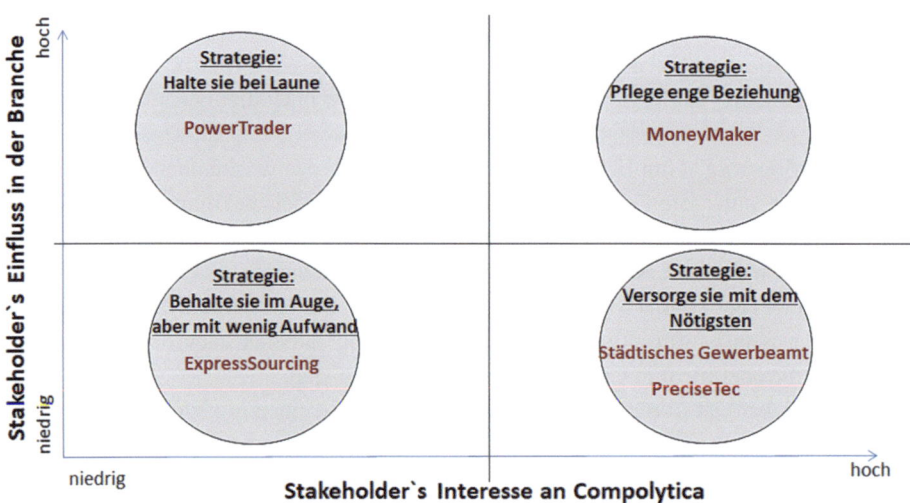

2.17 Übungen

Aufgabe 2.17.9
Um künftig noch effizienter wirtschaften zu können, analysiert Compolytica ihre Organisationsstruktur. Erklären Sie, wodurch in einem Unternehmen überhaupt Koordinationsbedarf zwischen den Aufgabenträgern entsteht?
Lösung:
Arbeitsaufgaben werden im Unternehmen aufgeteilt (Arbeitsteilung). Dabei dienen alle Einzelaktivitäten der Aufgabenträger dem Unternehmensziel und sind aufeinander abgestimmt (= koordiniert).
Zur Aufgabenerledigung müssen die Aufgabenträger miteinander interagieren.
Dabei entstehen Schnittstellen zwischen den Aufgabenträgern, an denen Informationen ausgetauscht werden müssen (= Medienbrüche). Die Aufgabenträger sind dann von der Qualität und Quantität der weitergeleiteten Informationen anderer Stellen abhängig (= Interdependenzen).
Diese Abhängigkeit steigt mit dem Grad der Arbeitsteilung, und auch der Koordinationsbedarf steigt.
Der Koordinationsbedarf wiederum steigt mit der Größe der Distanzen zwischen den Aufgabenträgern, und zwar in räumlicher, zeitlicher, sachlicher Hinsicht.

Aufgabe 2.17.10
Warum sollte Ihrer Meinung nach Compolytica zu einem Mehrliniensystem tendieren? Finden Sie Argumente!
Lösung:
Einliniensysteme beanspruchen die Organisation mehr als Mehrliniensysteme, da die Informations- und Entscheidungswege länger sind und dadurch wichtige Informationen verloren gehen können oder verzerrt ankommen. Die Reaktionsfähigkeit kann dadurch verlangsamt werden.
Mehrliniensysteme sind effektiver bei größerer Arbeitsteilung, komplexeren Strukturen und höherem Flexibilitätsbedarf mit häufig wechselnden Aufgaben.
Vorgesetzte sind in Mehrliniensystemen meist spezialisierter und kompetenter im Fach, was deren Weisungsbefugnis dann auch fokussierter auf Fachthemen und Bereiche richtet. Dies kann helfen, Probleme effektiver zu lösen.
Mitarbeiter können sich zielgerichteter an ihre Vorgesetzten richten und dann auch mit effektiven Lösungsvorschlägen rechnen.

Aufgabe 2.17.11
Beraten Sie Compolytica hinsichtlich der Vor- und Nachteile einer funktionalen Organisation.
Lösung:
Vorteile:
Entscheidungsbefugnisse sind zentralisiert in den Funktionsbereichen.
Je größer und spezialisierter das Unternehmen, desto effektiver die funktionale Organisation.

Aufgabenbereiche sind klar abgegrenzt und lassen sich intern kontrollieren.

Jeder kennt seinen Bereich sehr gut und weiß um den eigenen Beitrag am Unternehmensziel (= Motivation).

Nachteile:

Es gibt viele Schnittstellen und Koordinationsbedarf zwischen Funktionsbereichen, insbesondere je größer die Anzahl an Produkten ist.

Der Erfolg einzelner Produkte am Gesamtunternehmenserfolg ist schwerer messbar, was die Kalkulation ungenauer macht.

Der hohe Koordinationsaufwand lässt das Unternehmensziel leicht aus dem Blick rücken.

Aufgabe 2.17.12

Die Geschäftsführung findet jedoch an der divisionalen Organisationsstruktur mehr Gefallen als an der funktionalen. Erklären Sie, warum Compolytica dann eine ausreichend hohe Unternehmensgröße besitzen sollte.

Lösung:

In divisionalen Organisationen arbeiten die Geschäftseinheiten weitestgehend unabhängig voneinander, greifen also nicht auf gemeinsame Funktionsbereiche zurück.

Die eigenständigen Geschäftsbereiche besitzen dann auch eine eigene Werkschöpfungskette, wobei maximal auch Verzweigungen zueinander bestehen können.

Die Geschäftsbereiche brauchen auch eine eigene Führungsebene mit entsprechendem Personal.

Auch sind die Ressourcen im Unternehmen dann mehrfach vorhanden, was nur bei großen Unternehmen wirtschaftlich wird (Kapitalbindung).

Aufgabe 2.17.13

Ins Gespräch kommt bei der Geschäftsführung von Compolytica auch die Matrixorganisation. Beraten Sie die Damen und Herren, welche konkreten Voraussetzungen dann bei Compolytica gegeben sein sollten.

Lösung:

In der Matrixorganisation gibt es viele Matrix-Schnittstellen zwischen den Sparten und Funktionsbereichen. Die Anforderungen an das dortige (Schnittstellen-)Management (z. B. Produktmanager) sind hoch.

Die Schnittstellenmanager treffen dann Entscheidungen, die von den Funktionsbereichs- und Objektbereichsleitern akzeptiert werden müssen. Dies ist nicht spannungsfrei.

Der Informationsbedarf bei den Schnittstellenmanagern ist hoch, oftmals leiden diese unter mangelnder Informationsqualität und -quantität, was Frustrationen schürt.

Matrixorganisationen brauchen eine gut etablierte und akzeptierte Unternehmenskultur der Hilfsbereitschaft und der gemeinsamen Zielerreichung.

Aufgabe 2.17.14

Als produzierendes Unternehmen besitzt Compolytica die drei typischen Managementebenen. Das Controlling möchte sich nun einen Überblick verschaffen über die Aufgabenteilung. Geben Sie an, zu welcher Managementebene (obere, mittlere, untere) jede Aufgabe gehört.

Aufgabe		Managementebene		
		untere	mittlere	obere
1	Ein Vorstellungsgespräch mit einem Stellenbewerber führen			
2	Eine Ware verpacken, um sie für den Versand an den Kunden bereit zu machen			
3	Einen Außentermin wahrnehmen, um einen potenziellen Geschäftspartner für den Aufbau einer Auslandsniederlassung zu treffen			
4	Ein Telefongespräch mit einem Lieferanten führen, weil gelieferte Waren beschädigt sind			
5	Kalkulation eines Budgets für ein anstehendes Entwicklungsprojekt			
6	Kaffee kochen für eine Besprechung			
7	Prüfen der neuesten Verkaufszahlen des Inlandsgeschäfts			
8	Durchführen einer Konkurrenzanalyse per Websuche			
9	Unterzeichnung eines Vertrags mit einer Baufirma für den Bau einer weiteren Produktionshalle			
10	Überprüfen, ob alle Mitarbeiter der Abteilung bis zum Jahresende ihren gesetzlichen Urlaub genommen haben			
11	Verhandlung mit einem Banker über die Gewährung eines Kredits			
12	Die Hecke vor dem Bürogebäude schneiden			
13	Eine Grundsatzrede auf der jährlichen Kundenveranstaltung halten			
14	Aktien zu Investitionszwecken kaufen			

Lösung:

Management	1	2	3	4	5	6	7	8	9	10	11	12	13	14
unteres		√		√		√				√		√		
mittleres	√		√		√		√	√		√			√	√
oberes			√				√		√		√		√	

Aufgabe 2.17.15
Compolytica steht mit ihrer innovativen und nachhaltigen Materialmischung für biobasierte Kunststoff-Verbundwerkstoffe noch am Anfang ihres Bestehens. Als Start-up-Unternehmen möchte sie sich in Deutschland rasch einen Namen verschaffen.

Verfassen Sie für Compolytica ein Statement über ihre a) Unternehmensvision (max. 5 Sätze) und b) Unternehmensmission (max. 10 Aufzählungspunkte). Beide Aussagen richten sich an die eigenen Mitarbeiter und externen Stakeholder.

Lösung:

a) Wir sind Pioniere auf dem Gebiet nachhaltiger biobasierter Plastik-Substitutionsstoffe. Unser Ziel ist es, 100 % erneuerbare Ressourcen in unserem Material einzusetzen und jederzeit umweltfreundlich zu handeln. Wir wollen unser Produkt ausschließlich im deutschen Markt anbieten, um kurze Wege von der Produktion zum Verbraucher zu haben. Wir sind ein Familienbetrieb und behandeln unsere Mitarbeiter wie Familienmitglieder.

b) 1. In den nächsten zwei Jahren wollen wir unseren Umsatz um 20 % steigern, um deutlich zu wachsen.
   2. Wir werden im nächsten Jahr acht und im darauffolgenden Jahr weitere fünf Mitarbeiter einstellen.
   3. Die Preise werden in der nächsten Verkaufsperiode um 5 % erhöht.
   4. Wir werden bis zum nächsten Jahr alle petrochemischen Stoffe in unserer Produktion durch natürliche Kunststoffe ersetzen.
   5. Alle Compolytica-Produkte werden in Verpackungen aus natürlichem biologisch abbaubarem Material angeboten.
   6. Wir werden 100.000 € in Transportmaschinen auf Solarenergiebasis investieren.
   7. Unsere Mitarbeiter erhalten eine Gewinnbeteiligung von 0,5 %, die zu Weihnachten ausgezahlt wird.
   8. Wir werden im nächsten Jahr ein vergünstigtes Kantinenessen für unsere Mitarbeiter anbieten.
   9. Unsere erste Niederlassung wird in der Nähe von Freiburg gebaut.
   10. Wir werden in unserer Logistik ab nächstem Jahr für zwei Jahre lang ein Entwicklungsprojekt starten für die Rücknahme von Compolytica-Altprodukten, um sie als Recycelmaterial in die Produktion einzugliedern.

Aufgabe 2.17.16
Das Controlling von Compolytica möchte nun die definierten Ziele für die nächste Periode als „operativ" oder „strategisch" klassifizieren, um deren Bedeutung besser einzuschätzen. Geben Sie an, ob die Aktivität auf strategischer oder operativer Ebene stattfindet. Wenn es sich um eine strategische Ebene handelt, versuchen Sie, ein angemessenes und verständliches operatives Ziel zu finden und umgekehrt.

2.17 Übungen

Beispiel: Die Produktionsmitarbeiter der Schicht xyz sollen um 22:00 Uhr und 01:00 Uhr jeweils 30 min Pause machen.
= operativ. Angemessenes strategisches Ziel: Die Abwesenheiten und Krankheitsausfälle in der Produktion müssen um 5 % reduziert werden.
Weitere Ziele:

a) Die Verschuldungsquote unseres Unternehmens muss um 10 % gesenkt werden.
b) Bis zum nächsten Jahr sollen alle Firmenwagen von VW geleast werden, da die Kosten um 5 % gesenkt werden sollen.
c) Jede Abteilung erhält ein zusätzliches Budget von 10.000 € für Mitarbeiterschulungen.
d) Die Wochenarbeitszeit wird von 39 auf 40,5 h erhöht.
e) Die Marketingabteilung wird künftig um 7 Uhr beginnen und nicht, wie die meisten anderen Abteilungen, um 8 Uhr.
f) Wir müssen einen anderen Lieferanten für die Ware xyz finden, um uns unabhängiger vom bisherigen zu machen.
g) Unser neues Corporate Design verlangt vom Verkaufspersonal, gelbe Hemden mit rosa Krawatten zu tragen.
h) Kunden-E-Mails müssen innerhalb von zwei Tagen beantwortet werden.
i) Wir werden eine neue Produktionshalle in unserer Übersee-Niederlassung in Tokio bauen.
j) Die Kantine wird ab nächsten Monat frischen Salat anbieten.

Lösung:

a) Der Verschuldungsgrad unseres Unternehmens muss um 10 % reduziert werden = strategisch. Angemessenes operatives Ziel: Ausgaben in der Marketingabteilung, die 5000 € übersteigen, müssen vom Abteilungsleiter genehmigt werden.
b) Bis zum nächsten Jahr sollen alle Firmenwagen von VW geleast werden, weil dann die Kosten um 5 % niedriger sind = operativ. Angemessenes strategisches Ziel: Das Unternehmen wird die Kosten in allen Abteilungen um 5 % senken.
c) Jede Abteilung erhält ein zusätzliches Budget von 10.000 € für Personalschulungsprogramme = operativ. Angemessenes strategisches Ziel: Wir erhöhen die Produktivität um 5 % durch zusätzliche Mitarbeiterschulungen.
d) Die Wochenarbeitszeit wird von 39 auf 40,5 h erhöht = operativ. Angemessenes strategisches Ziel: Die Produktion wird um 5 % erhöht, um das Unternehmen wachsen zu lassen und von Skaleneffekten zu profitieren.
e) Die Marketingabteilung wird künftig um 7 Uhr beginnen und nicht wie die meisten anderen Abteilungen, um 8 Uhr = operativ. Angemessenes strategisches Ziel: Wir erhöhen unsere Kundenanstrengungen in allen Bereichen, um den Umsatz um 5 % zu steigern.

f) Wir müssen einen anderen Lieferanten für die Ware xyz finden, um uns unabhängiger vom bisherigen zu machen = operativ. Angemessenes strategisches Ziel: Wir reduzieren das Unternehmensrisiko, um die Liquiditätsreserven zu senken.
g) Unser neues Corporate Design verlangt vom Verkaufspersonal, gelbe Hemden mit rosa Krawatten zu tragen = operativ. Angemessenes strategisches Ziel: Wir wollen uns von der Konkurrenz abheben, um den Umsatz, um 5 % zu steigern.
h) Kunden-E-Mails müssen innerhalb von zwei Tagen beantwortet werden = operativ. Angemessenes strategisches Ziel: Wir wollen die Kundenzufriedenheit optimieren, um den Umsatz um 5 % zu steigern.
i) Wir werden eine neue Produktionshalle in unserer Auslandsniederlassung in Tokio bauen = strategisch. Angemessenes operatives Ziel: Unsere Facility-Abteilung wird einen neuen Mitarbeiter einstellen, der aus China kommt.
j) Die Kantine wird ab nächsten Monat frischen Salat anbieten = operativ. Angemessenes strategisches Ziel: Wir wollen durch gesunde Ernährung die Fehlzeiten und den Krankenstand unternehmensweit um 5 % reduzieren.

Aufgabe 2.17.17
Um die Prozesse effizienter zu machen überprüft das Controlling von Compolytica die verabschiedeten Ziele auf Konfliktpotenzial. Stellen Sie für die nachfolgenden Beispiele die Art der Zielabhängigkeit, als Zielkonkurrenz, Zielneutralität, Zielidentität, Zielantinomie fest. Beispiel:
Ziel 1.1: Wir wollen den Umsatz im nächsten Jahr um 5 % steigern.
Ziel 1.2: Wir wollen 10 % unserer Vertriebsmitarbeiter entlassen.

Ziel 1.1 + Ziel1.2 → Beurteilung : Keine Zielkomplementarität

Ziel 2.1: Wir investieren unseren gesamten Gewinn in eine neue Produktionslinie.
Ziel 2.2: Wir werden unseren Mitarbeitern eine Gewinnbeteiligung von 0,5 % zahlen.
Ziel 3.1: Wir wollen eine innovative Handyschale aus biobasiertem Holz-Kunststoff-Verbundwerkstoff entwickeln.
Ziel 3.2: Wir wollen Marktführer in der E-Mobilität werden.
Ziel 4.1: Wir wollen unsere Produktion in Singapur schließen.
Ziel 4.2: Wir geben unsere Aktivitäten auf den asiatischen Märkten vollständig auf.
Ziel 5.1: Wir wollen alle Bestandteile von Produkt B vollständig aus erneuerbaren Materialien herstellen.
Ziel 5.2: Alle Bestandteile von Produkt B werden durch billigere Kunststoffe ersetzt.

2.17 Übungen

Lösung:

Ziel 2.1 + Ziel 2.2 → Beurteilung : Zielkonkurrenz.
Ziel 3.1 + Ziel 3.2 → Beurteilung : Zielneutralität/Gleichgültigkeit.
Ziel 4.1 + Ziel 4.2 → Beurteilung : Zielidentität.
Ziel 5.1 + Ziel 5.2 → Beurteilung : Zielantinomie.

Aufgabe 2.17.18

Compolytica hat ehrgeizige Ziele und möchte Marktführer werden. Gehen Sie auf die nachstehenden Unterziele ein und erstellen Sie eine Zielhierarchie mit …

a) Erhöhung der Mitarbeiterzahl um 18.
b) 60 % Marktanteil.
c) Investitionsausgaben: 750.000 € (in was? Bitte vorschlagen!).
d) Jährliches Umsatzvolumen = 2.660.000 €.
e) Vertriebskanäle: Direktlieferung an lokale Einzelhändler.
f) Anderes: Bitte denken Sie sich ein entsprechendes Ziel aus.

Lösung:

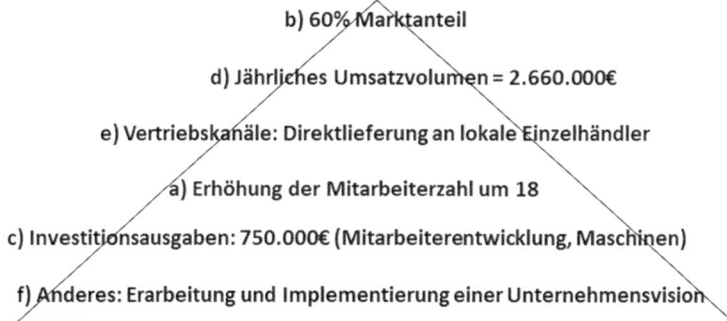

Aufgabe 2.17.19

Der Erfolg von Compolytica mit biobasierten Kunststoff-Anwendungen zieht Konkurrenten an. Das Produktmanagement überlegt daher, wie man das Unternehmen vor strategischen Preis-beobachtungen durch die Konkurrenz schützen kann. Überlegen Sie sich fünf Maßnahmen, wie es schwerer wird, den tatsächlichen Produktwert und den Preis mit anderen Konkurrenzprodukten zu vergleichen (Preisintransparenz).

Lösung:

1. Compolytica könnte die Verpackung größer machen als die der Konkurrenzprodukte, auch wenn der Inhalt gleich ist. *Vorsicht*: Hier gibt es gesetzliche Regelungen!
2. Compolytica könnte nur Produktinformationen auf der Verpackung aufführen, die bei den Produkten der Konkurrenten nicht aufgeführt sind. Dies erschwert die Vergleichbarkeit.
3. Compolytica könnte andere Testmethoden zur Ermittlung der Produkteigenschaften als bei der Konkurrenz anwenden. Ergebnisse sind dann nicht vergleichbar, aber immer noch objektiv richtig.
4. Compolytica könnte ihre Produkte von einem unabhängigen Institut testen lassen und dies auf der Verpackung kennzeichnen. Dies wird of als Qualitätssiegel angesehen, das den Wert steigert.
5. Compolytica könnte die Preisbündelung anwenden, also einzelne Produkte nur zusammen mit anderen Produkten ihres Sortiments anbieten, und dafür nur einen Preis fordern. Dies macht es der Konkurrenz schwer, die tatsächlichen Herstellungskosten einzuschätzen.

Aufgabe 2.17.20

Das Controlling von Compolytica möchte für alle vier Produktsparten A bis D ein künftig optimales Portfolio erzielen, d. h., alle Sparten sollen ein entsprechendes Marktwachstum und Marktanteil besitzen, sodass sie sich gegenseitig unterstützen.

Dazu hat der Controller zwei nachfolgende Szenarien als Portfoliomatrix erstellt. Unschlüssig ist er sich jedoch, welches optimaler ist, um dann dafür die erforderlichen Ziele für dessen Verwirklichung zu definieren. Beraten Sie den Controller, welches Szenario zu wählen wäre!

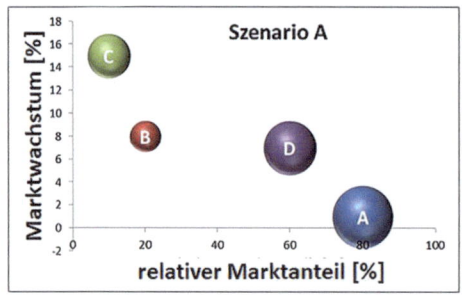
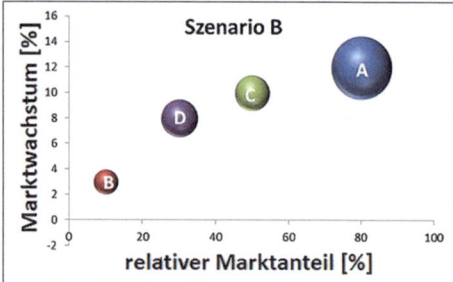

Lösung:

Szenario A: Hier fehlen die Stars gänzlich. Kurzfristig werden noch gute Gewinn erwirtschaftet über die umsatzstarken SGEs (= strategischen Geschäftseinheiten) D und A. Es ist jedoch zu erwarten, dass mittelfristig die Gewinne für Compolytica zurückgehen werden, weil sich D und A kaum noch selbst tragen. Obwohl der Markt für C sehr potenzialträchtig ist, muss jetzt bereits dessen Marktanteil ausgebaut werden, was die Kosten stark ansteigen lassen wird bei gleichzeitig fallenden Gewinnen. Investitionen sollten primär in C und sekundär in B gehen und nicht mehr in D und A.

Szenario B: Compolytica würde sich sehr gut über A und C tragen, denn sie liefern Finanzmittel, um die Marktpositionen für D weiter auszubauen. B könnte, wenn nicht anderweitig strategisch gewollt, aufgelöst werden.

Also: Für Szenario B sollten Ziele zur Erreichung definiert werden

Aufgabe 2.17.21
Compolytica möchte ihr Hauptprodukt „Blumentopf aus biobasiertem Kunststoff" der Zielgruppe „Privathaushalte" und „Gärtnereien" anbieten, Letzteren natürlich zu höheren Preisen. Recherchieren Sie hierzu den Begriff „Kannibalismus-Effekt" und verdeutlichen Sie diesen am gegebenen Beispiel. Was wäre im Sinne des strategischen Managements zu tun?

Lösung:
Ein Kannibalismus-Effekt tritt im Unternehmen auf, wenn zwei Produkte auf dem Markt miteinander konkurrieren. Der Grund dafür kann sein, dass die Kunden beide Produkte als ähnlich wahrnehmen und sich deshalb für das billigere entscheiden. Voraussetzung ist der uneingeschränkte Marktzugang zu beiden Produkten durch denselben Kunden. Wenn also die professionelle Gärtnerei „FlowerPower" GmbH in den Baumarkt geht und den Compolytica Bioplastik-Blumentopf als professionell empfindet, wird sie diesen kaufen und die vorhandene Ersparnis gegenüber dem professionell gehandelten Produkt als Zusatznutzen bewerten. Insgesamt bietet die Version für Privathaushalte der Gärtnerei einen größeren individuellen Nutzen als der Kauf der Profivariante.

Compolytica sollte daher die Baumarktvariante von der Profivariante durch eine geringere Stabilität, eine eingeschränkte Farbauswahl, eine geringe Auswahl an Größen etc. unterscheiden, um den Preisunterschied optisch erkennbar zu machen.

Aufgabe 2.17.22
Nachstehend ist die Wertkette der Compolytica GmbH abgebildet für deren Hauptprodukt „Terrassendiele für Outdoor-Cafeterien" aus dem Compolytica Material Holfaser-Kunststoff-Verbundwerkstoff. Gezeigt ist auch eine Horizontalverbindung zu einer benachbarten Wertkette.

a) Erstellen Sie ein Flussdiagramm, das jeden Schritt innerhalb der Wertkette zeigt und fügen Sie die Horizontalverbindung zur Schnittholzproduktion hinzu.
b) Welche weiteren horizontalen Wertkettenverbindungen zu anderen Unternehmen sind denkbar? Ergänzen Sie Ihr Flussdiagramm um drei weitere Verbindungen.

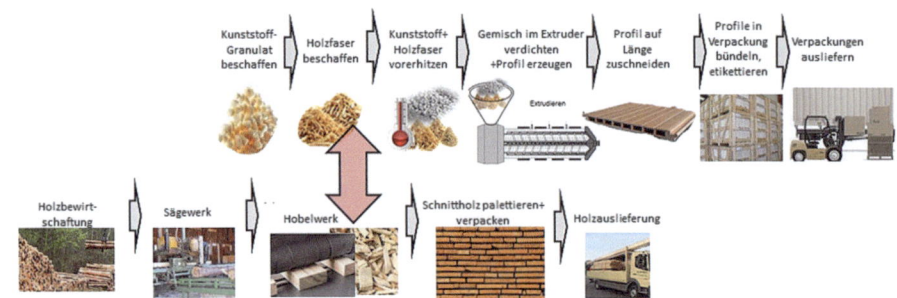

Lösung:

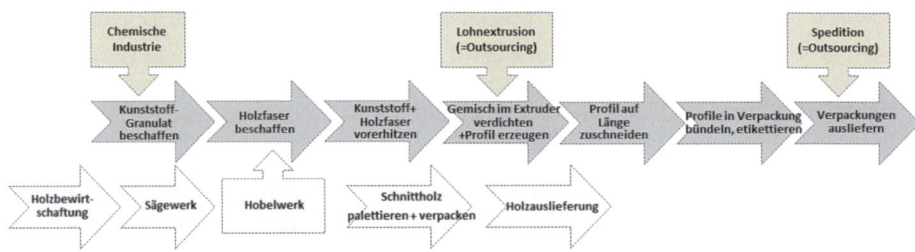

Aufgabe 2.17.23

Die Produktionsplanung von Compolytica möchte ein Inventar erstellen für alle Produktionsmaschinen und Anlagen.

a) Nennen Sie je drei Beispiele für darin enthaltene a.1) Potenzialfaktoren und a.2) Verbrauchsfaktoren!
b) Nennen Sie drei Beispiele für „Aggregate"!

Lösung:

a) Potenzialfaktoren:
  - Drehbank
  - Bohrmaschine
  - Etikettierer
b) Aggregate:
  - Fließband
  - Silo mit Förderstrecke
  - Werkstatt
  - Arbeitsplatz, inklusive Arbeitsumgebung

Aufgabe 2.17.24

Compolytica produziert unter anderem Biokunststoff-basiertes To-go-Einwegbesteck. Für die Herstellung von 250.000 Löffel fallen 10.000 € Kosten an, inklusive Miete, Maschinenabschreibung, Versicherung etc. Errechnen Sie die Stückkosten gemäß Divisionskalkulation.

Lösung:

$$\text{Stückkosten} = \text{Gesamtkosten}/\text{Menge} = 10'000\,\text{€}/250'000\,\text{Stück} = \mathbf{0,04\,\text{€ je Stück}}.$$

Aufgabe 2.17.25

Compolytica stellte im ersten Quartal des Bezugsjahres insgesamt 175.000 Biokunststoff-basierte Teller her. Die Herstellkosten beliefen sich auf 890.000 €. Die Verwaltungskosten betrugen 78.000 € und die Vertriebskosten 28.000 €. Runden auf 2 Nachkommastellen!

a) Wie hoch sind die Selbstkosten gemäß einstufiger Divisionskalkulation?
b) Wie hoch sind sie gemäß zweistufiger Divisionskalkulation, falls nur 100.000 Teller abgesetzt wurden?
c) Im Quartal wird von vier Fertigungsstellen der Compolytica-Produktion die nebenstehende Zahl an Tellern zu den jeweiligen Herstellkosten produziert. Davon werden im Quartal 175.000 Teller abgesetzt, der Rest geht als Zwischenprodukt in der Wertkette weiter. Wie hoch sind nun die Selbstkosten gemäß mehrstufiger Divisionskalkulation?

	Fertigungsstellen				
	1	2	3	4	Einheit
Menge	250.000	350.000	150.000	250.000	Stück/Quartal
Kosten	220.000	150.000	180.000	280.000	€/Quartal

Lösung:

a) Selbstkosten/Stück = $(890'000\,\text{€} + 78'000\,\text{€} + 28'000\,\text{€})/175'000\,\text{Stück} = \mathbf{5,69\,\text{€/Stk}}$.

b) Verwaltungs- und Vertriebskosten auf Absatzmenge, Herstellkosten auf Produktionsmenge beziehen: Selbstkosten/Stück = $(78'000\,\text{€} + 28'000\,\text{€})/100'000\,\text{Stk} + 890'000\,\text{€}/175'000\,\text{Stk} = \mathbf{6,15\,\text{€/Stk}}$.

c) Selbstkosten/Stück = $(220'000\,\text{€}/250'000\,\text{Stk} + 150'000\,\text{€}/350'000\,\text{Stk} + 180'000\,\text{€}/150'000\,\text{Stk} + 280'000\,\text{€}/250'000\,\text{Stk}) + (78'000\,\text{€} + 28'000\,\text{€})/175'000\,\text{Stk} = \mathbf{4,23\,\text{€/Stk}}$.

Aufgabe 2.17.26

Compolytica produziert kompostierbare To-go-Kaffeebecher aus dem hauseigenen patentierten Biokunststoff. In der Betrachtungsperiode werden 150.000 Becher produziert, davon 100.000 an die Steh-Cafés einer Discounter-Filialen geliefert, der Rest bleibt im Absatzlager. Insgesamt fielen 25.000 € Gesamtkosten an, davon 10.000 € für Verwaltung&Vertrieb. Runden auf 2 Nachkommastellen!

a) Berechnen Sie die Stückkosten.
b) Welchen Wert haben die auf Lager verbliebenen Becher?
c) Berechnen Sie aus den Stückkosten wieder die Gesamtkosten (als Kontrolle).

Lösung:

a) Stückkosten $= ((25'000\ € - 10'000\ €)/150.000\ \text{Stk}) + (10.000\ €/100.000\ \text{Stk}) =$ **0,20 €/Stk**.
b) Lagerwert $= 50'000\ \text{Stk} * (25'000\ € - 10'000\ €)/150.000\ \text{Stk}) =$ **5'000 €**
c) Gesamtkosten $=$ Lagerwert $+$ Absatzmenge $*$ Stückkosten $= 5'000\ € + 100'000\ \text{Stk} * 0{,}20\ €/\text{Stk} =$ **25'000 €**

Aufgabe 2.17.27
Compolytica stellt in der Betrachtungsperiode 50.000 große Biokunststoff-Teller und 100.000 kleine (halb so schwere) Teller her. Die Gesamtkosten betragen 250.000 €. Es wird angenommen, dass sich die Produktionskosten proportional zum eingesetzten Materialgewicht verhalten.
Berechnen Sie die Stückkosten je Sorte nach der Äquivalenzziffernkalkulation.
Lösung:
Die Festlegung der Äquivalenzziffern kann hier nach Gewicht geschehen. Demnach bekommt der große Teller die Ziffer 1 und der kleine Teller die Ziffer 0,5 (weil nur halb so schwer).
Berechnung der Grundeinheiten (GE): $50'000 * 1{,}0 + 100'000 * 0{,}5 =$ **100'000 GE**
Gesamtkosten nun auf die Grundeinheiten verteilen: $250'000\ €/100'000\ \text{GE} =$ **2,50 €/GE**
Stückkosten je Sorte ist Grundeinheitspreis $*$ Äquivalenzziffer:
Sorte „groß": Stückkosten $= 2{,}50\ €/\text{GE} * 1{,}0 =$ **2,50 €/Stk**.
Sorte „klein": Stückkosten $= 2{,}50\ €/\text{GE} * 0{,}5 =$ **1,25 €/Stk**.

Aufgabe 2.17.28
Compolytica berechnet die Kosten für ihr patentiertes Biokunststoff-Material. Pro Tag werden in einer Achtstunden-Schicht 10.000 kg des Materials produziert, in Big-Bags abgefüllt und für 50.000 € an die weiterverarbeitende Industrie verkauft. In einem Kilogramm sind folgende Bestandteile zu jeweiligen Kosten enthalten:

2.17 Übungen

Bestandteile in 1 kg Compolytica-Material			
	Holzfaser	Bioplastik	Einheit
Menge	500	500	**Gramm (g)**
Kosten	0,05	0,25	€

Für die beheizbare Mischmaschine der Zutaten fallen pro Tag 100 € Leasingkosten an, der Abschreibungsbetrag für Abnutzung ist 10 €. Für das Lager-Silo der Bestandteile werden am Tag 500 € Miete + Energie berechnet. Für die 8 Maschinenbediener werden kalkulativ jeweils 12 €/Std. Der Verwaltungsaufwand ist 500 €/Tag hoch und Vertriebskosten fallen mit 150 €/Tag zu Buche.

Alle Berechnungen gelten für die Tagesproduktionsmenge. Es ist die Zuschlagskalkulation anzuwenden! Prozentwerte auf Ganze auf- bzw abrunden. Eurobeträge auf zwei Nachkommastellen.

a) Berechnen Sie die Material- und Fertigungseinzelkosten.
b) Berechnen Sie die Zuschlagssätze für Material und Fertigung.
c) Berechnen Sie die Herstellkosten.
d) Berechnen Sie die Verwaltungsgemeinkosten und die Vertriebsgemeinkosten.
e) Bereichen Sie die Selbstkosten.

Lösung:

a) Materialeinzelkosten (Mat-EK):

Holzfaser: 0,05 €/kg * 10.000 kg
+ *Bioplastik: 0,25 €/kg * 10.000 kg*
= **3000 €**

Fertigungseinzelkosten (Ftg-EK):
*Arbeitskosten: 8 Bediener * 8 Std. * 12 €/Std*
= **768 €**

b) Zuschlagssätze (Kalkulationssätze):

Materialgemeinkosten = Lagerkosten (Silo)/Mat−EK = 500 €/3′000 € = 0,17 = **17 %**
Fertigungsgemeinkosten = (Mischmaschine Leasing + Abschreibung)/Ftg−EK
= (100 € + 10 €)/768 € = 0,14 = **14 %**

c) Herstellkosten = (Mat−EK + Mat−GK) + (Ftg−EK + Ftg−GK)

$$= (3'000 € + 3'000 € * 0,17) + (768 € + 768 € * 0,14) = \mathbf{4'385,52\ €}$$

d) Verwaltungsgemeinkostenzuschlagssatz = Verwaltungsgemeinkosten (Verw−GK)/ Herstellkosten

$$= 500 \text{ €}/4'385{,}52 \text{ €} = 0{,}11 = \mathbf{11\ \%}$$

Vertriebsgemeinkostenzuschlagssatz = Vertriebsgemeinkosten (Vertr − GK)/Herstellkosten

$$= 150 \text{ €}/4'385{,}52 \text{ €} = 0{,}03 = \mathbf{3\ \%}$$

e) Selbstkosten = Herstellkosten + Verw−GK + Vertr−GK

$$= 4'385{,}52 \text{ €} + 0{,}11 * 4'385{,}52 \text{ €} + 0{,}03 * 4'385{,}52 \text{ €} = \mathbf{5'000\ €/10\ to\ Material}$$

Aufgabe 2.17.29

Compolytica hat einen Auftrag von einem Automobilhersteller A bekommen, aus dem Biokunststoff die kompletten Innenraumkonsolen der neuen Elektro-Kombiklasse zu fertigen. Hierzu wird eine externe Entwicklergruppe beauftragt und am Umsatz beteiligt. Die Produktionsplanung geht von einer Kapazitätsauslastung von 75 % in der nächsten Periode aus, in der 1500 Konsolen zu je 1250 € herzustellen sind, wobei sich die Einzelkosten wie folgt aufteilen:

a) Berechnen Sie den Periodengewinn [€] und den Break-Even-Punkt (Anzahl Konsolen) zur Fixkostendeckung.
b) Die Produktionsplanung soll entscheiden, ob man einen zusätzlichen Auftrag auch für den Automobilhersteller B annehmen sollte, die Kostenzusammensetzung bliebe gleich. Welchen Mindestpreis (PUG) pro Konsole müsste man verlangen, damit noch Gewinne erzielt werden, wenn der Zusatzauftrag 125 Konsolen umfasst.

	Einzelkosten pro Konsole [€]		Gemeinkosten [€] (= Fixkosten)
Biokunststoff	120	**Betriebskosten**	20.000
Hilfsstoffe	40	**Verwaltungsgehälter**	125.000
Energie	25	**Vertriebskosten**	40.000
Montagelöhne	400	**Umsatzbeteiligung externer Entwickler**	
Transportkosten	150	20 %	

2.17 Übungen

Lösung:

a) Periodengewinn = Umsatz − ΣEinzelkosten − Gemeinkosten − Umsatzbeteiligung:

   1500 Stk * 1250 € Umsatz
   − 1500 Stk * (120 € + 40 € + 25 € + 400 € + 150 €) ΣEinzelkosten
   − (20.000 € + 125.000 € + 40.000 €) Gemeinkosten
   − *1500 Stk * 1250 € * 0,20 Umsatzbeteilig*
   = 1.875.000 € Umsatz
   − 1500 Stk * 735 € ΣEinzelkosten
   − 185.000 € Gemeinkosten
   − *375.000 € Umsatzbeteilig*
   = **212.500 € Periodengewinn**

   Break-Even-Stückzahl x: (x * (Preis − Stückeinzelkosten − Umsatzbeteiligung)) ≥ Fixkosten (= Gmk)

   $$x*(1'250\ € - 735\ € - 1'250\ € * 0,20) \geq 185'000\ € \rightarrow \mathbf{x \geq 698\ Stk.}$$

b) Stückzahl bei voller Auslastung: 75 % = 1500 Konsolen → 100 % = 2000 Konsolen, d. h., 500 Konsolen können zusätzlich hergestellt werden > 125 Konsolen Zusatzauftrag.

   Mindestpreis (PUG) für stabile Gewinne: Gemeinkosten werden bereits von den 1500 Konsolen gedeckt (siehe Teil a). Also müssen nur noch die Stückeinzelkosten + Umsatzbeteiligung des Zusatzauftrages gedeckt werden und vorheriger Gewinn bleibt konstant:

   $$735\ €/Stk. + PUG * 0{,}20 = PUG \rightarrow \mathbf{PUG = 918{,}75\ €/Stk.}$$

Grundlagen des Marketings für biobasierte Kunststoff-Verbundwerkstoffe 3

3.1 Ziele und Zielerreichung im Marketing

Marketing ist jener primäre Unternehmensbereich, der sich um die Vermarktung der Produkte und Dienstleistungen kümmert. Marketingziele lassen sich in operative und strategische Teilziele unterscheiden. Operativ geht es darum, die Bedürfnisse und Erwartungen von Kunden und anderen Interessengruppen (Stakeholder) zu befriedigen. Strategisch trägt das Marketing zur Gewinnmaximierung des Unternehmens bei. Zur Zielerreichung im Marketing wird der **Marketing-Mix** eingesetzt, der eine Kombination verfügbarer Marketingwerkzeuge darstellt.

Das Marketingmanagement umfasst die Planung, Umsetzung und Kontrolle aller Maßnahmen im Sinne der Zielsetzungen. Die Marketingorganisation sorgt für eine effiziente Aufbau- und Ablauforganisation sowie ein effektives Schnittstellenmanagement, wobei Matrixorganisationen die Schnittstellen gerne mit Managern aus dem Marketing besetzen. Im Marketing wird auch Forschung betrieben, insbesondere Marktanalysen und Innovationsmanagement spielen eine entscheidende Rolle, um fundierte Entscheidungen zu treffen und den Markt besser zu verstehen. Dies ist für Monopolisten besonders wichtig, denn sie müssen permanent mit neuen Produkten im Markt operieren.

Der heutige Verkaufsprozess wird von einem Käufermarkt geprägt, d. h., die Konsumenten bestimmen, welche Produkte angeboten werden. Dies intensiviert den Konkurrenzdruck unter den Anbietern, denn sie müssen um die Gunst der Nachfrager werben. Gleichzeitig müssen Anbieter mit immer kürzeren Lebenszyklen rechnen. Die schnell erzielte Marktsättigung zwingt ein anfänglich lukratives Monopol bald in die Rolle eines Polypolisten, Preise erodieren und Gewinne sinken. Unternehmen müssen dann Werbung einsetzen, um ihre Produkte weiter durchzusetzen.

Der moderne Verkaufsprozess besteht aus zwei Ansätzen: *Push und Pull*. Beim Push-Ansatz werden Produkte an die Bedürfnisse unterschiedlicher Nachfragergruppen angepasst, beispielsweise durch die Variation von Produktmerkmalen. Es herrscht ein aktiver Vertrieb, bei dem Verkäufer die Produkte anpreisen und Konsumenten zum Kauf bewegen. Das B2B-Geschäft, also der Vertrieb von Unternehmen an Unternehmen, ist maßgeblich von diesem Ansatz geprägt. Beim Pull-Ansatz werden die Bedürfnisse unterschiedlicher Nachfragergruppen zugunsten der angebotenen Produkte beeinflusst, insbesondere durch gezielte Werbung. Es wird also auf das Unternehmen und dessen Produkte aufmerksam gemacht, sodass Konsumenten von sich aus die Produkte im Markt aufsuchen. Dies ist eher im B2C, also beim Verkauf von Produkten an Konsumenten, der Fall und mehr bei Polypolisten anzutreffen.

3.2 Der Marketing-Zyklus

Hinsichtlich des Marketing-Zyklus lassen sich gemäß Abb. 3.1 zwei Kreisläufe unterscheiden. Einerseits können Unternehmen, nachdem sie die Bedürfnisse ihrer Zielgruppen erkannt und entsprechende Produkte zur deren Befriedigung anbieten, ihre Konsumenten immer wieder durch den Einsatz absatzpolitischer Maßnahmen zum wiederholten Kauf bewegen. Dieser kleine Zyklus in Abb. 3.1a ist eher bei Polypolisten ausgeprägt, weil ihre Produkte meiste die Grundbedürfnisse der Konsumenten ansprechen und immer wieder gebraucht werden. Sind diese Massenprodukte beispielsweise biobasiert, nutzen also

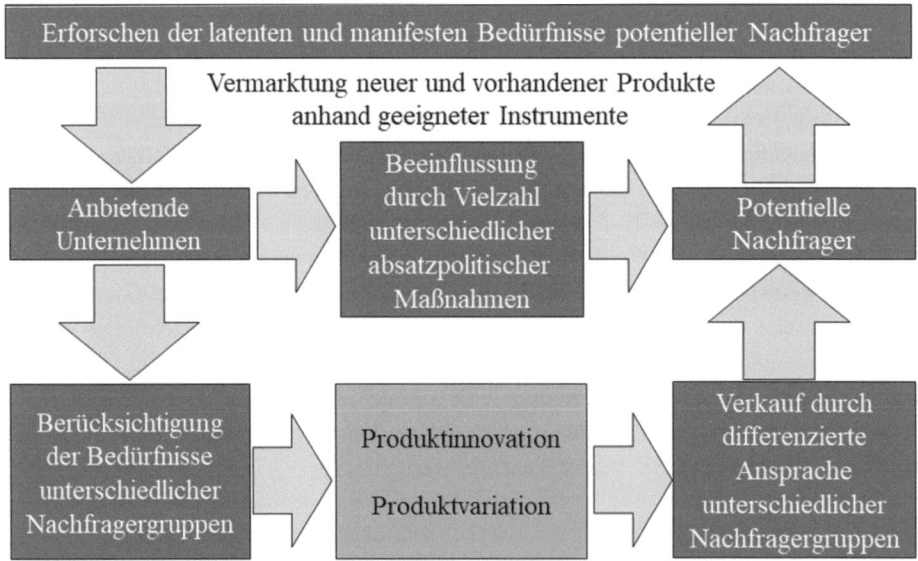

Abb. 3.1 Verkaufsprozess durch das Marketing

WPC-Technologie, dürfte Nachhaltigkeit als ein Produktzusatznutzen im Vergleich zum Produktgrundnutzen zwar anfänglich eine kaufstimulierende Rolle spielen, sich im Laufe der Zeit aber wieder abnutzen. Konsumenten würden also bei bestimmten Produkten deren Nachhaltigkeit als gewöhnlich empfinden. Daher sollten Polypolisten dann die Information über die Biobasiertheit durch die absatzpolitischen Maßnahmen, z. B. durch ein Nachhaltigkeitssiegel, immer wieder aktivieren. Reine Monopolisten würden permanent die Bedürfnisse der Konsumenten auf Aktualität hin überprüfen, z. B. durch Marktforschung herausfinden, ob das Produkt in der jetzigen Form noch gleich attraktiv ist oder was daran konkret zu optimieren wäre, damit es weiterhin gekauft wird. Sie werden also versuchen, ihr Basisprodukt zu variieren und mit neuen Nutzenaspekten ausstatten. Eine solche Produktvariation ist effektiv und kann bestehende Polypolisten temporär monopolisieren, verlangt dann aber Schnelligkeit und Treffsicherheit. Letzteres gelingt, indem die Produktvariante nur bestimmte Konsumentengruppen maximal kaufstimulierend anspricht. Eine solche Marktsegmentierung wird noch im weiteren Verlauf eine Rolle spielen. Im Rahmen des großen Marketingzyklus (Abb. 3.1b) kann es schließlich lukrativer sein, mit gänzlich neuen Produkten aufzuwarten. Dadurch wird eine größere Käufergruppe erreicht, die nicht nur am neuen Produkt selbst, sondern auch an dessen Neuigkeitsgrad interessiert ist, und gleichzeitig lassen sich damit überproportional höhere Preise verlangen.

3.3 Der Innovationsprozess

Tab. 3.1 zeigt die verschiedenen Stufen im Innovationsprozess, die hauptsächlich Monopolisten durchlaufen. Jede Stufe steht unter dem Einfluss der Umwelt (linke Spalte), und das Marketing muss entsprechend reagieren (rechte Spalte). Ob man eine konkrete Idee über ein innovatives Produkt bekommt, hängt maßgeblich von der verfügbaren Technologie ab. So werden die meisten Ideen über WPC-basierte Produkte von der Extrusions- und Spritzgusstechnik beeinflusst. Neuere Technologien, wie das thermische Umformen, könnten die Ideenvielfalt positiv stimulieren. Das Marketing muss nun die Ideen mit den Erwartungen potenzieller Konsumentengruppen abgleichen und bewerten. Daraus resultiert eine weiterzuverfolgende Idee, für die schließlich die Umsetzungsvoraussetzungen näher untersucht werden müssen. Also, ob gesetzliche Hürden dagegensprechen, ob bereits ein Wettbewerb hierzu existiert, ob diese Idee schon durch ein Patent geschützt ist etc. Sind die Hürden eingeschätzt, kann das Marketing die Ziele und die Umsetzungsstrategie festlegen. Es folgen Analysen zur Wirtschaftlichkeit, indem Marktpotenzial und Gewinnaussichten kalkuliert werden. Eine marktbezogene Bewertung, als SWOT-Analyse, vergleicht hierbei die Chancen und Risiken aus Unternehmens- und Marktsicht. Das Marketing kann derweilen entsprechende Zielgruppen konkretisieren, die später mit dem Produkt bestmöglich angesprochen werde. Es folgen Prototypen, die bereits das Handling mit dem Produkt einschätzbar machen. Diese dienen insbesondere anderen Abteilungen, wie Vertrieb und Einkauf, für weitergehende absatz- und beschaffungsrelevante Analysen. Anschließend kann aus einer Auswahl verschiedener Prototypen die Zielvariante festgelegt

Tab. 3.1 Stufen des Innovationsprozesses und die Rolle des Marketings

Umwelt		Stufen der Produktentwicklung		Rolle des Marketing
Vorhandene Methoden/ Techniken zur Problemlösung	→	Ideengenerierung	←	Marktforschung: Identifikation latenter und manifester Bedürfnisse der Nachfrager
Voraussetzungen: Recht, Wettbewerb, Wirtschaft, Politik	→	Auswahl von Produktideen	←	Festlegung von Marketingzielen und Strategien
Wirtschaftlichkeitsanalysen, z. B. SWOT	→	Wirtschaftlichkeitskennzahlen: ROI, Marktanteil, Cash-Flow etc.	←	Opportunitätsrechnungen, Suche nach gewinnträchtigen Marktsegmenten
Anforderungen an Produkt: Technisch, materiell, …	→	Entwicklung von Prototypen	←	Entwicklungsworkshops: F+E, Vertrieb, Kunden, Experten …
Einstellungsmessungen, Tester	→	Prototyping und Auswahl geeigneter Prototypen	←	Testmarktforschung und Festlegung der Marktsegmente
Marktbeobachtung: Reaktionen Wettbewerb, Kunden, Gesellschaft, Politik etc.	→	Markteinführung	←	Anwendung Marketinginstrumente (Marketing-Mix)

werden, die dann im Markt getestet wird und so dasjenige Marktsegment mit entsprechenden Käufergruppen abgeleitet werden, das maximale Preisbereitschaft besitzt. Am Ende erfolgt die Markteinführung, die engmaschig begleitet wird, um eventuelle Nachbesserungen schnell und eher unauffällig leisten zu können. Der weitere Vertrieb wird zunehmend zu einer Standardaufgabe des Marketings, bei der entsprechende Instrumente zum Einsatz kommen, die noch zu erörtern sind.

3.4 Marktforschung zur Datengenerierung

Das Ziel der Marktforschung hängt im Wesentlichen von den jeweiligen Phasen des Produktinnovations- und Entwicklungsprozesses ab. Vor der Produkteinführung geht es darum, Risiken zu minimieren, indem die Bedürfnisse potenzieller Nachfrager analysiert werden. Nach der Produkteinführung dient die Marktforschung der Kontrolle der eingesetzten Marketinginstrumente und der Entwicklung neuer Maßnahmen, z. B. um die Wirkung eines Werbespots zu untersuchen. Permanent ist die Erforschung des Käuferverhaltens wichtig, um frühzeitig über Trends Bescheid zu wissen.

Das Käuferverhalten, bei dem Nachfrager beim Kauf einen vorhersehbaren Auswahlprozess durchlaufen, wird von *internen* und *externen Bestimmungsfaktoren* beeinflusst. Zu den internen gehören das Wissen über derartige Produkte, das maßgeblich durch Informationsaufnahme und -verarbeitung beeinflusst wird, die persönliche Einstellung zu dieser Art Produkt, das aus der Summe bisheriger Erfahrungen resultiert, die subjektiv empfundene Eignung des Produktes zur Bedürfnisbefriedigung, die ebenfalls von bisherigen Erfahrungen, aber auch von der Kaufsituation bestimmt wird, und das **Involvement**, also das Ausmaß an Betroffenheit von der Kaufentscheidung, das insbesondere bei hohem Risiko eines Fehlkaufs die Entscheidung beeinflusst. Externe Bestimmungsfaktoren sind Meinungsbildner aus dem öffentlichen oder persönlichen Umfeld, wie Werbebotschafter (z. B. Sportler, Politiker), sowie Einflüsse von Familienmitgliedern, Freunden, Bekannten, Arbeitskollegen und Vorgesetzten sowie die betrieblichen Regularien innerhalb einer Beschaffungsabteilung eines Unternehmens bei Käufen im B2B-Bereich.

Marktforschung umfasst die Messung und Interpretation der Einstellungen von Nachfragern hinsichtlich bestehender oder neuer Produkte, die Untersuchung des Informiertheitsgrades der Nachfrager vor deren Kaufentscheidung und die Ermittlung von Entscheidungskriterien bei der Produktauswahl. Relativvergleiche von Produkten im Verhältnis zu Marktführerprodukten, die Bestimmung der Preisbereitschaft potenzieller Kunden und die Ableitung einer anwendbaren Nachfragefunktion für modelltheoretische Gewinnprognosen sind weitere wichtige Forschungsfelder.

Informationsquellen der Marktforschung können primär oder sekundär sein. Primärquellen beinhalten die Selektion, Aufbereitung und Analyse neuen Datenmaterials mit direktem Anwendungsbezug zur eigenen Fragestellung, wie z. B. Online- und Passantenbefragungen, unternehmensinterne Verkaufszahlen und in Auftrag gegebene Studien zum eigenen Produkt. Sekundärquellen verwenden Daten aus anderen Themenfeldern mit hohem Transferpotenzial auf die eigene Fragestellung, wie amtliche Statistiken, Zeitschriften, Interviews und Reportagen.

3.5 Marketinginstrumente für den Marketing-Mix

Der Marketing-Mix ist die gewinnmaximierende Kombination einzelner Marketinginstrumente. Dazu gehört, wie später noch zu vertiefen ist, die Produktpolitik, die Maßnahmen wie Produktinnovation, Produktelimination, Markierung und Differenzierung umfasst. Die Preispolitik befasst sich mit der Preisbildung und den preispolitischen Entscheidungen im Produktlebenszyklus. Die Kommunikationspolitik beinhaltet Aspekte wie Corporate Identity, Werbung, Öffentlichkeitsarbeit, Verkaufsförderung, Firmenkultur und Leitsätze. Die Distributionspolitik kümmert sich um die Auswahl von Absatzmitteln, die Belieferung von Abnehmern und die Kundenbindung.

Die einzelnen Instrumente des Marketing-Mix können durchaus in Konflikt zueinander stehen. Ein Beispiel dafür ist, wenn für ein bestimmtes Jahr eine Preiserhöhung um 8 % geplant ist, gleichzeitig aber die Kundenzahl um 10 % gesteigert werden soll. Eines von beiden Zielen muss nicht zwangsläufig aufgegeben werden, aber der gesetzte Zielerreichungsgrad und die Budgetverteilung sollte solche Konflikte durchaus berücksichtigen.

Das Marketingmanagement kann sowohl operativ als auch strategisch ausgerichtet sein. Operativ geht es darum, bereits vorhandene Erfolgspotenziale auszuschöpfen, wie etwa durch das Revival eines bisherigen Verkaufsschlagers. Strategisch ist hingegen die Schaffung gänzlich neuer Erfolgspotenziale, beispielsweise durch Produktinnovationen.

Die Operationalisierung von Zielen ist quasi die Vorstufe für die Festlegung des Marketing-Mix. Hierzu sollten konkrete Zielgrößen festgelegt werden, wie die zuvor genannte Steigerung der Kundenzahl um 10 %. Deren Erreichbarkeit muss mit entsprechendem Ressourceneinsatz gewährleistet sein, z. B. Steigerung des Verkaufspersonals um fünf weitere Mitarbeiter. Der Marketing-Mix muss demnach auch Instrumente der Distributionspolitik enthalten, wie z. B. Messeauftritte. Nur so kann sichergestellt werden, dass die geplanten Maßnahmen tatsächlich zu den angestrebten Ergebnissen führen.

3.6 Analysieren im Marketing

Eine realistische Planung zur Zielerreichung erfordert eine fundierte Analyse. Handlungsoptionen lassen sich realitätsnah durch die ***Stärken/Schwächen-Analyse (SWOT)*** ableiten. Diese Analyse dient dazu, vor einer Markteinführung oder zur Planung neuer Produktkategorien, sogenannter strategischer Geschäftseinheiten (SGE), eine Bewertung eigener Ressourcen im Vergleich zu Wettbewerbern und der Umwelt vorzunehmen.

Die SWOT-Analyse bewertet die Unternehmensstärke (= S für Strength), aber auch Schwächen (= W für Weakness), im Lichte der Marktgegebenheiten. Diese teilen sich in Marktchancen (= O für Opportunities) und Risiken (= T für Threats) auf. Gemäß Tab. 3.2 resultiert daraus eine 4-Felder-Matrix, und die Felder (S), (W), (O) und (T) enthalten

Tab. 3.2 SWOT-Matrix zur Ableitung von Teilzielen

		Blick nach innen	
Die Felder mit den „?" müssen mit Bezug zum geplanten Projekt ausgefüllt werden. Sie beinhalten schließlich Maßnahmen, die zu ergreifen sind. Dabei sollen Stärken ausgebaut und Schwächen beseitigt werden.		Stärken (Strengths)	Schwächen (Weaknesses)
		(S) Dies sind unsere Stärken im Unternehmen	(W) Dies sind unsere Schwächen im Unternehmen
Blick nach außen	**Chancen (Opportunities)**	(S/O)-Maßnahmen	(W/O)-Maßnahmen
	(O) Dies sind günstige Marktentwicklungen		
	Risiken (Threats)	(S/T)-Maßnahmen	(W/T)-Maßnahmen
	(T) Dies sind ungünstige Marktentwicklungen		

Ergebnisse aus der Unternehmens- und Marktanalyse. Um nun für alle künftigen Fälle gewappnet zu sein, müssen Teilziele als Handlungsmaßnahmen abgeleitet werden, die bei Bedarf verwirklicht werden, um das Unternehmenshauptziel, nämlich Gewinnmaximierung, bestmöglich zu erreichen. Die S/O-Verknüpfung könnte als günstige Marktgegebenheiten z. B. eine zunehmende Kaufbereitschaft für nachhaltigere Produkte enthalten, die dann mit der Innovationskraft des eigenen Unternehmens als dessen Kernkompetenz kombiniert wird, was am Ende erfolgreiche biobasierte Produkte hervorbringt und das Unternehmen gewinnmaximal macht. Es werden für diesen Fall Ziele abgeleitet, z. B. Plastikprodukte mit WPC-Technologie nachhaltiger gestalten, indem ein Produktweiterentwicklungsprojekt gestartet wird. Sollten im Falle W/O diese Marktchancen auf Unternehmensschwächen, z. B. fehlende Produktentwicklungsabteilung, treffen, kann das Ziel lauten, mit einer externen Entwicklungsagentur ein entsprechendes Projekt zu initiieren. Weitere Beispiele für Stärken könnten eine effektive Marketingabteilung, spezielles Knowhow, finanzielles Potenzial oder ein gut ausgebauter Vertrieb sein. Schwächen zeigen offenbar einen Mangel an erforderlichen Ressourcen auf, der das Unternehmen im Wettbewerb behindern könnte. Dies könnten das Fehlen einer eigenen Forschungs- und Entwicklungsabteilung sein, zu wenig Zuliefererkapazitäten, kaum vorhandene Vertriebskanäle oder kaum Erfahrung mit einem neuen Produkt oder Material, wie WPC.

Die Vorteile einer SWOT-Analyse sind die umfassende Beurteilung des eigenen Unternehmens relativ zum Markt, was strategische Planung realistischer und gezielter macht. Dennoch birgt das Offenlegen unternehmenseigener Schwächen durchaus Konfliktpotenzial und braucht eine offene und ehrliche Diskussionskultur.

3.7 Absatzmarkt-gerichtete Maßgrößen

Die BCG-Analyse, die bereits in Kap. 2 dargestellt wurde, enthielt schon eine Dimension, die den eigenen Marktanteil einschätzt. Dieser Kennwert ist das Ergebnis regelmäßig durchgeführter Analysen zu **Absatzmarkt-gerichteter Maßgrößen**. Sie helfen nicht nur, entsprechende Portfolioanalysen effektiv durchzuführen, sondern informieren über die eigene Marktposition und erwartbare Gewinnaussichten.

Das Marktpotenzial umfasst das Absatz- und Umsatzpotenzial, also die maximale Menge an Gütern, die in einem Markt abgesetzt werden können. Das Marktvolumen hingegen bezeichnet die tatsächlich in einem Jahr in einer Branche von allen Anbietern abgesetzte Menge oder den erzielten Umsatz. Hierbei sollte man sich klarmachen, dass Unternehmen nur schwer bis kaum die tatsächlichen Absatzzahlen der Konkurrenten erfassen können. Die Werte müssen zwangsläufig auf Schätzungen beruhen und brauchen langjährige Markterfahrung, weshalb derartige Analysen vom Marketing in Zusammenarbeit mit dem Vertrieb zu führen sind.

Eine vollständige Marktsättigung wird erreicht, wenn das Marktvolumen das Marktpotenzial gänzlich ausschöpft, also das Verhältnis von Marktvolumen zu Marktpotenzial

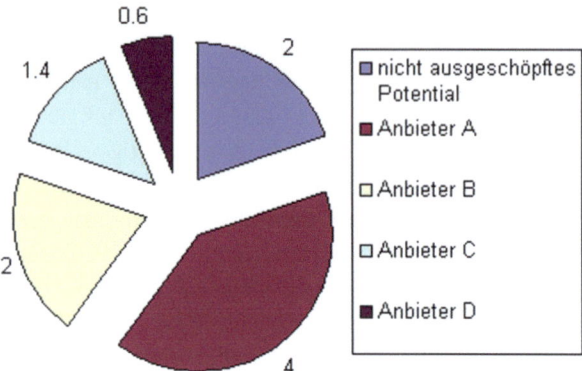

Abb. 3.2 Marktanteile verschiedener Anbieter A bis D

den Wert 1,0 erreicht. Marktwachstum ist der Anstieg des Marktpotenzials, was in der Regel auch zu einem Anstieg des Marktvolumens führt.

Der Marktanteil kann absolut oder relativ betrachtet werden. Der absolute Marktanteil misst die Absatzmenge eines Unternehmens (z. B. Abb. 3.2: Unternehmen A, B, C, D) im Verhältnis zum gesamten Marktvolumen und gibt Auskunft über die wirtschaftliche Stellung im Wettbewerb. Der relative Marktanteil hingegen setzt den Marktanteil eines Unternehmens ins Verhältnis zum Marktanteil des stärksten Wettbewerbers als Benchmark, wodurch die Wettbewerbsposition noch deutlicher wird.

Aus der Analyse Absatzmarkt-gerichteter Maßgrößen lassen sich also auch Wachstumseffekte ableiten. Deshalb dienen die Zahlen als Grundlage für die meist nach der Sommerpause beginnenden Budgetplanungen des kommenden Vertriebsjahres und sind eine gute Diskussionsgrundlage im Austausch mit den entsprechenden Abteilungen und der Geschäftsleitung.

3.8 Marktsegmentierung

Wie bereits erläutert zielt die Differenzierungsstrategie von Unternehmen darauf ab, ihre Produkte noch spezieller für ausgewählte Konsumentengruppen zu machen. Dabei wird der Gesamtmarkt mit dessen Potenzial in Gruppen aufgeteilt, quasi segmentiert. Ein *Marktsegment* ist dann eine homogene Käufergruppe mit ähnlichem Kaufverhalten, die vergleichbare latente und manifeste Bedürfnisse hat und gleiche Reaktionen auf absatzpolitische Maßnahmen zeigt, wie etwa das Nutzenempfinden bei einem gegebenen Preis oder das Qualitätsempfinden bei einem bestimmten Produkt.

Das Ziel der Marktsegmentierung ist eine detailliertere Marketingplanung durch präzisere Zielfestlegung und eine stärkere Kundenbindung durch eine auf die Abnehmergruppe abgestimmte Ansprache. Dies sichert und steigert nicht nur die Marktanteile, sondern führt auch zur Gewinnmaximierung durch das Ausschöpfen von Marktpotenzialen. Zudem kann durch eine gezielte Marktsegmentierung die Preisstabilität erhöht werden, denn wenn individuelle Produktanpassungen für kleinere Segmente vorgenommen werden, können diese nicht mehr so einfach zu günstigeren Substitutprodukten tendieren. Monopolisten sind in der Regel Segmentierer, denn ihre innovativen und stark personalisierten Einzel- oder Serienanfertigungen sprechen nur bestimmte Gruppen an. Eine erfolgreiche Nischenpositionierung ermöglicht es ihnen, Marktlücken zu besetzen und latente Bedarfe kleiner Nachfragegruppen zu identifizieren, die dann aber deutlich höhere Preise entrichten.

Die Voraussetzung für eine effektive Segmentierung ist ein heterogener Gesamtmarkt, in dem eine große Käufergruppe ein breites Spektrum an unterschiedlichen Kaufmotiven aufweist. Diese muss nun in homogene Segmente unterteilt werden, wobei jedes Segment ausreichend großes Marktpotenzial besitzen muss, um den Aufwand für Produktvariation oder -differenzierung zu rechtfertigen.

Segmentierungskriterien müssen einen direkten Bezug zum Käuferverhalten haben, sie sind also ursächlich für unterschiedliches Kaufverhalten. Die Kriterien müssen sich signifikant voneinander unterscheiden und operationalisierbar sein, damit die Marktforschung diese als Stimulus verwenden kann. Beispielsweise muss die Gruppe deutlich höheres Umweltbewusstsein aufweisen, um dann teurere biobasierte Plastikprodukte, die klimaneutrale Holzfasern durch WPC-Technologie besitzen, zu kaufen. Darüber hinaus sollten die Kriterien zeitlich stabil sein, sodass ihre Wirkung auf das Kaufverhalten zumindest mittelfristig, also 3 bis 5 Jahre, bestehen bleibt.

Die Segmentierungskriterien können geografisch, demografisch, psychografisch und verhaltensbezogen sein. Geografische Kriterien beziehen sich auf Regionen wie Bundesländer, Postleitzahlengebiete, Städte oder ganze Länder und ermöglichen es, Produkte den regionalen Gewohnheiten anzupassen. Demografische Kriterien umfassen Aspekte wie Lebenssituation, Alter, Geschlecht, Familiengröße, Kaufkraft und Berufsgruppen, sodass Produkte dem Zielalter oder der Einkommensgruppe angepasst werden können. Psychografische Kriterien berücksichtigen Vorlieben, Lebensstil und Persönlichkeit, was eine Anpassung der Produkte an die Wesensart der Zielpersonen ermöglicht. Verhaltensbezogene Kriterien beziehen sich auf Gewohnheiten, Anlässe, Nutzennachfrage, Verwenderstatus (Anfänger, Fortgeschrittene) und Markentreue, wodurch Produkte beispielsweise an den Kaufanlass angepasst werden können, wie Reisetickets für Urlauber oder Geschäftsreisende.

3.9 Marktpositionierung

Die Positionierung im Marktsegment ist entscheidend für eine effektive Wiedererkennung von Unternehmen bei Konsumenten. In der Praxis haben sich viele Marktführer durch eine Marke nicht nur differenziert, sondern auch positioniert, sodass Konsumenten automatisch noch vor dem Kauf über die Qualität deren Produkte im Bilde sind. Positionierung ermöglicht also eine gezielte Kundenansprache. Eine klare **Positionierung** hilft auch, die Wettbewerbsintensität zu reduzieren, sofern die Anbieter ähnlicher Produkte durch ihre

Position einen größtmöglichen Abstand zueinander einnehmen. Sie teilen quasi ihr gemeinsames Marktsegment weiter auf in z. B. geringqualitativ-günstige und hochqualitativ-teure Produkte. Zudem kann durch eine gezielte Positionierung eine Nischenposition mit Monopolcharakter besetzt werden, wodurch Marktlücken effektiv genutzt werden. Dies ist beispielsweise der Fall, wenn ein Hersteller in einem Segment günstiger Alltagsprodukte diese dann ganz speziell und personalisiert, also nach Kundeneinzelwünschen, anbietet, wie eine Tafel Schokolade mit Familienfoto auf der Verpackung.

Die Planungsstufen der Positionierung umfassen mehrere Schritte. Zunächst müssen die Positionierungsobjekte bestimmt werden, das heißt, es wird entschieden, welche miteinander konkurrierenden Produkte oder Marken aus dem eigenen Portfolio oder aus dem Wettbewerb betrachtet werden sollen. Dies könnte beispielsweise die bereits im Markt etablierte WPC-Terrassendiele sein. Anschließend werden die beurteilungsrelevanten Bewertungsdimensionen festgelegt. Diese Dimensionen beziehen sich auf kaufentscheidende Eigenschaften, in der Regel sind dies der Preis (P) und ein Produkt-relevantes Qualitätsmerkmal (Q), z. B. Holzfasergehalt für möglichst hohe Nachhaltigkeit. Diese Eigenschaften sind ordinal skalierbar, was bedeutet, dass sie in eine Rangordnung gebracht werden können, zum Beispiel Q(1) = sehr hoch (> 60 % Faser), Q(2) = mittel (30 ... 60 %), Q(3) = gering (< 30 %).

Ein weiterer Schritt ist die Bestimmung der Objektwahrnehmung relativ der festgelegten Merkmale, also welchen Preis würden Konsumenten für den jeweiligen Fasergehalt im WPC-Produkt bezahlen. Hier sollte man sich am Benchmark-Anbieter orientieren. Dieser ist bereits länger im Markt als Markenprodukt vertreten und dessen Preis-Qualitätsstandard P*/Q* (Abb. 3.3) ist bei Konsumenten fest etabliert. Andere Anbieter haben womöglich diesen Markt betreten mit eigenem P/Q-Standard. Üblicherweise liegen dann alle herstellereigenen P/Q-Konstellationen im P/Q-Diagramm auf einer Geraden zwischen dem Ur-

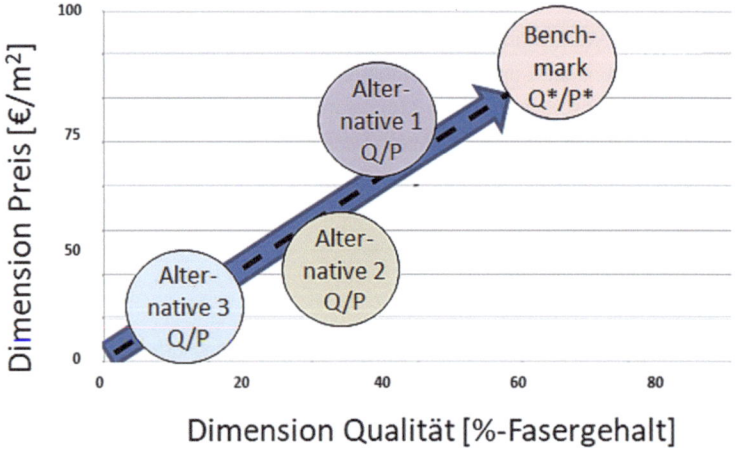

Abb. 3.3 Positionierungsanalyse mit Benchmark-Produkt und Alternativanbieter am Beispiel WPC-Terrassen

sprung und P*/Q*, denn deren Preis-Qualitätsstandard ist meist im gleichen Verhältnis wie jener des Benchmark-Anbieters ausgerichtet. Dieses Diagramm bildet, wie in Abb. 3.3 dargestellt, den Eigenschaftsraum dieses Objektes bezüglich beider Merkmale, aber nur Konstellationen auf der Geraden sind von Konsumenten akzeptiert. Ein Benchmark-Anbieter setzt quasi die Standards in einem Marktsegment.

Die Interpretation des Eigenschaftsraumes ermöglicht Aussagen über Wettbewerbsbeziehungen und gibt Aufschluss darüber, wie sich die Produkte im Vergleich zueinander strategisch positionieren. Das Alternativprodukt 1 in Abb. 3.3 zeigt somit einen zum Benchmark zu hohen Preis im Verhältnis seiner Qualität, bei Alternative 2 ist die Qualität zu gut für den Preis, den Konsumenten entrichten sollen. Dieser Anbieter verschenkt quasi sein Gewinnpotenzial. Anbieter 3 jedoch hat seine Qualität genau dem Preisniveau angepasst und besetzt z. B. die Nische für Heimwerker im preisgünstigen Do-it-Yourself-(DIY)-Segment. Aber nicht nur die Q/P-Relation ist aussagekräftig, sondern auch der Abstand zum Benchmark-Anbieter sagt vieles aus. So nimmt Nr. 3 wahrscheinlich bewusst eine große Distanz zum Benchmark ein, um die Wettbewerbsintensität zu minimieren, was für Nr. 1 wohl das Gegenteil bedeuten dürfte. Sowohl Neuanbieter als auch bestehende Unternehmen können nun ihre Positionierungsstrategie festlegen, die insbesondere Qualitäts- oder Preis-Anpassungsmaßnahmen zur Verbesserung der Wettbewerbsfähigkeit umfasst.

Mögliche **Positionierungsstrategien** umfassen verschiedene Ansätze. Mit der Repositionierungsstrategie werden Objekte grundsätzlich neu an der Benchmark-Geraden ausgerichtet. Die Imitationsstrategie positioniert das eigene Objekt nahe an einem erfolgreichen Wettbewerber, quasi als „Me-too-Position". Schließlich stellt die Profilierungsstrategie einen hohen Abstand zu einem direkten Konkurrenzprodukt her, um die Wettbewerbsintensität zu verringern. Eine Neudimensionierungsstrategie schafft weitere Objekteigenschaften durch den gezielten Einsatz von Marketinginstrumenten, wodurch das Produkt gänzlich vom Wettbewerb unterschieden werden kann und der Relativvergleich mit dem Benchmark schwerer fällt. Beispielsweise könnte neben dem kaufentscheidenden Fasergehalt auch die weitere Eigenschaft „Kunststoffart im WPC" herausgestellt werden, sodass z. B. eine Matrix aus Recycleplastik zusätzlich kaufstimulierend wirkt.

Die Positionierungsanalyse wird durch den Zeitfaktor in ihrer Aussagekraft geschwächt, denn der Markt ändert sich ständig, und Innovationszyklen werden immer kürzer. Insbesondere werden auch mögliche Reaktionen der Käufer auf neupositionierte Produkte erst nach deren Einführung erkennbar, was es für Korrekturmaßnahmen zu spät macht. Zudem stützt sich die Analyse auf nur zwei Merkmale, Kaufentscheidungen werden aber meist durch weit mehr Faktoren beeinflusst.

3.10 Der Produktlebenszyklus

Der Produktlebenszyklus beschreibt die Umsatz- und Gewinnentwicklung eines Produktes während seines Daseins im Markt. Ziel ist unter anderem, den **Produktlebenszyklus** im Sinne des Unternehmensziels zu beeinflussen, was durch strategische Anpassung der

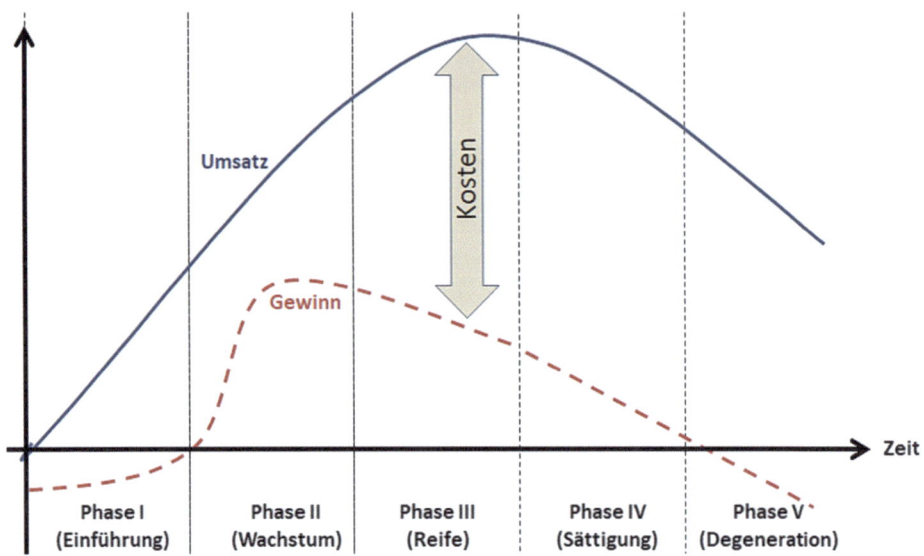

Abb. 3.4 Produktlebenszyklus mit Umsatz- und Gewinnentwicklung

Marketinginstrumente in den verschiedenen Phasen geschieht, sei es die Lebensdauer des Produktes zu verlängern oder die Länge einer bestimmten Phase zu strecken.

Abb. 3.4 zeigt den typischen Verlauf von Umsatz und Gewinn über ein Produktleben. Der Gleichung folgend Gewinn = Umsatz − Kosten muss also der Abstand zwischen oberer und unterer Kurve die Kosten beschreiben. In der Einführungsphase wird das Produkt erstmals vermarktet, was zu einem langsamen Umsatzwachstum führt. Allerdings sind die Einführungskosten sehr hoch, sodass Gewinne nur gering ausfallen, oder Kosten sind höher als der Umsatz, sodass das Produkt zunächst in der Verlustzone bleibt. In der Wachstumsphase nimmt die Marktakzeptanz rapide zu, und das Produkt tritt in die Gewinnzone ein. Kosten gehen unter der positiven Nachfrage zurück, was auch auf Skaleneffekte, also kostensenkende Mengenvorteile, zurückzuführen ist. Während der Reifephase verlangsamen sich die Umsatzzuwachsraten jedoch, und das Produkt erreicht einen Wendepunkt in seiner Lebenszykluskurve. Das Marktpotenzial ist nahezu ausgeschöpft und Konkurrenten haben sich etabliert. Da die Umsätze stagnieren, wird mit mehr Marketing- und Vertriebsmaßnahmen versucht, die Gewinnabnahmen auszubremsen, wodurch sich der Abstand beider Kurven vergrößert. Das Produkt wird nun zu einer Cash-Cow. Mit dem Abwärtstrend der Umsätze infolge Marktschrumpfens und weiterer Substitutprodukte im Markt werden die Kosten der Marktbearbeitung langsam zurückgefahren, Gewinne müssen in dieser Sättigungsphase zwangsläufig sinken. Schließlich erreicht das Produkt die Degenerationsphase, in der das Marktvolumen weiter schrumpft und die Gewinne solange zurückgehen, bis sie in der Verlustzone negativ werden.

In jeder dieser Phasen müssen spezifische Marketinginstrumente eingesetzt werden, um auf die Marktbedingungen zu reagieren und die strategischen Umsatzziele zu erreichen. In der Einführungsphase sorgen PR-Maßnahmen (Public Relations), wie Werbung, und die Sicherstellung höchster Produktqualität für einen hohen Bekanntheitsgrad und Kundenzufriedenheit. Zudem wird das Produkt durch Push-Strategien in den Markt gedrückt, was durch Kundenbesuche und die Begleitung bei Erstkäufen, insbesondere bei Industriegütern im B2B-Geschäft, sehr effektiv ist. In der Wachstumsphase entfaltet die Absatzkommunikation ihre stärkste Wirkung zur Marktdurchdringung. Flächendeckende Sales-Promotion-Maßnahmen sind erforderlich, um das Produkt breiter zu streuen. Um den Wettbewerb durch aufkommende Substitutprodukte zu erschweren, sollten *Markteintrittshürden* aufgebaut werden, in dem z. B. der Zwischenhandel an das eigene Produkt gebunden wird, um Exklusivität zu erzielen. Während der Reifephase, die durch eine hohe Wettbewerbsintensität gekennzeichnet ist, kann es zu ruinöser Preispolitik und Verdrängungswettbewerb kommen. Um weiterhin wettbewerbsfähig zu bleiben, ist es dann sinnvoll, das Produkt zu variieren oder zu differenzieren, um neue Zielgruppen anzusprechen. In der Sättigungs- und Degenerationsphase wird empfohlen, die nächste Produktgeneration mit innovativeren Eigenschaften einzuführen. Heutige WPC-Standardprodukte, wie Terrassendielen oder Fassadenpaneelen, sind noch in der Reifephase. Viele Anwendungen erreichen bald ihr Lebensende, sodass Nutzer vor einem Neukauf stehen werden. Daher ist zu erwarten, dass diese Phase mit Produkt-politischen Maßnahmen der Variation verlängert wird. Es könnten beispielsweise besondere Oberflächeneffekte, Recycling- und Rücknahmesysteme oder co-extrudierte Beschichtungen mit Neonfarben zum erneuten Kauf von WPC für die eigene Terrasse oder Fassade anregen. Wichtig ist hier zu erwähnen, dass sich der Produktlebenszyklus nicht auf die Nutzungsdauer bezieht, sondern darauf, wie lange eine Produktkategorie, z. B. WPC-Terrassendielen, im Markt existiert.

3.11 Produkt-politische Maßnahmen im Marketing-Mix

3.11.1 Grundlagen der Produktpolitik

Bislang wurden die Marketing-Mix-Instrumente eher allgemein im Rahmen der Marketing-Planungsaktivitäten angesprochen. Sie sollen nun, beginnend mit der Produktpolitik, detaillierter erörtert werden.

Das Ziel der *Produktpolitik* besteht darin, bestehende Produkte weiterzuentwickeln oder gänzlich neue Produkte einzuführen und erfolgreich zu vermarkten. Sämtliche Entscheidungen über ein Produkt müssen mit den übergeordneten Unternehmenszielen abgestimmt sein, somit geht es primär um die Gewinnmaximierung.

Produkte haben verschiedene *Nutzenkomponenten*. Der Grundnutzen beschreibt die funktionale Eigenschaft des Produktes, beispielsweise soll eine WPC-Fassadenbekleidung den äußeren Abschluss eines Gebäudes bilden. Der Zusatznutzen teilt sich auf in den Erbauungsnutzen und den Geltungsnutzen. Ersterer bezieht sich auf ein individuelles Bedürfnis des Nachfragers, das unabhängig von anderen besteht, wie das ästhetische

Tab. 3.3 Produktklassifizierung nach Holbrook und Howard gemäß Involvement, Kaufaufwand und Erfahrungsgrad

Involvement bzw. Kaufaufwand	Produktklassifizierung	Erfahrungsgrad mit Produkt/Dienstleistung
niedriges Involvement niedriger Kaufaufwand	Convenience-Güter	viel Erfahrung
	Preference-Güter	
hohes Involvement hoher Kaufaufwand	Shopping-Güter	wenig Erfahrung
	Specialty-Güter	

Design der WPC-Fassade. Der Geltungsnutzen hingegen zielt auf sozial orientierte Bedürfnisse des Nachfragers ab, so könnte die Fassade in der gesamten Nachbarschaft einzigartig sein.

Qualität als Indikator für den Produktnutzen wird in der Regel als Gebrauchstüchtigkeit interpretiert. Dabei unterscheidet man zwischen objektiver Qualität, welche die sachliche Eignung zur Befriedigung eigener Bedürfnisse beschreibt, und subjektiver Qualität, welche die vom Konsumenten tatsächlich erwünschten und empfundenen Merkmalsausprägungen umfasst. Objektiv muss eine WPC-Fassade das Gebäude vor äußeren klimatischen und mechanischen Einflüssen schützen. Subjektiv muss sie dies für den einen Konsumenten nur 30 Jahre lang gewährleisten, für den anderen aber nur 20 Jahre.

Die *Produktklassifizierung* nach Holbrook und Howard (Tab. 3.3) unterteilt Produkte in verschiedene Kategorien. Hierbei gelten Convenience-Güter als Alltagsprodukte, bei denen der Aufwand für Preisvergleiche den Nutzen übersteigt, wie bei Brot oder Wasser. Das Involvement, also Risiko eines Fehlkaufs, ist aufgrund hohen Erfahrungsgrades gering. Preference-Güter betreffen Gewohnheitskäufe, die häufig bei vertrauten Anbietern, wie der Stammbäckerei im Nachbarort, getätigt werden. Obwohl das Involvement bereits höher ist, immerhin ist das mit ein Grund für die Kaufpräferenz, führt die Routine zu viel Erfahrung und geringem Risiko. Shopping-Güter sind eher selten erworbene Güter, bei denen sich eine aktive Informationssuche vor dem Kauf lohnt, da Preis- und Qualitätsvergleiche von Bedeutung sind. Somit ist das Involvement hoch, die Erfahrung niedrig. Beispiele hierfür sind Möbel, Autos, Haushaltswaren, Maschinen, Baustoffe, Genussmittel, Geschenkartikel und eben die WPC-Fassade. Specialty-Güter sind solche, für die weit weniger Ersatzprodukte existieren und bei denen eine genaue Informationsbeschaffung das subjektive Risiko reduziert, wie bei Einfamilienhäusern. Das Risiko eines Fehlkaufes ist hier am größten, was das Involvement maximal macht.

3.11.2 Produkt- und Sortimentspolitische Basisentscheidungen

Produktpolitische Basisentscheidungen sind eher nach außen gerichtet und betreffen, wie bereits besprochen, die Produktmodifikation für eine beabsichtigte Positionierung im Markt, aber auch die Segmentierung der Nachfrager. In beiden Fällen wird das Produkt modifiziert, um es entsprechend zu differenzieren. *Sortimentspolitische Basisentschei-*

dungen hingegen richten sich eher nach innen, denn ein Unternehmen produziert zunächst Güter innerhalb seiner Kernkompetenz, also sind die Produkte recht ähnlich zueinander. Auch dann kann Konkurrenz zwischen den Gütern des eigenen Sortiments entstehen. In diesem Falle versucht die Strategie, den bereits besprochenen Kannibalismus-Effekt innerhalb des eigenen Portfolios entgegenzutreten, indem wiederum Produkte gezielt abgeändert werden. Würde also ein WPC-Produzent aus seinem Standard-Compound eine daraus extrudierte Terrassendiele exklusiv an den professionellen Bauhandel liefern, gleichzeitig aber auch eine günstigere Variante aus demselben Compound an Heimwerkerbaumärkte, könnten Gartenbauer die DIY-Variante einkaufen und ihren Kunden als professionelle Diele einbauen und abrechnen. Man sollte meinen, dass dies gar nicht so schlimm ist, denn für den Produzenten ist die Absatzmenge in jedem Falle dieselbe. Der Gewinn ist jedoch unter diesem Effekt geringer, denn ein Teil der Absatzmenge aus dem Profi-Segment wandert ab zur DIY-Sparte und generiert dort infolge geringerem Preisniveau einen kleineren Umsatz unter gleichen Produktionskosten, es ist ja aus demselben Compound gefertigt.

Eine **Produktdifferenzierung**, egal ob im Rahmen einer Positionierungs- oder Segmentierungs- oder Kannibalismus-Vermeidungsstrategie, erfolgt vereinfacht als **Produktvariation**, durch Verzweigungen am Ende der Wertkette. Dabei wird das gleiche Produkt, z. B. WPC-Terrassendiele, mit unterschiedlichen Merkmalen ausgestattet, z. B. mit Verstärkungen für statisch tragende Anwendungen, als breite Diele für repräsentative Terrassen, mit Abperleffekt für Poolumrandungen etc., um möglichst viele unterschiedliche Bedürfnisse diverser Zielgruppen zu befriedigen. Meist gelingt dies als Kombination aus Variation und Standardisierung. Es wird also ein Standardmodell produziert, z. B. eine Einheitsdiele, die auf Kundenwunsch mit einem weiteren Wertschöpfungsprozess veredelt wird, z. B. eine Nachbehandlung der Oberfläche für den Abperleffekt, was dann zur Produktvariante führt und teurer angeboten werden kann. Dies ist kostengünstiger als jede Einzelvariante mit eigener Wertkette herzustellen.

Unter **Produktausweitung** versteht man die logische Fortführung des bestehenden Portfolios mit weiteren Produkten, um den sich ändernden Kundenbedarf im Markt zu befriedigen, aber auch, um Konkurrenten strategisch unter Druck zu setzen. Eine solche Ausweitung ist neben der Produktveränderung als Variation auch die reine Innovation, die die Einführung gänzlich neuer Produkte umfasst. Damit können auch ausscheidende Produkte ersetzt werden. Innovation wird in zwei Hauptarten unterteilt, nämlich radikale Innovationen und Unternehmensinnovationen. Eine radikale Innovation bedeutet, ein für den Markt völlig neues Produkt zu erfinden, das durch Ideengenerierung, Prototyping, Testphase und schließlich Markteinführung entsteht (Tab. 3.1). Unternehmensinnovationen beziehen sich auf Produkte, die neu für das Unternehmen, aber nicht unbedingt für den Markt sind. Dies kann durch Imitation von Konkurrenzprodukten oder die probeweise Markteinführung eines Prototyps geschehen. Innovationen eröffnen viel effektiver neue Wachstumschancen in bereits gesättigten Märkten als es Variationen leisten können. Bei Letzteren geht es lediglich um die teilweise Veränderung bestehender Produkte, die dann erneut eingeführt werden, um sie besser von der Konkurrenz zu differenzieren und bestehende „alte" Produkte wieder „neu" aussehen zu lassen. Ein **Relaunch** bedeutet hierbei eine geringe Modifikation, quasi ein Update, und bewirkt den Beginn eines nächsten Zyklus. Dadurch lässt sich die Sättigungsphase ausweiten und einer drohenden Degeneration entgegenwirken. Ein **Revival** ist die Wiederbelebung einer alten Variante, jedoch mit einem technischen Update, in der Regel lange nach Ablauf des letzten Zyklus.

Die Ausweitung der Wertschöpfung kann aber auch ohne konkreten Produktbezug erfolgen, nämlich als *Diversifikation.* Als vertikale Diversifikation erweitert sie die bestehende Wertkette um eine weitere Stufe. Bei der vorwärtsorientierten Diversifikation wird der Absatz auf nachgelagerte Bereiche ausgeweitet, indem nicht nur ein Werkstoff hergestellt, sondern auch gleich Produkte daraus produziert werden. Beispielsweise könnten WPC-Compound-Hersteller auch eigene Extrusionslinien betreiben, daraus Terrassendielen herstellen, und diese auch selbst an den Handel liefern. Rückwärtsorientierte Diversifikation bedeutet die Beschaffung von vorgelagerten Produktkomponenten oder die Übernahme von Zuliefererbetrieben, sodass beispielsweise zusätzlich zur Produktherstellung der Werkstoff selbst produziert wird. Dies wäre der Fall, wenn Compound-Hersteller auch eigene Forstwirtschaft betreiben, um selbst die Holzfasern zu produzieren. Schließlich umfasst eine horizontale Diversifikation die Sortimentserweiterung auf derselben Marktstufe, indem neben WPC-Terrassendielen auch Fassadenpaneelen produziert werden. Dabei werden Verbundwirkungen geschaffen, wie beispielsweise den Vertrieb der Fassadenpaneelen auch über denselben Handel laufen zu lassen wie die Terrassendielen. Die laterale Diversifikation hingegen beinhaltet die Aufnahme von Produktbereichen ohne Beziehung zum bisherigen Portfolio, wie beispielsweise eine Produktion von Holzmöbeln neben WPC-Bauprodukten. Dies birgt ein hohes Einzelproduktrisiko, aber über das Portfolio reduziert sich das Gesamtrisiko.

Anstatt die Wertkette zu verlängern oder zu variieren, kann aus verschiedenen Gründen auch das Gegenteil als *Produkteindämmung* notwendig werden. Intern kann dies erforderlich werden, wenn ein Produkt nicht mehr die Unternehmensziele für Umsatz und Marktanteil erfüllt, wie dies in der BCG-Analyse bereits aufgezeigt wurde. Externe Gründe können neue rechtliche Rahmenbedingungen, ein neues Firmenimage, beispielsweise wenn aus Nachhaltigkeitsgründen von reinen Plastikprodukten auf WPC-basierte Güter umgestellt wird, oder aus der Notwendigkeit heraus, einem drohenden „Flop" kürzlich eingeführter Produkte vorzubeugen. Es gibt verschiedene Formen der Eindämmung. Ein radikaler Austritt aus dem Markt kann durch einen kontrollierten Rollout erfolgen, während bei einem schrittweisen Marktaustritt wenigstens noch Service angeboten wird. Eine weitere Form ist die *Standardisierung*, die der Differenzierung entgegengerichtet ist, und durch die durch die Einengung der Sortimentsbreite Kosten eingespart und die Gewinne maximiert sowie eine höhere Kapazitätsauslastung erreicht werden soll. Dies ist der Fall, wenn z. B. eine WPC-Diele anstatt wie bisher in 2 m, 3 m, 4 m, 5 m und 6 m nur noch in der Standardlänge 3 m erhältlich ist. Die *Spezialisierung* ist ebenfalls der Diversifikation entgegengesetzt, und dabei können bisherige vertikal vor- oder nachgelagerte, horizontale oder laterale Prozesse aufgegeben werden, um die Unternehmensressourcen gezielter einzusetzen und die Effizienz zu steigern. Ein WPC-Compound-Erzeuger könnte demnach die eigene Forstwirtschaft aufgeben und Holzfasern von extern beziehen.

Abb. 3.5 Siegel der Qualitätsgemeinschaft Holzwerkstoffe e.V. für WPC-Terrassendielen

3.11.3 Produktmarkierung

Produktdifferenzierung muss nicht immer zu einer physischen Veränderung am Produkt führen. Es kann auch ausreichen, dem Produkt ein Merkmal mit hohem Wiedererkennungspotenzial hinzuzufügen, es quasi zu markieren. Eine *Produktmarkierung* hat das Ziel, die eigene Ware im Handel sofort identifizierbar zu machen. Markenware kann ein Konsumgut, ein Investitionsgut oder eine Dienstleistung sein, die vom Erzeuger in gleich hoher Qualität dauerhaft angeboten wird und somit ein Qualitätsversprechen darstellt. Daher enthalten Markenware oder deren Verpackung oft ein Label mit hohem Bekanntheitsgrad.

Der Zweck der Produktmarkierung besteht darin, sich von Substitutionsprodukten zu differenzieren und so die Wettbewerbsintensität sowie den Preisverfall zu verringern. Eine große Markenbindung und schnelle Identifizierung verleihen dem Produkt einen Zusatznutzen in Form von Prestige. Zudem fördert eine konsistente Produktmarkierung die Ladentreue, da die Markenware dauerhaft im selben Laden angeboten wird. Hersteller stehen zu ihrer Markenträgerschaft, was eine Selbstverpflichtung darstellt. Für WPC-Terrassendielen besteht bereits eine Markierung von der Qualitätsgemeinschaft Holzwerkstoffe e.V. mit Sitz in Berlin (Abb. 3.5). Typische Markierungen umfassen Eigennamen, Bilder oder Symbole, Zahlenkombinationen, Akronyme oder Fantasieworte.

3.12 Preispolitische Maßnahmen im Marketing-Mix

Die *strategische Preissetzung* im Markt trägt gemäß der Gewinnformel $G = P*x - K$ maßgeblich zur Gewinnmaximierung bei. Optimal ist offensichtlich ein möglichst hoher Preis, um G zu maximieren. Ein suboptimaler Preis hat negative Effekte. Ist er zu hoch, lassen Nachfrage und Gewinne nach, was innerhalb der Produktionskapazitäten zu Leerläufen führt. Ist der Preis zu niedrig, sind die Stückgewinne aus jeder verkauften Einheit x zu gering, was die Investitionen zurückgehen lässt und das Handlungspotenzial des Unternehmens künftig einschränkt. Niedrige Preise heizen aber auch den Preiskampf zwischen Wettbewerbern an, denn wenn ein Konkurrent die Preise senkt, drohen den anderen Absatzverluste, und diese müssen ihre Preise dann auch senken – zur Freude der Konsumenten.

Die Preissetzung hängt von verschiedenen Faktoren ab und muss in betrieblicher Abstimmung erfolgen. Ein optimaler Preis garantiert zunächst, dass nur so viel verkauft wird, wie auch produziert werden kann. In der Regel stellt diese Menge bereits das gewinnmaximale Betriebsoptimum dar, also jener Output, der unter geringsten Stückkosten zustande kommt. Wird nun der Preis gesenkt, führt dies zu höherer Nachfrage und größerem Produktionsbedarf, wodurch erstmal in weitere Kapazitäten investiert werden muss. Dies lässt dann aber die Gesamt- und die Stückkosten ansteigen. Sinkende Preise bei steigenden Stückkosten können letztendlich nur zu abnehmenden Gewinnen führen. Für Polypolisten ist dieser Aspekt entscheidend, denn bei ihnen ist der Marktpreis in der Regel vorgegeben und das Ergebnis der Gesamtangebotsmengen aller Hersteller im Markt. Und hierbei gilt das Prinzip, je größer die Gesamtmarktmenge, desto geringer der von Konsumenten akzeptierte Preis. Die Preissetzung muss also auch in marktlicher Abstimmung erfolgen, wobei die Nachfrage und die Preisbereitschaft der Kunden sowie die Preise der Konkurrenz berücksichtigt werden.

Auf kurze Sicht resultiert der Angebotspreis also aus der betrieblichen Kostensituation und hierbei interessieren die aktuellen Stückkosten. Dies führt zu einem **statisch optimalen Preis**, der gemäß Gewinnmaximierungsformel den Abstand zwischen externen Marktpreis und eigenen Stückkosten maximiert. Dabei ist der Marktpreis offensichtlich ein Ergebnis des Exklusivitätsempfindens der Konsumenten, denn für rare Produkte, z. B. Einzelanfertigungen, wird viel und für Massengüter wenig gezahlt. Eine exakte mathematische Beziehung zwischen Marktmenge und Preisbereitschaft wird in Kap. 4 hergeleitet und diskutiert. Die eigenen Stückkosten setzen sich aus den variablen und fixen Kosten zusammen, Erstere steigen mit der Zahl produzierter Güter, weil eben mehr Material und Arbeit eingesetzt wird, Letztere sind immer vorhanden.

Auf lange Sicht verhalten sich Kosten dynamisch. Langfristig können Kosten sinken, weil mit jeder Bereitstellung der gewinnmaximalen Output-Menge die Stückkosten aufgrund der Lernrate sinken. Die **Lernrate** besagt, dass die Produktion effizienter wird, die eigene Produktivität durch zunehmende Routine steigt. Diesen Effekt spüren Konsumenten insbesondere bei Massengütern, die eigentlich durch die natürliche Inflation heute deutlich teurer sein müssten als tatsächlich der Fall ist.

Erfahrungskurven- und Verbundeffekte, bekannt als **Economies of Scope**, haben einen ähnlichen Effekt, nämlich je schneller eine große Absatz- oder Produktionsmenge erreicht wird, desto früher werden geringere Stückkosten erzielt. Beispielsweise können Mengenrabatte bei Zulieferern ausgehandelt werden, was die Gesamtkosten weniger stark ansteigen und Stückkosten sinken lässt. Mengeneffekte, auch bekannt als **Economies of Scale**, besagen, dass der Anteil der Fixkosten an den Durchschnittskosten mit steigender Ausbringungsmenge sinkt. Gründe dafür sind Spezialisierungsvorteile aus Arbeitsteilung, bessere Auslastung der Produktionsanlagen, zentralisierte Reservehaltung und Losgrößenersparnisse.

Durch das Zusammenspiel dieser dynamischen Faktoren kann der statisch optimale Preis sogar geringer ausfallen, mit der Konsequenz, dass bei gegebenem Marktpreis die Gewinne steigen, oder Polypolisten den Preissenkungseffekt an den Markt weitergeben und dadurch einen Wettbewerbsvorteil erlangen.

Preispolitisch bestehen zwischen Polypolisten und Monopolisten konkrete Unterschiede. Im Nischenmarkt bietet der Monopolist oft eine zu geringe Menge zu einem zu hohen Preis an, um seinen Gewinn zu maximieren. Immerhin ist er außer Konkurrenz und kann Preise erhöhen, ohne einen Preiskampf zu riskieren. Der Monopolist versucht zudem, Konkurrenten vom Markteintritt fernzuhalten, indem er Lieferanten und den Handel an sich bindet, überhöhte Standards setzt oder Patentschutz in Anspruch nimmt. Im Gegensatz dazu ist ein Polypolist starkem Wettbewerbsdruck ausgesetzt, was zu ruinöser Konkurrenz führt. Dies hat zur Folge, dass die Qualität der Produkte leiden kann und ein hoher Differenzierungsdruck entsteht, der Produktvergleiche erschwert. In einem Polypol sind langfristige Kunden-Händler-Beziehungen oft kaum möglich, da viele Anbieter früh aus dem Markt ausscheiden. Großkonzerne, mit hoher Marktmacht, verdrängen in solchen Märkten häufig Kleinanbieter. Die Politik sieht sich deshalb oft gezwungen, Branchen quer zu subventionieren, um das Machtgefälle auszugleichen und einen fairen Wettbewerb zu gewährleisten.

3.13 Kommunikationspolitische Maßnahmen im Marketing-Mix

Kommunikation über eigene Produkte oder das eigene Unternehmen kann entscheidend für die Erreichung des Gewinnmaximierungszieles sein. Gründe für die Kommunikation sind vielfältig und können die Markteinführung eines neuen Produktes sein, neue Nutzenkomponenten eines variierten Bestandproduktes, sortimentseinengende Aktivitäten oder Veränderungen im Unternehmen. Da die Märkte insbesondere unter Polypolisten nahezu gesättigt sind und die Produkte sich sehr ähneln, kann Kommunikation gezielt zur Differenzierung eingesetzt werden.

Die *Kommunikationspolitik* umfasst das gezielte Transportieren von Informationen über verschiedene Kanäle in den Markt. Zu ihren Determinanten gehört die (1) Festlegung geeigneter Kommunikationsziele. Diese müssen als Marketing-Teilziele das Unternehmensgesamtziel unterstützen, also primär gewinnmaximierend wirken. Nach der Gewinnformel $G = P*x - K$ setzen diese in erster Line an Faktor P und x an, versuchen also eine hohe Preisakzeptanz bei Konsumenten zu erreichen und möglichst viele von ihnen zum Kauf zu bewegen. Kommunikationsziele müssen operationalisiert werden, indem der Zielinhalt beschrieben und eine Deadline für die Zielerreichung festgelegt wird. Beispielsweise kann das übergeordnete Ziel eine Absatzsteigerung um 5 % sein, während das spezifische Kommunikationsziel eine Steigerung des Bekanntheitsgrades der Marke ist. Unter (2), einer effektiven Festlegung der Zielgruppen, versucht die Kommunikationspolitik einen Bezug zum Marktsegment herzustellen, für das das Produkt oder die Produktvariante persönlich als besonders nutzenstiftend empfunden wird. Innerhalb dieses Segmentes reagiert die Zielgruppe homogener auf die Kommunikationsinstrumente als die Gesamtheit aller Kunden. Unter (3), Auswahl der Werbeobjekte, können Produkte, Produktlinien, strategische Geschäftseinheiten (Divisionen) oder das gesamte Unternehmen mit Kommunikation beworben werden.

Zu den klassischen Kommunikationsinstrumenten im Marketing zählen Printmedien als Broschüren, Flyer und Webauftritte, aber auch Pressemitteilungen und redaktionelle Beiträge an Verlage. Neuere umfassen Newsletter, Blogs, Webinare und Influencer-Kampagnen. Die formale und inhaltliche Ausgestaltung dieser Kommunikationsinstrumente muss die Zielgruppen bestmöglich ansprechen und unterhalten. Dabei geht es meist um die Einzigartigkeit bzw. Exklusivität des Produktes, als „Unique Selling Position" bezeichnet, und um dessen Nutzen, auch „Consumer Benefit" genannt. Ersteres soll möglichst hohe Preisakzeptanz bewirken, Letzteres zum Kauf animieren. In Verbindung mit WPC-Technologie können transformierte Vollplastik-Güter durchaus kommunikationspolitisch erfolgreich promotet werden. Immerhin differenzieren sie sich effektiv von bisherigen Plastikprodukten und sprechen so ein Nachhaltigkeits-bewusstes Segment an. Über den Zusatznutzen, wie Klimaneutralität und Ressourcenschonung, lässt sich einiges kommunizieren. Durch welche Medien konkret kommuniziert wird, hängt von der Botschaftsgestaltung ab und ist Teil der *Mediaselektion*. Darunter versteht man die Wahl der Werbemittel. Printmedien, Onlinekanäle oder öffentliche Auftritte gehören zur intermedialen Selektion. Die anschließende Festlegung der Werbeträger selbst, als Fachzeitschriften, auf YouTube oder auf Fachmessen, wird intramediale Selektion genannt.

Wie effektiv schließlich das Kommunikationsinstrument ist, also wie die Werbewirkung ausfällt, hängt von der Zahl der Wiederholungen, dem Inhalt und der Gestaltung der Werbung sowie dem Involvement der Adressaten ab. Ein hohes Involvement findet sich eher bei Shopping- und Specialty-Gütern (Tab. 3.1), und solche Nachfrager bevorzugen informative Werbung mit textlastiger Botschaft. Im Gegensatz dazu fragen Adressaten unter geringem Involvement eher Alltagsgüter nach und bevorzugen daher kurze und prägnante Mitteilungen. Heutzutage gilt, gefallen geht über verstehen. Die Messung der Kommunikationswirkung erfolgt als Pre-Tests, also noch vor dem Einsatz des Instrumentes. Hier kommen meist Befragungen oder Labortests zum Einsatz. Post-Tests hingegen werden nach Durchführung der Kampagne erhoben und untersuchen meist die Erinnerungswirkung der Werbung bei Konsumenten.

3.14 Distributionspolitische Maßnahmen im Marketing-Mix

Der letzte Baustein im Marketing-Mix betrifft die *Distributionspolitik* und umfasst die Gesamtheit aller Entscheidungen und Vertriebsaktivitäten auf dem Weg vom Anbieter zum Kunden. Dazu zählen Maßnahmen wie Kunden- und Auftragsakquise, Kundenbetreuung und Bestellkonditionen. Betroffen sind dabei alle am Distributionsprozess beteiligten Gruppen, wie Mitarbeiter, Absatzhelfer, der Handel und Speditionen.

Am Anfang steht die *akquisitorische Distribution* mit dem Ziel, Kontakte zu potenziellen Nachfragern und Absatzgehilfen herzustellen, Verhandlungen über die konkrete Ausgestaltung der Zusammenarbeit zu führen und schließlich dann den Absatzkanal zu implementieren. Letzteres standardisiert den Weg des Gutes von Hersteller zu Endnutzer. Ein einzelner Absatzkanal reich oft nicht aus, um die Umsatzziele zu erreichen, und somit verrät der Distributionsgrad, wie flächendeckend das Produkt im Markt erhältlich ist, also über wie viele Einzelwege und Verkaufsstätten es im Markt auffindbar sein wird.

Auch die Distributionspolitik verlangt einen umfassenden Planungsprozess. Dieser beginnt mit der Festlegung übergeordneter, distributionspolitischer Ziele, z. B. ob Dritte, nämlich der Handel, vertreibt oder der Produzent selbst unter einem Direktvertrieb. Ein Teilziel kann auch die Verpackungs- oder Produktrücknahme zur Rohstoffgewinnung sein, oder Produkte nur im Bündel anzubieten, also zusammen mit anderen Produkten des eigenen Sortiments. Im nächsten Schritt wird die Planung konkreter. Der Warenverkaufsprozesse muss gestaltet werden, nämlich Verkaufen ab Werk, von eigenen externen Verkaufsstätten aus, online oder über Drittanbieter. Die Planung der Warenverteilungsprozesse ist noch spezifischer und bestimmt, wie das Gut physisch überstellt wird, also ob per Selbstabholung, per Versand durch Spedition oder per Post. Der Absatzweg ist quasi durch Verkaufs- und Verteilungsaktivitäten festgelegt, wobei auf dem Weg zwischen Erstkontakt bis zur finalen Überstellung des Gutes viele verschiedene Wirtschaftssubjekte beteiligt sein können. Ihre Gesamtheit bildet letztlich das *Absatzkanalsystem* (Abb. 3.6). Innerhalb dessen steht die Absatzkanallänge, der sogenannte vertikale Absatz, für die

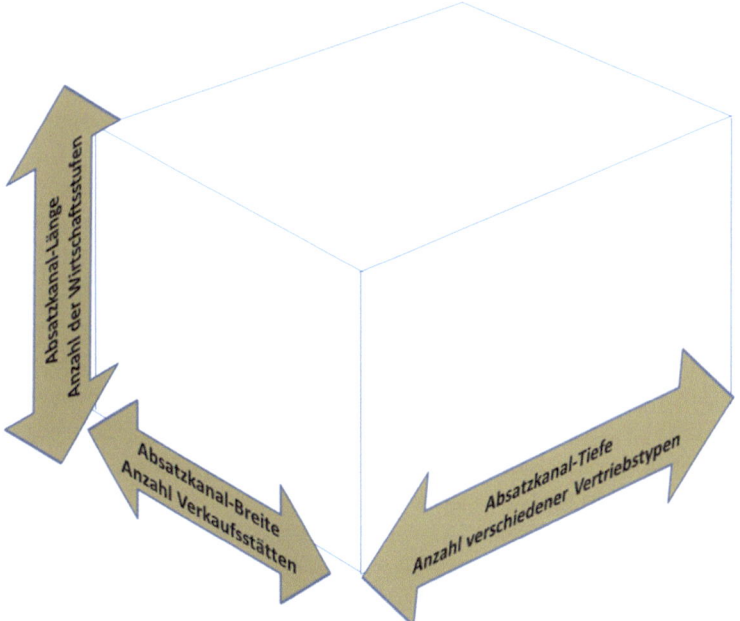

Abb. 3.6 Dimensionen des Absatzkanalsystems

Vertriebsstufen, z. B. vom Erzeuger, über den Großhandel, weiter an den Fachhandel und schließlich an den Endkunden. WPC-Terrassendielen werden beispielsweise vertikal über den Fachgroßhandel für Bauprodukte vertrieben und so gut wie gar nicht vom Hersteller direkt an private Endkunden. Auch wenn sie in Baumärkten angeboten werden, ist zuvor meist ein Großhandel zwischengeschaltet. Der sogenannte horizontale Absatz besitzt zwei Ausprägungen, nämlich die Absatzkanaltiefe mit den verschiedenen Handelsbetriebstypen auf jeder Absatzstufe. Ist auf der ersten vertikalen Stufe der Großhandel involviert, könnte dieser bereits horizontal in der Tiefe an verschiedene Zentrallager bestimmter Discountermärkte, Fachdrogerien oder Industriezweige liefern. Dasselbe ist aber auch auf zweiter Stufe denkbar, indem der vom Großhandel belieferte Fachgroßhandel nun an Regionalhandelszentren vertreibt. Die zweite Dimension innerhalb des horizontalen Absatzes betrifft die Absatzkanalbreite mit der Anzahl gleichartiger Vertriebsstätten. Wurde beispielsweise ein Fachhandel auf zweier Stufe beliefert, kann dieser nun mit eigener Logistik die Ware an dessen Verkaufsstellen in der jeweiligen Region dem Endkunden anbieten. Absatzkanallänge, -tiefe und -breite bilden einen dreidimensionalen Raum (Abb. 3.6), der gerade bei polypolistischen Großproduzenten sehr umfangreich ausfallen kann. Da entlang der Wirtschaftsstufen und der Absatzkanaltiefe verschiedene Unternehmen beteiligt sind, und davon jedes Gewinn erzielen muss, stehen Polypolisten umso mehr unter Druck, ihre Stückkosten zu minimieren. Monopolisten hingegen sind sehr spezialisiert mit teils erklärungsbedürftigen Produkten, was für den Großhandel eher ungünstig ist. Bei Nischenanbietern ist dann der Direktvertrieb die erste Wahl, und das hält das Absatzkanalsystem eher schlank.

Abschließend legt die distributionspolitische Planung noch die Außendienstpolitik fest als verkaufsunterstützende Prozesse. Hierzu zählen Rabattkonditionen, VorkasserRegelungen und Treueboni gegenüber Kunden, aber auch interne Vorgaben, z. B. wie viele Kundenbesuche das Vertriebspersonal pro Woche leisten muss, und mit welcher Betriebsmittelausstattung, wie Firmenwagen, und die Menge an Werbe- und Streuartikel.

3.15 Übungen

Die folgenden Übungen beziehen sich auf einen konkreten Produzenten. Hierbei geht es wieder um die Firma „Compolytica", die als Wirtschaftseinheit Güter herstellt. Compolytica hat sich auf innovative biobasierte Kunststoff-Anwendungen (Bioplastik oder Wood-Plastic Composites) spezialisiert und sieht darin ein hohes künftiges Potenzial. Zu ihren Kunststoff-basierten Produkten zählen, unter anderem, Plastiktransport- und Aufbewahrungsboxen, Verschlussclips etc., sie beliefert aber auch die Industrie mit Halbteilen, wie Kunststoffgehäusen für Elektrogeräte.

Unter der zunehmenden Diskussion zu Umwelt- und Gesundheitsschäden aus petrochemischem Kunststoff stellt Compolytica ihre Produktion zunehmend auf biobasierten Kunststoff um und strebt eine betriebliche Plastiktransformation an.

3.15 Übungen

Aufgabe 3.15.1

Compolytica erwägt, eines ihrer Hauptprodukte auf biobasierten Kunststoff-Verbundwerkstoff umzustellen. Dabei handelt es sich um eine Handy-Hülle aus Polypropylen, in die nun bis 80 % Holzfasern eingebettet werden sollen, sodass sie dadurch nahezu klimaneutral wird.

Gehen Sie die „Stufen der Produktentwicklung" innerhalb des Innovationsprozesses durch (Tab. 3.1) und beschreiben Sie knapp für jede Stufe die erforderliche Marketingmaßnahme.

Stufe 1_**Ideengenerierung**: Eine Konsumentenumfrage ergab bereits, dass eine Handy-Hülle, die täglich im engen Körperkontakt genutzt wird und kurze Lebenszyklen besitzt, aus nachhaltigem Kunststoff sein sollte, aber weiterhin die funktionalen Eigenschaften von petrochemischem Plastik besitzen muss.

Stufe 2_ …

Stufe 3_ …

…

Lösung:

Stufe 1_**Ideengenerierung:** Siehe Aufgabenstellung.

Stufe 2_**Selektion von geeigneten Produktideen:** Das Marketing sollte mit der Entwicklung und den Vertrieb inklusive einiger ausgewählter Premiumkunden einen Workshop zur Ideenselektion veranstalten. Als Produktideen kämen, gemäß Tab. 1.1, infrage: Handy-Hüllen aus einem Mix aus Petroplastik und Holzfasern (PetroWPC) oder aus reinem Biokunststoff mit Holzfasern (BioWPC). Als absolutes Novum wird auch über WPC aus sogenanntem Meeresplastik mit Holzfaserinhaltsstoffen nachgedacht. Man möchte herausfinden, welche Variante maximal gesundheits- und umweltfreundlich empfunden wird.

Stufe 3_**Prognose der Wirtschaftlichkeit:** Auswahl potenzialträchtiger Marktsegmente, z. B. Freizeitsektor, Geschäfts- (Business-)sektor, Teenager/Millenials etc. mit Berechnung des zu erwartenden Marktpotenzials und Auswahl des Sektors mit höchster Umsatzerwartung.

Stufe 4_**Entwicklung von Prototypen:** Test-Hüllen werden von der Entwicklungsabteilung hergestellt und vom Marketing mit entsprechender optisch ansprechender Verpackung und Design variiert.

Stufe 5_**Test der Prototypen:** Das Produktmanagement verteilt zusammen mit ausgewähltem Vertriebspersonal in einem lokal eingegrenzten Testmarkt die Probier-Hüllen und misst die Reaktionen der Testpersonen.

Stufe 6_**Selektion und Modifikation geeigneter Prototypen:** Aufgrund der gewonnenen Testergebnisse werden die Prototypen modifiziert bzw. die Wahl für einen Typ getroffen.

Stufe 7_**Markteinführung:** Die Marktinstrumente werden als Marketing-Mix festgelegt, erarbeitet und eingesetzt, woraufhin zeitnah eine Erfolgsmessung im Markt stattfinden sollte. Insbesondere muss das neue Produkt von konventionellen Plastik-Hüllen differenziert werden, um internen Kannibalismus-Effekten vorzubeugen.

Aufgabe 3.15.2

Compolytica möchte zunehmend alle Produkte im Portfolio auf biobasierten Kunststoff umstellen und nach außen ein nachhaltigkeitsorientiertes Unternehmensimage pflegen. Die Geschäftsführung hat alle Produktmanager beauftragt, für ihre Sparte einzuschätzen, ob eine Umstellung auf „bio" strategisch sinnvoll ist. Der Produktmanager der Sparte „Büro-Equipment" möchte sich daher für die anstehende Sitzung mit der Geschäftsleitung mithilfe einer SWOT-Analyse Klarheit verschaffen und bewertet seine Produktlinie. Hierzu zählt alles Plastik-basiertes Büro-Equipment, wie Schreibtisch-Organizer, Papierkörbe, Eingangs- und Ausgangskörbchen, Kabelkanäle etc. (Abb. 3.7).

Erstellen Sie eine SWOT-Matrix mit den zu erwartenden Chancen und Risiken dieses Projektes. Gehen Sie chronologisch wie folgt vor, indem Sie je Teilfrage zwei Argumente aufführen:

a) Welche Chancen bietet die Umwelt/der Markt?
b) Welche Risiken sind aus der Umwelt/dem Markt zu erwarten?
c) Welche Stärken könnte ein Marktführer wie Compolytica besitzen, um die Risiken zu überwinden?
d) Welchen Schwächen müsste Compolytica begegnen?
e) Leiten Sie die Handlungsempfehlungen für den Spartenleiter der Büro-Linie ab.

Lösung:
Eine SWOT-Analyse leitet aus den Kriterien kombinatorisch die Lösungsvorschläge ab (Tab. 3.4).

Aufgabe 3.15.3

Das Marketing von Compolyticas Produktsparte „Küchenvorratsdosen" führte eine Wettbewerbsanalyse durch und kommt auf unten stehende Umsätze für Frischhalte-Boxen (Abb. 3.8) der fünf größten Konkurrenten für das Jahr X. Es wird geschätzt, dass am

Abb. 3.7 Plastikbüroabfalleimer und Drehstuhlelement

3.15 Übungen

Tab. 3.4 SWOT-Analyse zu Biokunststoff-basiertem Büro-Equipment

Projekt	**Strengths:**	**Weaknesses:**
„Biokunststoff-basiertes Büro-Equipment": Compolytica möchte sämtliche Produkte ihrer Linie „Büro-Equipment" in biobasiertem Kunststoff-Verbundmaterial anbieten. Dadurch soll vom schlechten Image von wenig umweltfreundlichen Plastik-Produkten abgerückt werden.	• Compolytica verfügt über umfangreiche kunststoffverarbeitende Produktionsanlagen, auf denen biobasiertes Kunststoff substitutiv eingesetzt werden kann. • Compolytica verfügt über eine starke Lobby und ist in den einschlägigen Medien vertreten, d. h., schnell umsetzbare Marketingkampagnen sind gewährleistet.	• Die Verwendung hoher Faseranteile in belasteten Kunststoff-Produkten des Büroalltags kann zu unerwünschten Effekten führen (Kantenabsplitterungen, Brüche, Kratzer). Es besteht ein Schadens- und Imagerisiko. • Biobasierter Kunststoff ist teurer als fossilbasierter Kunststoff, was Produktionskosten erhöht und den Verkaufspreis steigen lässt.
Opportunities: • Produkte aus Erdöl-basiertem Kunststoff steht in der politischen Diskussion und soll bald besteuert werden. Dies sind günstige Voraussetzungen für das Projekt. • Unternehmen sehen sich mit steigenden Müllgebühren konfrontiert. Biobasierter Kunststoff kann mit dem üblichen Restmüll entsorgt und klimaneutral verbrannt werden.	• Schnell mit Produktvarianten dem Markt zeigen, dass man Pionier auf dem Gebiet Plastik-Substitutionstechnologien ist. • Mit Müllentsorgern zusammenarbeiten und die Entsorgungswege für biobasierten Holz-Kunststoff standardisieren.	• Zahlreiche Material- und Produkt-Tests initiieren, um Schwachstellen bei Material und Anwendung früh aufzudecken und zu eliminieren. • Beschaffungsabteilung muss Verträge mit Lieferanten für Holz-Kunststoff-Rohmaterial abschließen und Sonderkonditionen vereinbaren.
Threats: • Biobasierter Kunststoff-Verbundwerkstoff sieht äußerlich dem petrochemischen Plastik sehr ähnlich. Konsumenten könnten die Nachhaltigkeit nicht wahrnehmen und sehen nur höhere Preise. • Bei Konsumenten könnte die übliche Skepsis gegenüber etwas Neuem dem Kauf entgegenstehen.	• Produktionstechnisch die Produkte derart optimieren, dass der Holzanteil an der Oberfläche sichtbar bleibt. • Marketingkommunikation muss Bedenken bei Zielgruppen ergründen und gezielt durch Werbung Vertrauen schaffen.	• Materialentwicklung muss Projekte zur Verbesserung der Oberflächenhärte mit gleichzeitiger Sichtbarkeit der Holzfasern initiieren. • Preisanstieg beim Produkt vermeiden und Kosteneinspareffekte an Kunden weitergeben.

Abb. 3.8 Biobasierte Kunststoff-Küchenvorratsdose (www.kochexperte.com)

deutschen Markt in X und X + 1 Frischhalte-Boxen im Gesamtwert von jährlich 14 Mio. € abgesetzt werden könnten. Im vergangenen Jahr hatte Compolytica einen Umsatz von 2,85 Mio. € getätigt, möchte diesen im Folgejahr um 5 % steigern.

Anbieter Nr.	1	2	3	4	5
Umsatz [Mio. €]	0,5	1,75	0,25	3,15	5,35

Zu ermitteln sind auf zwei Nachkommastellen genau:

a) Das Marktpotenzial und Marktvolumen für Frischhalte-Boxen in X und X + 1.
b) Die absoluten und relativen Marktanteile jedes Herstellers für X.
c) Den zu erwartenden relativen Marktanteil für X + 1 für Frischhalte-Boxen, wenn die Konkurrenz keine Zuwächse einfährt.
d) Wie hoch ist die Marktsättigung in X und X + 1?

Lösung (Tab. 3.5):

a) Marktpotenzial = 14 Mio. € nach Aufgabenstellung.
   Marktvolumen = Summe der Einzelumsätze.
b) Abs. Marktanteil = (Einzelumsatz/Marktvolumen)*100.
   Rel. Marktanteil = (Einzelumsatz/Umsatz Marktführer)*100.
c) Umsatz in X + 1 = Umsatz X*1,05 → Anteilsberechnung gem. Lösung b).
d) Marktsättigung = (Marktvolumen/Marktpotenzial)*100.

Aufgabe 3.15.4
Compolyticas Marketingabteilung für die Sparte „Fahrrad-Trinkflaschen" (Abb. 3.9) hat nachstehende Kundeninformationen aus einer freiwilligen Kundenumfrage mit 1000 deutschen Teilnehmern erhalten. Zehn repräsentative Stichproben daraus sollen nun Matrixbasiert ausgewertet werden. Matrix Nr. 1 besitzt die Dimensionen „Alter/Geselligkeit", Nr. 2 „Sportlichkeit/verheiratet", Nr. 3 „Einkommen/Geschlecht".

3.15 Übungen

Tab. 3.5 Absatzmarkt-bezogene Analyse

		X				X+1		
		Umsatz	abs. Marktanteil [%]	rel. Marktanteil [%]	Sättigungsgrad [%]	Umsatz	rel. Marktanteil [%]	Sättigungsgrad [%]
Marktpotenzial [Mio. €]		14				14		
Marktvolumen [Mio. €]		13,85				13,99		
Hersteller Nr.	1	0,5	3,61	9,35	99	0,5		100
	2	1,75	12,64	32,71		1,75		
	3	0,25	1,81	4,67		0,25		
	4	3,15	22,74	58,88		3,15		
	5	5,35	38,63	100,00		5,35		
Hersteller Compolytica		2,85	20,58	53,27		3,0	**55,93**	

Abb. 3.9 Biobasierte Trinkflasche

a) Ordnen Sie die dimensionsbildenden Merkmale den Standardsegmentierungskriterien zu.
b) Stellen Sie die jeweiligen Matrixdiagramme auf und tragen Sie die Kundennamen sinngemäß in die Felder ein. Welches Segment bildet die größte Kundengruppe?
c) Mit welchen Produkteigenschaften oder Slogans würden Sie Compolyticas Fahrrad-Trinkflaschen dem größten Kundensegment „schmackhaft" machen?

Kundendaten:

1. K. Engel, männlich, 48 Jahre, Maurer, verheiratet, 2 Kinder, in 2024 machte er zweimal Urlaub in Ägypten, Hobbies Radfahren und Tennis.
2. R. Sonnenberg, weiblich, 25 Jahre, Näherin, ledig, 0 Kinder, kein Führerschein, Hobbies Lesen und Malerei.
3. I. Schuh, weiblich, 35 Jahre, Studienrätin, verheiratet, 1 Kind, pendelt täglich 120 km zur Arbeit, Hobbies Schreiben.
4. H. Emmrich, männlich, 18 Jahre, ledig, 0 Kinder, Busfahrer, Hobbies Windsurfen und Kegeln.
5. O. Müller, männlich, 55 Jahre, verheiratet, Makler, 3 Kinder, in 2023 Urlaub in Kenia und 2024 in USA, Hobbies Profitanzen.
6. T. Huber, männlich, ledig, 21 Jahre, 0 Kinder, Flugbegleiter, Hobbies Ausgehen und Schlittschuhfahren.
7. P. Berger, weiblich, 38 Jahre, verheiratet, 4 Kinder, Verwaltungsdirektorin, Hobbies Briefmarken und Münzen sammeln.
8. E. Gabler, weiblich, 63 Jahre, verwitwet, 3 Kinder, Briefträgerin in Frührente, Hobbies Kreuzworträtsel.
9. F. Faber, weiblich, 23 Jahre, 0 Kinder, verheiratet, Studentin, Auslandspraktikum in USA, Hobbies Profifußball.
10. W. Hebel, männlich, 39 Jahre, 2 Kinder, verheiratet, Professor, Hobbies Cellist.

Lösung:

a) Demografisch: verheiratet, Einkommen, Geschlecht, Alter.

   Psychografisch: Geselligkeit; (Sportlichkeit).

   Verhaltensbezogen: Sportlichkeit.

Dimension: Geselligkeit			
(+)	H.Emmrich; T.Huber; F.Faber; W.Hebel	K.Engel; O.Müller	
(−)	R.Sonnenberg; I.Schuh; P.Berger;	E.Gabler	
Matrix Nr.1	(−) 40	41 (+)	
	Dimension: Alter		

3.15 Übungen

			K.Engel; O.Müller; F.Faber;
Dimension: Sportlichkeit	(+)	H.Emmrich; T.Huber;	K.Engel; O.Müller; F.Faber;
	(-)	R.Sonnenberg; E.Gabler;	I.Schuh; P.Berger; W.Hebel
Matrix Nr.2		(-)	(+)
		Dimension: Verheiratet	

Dimension: Einkommen	(+)	W.Hebel; O.Müller;	I.Schuh; P.Berger;
	(-)	K.Engel; H.Emmrich; H.Huber;	R.Sonnenberg; F.Faber; E.Gabler;
Matrix Nr.3		(m)	(w)
		Dimension: Geschlecht	

b) Segment jung/gesellig repräsentiert mit 4 Items die größte Kundengruppe.
c) Insbesondere junge und gesellige Menschen sind für Compolyticas Plastikflaschen eine strategisch wichtige Zielgruppe. Sie sollten mit Produktkriterien wie „vitalisierend/gesund" und „Prestige/repräsentativ" beworben werden.

Aufgabe 3.15.5

Compolytica hat sich im Markt mit ihrem innovativen Holz-Kunststoff-Material und einer breiten Palette an Anwendungen für das „Nachhaltige Office" einen Namen gemacht. Das zieht Konkurrenten wie z. B. „CosmiPlast" an, die als mittelständischer Büroausstatter nun ihre Desk-Produkte auch aus Holz-Kunststoff-Material ausstatten, dazu aber ein sehr einfaches und kostengünstiges Compound verwenden. Ohne eigene Entwicklungsabteilung und knappem Marketingbudget hat sich CosmiPlast strategisch auf eine Me-Too-Strategie ausgerichtet. Damit das eigene Produkt am Markt bei der Zielgruppe für Bürobedarf positiv die Kaufentscheidung beeinflusst, möchte man sich gezielt nahe an Compolytica positionieren. Deren Holz-Kunststoff-Bürodrehstühle (Abb. 3.10) werden im

Abb. 3.10 Bürodrehstuhlelement

Handel zu 120 € bis 150 € angeboten, und qualitativ liegen sie auf einer Skala von 1 bis 5 bei 4,3. Zur effektiven Ausrichtung der Marketinginstrumente für das nächste Jahr möchte CosmiPlast die aktuelle Position des eigenen Produktes relativ zu Compolytica messen. Dazu wurde auf der Gewerbemesse „OfficeWord" eine Umfrage durchgeführt, bei der die Befragten zu einem CosmiPlast Teststuhl ihre Zahlungsbereitschaft (P) in € und die Qualitätseinschätzung (Q) 1 ... 5 abgaben. Aus den Ergebnissen wurden zufällig 20 Fragebögen entnommen, sie sollen repräsentativ zur Positionsbestimmung dienen:

Nr.	1	2	3	4	5	6	7	8	9	10	11	12	13	14	15	16	17	18	19	20
P	65	56	88	74	49	63	80	67	47	58	65	72	66	81	79	53	52	67	76	58
Q	3	4	2	5	4	4	3	4	5	4	3	2	3	3	4	3	5	4	4	3

Stellen Sie die Position von CosmiPlast relativ zu Compolytica dar und leiten Sie die entsprechende Marketingmaßnahme zu deren effektiven Marktpositionierung ab.
Lösung:

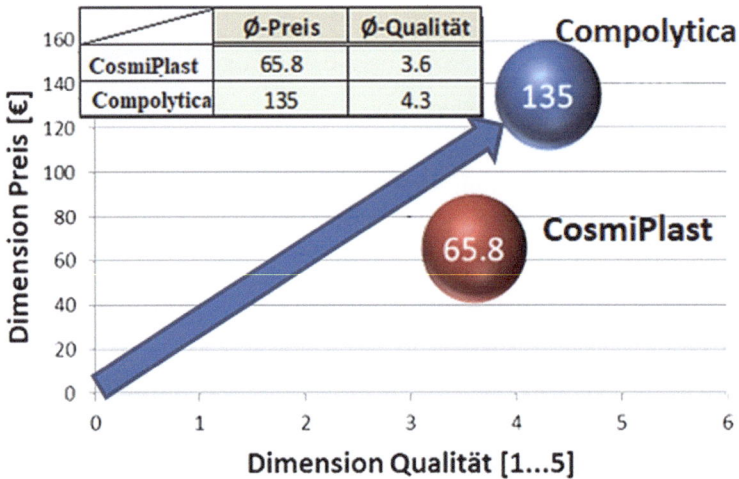

Interpretation: CosmiPlast besitzt einen Abstand zu Compolytica und ist daher bereits differenziert. Am Markt wird dieser Stuhl wenig ähnlich zum Marktführer Compolytica wahrgenommen. Offensichtlich erscheint die subjektiv empfundene Qualität geringer zu sein. Jedoch ist auch bei Compolytica das positive Image womöglich ein Grund für eine hochpreisige Kundenwahrnehmung. Die Benchmark liegt demnach sehr hoch, wollte CosmiPlast dieselbe Position wie Compolytica einnehmen.
Maßnahme: CosmiPlast müsste für eine Me-Too-Strategie den Stuhl objektiv hochwertiger gestalten hinsichtlich Material, Design, Funktionalität. Dann sollte CosmiPlast den Stuhl knapp unter Compolytica's Preisniveau anbieten. So würde CosmiPlast vom Compolytica-Image profitieren.

Möchte CosmiPlast jedoch selbst mittels Marketingkommunikation im Markt unter eigenem Branding auftreten, ist eine Differenzierungsstrategie sinnvoller. CosmiPlast müsste dann, um auf der Linie des blauen Pfeil zu liegen, die Qualität herabsetzen, was sich auch positiv auf die Kosten auswirkt und bei dem vergleichsweise geringeren Preis dann auch mehr Gewinne erwirtschaftet. Im Markt steht dann CosmiPlast für eine preisliche Alternative zu Compolytica mit einem dazu passenden geringeren Qualitätsniveau.

Aufgabe 3.15.6
Beschreiben Sie anhand der Abb. 3.4 den Verlauf der Kosten relativ zum Umsatz für den Produktlebenszyklus von Compolyticas Produkt „Holz-Kunststoff-Handy-Schale" (Abb. 3.11). Es gilt: Umsatz – Kosten = Gewinn.
Lösung:
Einführung: Die Kosten übersteigen den Umsatz, es wird also negativer Gewinn erzielt.
Wachstum: Kosten sind geringer aber hoher Gewinn resultiert eher aus der Hochpreisigkeit des Produktes ohne nennenswerte Konkurrenz.
Reife: Kosten nehmen zu, weil Marktbearbeitung durch Marketingmaßnahmen erforderlich werden. Fallender Gewinn ist jedoch eher dem Preisverfall unter Konkurrenzdruck geschuldet.
Sättigung und Degeneration: Gewinn tendiert gegen null, da bei konstanten Kosten der Preis weiter fällt und der Absatz zurückgeht.

Aufgabe 3.15.7
Compolyticas Geschäftsführung analysiert das Produktportfolio von zwei ihrer selbstständigen Niederlassungen „Hiberstein" und „Regartach" mit jeweils vier Produktgruppen A bis D. Abb. 3.12 zeigt deren aktuelle Portfolioszenarien gemäß durchgeführter BCG-

Abb. 3.11 Biobasiertes Kunststoff-Smartphone-Case. (www.pelacase.com)

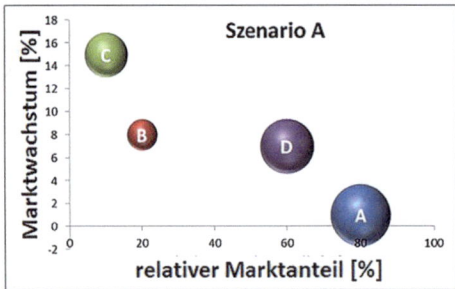
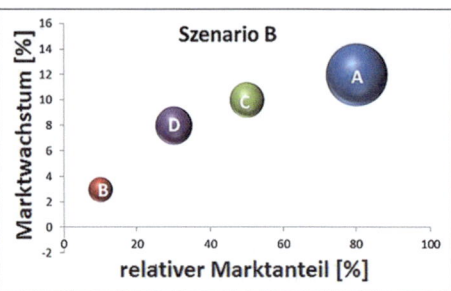

Abb. 3.12 BCG-Portfolien

Analyse. Interpretieren Sie jedes Szenario und unterbreiten Sie der Geschäftsführung einen strategischen Vorschlag für eine künftige Ausrichtung des Produkt-Portfolios der Niederlassungen.
Lösung:
Hiberstein: Diese Tochtergesellschaft hat keine Stars. Kurzfristig werden noch gute Gewinne erwirtschaftet über die umsatzstarken Geschäftseinheit D und A. Es ist jedoch zu erwarten, dass mittelfristig die Gewinne zurückgehen werden, weil sich D und A kaum noch selbst tragen. Obwohl der Markt für C sehr potenzialträchtig ist, muss jetzt bereits dessen Marktanteil ausgebaut werden, was die Kosten stark ansteigen lassen wird, bei gleichzeitig fallenden Gewinnen. Investitionen sollten primär in C und sekundär in B gehen, und nicht mehr in D und A.
Regartach: Das Unternehmen trägt sich sehr gut über A und C und liefert Finanzmittel, um die Marktpositionen für D weiter auszubauen. B könnte, wenn nicht anderweitig strategisch gewollt, aufgelöst werden.

Aufgabe 3.15.8
Compolyticas Produktmanagement überlegt, in welchen weiteren Produkten sie ihr biobasiertes Material einsetzen könnte. Infrage kommen ganze Produkte oder nur einzelne Produktkomponenten oder Produktverpackungen. Um überhaupt die Unterschiede zwischen Produkten zu erkennen, versucht das Produktmanagement folgende Güter nach HOLBROK und HOWARD zu klassifizieren (siehe Tab. 3.3). Was ist Ihr Vorschlag als Klassifizierung und worin konkret könnte Compolytica innovieren?

Produkt:
Jubiläums-Geschenkkorb
Laptop
Margarine
Mountainbike
Segelyacht
Benzin
(Fortsetzung)

3.15 Übungen

Produkt:
Haarschnitt
Trilogie „Herr der Ringe"
Aspirintabletten
Fertiggarage
70-Cent-Briefmarke
WC-Papier
KfZ-Versicherung
Pappteller für die Gartenparty
Zahnarztbehandlung
Druckerpapier

Lösung:

Produkt:	Klassifizierung und Innovationsvorschlag:
Jubiläums-Geschenkkorb	Preference: Korb aus Kunststoff in WPC ersetzen
Laptop	Shopping: Gehäuse aus Kunststoff in WPC ersetzen
Margarine	Convenience: Behälter ersetzen
Mountainbike	Shopping: Schutzblech aus WPC
Segelyacht	Specialty: Zierleisten aus WPC
Benzin	Convenience: Kanister oberflächig mit WPC vergüten
Haarschnitt	Preference: Kamm, Bürste, Lockenwickler etc. aus WPC
Trilogie „Herr der Ringe"	Convenience: Verpackung aus WPC, Buchzeiger aus WPC
Aspirintabletten	Convenience: Tablettenblister und Dosen aus WPC
Fertiggarage	Specialty: Tor-, Türgriff, Fensterrahmen aus WPC
70-Cent-Briefmarke	Convenience: Trägerpapier, Aufbewahrungsbox aus WPC
WC-Papier	Convenience: Rollenhalter aus WPC
KfZ-Versicherung	Shopping: Kunststoffmappen, Werbekugelschreiber aus WPC
Pappteller für die Gartenparty	Convenience: wiederverwendbares Kunststoffbesteck aus WPC
Zahnarztbehandlung	Preference: Zahnbürste aus WPC
Druckerpapier	Convenience: Papierkorb aus WPC

Aufgabe 3.15.9

Compolyticas Marketing hat viele Ideen, wofür sie das Holz-Kunststoff-Material weiterentwickeln sollten. Um Klarheit über die verschiedenen Entwicklungsrichtungen zu bekommen, gilt es folgende Vorschläge aus dem Produktmanagement zu sortieren. Ordnen Sie die Projekte den einschlägigen produktpolitischen Basisentscheidungen „Innovation, Variation (Revival, Relaunch), Diversifikation (vertikal (vorwärts, rückwärts), horizontal, lateral), Differenzierung, Standardisierung und Spezialisierung" zu.

a) Compolytica baut künftig auch die Produktionsmaschinen selbst
b)… stellt nur noch das Kunststoff-Verbundgranulat her
c)… kauft eine Bootswerft hinzu
d)… kauft Wald zur Bewirtschaftung hinzu
e)… startet parallel auch eine Möbelproduktion
f)… steigert bei der Variante Bi(o)Touch-Handy-Hüllen den Holfaseranteil
g)… bietet unter allen Anbietern als einzige auch Grasfasern im Plastik an
h)… führt nur noch die Produkt-Sparte „Handy-Hüllen"
i)… bietet Vinyl-Schallplatten in Biokunststoff an
j)… bietet für ihre Bi(o)Touch Handy-Hüllen zusätzlich das Smartphone an
k)… bietet zur Sparte „Office Equipment" auch Büro-Personalvermittlung an
l)… bietet sämtliche Holz-Kunststoff-Blumentöpfe in Einheitsgröße an
m)… bietet Holz-Kunststoff an, das CO_2 aus der Atmosphäre absorbiert

Lösung:

a) Diversifikation/horizontal
b) Spezialisierung
c) Diversifikation/lateral
d) Diversifikation/vertikal/rückwärtsorientiert
e) Diversifikation/horizontal
f) Variation/Relaunch
g) Differenzierung
h) Standardisierung
i) Variation/Revival
j) Diversifikation/vertikal/vorwärtsorientiert
k) Differenzierung
l) Standardisierung
m) Innovation

Aufgabe 3.15.10

Eines der ältesten Produkte im Compolyticas Portfolio sind Holz-Kunststoff-Fassadenpaneelen (vgl. Abb. 3.13). Erhältlich in vielen Farbvarianten und Geometrien war das Produkt bei Architekten und Hausbesitzern viele Jahre lang der Renner, eben weil mit bis zu 80 % Holzfasern aus regionalen Wäldern das Produkt weitestgehend klimaneutral ist.

Aber „Fassadeco", so der Produktname, ist in die Jahre gekommen, und es gibt bereits viele Konkurrenzprodukte, sodass der Umsatz stark abgenommen hat. „Etwas muss geschehen, um ein drohendes Aus abzuwenden", so der Spartenleiter in der letzten Geschäftsführersitzung. Compolytica beauftragt die Agentur „Marki" ein Konzept auszuarbeiten, um

3.15 Übungen

Abb. 3.13 WPC-Fassade (www.upm.com)

Fassadeco wieder zu altem Glanz zu verhelfen. Erste Ansätze lassen erkennen, dass Marki für Fassadeco eine Produktüberarbeitung plant.

a) Um welche/s produktpolitische/s Marketinginstrument/e könnte es sich dabei handeln?
b) Schlagen Sie für Fassadeco konkret drei Maßnahmen vor, wie der Gewinn stabil gehalten oder gar gesteigert werden kann.
c) Welche Risiken könnten dennoch für Fassadeco in den vorgeschlagenen Instrumenten liegen? Gehen Sie konkret auf Ihre drei Beispiele ein.
d) Was würde Sie schlussendlich für Fassadeco aus Ihren Vorschlägen raten?

Lösung:

a) „Marki" könnte auf Differenzierung unter einem Relaunch abzielen. Compolytica muss Fassadeco, oder zumindest eine Variante davon, von Konkurrenzprodukten abheben. Um dem Risiko eines Preiskampfes zu entgehen, sollte Compolytica mit dieser Variante in den Premiumsektor einsteigen, quasi den Preisabstand zur Konkurrenz erhöhen. Diesem Preisunterschied muss logischerweise auch ein Qualitätsunterschied folgen, damit der Kunde den höheren Preis als gerechtfertigt empfindet. Unter Beibehaltung ihrer Standardfassadenpaneelen kann Compolytica dadurch Gewinne auch von Kunden mit höherer Zahlungsbereitschaft abschöpfen. Alternativ zur Qualitätssteigerung kann Compolytica auch versuchen, ihre Kosten zu senken indem sie bei gleichem Preis den Aufwand reduziert.
b) 1. Maßnahme: Produktinnovation. Wenn Compolytica erfinderisch ist, kann sie für Fassadeco etwas Einzigartiges kreieren, sie z. B. smart machen mit integrierten Sensoren für die Innenraumklimaregulierung, energiegewinnende und -speichernde Elemente einbauen, ein Rücknahmesystem anbieten, sodass Besitzer nach 20 Jahren für das demontierte Restmaterial wieder Geld bekommen.

2. Maßnahme: Produktmarkierung. Ob Innovation oder High-Quality-Variante, in jedem Fall könnte Compolytica diese dann mit einem Label versehen, also markieren. Um höchste Glaubwürdigkeit zu erzeugen, kann sie das Label von einem Zertifizierer ausstellen lassen, je angesehener das Label, desto größer der Effekt. Auf diese Weise schafft sie eine eigene Premiumherstellermarke.

3. Maßnahme: Standardisierung. Man könnte auch den umgekehrten Weg gehen und Fassadeco standardisieren, um Kosten zu reduzieren. Quasi nur Einheitslängen und -farben produzieren, was schließlich auch den Aufwand für die Auftragsabwicklung erheblich reduzieren würde. Dies muss nicht zwingend mit einem Preisverfall einhergehen, denn wenn, wie die Automobilhersteller, der Standardtyp so konzipiert ist, dass ohne größeren Aufwand teuer zugekaufte Sonderausstattungen (Sensoren, PV-Module, LED-Spots, etc.) integriert werden können, dann bringt eine Standardisierung sogar höheren Gewinn durch fallende Kosten.

c) Bei der Innovation hat Compolytica einen sehr hohen Entwicklungsaufwand, der die Kosten treibt und lange Vorlaufzeiten braucht. Die Gefahr ist auch, dass sich eine Innovation ohne teuren Patentschutz von der Konkurrenz leicht kopieren lässt.

Bei der High-Quality-Variation könnten Kosten überproportional zum Umsatz zunehmen, was den Gewinn nicht ausreichend ansteigen lässt. Auch hier muss Compolytica aufpassen, dass die Konkurrenz nicht auch ihre Premium-Variante unterbietet.

Die Standardisierung stellt die nach außen unauffälligste Maßnahme dar, denn die Konkurrenz kann diese nur durchschauen, wenn sie Fassadeco näher untersucht. Das Risiko scheint hier am geringsten, lediglich fallen überschaubare Entwicklungskosten und Prozessanpassungen in der Ablauforganisation an.

d) Die Standardisierung erscheint als pragmatisch und verhältnismäßig sinnvollste Lösung, um den Gewinn bei bereits gesunkenem Umsatz nochmal anzuheben und Fassadeco als Cash-Cow weiterzuführen.

Aufgabe 3.15.11

Testen Sie Ihr Wissen aus den bisherigen Kapiteln. Markieren Sie durch „M" oder „P", ob die Aussage eher für Monopolisten (M) oder Polypolisten (P) zutreffend ist. Eine Lösung wird bewusst nicht dargestellt, da es vielfach nicht eine Frage des „richtig oder falsch" ist, sondern des „besser oder schlechter".

Als Monopolist/Polypolist …

1	gilt für uns das Maximalprinzip	gilt für uns das Minimalprinzip
2	bedienen wird den Massenmarkt mit großen Mengen[1]	bedienen wir den Nischenmarkt mit kleinen Mengen
3	bieten wir zu Maximalpreisen an	bieten wir zu minimalen Stückkosten an
4	liegt unsere Angebotsmenge im Schnitt von N(x) und A(x)	liegt unsere Angebotsmenge im Schnitt von GE(x) und GK(x)
5	rechnen wir mit einem maximalen Gewinn	rechnen wir mit einem Gewinn von theoretisch 0

(Fortsetzung)

3.15 Übungen

6	versuchen wir langfristig kosteneffizienter zu werden	werden wir immer wieder zu höheren Kosten neue Innovationen in den Markt bringen
7	operieren wir eher arbeitsintensiv	operieren wir eher kapitalintensiv
8	ist unser Marktpreis Ergebnis eigener Bemühungen	ist unser Marktpreis Ergebnis fremder Bemühungen
9	sind unsere Output-Güter viel wertvoller als die Input-Güter	sind unsere Output-Güter geringfügig wertvoller als die Input-Güter
10	rechnen wir mit progressiven Kostenverläufen	rechnen wir mit degressiven Kostenverläufen
11	werden unsere durchschnittlichen fixen Kosten gegen 0 gehen	werden unsere durchschnittlichen fixen Kosten stets hoch bleiben
12	ist die Branchenstruktur für uns sehr relevant	ist die Branchenstruktur für uns kaum relevant
13	rechnen wir mit geringer Rivalität aber großen Eintrittsbarrieren	rechnen wir mit hoher Rivalität, aber moderaten Eintrittsbarrieren
14	brauchen wir eher eine flexible und informelle Organisationsgestaltung	brauchen wir eher eine starre und formelle Organisationsgestaltung
15	leiten wir nach dem Prinzip „Management by Systems"	leiten wir nach dem Prinzip „Management by Results"
16	gilt für uns eher die Mengenteilung	gilt für uns eher die Artenteilung
17	ist unsere Organisation primär Verrichtungs-orientiert	ist unsere Organisation primär Objekt-bezogen
18	ist unsere Organisation eher eindimensional	ist unsere Organisation eher eine Matrix
19	steht in unserer Unternehmensvision: „Wir wollen Marktführer sein für …"	steht in unserer Unternehmensvision: „Wir wollen Spezialist sein für …"
20	sind wir gemäß Unternehmenskultur eher Kulturalisten	sind wir gemäß Unternehmenskultur eher Universalisten
21	ist bei uns die Gefahr für die Entwicklung emergenter Strategien tendenziell hoch	ist bei uns die Gefahr für die Entwicklung emergenter Strategien tendenziell niedrig
22	setzen wir auf eine lange währende Cash-Cow	setzen wir auf immer wieder aufsteigende Stars, die aber schnell wieder untergehen
23	setzen wir auf Differenzierung	setzen wir auf Kostenführerschaft
24	gründen wir tendenziell als Personengesellschaft	gründen wir tendenziell als Kapitalgesellschaft
25	planen wir tendenziell synoptisch	planen wir tendenziell inkremental
26	wird das SCP-Paradigma für uns bedeutungsvoll	wird der RBV-Ansatz für uns bedeutungsvoll
27	setzen wir eher auf Personen-orientierte Koordinationsinstrumente	setzen wir eher auf technokratische Koordinationsinstrumente
28	durchlaufen wir permanent die immer gleiche und einfache Wertschöpfungskette	durchlaufen wir weniger häufig eine eher komplexere Wertschöpfungskette
29	bestimmen wir den Materialbedarf eher Programm-gebunden	bestimmen wir den Materialbedarf eher verbrauchsgebunden

(Fortsetzung)

30	setzen wir eher auf Einzelfertigung	setzen wir eher auf Sorten- bzw. Massenfertigung
31	kommen für uns nur künstliche Fertigungsstrukturen in Betracht	kommen für uns auch natürliche Fertigungsstrukturen in Betracht
32	setzen wir auf Universalvertrieb	setzen wir auf Exklusivvertrieb
33	kalkulieren wir eher per Divisionskalkulation	kalkulieren wir eher per Zuschlagskalkulation
34	sind bei uns Einzahlungen erheblich höher als Auszahlungen	sind bei uns Einzahlungen nur geringfügig höher als Auszahlungen
35	setzen wir auf individuelle Personalentlohnung als Leistungsanreiz	setzen wir auf einheitliche tarifgebundene Personalentlohnung

4 Wirtschaftsmathematische Grundlagen zur modelltheoretischen Plastiktransformation

Das folgende Kapitel verlangt ein Mindestmaß an mathematischen Grundkenntnissen aus der Sekundarstufe. Sie dienen zur quantitativen Analyse ökonomischer Fragestellungen, für die in den Kap. 1, 2 und 3 bereits die theoretischen betriebswirtschaftlichen und Marketing-relevanten Grundlagen geschaffen wurden. Von Interesse sind nun modelltheoretische Untersuchungen rund um Konsumentenverhalten und unternehmensstrategische Preis- und Mengenfestlegungen im Sinne der Gewinnmaximierung. Die Prinzipien werden praktisch am Beispiel der Plastiktransformation mittels WPC-Substitutionstechnologie vertieft und der Unterschied zwischen monopolistischer und polypolistischer Transformationsstrategie aufgezeigt und diskutiert.

4.1 Algebraische Grundkenntnisse

Potenzen spielen bei der modelltheoretischen Analyse eine Rolle, denn die betriebswirtschaftlichen Grundlagenerörterungen wiesen bereits auf überproportionale Gesamtkostenentwicklungen hin. Diese wurden mit beschränkten Ressourcen erklärt. Wenn ein Unternehmen also anfängt zu produzieren und zunehmend die Ausbringungsmenge erhöht, stößt es irgendwann an seine Kapazitätsgrenzen und muss in weitere Produktionsfaktoren investieren. Diese sprunghafte Kostenerhöhung kann zwar abschreibungsbedingt über die Zeit und damit auch über die Mengenentwicklung regelmäßig verteilt werden, aber die Menge an Investitionen nimmt mit dem Output stetig zu, sodass die Gesamtkosten immer stärker ansteigen. Neben **Potenzen** ist auch **Wurzelrechnen** erforderlich, um das

Tab. 4.1 Regeln zur Potenz- und Wurzelrechnung

Regeln zur Potenzrechnung	Beispiel
$x*x*x*\ldots*x = x^p$; p = Exponent = Anz.Faktoren	$3*3*3*3*3 = 3^5 = 243$
$x^1 = x$ und $x^0 = 1$	$5^1 = 5$ oder $10^1 = 10$ und $5^0 = 1$ oder $10^0 = 1$
$x^{-p} = \frac{1}{x^p}$	$2^{-1} = \frac{1}{2^1} = \frac{1}{2}$ oder $2^{-x} = \frac{1}{2^x}$
$x^p * x^r = x^{p+r}$	$x^2 * x^3 = x^{2+3} = x^5$
$\frac{x^p}{x^r} = x^{p-r}$	$\frac{x^3}{x^2} = x^{3-2} = x^1 = x$ oder $\frac{x^2}{x^3} = x^{2-3} = x^{-1} = \frac{1}{x}$
$(a*b)^x = a^x * b^x$	$(2*3)^2 = 2^2 * 3^2 = (6)^2 = 36$ bzw. $4*9 = 36$
$\left(\frac{a}{b}\right)^p = \frac{a^p}{b^p}$	$\left(\frac{1}{2}\right)^2 = \frac{1^2}{2^2} = \frac{1}{4}$ oder $\left(\frac{3}{7}\right)^2 = \frac{3^2}{7^2} = \frac{9}{49}$ oder $-\left(\frac{1}{x}\right)^4 = -\frac{1}{x^4}$
$(x^p)^r = x^{p*r}$	$\left(2^2\right)^3 = 2^{2*3} = 2^6 = 64$ oder $\left(2^2\right)^{-3} = 2^{2*(-3)} = 2^{-6} = \frac{1}{2^6} = \frac{1}{64}$ oder $-2^{-3} = \frac{1}{-2^3} = \frac{1}{-8} = -\frac{1}{8}$
$ax^3 + bx^3 + cx^3 = x^3(a+b+c)$	$2x^3 + 3x^3 + 4x^3 = x^3(2+3+4) = 9x^3$ oder $2x^3 + 3x^2 = x^2(2x+3)$
Regeln zur Wurzelrechnung	**Beispiel**
$\sqrt[n]{x^p} = (x)^{\frac{p}{n}}$	$\sqrt[2]{2^4} = (2)^{\frac{4}{2}} = 2^2 = 4$ oder $\sqrt{2} = (2)^{\frac{1}{2}}$
$\sqrt[n]{x^p} * \sqrt[n]{x^r} = \sqrt[n]{x^{p+r}}$	$\sqrt[2]{2^4} * \sqrt[2]{2^2} = \sqrt[2]{2^{4+2}} = \sqrt[2]{2^6} = (2)^{\frac{6}{2}} = 2^3 = 8$ oder $\sqrt[2]{16} * \sqrt[2]{4} = \sqrt[2]{2^4} * \sqrt[2]{2^2} = (2)^{\frac{4+2}{2}} = 8$
$\sqrt[n]{x^p} = \left(\sqrt[n]{x}\right)^p$ mit x^p = Radikant; n = Exponent	$\sqrt[2]{9^3} = \left(\sqrt[2]{9}\right)^3 = 3^3 = 27$ bzw. $\sqrt[2]{729} = 27$
$\sqrt[n]{a*b} = \sqrt[n]{a} * \sqrt[n]{b}$	$\sqrt[2]{4*9} = \sqrt[2]{4} * \sqrt[2]{9} = 2*3 = 6$ bzw. $\sqrt[2]{36} = 6$
$\sqrt[n]{\frac{a}{b}} = \frac{\sqrt[n]{a}}{\sqrt[n]{b}}$	$\sqrt[2]{\frac{1}{4}} = \frac{\sqrt[2]{1}}{\sqrt[2]{4}} = \frac{1}{2}$ oder $\sqrt[4]{\frac{1}{16}} = \frac{\sqrt[4]{1}}{\sqrt[4]{16}} = \frac{1}{2}$
Erweitern: $\sqrt[n]{X^p} = \sqrt[n*r]{X^{p*r}}$	$\sqrt[2]{2^2} = \sqrt[2*3]{2^{2*3}} = \sqrt[6]{2^6} = (2)^{\frac{6}{6}} = 2$
$\sqrt[n]{\sqrt[r]{x}} = \sqrt[r]{\sqrt[n]{x}} = \sqrt[n*r]{x}$	$\sqrt[2]{\sqrt[4]{2^8}} = \sqrt[4]{\sqrt[2]{2^8}} = \sqrt[4*2]{2^8} = \sqrt[8]{2^8} = (2)^{\frac{8}{8}} = 2$
$\sqrt[n]{a} * \sqrt[r]{a} =$ (Erweitern) $\sqrt[n*r]{a^r} * \sqrt[r*n]{a^n} = \sqrt[n*r]{a^{n+r}}$	$\sqrt[2]{4} * \sqrt[2]{4} = \sqrt[2*2]{4^2} * \sqrt[2*2]{4^2} = \sqrt[2*2]{4^2} = \sqrt[4]{4^4} = (4)^{\frac{4}{4}} = 4$ oder $\sqrt[2]{4} * \sqrt[2]{4} = 2*2 = 4$
$a\sqrt[n]{x} \pm b\sqrt[n]{x} = \sqrt[n]{x}(a \pm b)$	$\sqrt[3]{2} - \sqrt[3]{2} + 2\sqrt[3]{2} + 3\sqrt[3]{2} = \sqrt[3]{2}(1-1+2+3) = 5\sqrt[3]{2}$

Auflösen von Potenzfunktionen nach den Mengen durchführen zu können. Tab. 4.1 gibt einen Überblick über die wesentlichen Rechenregeln zur Potenz- und Wurzelrechnung.

4.2 Reihen und Folgen

Eine *Folge* ist eine Abfolge von Einzelwerten, z. B. die Primzahlfolge 3; 5; 7; 11; ... Sie lässt sich formal darstellen als $s_n = a_1; a_2; \ldots; a_n$. Eine *Reihe* hingegen bildet die Partialsummanden aus einer Folge, z. B. $1 + (1+2) + (1+2+3) + (1+2+3+4) = 1+3+6+10 = 20$.

4.2 Reihen und Folgen

Ihre formale Darstellungsweise ist $s_n = \sum_{i=1}^{n} a_i$. Reihen können konvertieren, das heißt, ihre Summenaden nähern sich einem Grenzwert g, und es gilt: $s_n = \sum_{i=1}^{n} a_i = g$. Ein Beispiel ist $s_n = \sum_{i=1}^{n} \frac{1}{i(i+1)} = \frac{1}{1(1+1)} + \frac{1}{2(2+1)} + \frac{1}{3(3+1)} + \ldots = \frac{1}{2} + \frac{1}{6} + \frac{1}{12} + \ldots = 1$. Im Gegensatz dazu divergiert eine Reihe, wenn sich ihre Zwischensummen keinem Wert annähern, also gegen Unendlich (∞) gehen. Schließlich alternieren Reihen, wenn ihre Glieder abwechselnde Vorzeichen besitzen, z. B. $1 - \frac{1}{2} + \frac{1}{3} - \frac{1}{4} + \ldots$

Folgen sind im wirtschaftlichen Kontext oft eine zeitliche Abfolge quantitativer Daten, wie Vertriebs- oder Produktionszahlen. Diese Daten können als Einzelwerte betrachtet werden, beispielsweise in Tabellenform, um Planmengen zu analysieren. Ein Beispiel für eine rollierende Betrachtung wäre, wenn die Zeitpunkte t_1 und t_2 festgelegt sind, dann wird t_3 erst nach Ende von t_1, t_4 nach t_2, t_5 nach t_3, ... festgelegt. In der Regel nehmen diese Werte zu, da Wirtschaftswachstum ein primäres Ziel ist. Damit besitzen Reihen Wachstumscharakter und zeigen Aggregationen als Zwischen- oder Gesamtsummen. Die Zunahmen basieren meist auf prozentualen Zuschlägen auf vorherige Werte. Zum Beispiel könnte der Umsatz $U(t_0)$ zu Beginn bei 0,5 Mio. € liegen. In den Folgeperioden wächst dieser Umsatz um jeweils 10 % (Tab. 4.2):

$$\rightarrow U(t_1) = U(t_0) * 1,1 = 0,5 * 1,1 = 0,55 \text{ Mio.€}$$

$$\rightarrow U(t_2) = U(t_1) * 1,1 = (U(t_0) * 1,1) * 1,1 = U(t_0) * 1,1^2 = 0,5 * 1,1^2 = 0,605 \text{ Mio.€}$$

$$\rightarrow U(t_3) = U(t_2) * 1,1 = ((U(t_0) * 1,1) * 1,1) * 1,1 = U(t_0) * 1,1^3 = 0,5 * 1,1^3 = 0,6655 \text{ Mio.€}$$

$$\ldots \Rightarrow \mathbf{U(t_i) = U(t_0) * 1,1^i} \text{ (Abb. 4.1)}.$$

Tab. 4.2 Umsatzreihe

Umsatzreihe		
i=	Formel	Umsatz t_i
0	–	0,5 Mio. €
1	$t_0 + i * 0,1$	0,6 Mio. €
2	$t_1 + i * 0,1$	0,8 Mio. €
3	$t_2 + i * 0,1$	1,1 Mio. €
4	$t_3 + i * 0,1$	1,5 Mio. €
5	$t_4 + i * 0,1$	2,0 Mio. €
Umsatz Jahr i = t_{i-1} + i Mio. €		

Abb. 4.1 Grafische Entwicklung von Umsätzen über n = 8 Perioden

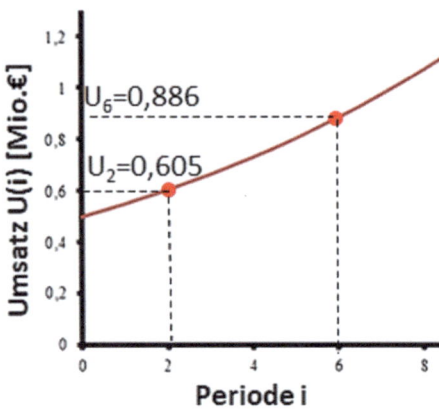

4.3 Funktionen in der Analysis

In der Mathematik wird jeder Wert x des Definitionsbereichs D durch eine eindeutige Vorschrift einem Wert y des Wertebereichs W zugeordnet. Dabei sind x die unabhängige Variable und y die abhängige. Funktionen werden durch die Notation *f(x)* = *y* dargestellt und können entweder grafisch (Schaubild, Kurve) oder tabellarisch beschrieben werden. Funktionen lassen sich in verschiedene Kategorien einteilen:

1. *Rationale Funktionen*: Diese verwenden die vier Grundrechenarten (Addition, Subtraktion, Multiplikation, Division).
2. *Ganzrationale Funktionen (Polynome)*: Sie kommen ohne Division aus, beispielsweise

$$y(x) = a_n x^n + a_{n-1} x^{n-1} + \ldots + a_1 x^1 + a_0.$$

3. *Gebrochenrationale Funktionen*: Diese beinhalten die Division, zum Beispiel

$$y(x) = \frac{a_n x^n + a_{n-1} x^{n-1} + \ldots + a_1 x^1 + a_0}{b_m x^m + b_{m-1} x^{m-1} + \ldots + b_1 x^1 + b_0}.$$

4. *Irrationale Funktionen*: Hierzu gehören Funktionen wie Wurzel-, Logarithmus-, Exponential- und logarithmische Funktionen.

Funktionen besitzen einen Definitions- und Wertebereich. Brei ganzrationalen Funktionen ist der Definitionsbereich, also alle möglichen x Werte, meistens aus der Menge der

4.3 Funktionen in der Analysis

reellen Zahlen R, z. B. $y = \frac{1}{2}x^3 - 2x + 1$; $D = R$ bzw. $x \in R$. Bei gebrochenrationalen Funktionen muss aus der Menge R diejenige Zahl ausgeschlossen werden, die den Nenner zu Null werden lässt, also z. B. $y = \frac{t-1}{t+1}$; $D = R\setminus\{-1\}$ bzw. $x \in R\setminus\{-1\}$. Dies ist so, weil sich eine Menge, nämlich die im Zähler beschrieben wird, nicht durch Null teilen lässt. Ein Kuchen lässt sich ja auch nicht durch 0 Stücke teilen, sondern mindestens durch 1 Stück.

Abb. 4.2 zeigt den Graph einer ganzrationalen (Polynom-)Funktion mit markanten Punkten. Der höchste Exponent eines Polynoms bestimmt den Grad der Funktion. Gemäß dem Fundamentalsatz der Algebra hat ein Polynom n-ten Grades maximal n Nullstellen und maximal n − 1 Extremstellen (Maxima oder Minima). Zum Beispiel hat die Funktion $y = x^2$ maximal zwei Nullstellen und maximal ein Extremum. Bei einem Polynom mit geradem Grad existiert mindestens ein Extremwert, während bei einem Polynom mit ungeradem Grad mindestens eine Nullstelle vorhanden ist. Der Graph einer Polynom-Funktion verläuft von $-\infty$ bis $+\infty$.

Eine Nullstelle einer wirtschaftlich relevanten Funktion kann beispielsweise den Break-Even-Punkt darstellen, also den Übergang von einem negativen zu einem positiven Gewinn. Extremstellen können verschiedene wichtige Punkte markieren, beispielsweise (1) minimale Durchschnittskosten, die den kosteneffizientesten Produktionspunkt anzeigen, (2) minimale Verschnitt- oder Abfallmengen, was für die Optimierung von Produktionsprozessen entscheidend ist, (3) maximale Gewinne, die das Hauptziel vieler Unternehmen darstellen, und (4) maximale Nachhaltigkeit, die für moderne Unternehmen zunehmend an Bedeutung gewinnt und durch biobasierte Kunststoff-Verbundwerkstofftechnologie realisiert werden kann.

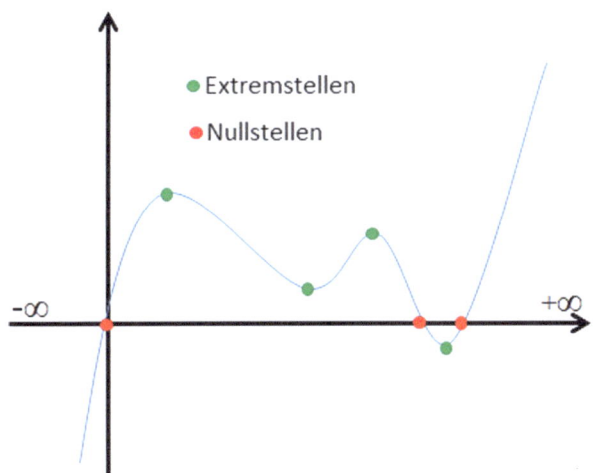

Abb. 4.2 Markante Punkte im Graphen einer Polynom-Funktion

4.4 Polynom-Funktionen ersten Grades

Mit dem Exponenten vom Wert 1 folgt der Graph einer Polynom-Funktion ersten Grades einer **Geraden**. Sie benötigt mindestens zwei Punkte oder einen Punkt mit einer gegebenen Steigung, um eindeutig bestimmt zu sein. Die Polynom-Gleichung einer Geraden lautet $y = a_1 x + a_0$ und kann als Normalform $y = mx + a$ geschrieben werden (Abb. 4.3), wobei m die Steigung und a der y-Achsenabschnitt ist. Ein positives m steht für eine steigende Gerade, während ein negatives m eine fallende Gerade beschreibt. Eine Gerade, die durch den Punkt P(0/0) verläuft, wird als Ursprungsgerade bezeichnet.

Geraden, die parallel zu den Achsen verlaufen, haben spezielle Gleichungen. Verläuft sie gemäß Abb. 4.3 um den Wert e parallel zur x-Achse, besitzt sie die Notierung $y = e$. Eine Gerade, die im Abstand d parallel zur y-Achse verläuft, wird durch $x = d$ beschrieben.

Die 2-Punkte-Form der Geradengleichung wird verwendet, wenn die Koordinaten zweier Punkte $P_1(x_1/y_1)$ und $P_2(x_2/y_2)$ bekannt sind. Die Gleichung lautet dann: $\frac{y - y_1}{x - x_1} = \frac{y_2 - y_1}{x_2 - x_1}$. Durch Einsetzen der Koordinaten der beiden Punkte und anschließendes Auflösen nach y erhält man die Geradengleichung.

Geradengleichungen lassen sich auch aggregieren, also zueinander addieren (Abb. 4.4). Bei der vertikalen Aggregation werden die y-Werte der Gleichungen und die jeweiligen Summanden addiert und wieder in der Normalform $y = mx + a$ ausgedrückt. Bei der **horizontalen Aggregation von Funktionen** hingegen werden die Einzelsummanden der Inversen zu einer Summenfunktion aufaddiert. Die zurückinvertierte Summenfunktion ergibt dann die Summe aller x-Werte zu gegebenen y-Werten. Dies soll am Beispiel der Abb. 4.4 verdeutlicht werden.

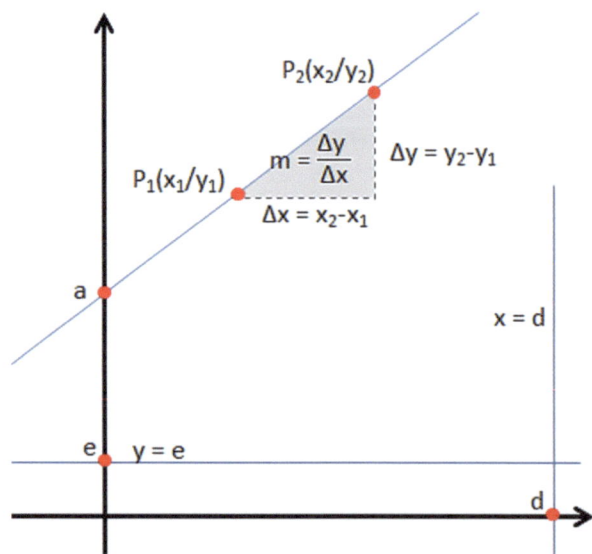

Abb. 4.3 Polynom-Funktion 1. Grades

4.4 Polynom-Funktionen ersten Grades

Abb. 4.4 Vertikale und horizontale Addition von Geradengleichungen

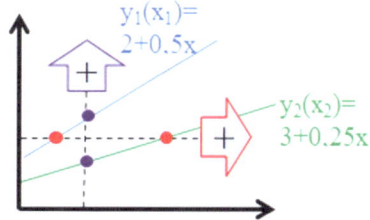

Vertikale Addition:

$$y_1(x_1) = 2 + 0{,}5x$$
$$(+)\ y_2(x_2) = 3 + 0{,}25x$$
$$\mathbf{y(x) = 5 + 0{,}75x}$$

Kontrolle: z. B. $x = 4$

$$y_1(4) = 2 + 0{,}5 * 4 = 4$$

$$y_2(4) = 3 + 0{,}25 * 4 = 4$$

$y_1 + y_2 = \mathbf{8}$ *oder*: $y(4) = 5 + 0{,}75 * 4 = 4 + 3 = \mathbf{8}$

Die vertikal aggregierte Funktion liefert die gleiche Summierung der y-Einzelwerte.

Horizontale Addition:

$$y_1(x_1) = 2 + 0{,}5x \rightarrow \quad x_1(y_1) = 2y_1 - 4$$

$$y_2(x_2) = 3 + 0{,}25x \rightarrow (+)\ \underline{x_2(y_2) = 4y_2 - 12}$$

$$x(y) = 6y - 16$$

rückwärtsinvertiert: $\mathbf{y(x) = \frac{1}{6}x + \frac{8}{3}}$

Kontrolle: z. B. $y = 4$

$$y_1(x_1) = 4 = 2 + 0{,}5x_1 \rightarrow x_1 = 4$$

$$y_2(x_2) = 4 = 3 + 0{,}25x_2 \rightarrow x_2 = 4$$

$x_1 + x_2 = \mathbf{8}$ *oder*: $y(x) = 4 = \frac{1}{6}x + \frac{8}{3} \rightarrow x = \mathbf{8}$

Die horizontal aggregierte Funktion liefert die gleiche Summierung der x-Einzelwerte.

Um den Schnittpunkt zwischen zwei Geraden zu bestimmen, setzt man beide Geradengleichungen gleich und löst die resultierende Gleichung nach x auf. Anschließend berech-

Abb. 4.5 Schnittpunktbestimmung von Geradengleichungen

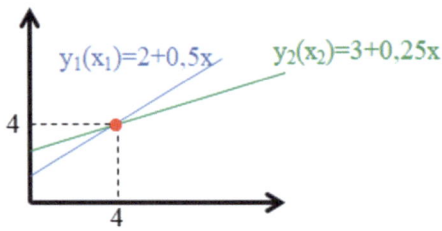

net man den Funktionswert y mithilfe des gefundenen x-Wertes. Beide Geradengleichungen müssen dabei dasselbe Ergebnis liefern, als Kontrolle der korrekten Ermittlung. Das Beispiel aus Abb. 4.5 verdeutlicht dies:

$$2 + 0{,}5x = 3 + 0{,}25x \rightarrow 0{,}25x = 1 \rightarrow x = \mathbf{4}$$

$$y_1(4) = 2 + 0{,}5 * 4 = \mathbf{4} \text{ oder } y_2(4) = 3 + 0{,}25 * 4 = \mathbf{4}$$

4.5 Geradenfunktionen im wirtschaftlichen Kontext

Der Graph einer Polynom-Funktion wird im kartesischem Koordinatensystem mit x- und y-Achse dargestellt, und auf die gleiche Weise lassen sich ökonomische Sachverhalte mit zwei Dimensionen abbilden. Dabei stellt die x-Achse (Ordinate) typischerweise Produktions- oder Absatzmengen sowie Ressourcen-Mengen (z. B. kg, Stück, Meter, Stunden) dar und die y-Achse (Abszisse) Kosten oder Aufwand (z. B. Stunden, Abnutzung in Prozent, Abfallmenge). Eine *sekundäre y-Achse* kann eine dritte Dimension in Abhängigkeit der x-Koordinate zusätzlich abbilden (Abb. 4.6a). Beispielsweise kann die x-Achse die Produktionsmenge x darstellen, während die primäre y-Achse die Materialkosten und die sekundäre y-Achse die Lohnkosten anzeigt. Diese Achsen sind in der Regel unterschiedlich skaliert, um verschiedene Maßeinheiten und Größenordnungen darzustellen.

Kostenverläufe können linear verlaufen und werden daher mit einer **Geradengleichung** abgebildet (Abb. 4.6b). Ihre Funktion lautet $K(x) = k_v * x + k_f$, wobei k_v die variablen Kosten und k_f die Fixkosten darstellen. Diese Funktion ergibt eine Gerade, die in x steigend und um den Wert k_f nach oben verschoben ist, also aus einer Ursprungsgeraden resultiert. Praktisch können **Fixkosten** beispielsweise die Leasingraten für Extruderlinien sein, denn unabhängig der Produktion müssen diese an den Leasinggeber gezahlt werden. Sie fallen also über alle Produktionsmengen x in gleicher Höhe an. Im Gegensatz dazu stellen die Inputfaktor-Kosten, wie Holzfasern und Kunststoffgranulat bei WPC, die *variablen Kosten* dar und steigen mit zunehmender Output-Menge x.

Gesamtkosten können aber auch konstant verlaufen, was durch die Funktion $K(x) = k_f$ beschrieben wird. Solche konstanten Kostenverläufe werden als Gerade parallel zur

4.5 Geradenfunktionen im wirtschaftlichen Kontext

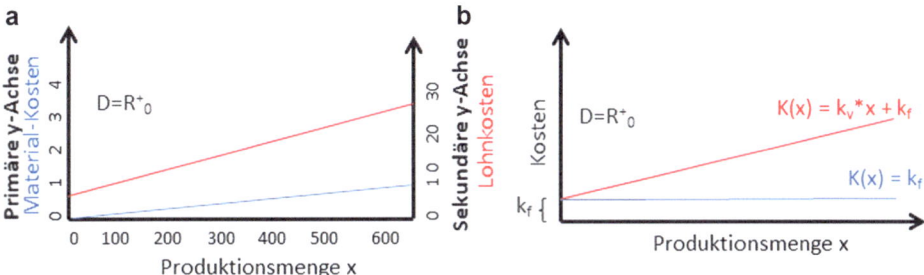

Abb. 4.6 Primär- und Sekundärachse unterschiedlicher Skalierung (**a**) und lineare Gesamt- und Fixkostenfunktion (**b**)

x-Achse dargestellt, da die Kosten unabhängig von der Produktionsmenge stets gleich hoch sind. Es kann sich also nur um Fixkosten handeln.

Mittelfristig, also im Zeitraum von 3 bis 5 Jahren, entwickeln sich Kosten oft nichtlinear und können entweder *progressiv*, das heißt überproportional, oder *degressiv*, also unterproportional, in Abhängigkeit von der Produktionsmenge x steigen. Selten verlaufen sie regressiv, was bedeutet, dass die Kosten sinken, wenn die Produktionsmenge x zunimmt. Kurzfristig hingegen verlaufen Kosten eher linear und können in einem begrenzten x-Intervall durch eine Gerade approximiert werden, was die Analyse und Planung vereinfacht. Langfristig wird der Kostenverlauf durch die Wendepunkte der Kostenkurve angenähert, wodurch ein Entwicklungspfad entsteht, der die verschiedenen Phasen der Kostenentwicklung über einen längeren Zeitraum darstellt (Abb. 4.7).

Kosten können regressiv verlaufen, wenn beispielsweise Produktsparten aufgegeben werden oder eine Produktionsverlagerung stattfindet. Ein progressiver Kostenverlauf hingegen kann durch expansive Investitionen oder Technologiewechsel verursacht werden. Ein degressiver Kostenverlauf tritt häufig durch Skalenvorteile oder Rationalisierung ein.

Die Betriebs- und volkswirtschaftliche Analyse interessiert sich auch für *aggregierte Kostenverläufe*. Reine Kostenfunktionen werden vertikal zu Gesamtkostenfunktionen aggregiert (Abb. 4.8a). Dabei werden in der Regel lineare Kostenverläufe, unabhängig von der kurz- oder langfristigen Betrachtung, als Näherung verwendet. Beispielsweise sind dies Kostenverläufe für Ausschussproduktion, für mengenabhängige Steuerlasten oder für Reklamationen. Kostenaggregationen sind auch über mehrere Unternehmen hinweg interessant. Auf mikroökonomischer Ebene, also in Bezug auf eine einzelne Branche, ergeben sich die Gesamtkosten als Aggregat aus allen Unternehmen dieser Branche. Auf makroökonomischer Ebene, also in Bezug auf die Volkswirtschaft, werden die Gesamtkosten als Aggregat aus allen Branchen berechnet.

Für das Einzelunternehmen sind jedoch die *Zusatzkosten* von Interesse. Mengenunabhängige Zusatzkosten, wie etwa Leasinggebühren, führen zu einer Parallelverschiebung der Kostenfunktion *K(x)* um den konstanten Betrag der Zusatzkosten ΔK_{const} (Abb. 4.8b unten). Mengenabhängige Zusatzkosten, wie beispielsweise eine Plastiksteuer, bewirken

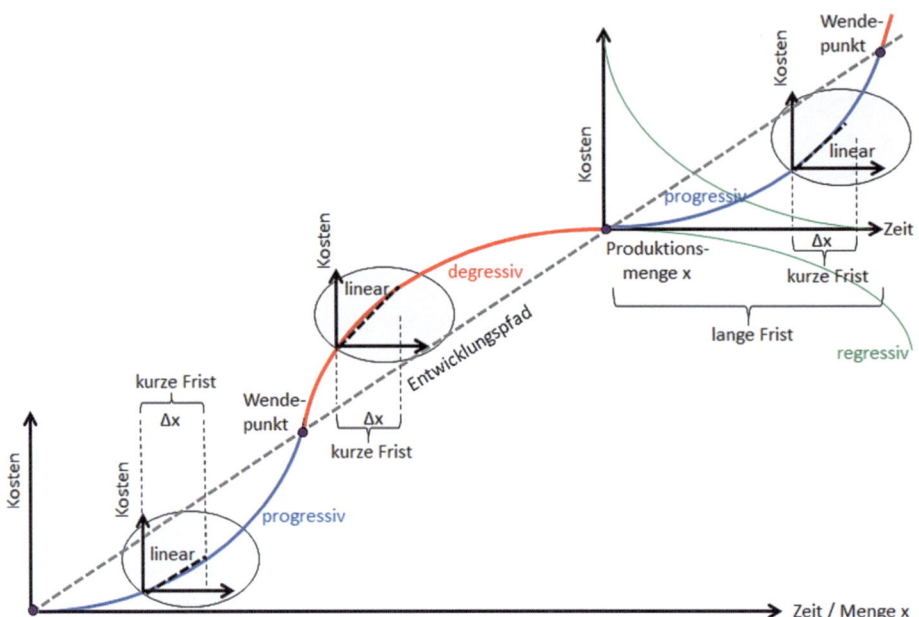

Abb. 4.7 Langfristiger progressiver oder degressiver Gesamtkostenverlauf, Entwicklungspfad und kurzfristige Geradenapproximation

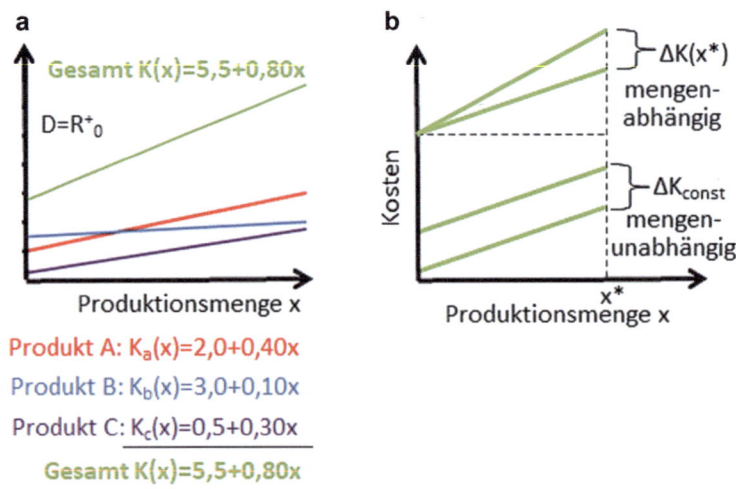

Abb. 4.8 Vertikale Addition von Einzelkostenverläufen (**a**), mengenunabhängigen bzw. –abhängigen Kostenverläufe (**b**)

hingegen eine Drehung der Kostenfunktion *K(x)*, wobei die Zusatzkosten unter einer bestimmten Menge x^* als $\Delta K(x^*)$ nun die Steigung m vergrößert (Abb. 4.8b oben).

4.5 Geradenfunktionen im wirtschaftlichen Kontext

Die Geradensteigung m sagt vieles aus bei der Analyse ökonomischer Sachverhalte. Beispielsweise gibt sie Ausschluss über Preisentwicklungen. Akzeptierte Marktpreise fallen mit zunehmender Nachfragemenge x geringer aus, was durch die **Preis-Mengen-Funktion** $P(x) = a - m * x$ dargestellt wird. Dies liegt an Gewöhnungseffekten bei hoher Marktmenge, wodurch das Gut alltäglich erscheint und der Zusatznutzen, wie etwa Prestige, bedeutungslos wird. Der **Prohibitivpreis** stellt dabei den theoretisch maximal erzielbaren Preis bei einer infinitesimalen Menge dar.

Die Lage und Neigung der Preisfunktion *P(x)* sind entscheidend. Im Monopolmarkt ist die Preisfunktion eher hoch und steil, was sich in einer größeren Steigung m äußert (Abb. 4.9a). Im Polypolmarkt hingegen ist die Preisfunktion eher niedrig und flach, was eine kleinere Steigung m bedeutet. Es gilt also allgemein $|m_{pol}| < |m_{mon}|$.

Eine Aufwärts-Parallelverschiebung der Preisfunktion *P(x)* kann durch Werbung oder eine Qualitätssteigerung des Produktes verursacht werden, was eine konstante Verschiebung um ΔP bedeutet (Abb. 4.9c). Eine Abwärts-Parallelverschiebung hingegen kann durch Preiskämpfe im Wettbewerb, die Existenz von Substitutionsprodukten oder die Alterung des Produktes (Obsoleszenz) entstehen.

Die Geradensteigung m spielt für die **Preiselastizität** ε eine Rolle, also wie stark sich die Nachfragemenge im Verhältnis zur Preisvariation verändert. Ist der Preis unelastisch, gilt $-1 \leq \varepsilon = \frac{1}{m} * \frac{P_1}{x_1} < 0$. Unter einer steilen Preisfunktion *P(x)* erfordert es große Preisnachlässe, um die Nachfragemenge zu erhöhen, was uneffektiv ist. Unter einem elastischen Preis ist die Elastizität kleiner als -1, und es gilt $\varepsilon = \frac{1}{m} * \frac{P_1}{x_1} < -1{,}0$. Unter einer eher flachen Preisfunktion *P(x)* reichen geringe Preisnachlässe aus, um die Nachfragemenge zu erhöhen, was effektiver ist.

Preis-Mengen-Funktionen werden horizontal zu **Gesamtmarktfunktionen** aggregiert, indem zuerst für jede Einzelfunktion *P(x)* die Inverse *x(P)* gebildet und dann deren Einzelsummanden addiert werden. Das Ergebnis des Aggregats *x(P)* wird anschließend wieder zurückinvertiert, um die Gesamtfunktion *P(x)* zu erhalten (Abb. 4.10). Im betriebswirtschaftlichen Kontext liegt dieser Fall vor, wenn beispielsweise ein Unternehmen für seine jeweilige Produktsparte eine aggregierte Gesamtmarkt-Preis-Mengen-Funktion über alle Binnen- und Auslandsmärkte errechnen will. Neben einer solch mikroökonomischen Betrachtung interessiert sich hingegen die makroökonomische Betrachtung für aggregierte Gesamtkosten und Absatzmengen für den gesamten volkswirtschaftlichen Markt mit allen darin enthaltenen substitutiven Gütern. Für eine noch umfassendere Analyse werden auf

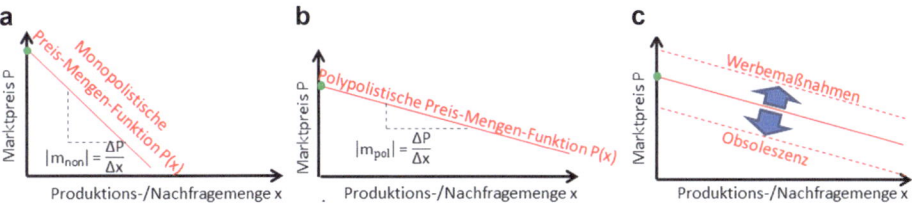

Abb. 4.9 Ökonomische Bedeutung der Geradensteigung bei der Preisfunktion *P(x)*

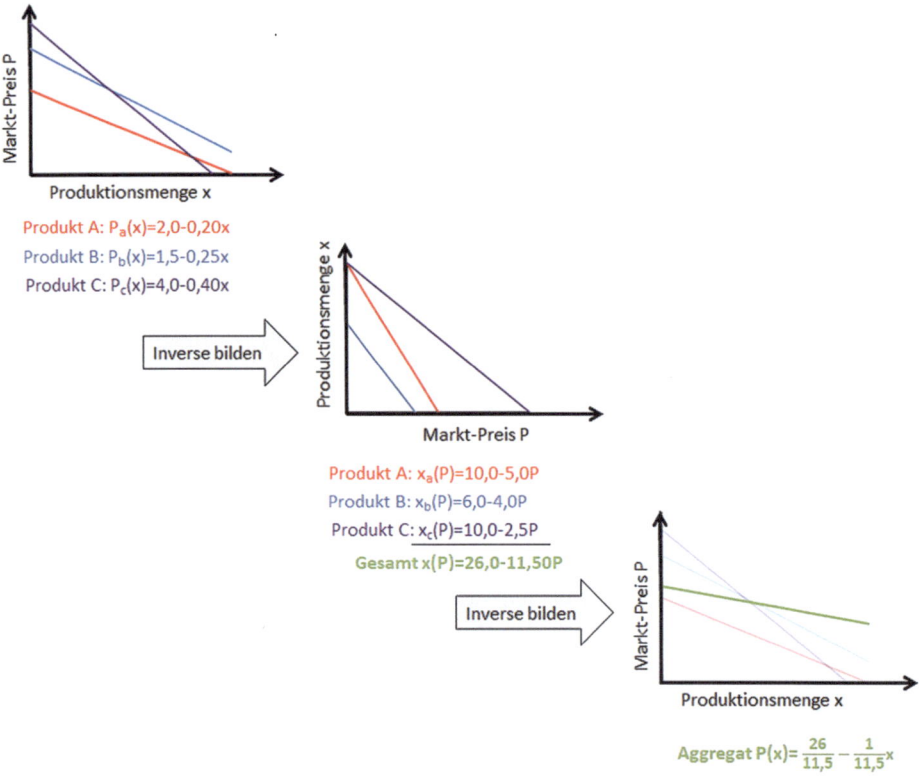

Abb. 4.10 Horizontale Aggregation von Preis-Mengen-Einzelfunktionen zu einer Gesamtmarktfunktion

kontinentaler und globaler Ebene Aggregationen erstellt, die die Gesamtkosten und Absatzmengen auf Kontinent- oder Weltmarktniveau berücksichtigen.

4.6 Polynom-Funktionen zweiten Grades

Funktionen zweiten Graden besitzen einen Exponenten vom Wert 2 und können gemäß Polynom-Form auch weitere Exponenten vom Wert 1 und 0 besitzen. Es handelt sich in der Regel um **Parabeln** der Notierung $y = a_2 x^2 + a_1 x^1 + a_0$, und sie haben eine zur y-Achse parallele Symmetrieachse. Der Öffnungsfaktor a_2 bestimmt die Form der Parabel, und man kann daraus Folgendes ableiten:

$a_2 = 1$: Normalparabel $y = x^2$
$|a_2| > 1$: Parabel in x-Richtung geweitet
$|a_2| < 1$: Parabel in x-Richtung gestaucht

4.6 Polynom-Funktionen zweiten Grades

$a_2 > 0$: Parabel nach oben geöffnet
$a_2 < 0$: Parabel nach unten geöffnet

Eine Parabel kann auch in **Scheitelform** dargestellt werden, die die Form $y = a_2(x \pm x_0)^2 \pm y_0$ hat. Aus $(x \pm x_0)^2$ kann man die Scheitelkoordinaten ablesen als $(x - x_0)^2$ mit $S(x_0 > 0/y_0)$ bzw. $(x + x_0)^2$ mit $S(x_0 < 0/y_0)$. Der Scheitel ist also um y_0 in y-Richtung und um x_0 in x-Richtung verschoben (Abb. 4.11).

Um die Scheitelform aus der Polynom-Form zu bestimmen, klammert man zunächst a_2 aus, ergänzt zum vollständigen binomischen Polynom (Abb. 4.11a), stellt dieses in Klammerform dar und fügt die Restsummanden hinzu. Der Scheitelpunkt S kann dann aus dieser Darstellung abgelesen werden. Sind Parabeln nach unten geöffnet, d. h. $a_2 < 0$, spricht man von einem konkaven Verlauf, ansonsten ist die Parabel konvex (Abb. 4.11c).

Um die Parabelgleichung aus dem Scheitelpunkt $S(x_S/y_S)$ und einem weiteren Punkt $P(x_P/y_P)$ zu bestimmen, beginnt man mit der Normalform $y_N = a_2 x^2$ unter der Annahme, dass der Scheitelpunkt S bei (0/0) liegt. Zunächst wird gemäß Abb. 4.12 (a) für y_N ein weiterer Punkt P_N durch die Koordinatenverschiebung $P_N(x_P - x_S/y_P - y_S)$ bestimmt. Dann setzt man die Koordinaten dieses Punktes in y_N ein, um den Parameter a_2 zu bestimmen, was zur Normalform y_N führt. Anschließend wird die Normalform durch die Ergänzung $(x - x_s)^2 + y_s$ parallel verschoben, um die tatsächliche Lage der Parabel zu berücksichtigen.

Bei der Bestimmung der Nullstellen einer Parabel der Polynom-Form $y = a_2 x^2 + a_1 x + a_0$ kann die **quadratische Ergänzung** oder die Mitternachtsformel verwendet werden. Letztere lautet $x_{1/2} = \frac{-a_1 \pm \sqrt{a_1^2 - 4a_2}}{2a_2}$. Parabelgleichungen mit negativem a_2 und einem Scheitelpunkt $S(x_S/y_S < 0)$ besitzen keine Nullstellen, da sie nach unten geöffnet sind und der Scheitelpunkt unterhalb der x-Achse liegt.

Elliptische Polynom-Funktionen zweiten Grades weisen für kleine x-Werte eine steilere Zunahme der y-Werte auf. Sie starten mit einer unendlich großen Neigung nahe dem Ursprung und können ökonomische Sachverhalte realistischer darstellen, wie zum Beispiel

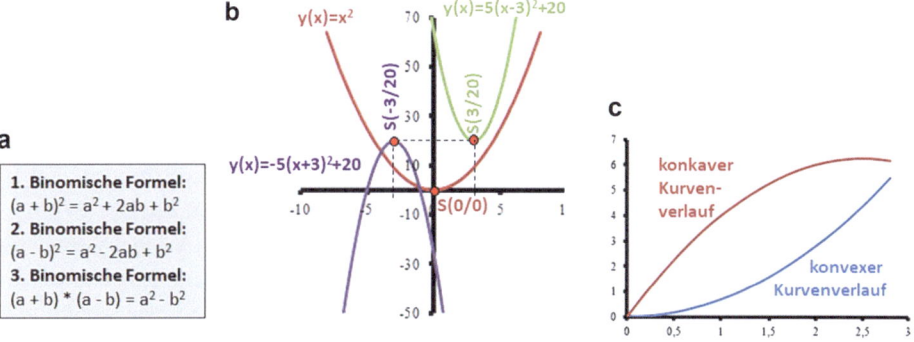

Abb. 4.11 Binomische Formeln (**a**), Parabelverläufe (**b**) und Verlaufsformen (**c**)

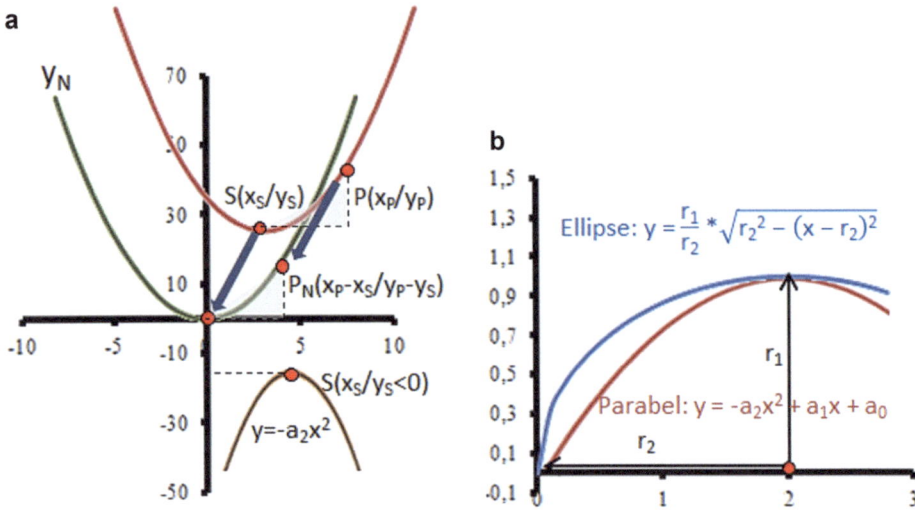

Abb. 4.12 Bestimmung der Parabelgleichung aus Scheitelkoordinaten (**a**) und Ellipsengleichung (**b**)

eine Nutzenkurve. Die Gleichung einer Ellipse, die im Ursprung startet, lautet $y = \frac{r_1}{r_2} * \sqrt{r_2^2 - (x - r_2)^2}$ (Abb. 4.12b).

4.7 Parabel-Funktionen im wirtschaftlichen Kontext

4.7.1 Progressive Kostenentwicklungen beim Produzieren

Im wirtschaftlichen Kontext spielen Parabelfunktionen eine ebenso große Rolle wie die bereits erläuterten Geradengleichungen. Insbesondere können Gesamtkosten nicht nur linear sondern mittelfristig progressiv, also überproportional, anwachsen (Abb. 4.13a). Dabei starten die Gesamtkosten in der Regel mit $K(x = 0) \geq 0$, da Fixkosten dominieren. Bei kleinen Produktionsmengen sind die Gesamtkosten relativ gering, was auf eine hohe Effizienz durch überschaubare Mengen, wenige Einzelkosten und hohe Flexibilität zurückzuführen ist. Hingegen erzeugen große Mengen relativ hohe Gesamtkosten aufgrund der zunehmenden Komplexität der Prozesse, notwendigen weiteren Investitionen, hohem Beschaffungsaufwand und unbeherrschbaren Risiken, insbesondere im Markt.

Bei der vertikalen Kostenaggregation unter einem parabelförmigen Verlauf werden die Einzelsummanden aufaddiert, um eine aggregierte Kostenfunktion zu erhalten, ähnlich wie bei linearen Kostenverläufen (Abb. 4.13b). Dabei können Zusatzkosten, wie Abfall- oder Ausschussproduktion oder Steuern, berücksichtigt werden, die ebenfalls linear oder konstant sein können. Ein Beispiel für die Aggregation wäre, wenn die Kostenfunktionen

4.7 Parabel-Funktionen im wirtschaftlichen Kontext

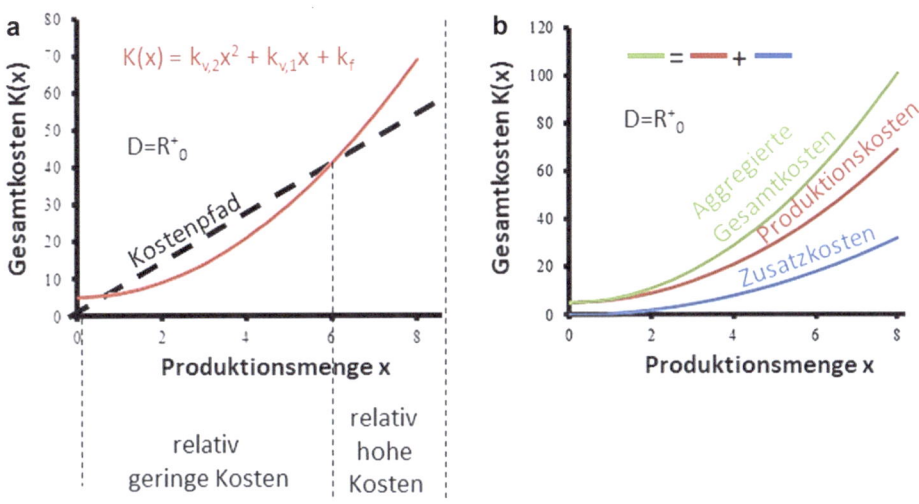

Abb. 4.13 Mittelfristig parabelförmige Gesamtkosten (**a**) und Kostenaggregation (**b**)

$y_1 = \frac{1}{2}x^2 - x + \frac{5}{2}$ beträgt und Zusatzkosten linear $y_2 = \frac{1}{4}x + 1$ sind. Dann ergeben sich die aggregierten Gesamtkosten als $y_1 + y_2 = \frac{1}{2}x^2 - \frac{3}{4}x + \frac{7}{2}$.

Bei der Annahme progressiver Zusatzkosten durch Plastikschäden an der Umwelt wird deutlich, dass der ineffiziente Umgang mit diesem Material erhebliche wirtschaftliche und ökologische Auswirkungen haben kann. Im Jahr 2019 fielen in Deutschland beispielsweise 6,28 Mio. t Kunststoffabfälle an, wobei 85,2 % dieser Abfälle aus Privathaushalten stammten. Von diesen Abfällen wurden 52,8 % verbrannt und 46,6 % weitergenutzt (Umweltbundesamt 2023). Die globale Plastikproduktion betrug im selben Jahr 300 Mio. t, wobei die Herstellung und Entsorgung von Plastik mit 4,5 % zur Klimaerwärmung beiträgt. Ein bedeutender Faktor ist die Verrottung von Plastik, die Methan freisetzt, ein Treibhausgas, das bis zu 80-mal klimaschädlicher als CO_2 sein kann (NABU 2023).

Die Schäden aus der Plastikproduktion und dem Konsum sind erheblich. Eine Tonne Plastik verursacht fünf Tonnen CO_2-Emissionen. Eine Tonne CO_2-Emissionen kosten im Jahr 2025 etwa 45 € (Deutsches Institut für Wirtschaftsforschung e.V. 2023). Unter der Annahme, dass aus den Emissionen sowohl direkte als auch indirekte materielle und immaterielle Klimaschäden an Leib, Leben, Vermögen, Wertschöpfung, Ökosystemen und Kulturgütern entstehen und sich Gesamtschäden überproportional und konvex (progressiv) kumulieren, insbesondere durch Folgeschäden wie Hochwasser, ist das Ausmaß an volkswirtschaftlichen Kosten enorm. Dies macht deutlich, dass die wirtschaftlichen und ökologischen Kosten des Plastikverbrauchs in die betriebswirtschaftliche Planung und Entscheidungsfindung integriert werden sollten, was den Nutzen einer Transformation zu nachhaltigeren Geschäftsmodellen deutlicher macht.

4.7.2 Degressives Nutzenempfinden im Konsum

Konsumenten fragen Güter nur dann verstärkt nach, wenn ihr Nutzenempfinden während des Konsumierens als besonders hoch eingeschätzt wird und dieses bei weiterem Konsum nur unwesentlich nachlässt. Dies ist sowohl für Polypolisten als auch Monopolisten interessant, denn bei Ersteren wird kontinuierlich dasselbe Gut erneut konsumiert und bei Letzteren geht es um meist einmaligen Konsum unter sehr hohem Nutzenempfinden. Wie sich der Nutzenzuwachs ΔU primär im kontinuierlichen Konsum verhält, wird durch das *Gossen'sche Gesetz* beschreiben, benannt nach Hermann Heinrich Gossen (1810–1858). Es besagt, dass der Nutzenzuwachs unter Konsum von x_1-, x_2-, …, x_S -Mengen bis zur Sättigung konkav abnimmt, also $\lim_{x \to x_S} \Delta U(x) = 0$ gilt, wobei x_s die Menge im Scheitelpunkt der parabelförmigen Nutzenfunktion beschreibt, also die Sättigungsmenge darstellt (Abb. 4.14a). Dies ist als das Gesetz des abnehmenden Grenznutzens bekannt, denn jedes weitere konsumierte Stück eines Gutes leistet einen zunehmend kleineren Beitrag zum bereits aggregierten Gesamtnutzen. Der Gesamtnutzen lässt sich mittels Parabel-Funktion abbilden.

Gewinnmaximierende Güter sind solche, die im stetigen Konsum einen höheren Nutzenbeitrag als andere Güter leisten. Der Nutzenbeitrag dieser Güter nimmt später ab als bei anderen, wodurch die Nutzenfunktion *U(x)* steiler ansteigt, später abflacht und die Sättigungsmenge x_s weiter rechts liegt. Werbung und Markenbildung können den Grad des Nutzenempfindens erhöhen. Je höher das Nutzenempfinden ist, desto größer ist die Akzeptanz höherer Preise, und desto mehr Zustimmung findet das Produkt. Sättigung im Konsum zeigt sich schließlich als Abflachen der Nutzenkurve und kann durch verschiedene Faktoren verursacht werden, wie zum Beispiel Schäden beim Konsumieren für Gesundheit, Umwelt und Gesellschaft sowie Gewöhnungseffekte und die Konkurrenz durch Substitutgüter. Monopolistische Güter werden nur in geringer Anzahl angeboten

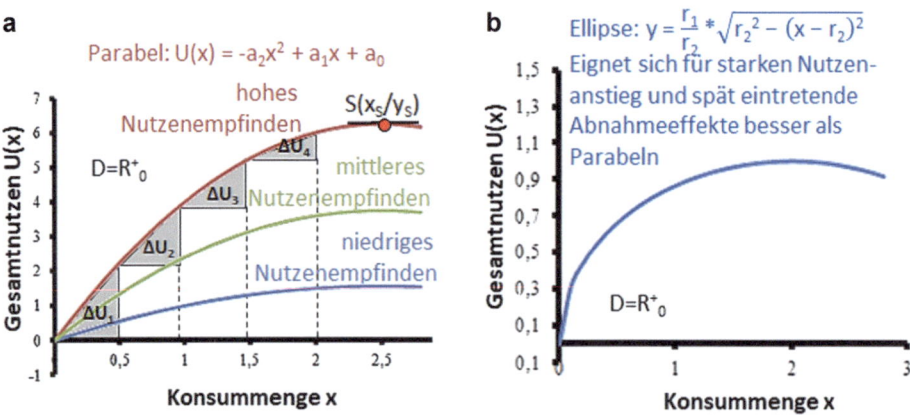

Abb. 4.14 Degressiver Nutzenverlauf im Konsum von Gütern (**a**) und Darstellung als Ellipsenfunktion (**b**)

4.7 Parabel-Funktionen im wirtschaftlichen Kontext

und konsumiert, denn ihr Nutzen wird als sehr hoch empfunden und befriedigt oft sehr individuelle Bedürfnisse. Oftmals können Parabelfunktionen diesen steilen Nutzenzuwachs nicht adäquat abbilden, weshalb dann Ellipsenfunktionen geeigneter sind (Abb. 4.14b).

4.7.3 Degressive Umsatzentwicklung

Der Umsatz, auch Erlös genannt, aller verkauften Güter kann ebenfalls progressiv verlaufen, insbesondere wenn der akzeptierte Preis von der Marktmenge abhängt. In der Regel fällt die Preisakzeptant mit zunehmender Angebotsmenge (Abb. 4.9), weil man dann das Gut für gewöhnlich hält und diesem weniger Nutzen zuschreibt. Umsatz ergibt sich als Preis mal Menge, und ein mit der Menge fallender Preis gleicht bekanntlich einer in x fallenden Geraden der Notation $P(x) = a - m * x$, wobei a der Prohibitivpreis ist, also jener Preis unter kleinstmöglicher Marktmenge x. Wird nun diese Gleichung nochmals mit x multipliziert, entsteht daraus eine nach unten geöffnete Parabel der Form $ax - m * x^2$, die den Erlös beschreibt.

Eine Sensitivitätsanalyse zeigt, dass der Maximalerlös von verschiedenen Faktoren abhängt. Zum einen beeinflusst der Prohibitivpreis (a) den Maximalerlös gemäß Abb. 4.15a, und je höher dieser ist, desto höher auch der Maximalerlös, besonders bei geringen Mengen x. Das heißt, um den Umsatz zu maximieren, benötigt das Gut einen hohen anfänglichen Konsumnutzen, wie es das Gossen'sche Gesetz beschreibt. Zum anderen hängt der Maximalerlös von der Marktform (m) ab (Abb. 4.15b), und es gilt, je steiler die Funktion *P(x)* im Falle eines Monopols ist (siehe Abb. 4.9), desto geringer ist der Maximalerlös. Im Polypol, wo die Steigung m gering ist, wird der Markt offensichtlich bestmöglich mit ausreichend Gütern versorgt. Ebenso gilt, dass eine große Gütermenge bei hohem Preisniveau den volkswirtschaftlichen Produktionswert, also das Bruttoinlandsprodukt, maximiert. Unternehmensgewinne sind jedoch nicht zwangsläufig ebenfalls maximal, da der Umsatz noch keine Kosten berücksichtigt.

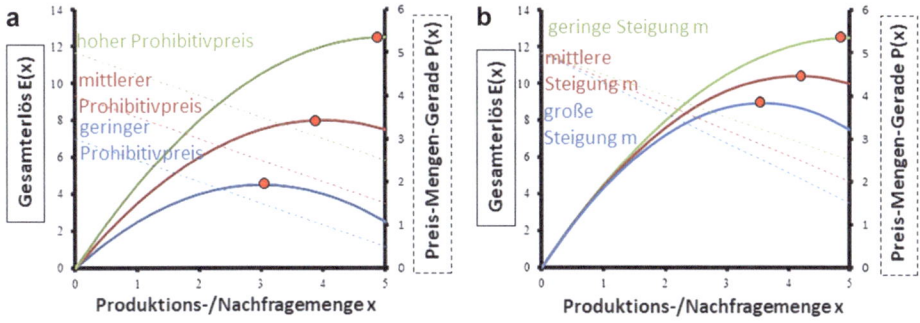

Abb. 4.15 Abhängigkeit des Umsatzverlaufs vom Prohibitivpreis (**a**) und von der Steigung der Preisgeraden (**b**)

4.7.4 Degressive Gewinnentwicklung

Die Gewinnentwicklung *G(x)* entsteht als Differenz zwischen Erlös *E(x)* und Kosten *K(x)*. Der Gewinn ist somit eine Funktion der Umsatz-Kosten-Differenz und ergibt sich aus der vertikalen Subtraktion E(x) − K(x). Eine Beispielrechnung verdeutlicht dies:

z. B: $P(x) = 5 - \frac{1}{2}x \Rightarrow E(x) = 5x - \frac{1}{2}x^2$

abzüglich $K(x) = \frac{3}{4}x^2 + \frac{1}{2}$ [$\frac{1}{2}$ als Fixkosten k_f]

$$\Rightarrow G(x) = -\frac{1}{2}x^2 - \frac{3}{4}x^2 + 5x - \frac{1}{2}$$

$$G(x) = -\frac{5}{4}x^2 + 5x - \frac{1}{2}$$

Der Gewinn ist null, wenn sowohl Umsatz als auch Kosten null sind oder wenn Umsatz und Kosten gleich hoch und positiv sind (Abb. 4.16). Er steigt mit zunehmender Menge, erreicht ein Maximum und fällt danach wieder ab. Grafisch dargestellt folgt der Gewinn ebenfalls einer parabelförmigen Kurve, die nach unten geöffnet ist. Im Gewinnmaximum

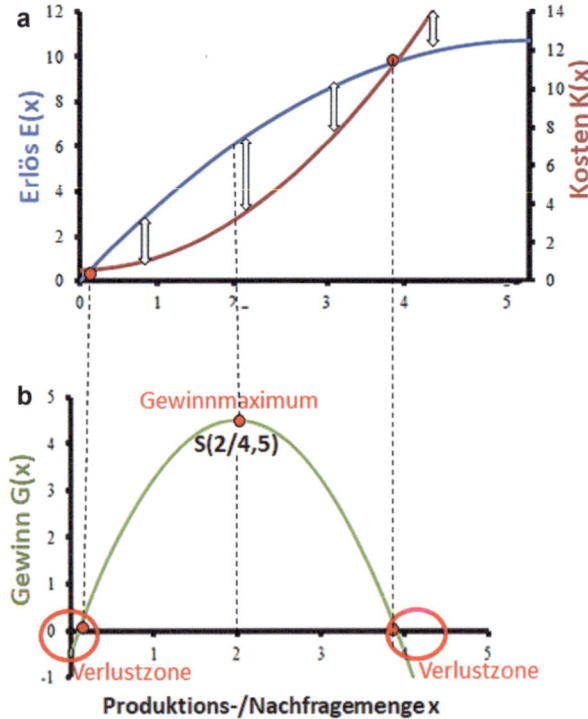

Abb. 4.16 Grafische Bestimmung des Gewinns (**a**) und Relation der Gewinnkurve zu Umsatz- und Kostenverläufen (**b**)

haben die Umsatz- und Kostenkurven die gleiche Neigung, das heißt, sie nehmen in der gleichen Rate ab oder zu. Gewinnmaximierend sind daher steile Erlöskurven in Verbindung mit flachen Kostenverläufen, was sich links vom Gewinnmaximum befindet.

Der Scheitelpunkt S für das Gewinnmaximum kann rechnerisch aus der *G(x)*-Notation abgeleitet werden, indem sie in Scheitelform gebracht wird. Insgesamt lässt sich aus Abb. 4.16 sagen, dass es unternehmensstrategisch nicht darum geht, maximale Mengen zu produzieren, sondern doch wohl eher gewinnmaximale Mengen.

4.8 Gebrochenrationale Funktionen

Gebrochenrationale Funktionen basieren auf einem Bruch (Quotient), der jeweils eine Funktion im Zähler und eine im Nenner aufweist, also $(y(x) = \frac{f(x)}{g(x)})$. Wie man in Abb. 4.17 sieht, bildet die Nullstelle der Nenner-Funktion eine Polstelle x_p von y, und stellt eine Wertelücke dar. Auf dem Weg zu x_p nähern sich die Funktionswerte asymptotisch der Geraden $y = x_p$ und streben gegen $\pm\infty$. Um die Entwicklung der Funktionswerte beidseitig von x_p zu beurteilen, muss $y(x)$ so zerlegt und durch das Kürzen durch x derart vereinfacht werden, bis ersichtlich wird, gegen welchen Funktionswert y ein $x \to \pm\infty$ geht. Dieses y bildet die **horizontale Asymptote** y_{Asym} für sich von x_p entfernende Funktionswerte.

Bei Bruch-Funktionen mit zwei Polstellen wird die asymptotische Analyse für jede Polstelle einzeln durchgeführt. Die Asymptotengleichung wird durch die Abspaltung von Einzel-Quotienten der Notierung $\frac{i}{x}$ ersichtlich, denn für $x \to \pm\infty$ streben diese gegen 0, und die Restglieder bilden die eindeutige Notierung der horizontalen Asymptotengleichung (Abb. 4.18).

Abb. 4.17 Gebrochenrationale Funktion mit nur einer vertikalen Asymptote

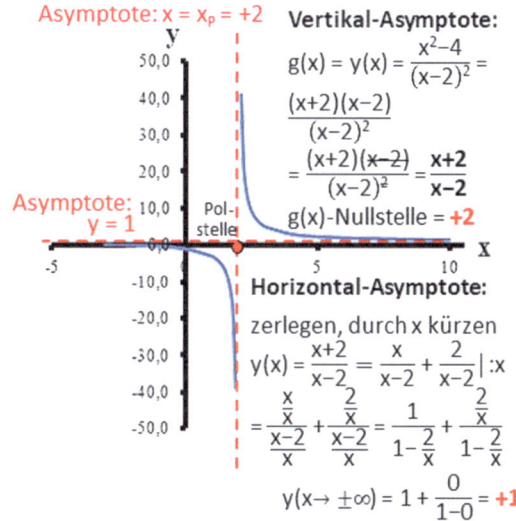

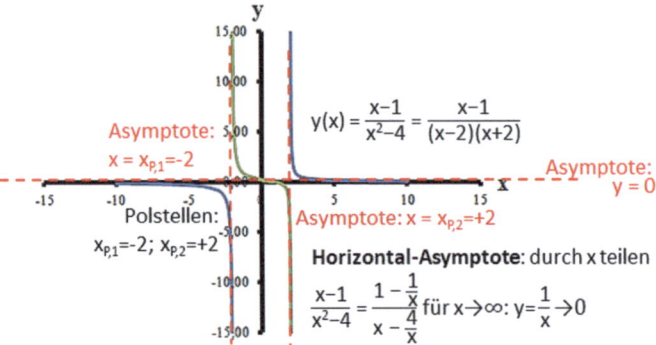

Abb. 4.18 Gebrochenrationale Funktion mit zwei vertikalen Asymptoten

4.9 Bruch-Funktionen im wirtschaftlichen Kontext

Gesamtkostenfunktionen können linear (Abb. 4.8) oder progressiv (Abb. 4.13) verlaufen. Bei Ersterem gilt für $K(x) = x$, dass bei Verdopplung der Produktionsmenge x, sich auch die Gesamtkosten verdoppeln. Bei Letzterer sind diese dann mehr als doppelt so groß. Wenn man nun aus der linearen Gesamtkostenfunktion $K(x)_{linear} = k_v * x + k_f$ die Durchschnittskostenfunktion DK $(K(x))_{linear}) = k_v + \frac{k_f}{x}$ bildet, enthält letztere mit einen Summanden $\frac{k_f}{x}$ eine gebrochenrationale Funktion, die die ***durchschnittlichen Fixkosten*** beschreibt. Bei linearen Gesamtkosten nähern sich die Durchschnittskosten also langfristig, also für $x \to \pm \infty$, dem variablen Kostenfaktor k_v, was bei Abb. 4.19 dem horizontale Ast der blauen durchgezogenen Linie entspricht. Die horizontale Asymptote lautet daher $y_{Asym} = k_v$. Ökonomisch bedeutet dies, dass bei großen Produktionsmengen, wenn also langfristig produziert wird, die Stück-Fixkosten gegen null tendieren, denn für große x wird $\frac{k_f}{x}$ infinitesimal klein. Dann legt nur der variable Kostenfaktor k_v die langfristigen Stückkosten fest. Die Investitions- und Betriebskosten für teure Produktionsanlagen, z. B. Extrusionslinien, verwässern sich also unter großen x-Mengen. Unter linearer Gesamtkostenentwicklung ergeben sich prinzipiell immer die gleichen Stückkosten. Dies ist bei Polypolisten der Fall, denn sie streben immer nach großen Produktionsmengen, und haben dann konstante Stückkosten. Wenn sie dann ihre Plastikprodukte auf WPC umstellen wollen, und hierfür Investitionen tätigen müssen, die sich in höherem k_f niederschlagen würden, müssen sie nicht zwangsläufig auch die Preise erhöhen, denn für das einzelne produzierte Stück ist der Fixkostenanteil nahezu null. Die alten Preise können also weitergelten, und der Polypolist bleibt konkurrenzfähig. Monopolisten hingegen produzieren kleine Mengen, verkaufen diese aber zu hohen Preisen. Wie man in Abb. 4.19 sieht, tendieren die Durchschnittskosten für immer kleiner werdende Mengen gegen $+\infty$, die vertikale Asymptote lautet $x = 0$, und 0 ist die Polstelle. Monopolisten können also eine

4.9 Bruch-Funktionen im wirtschaftlichen Kontext

Abb. 4.19 Durchschnittkostenverläufe aus linearen und progressiven Gesamtkostenfunktionen verlaufen asymptotisch

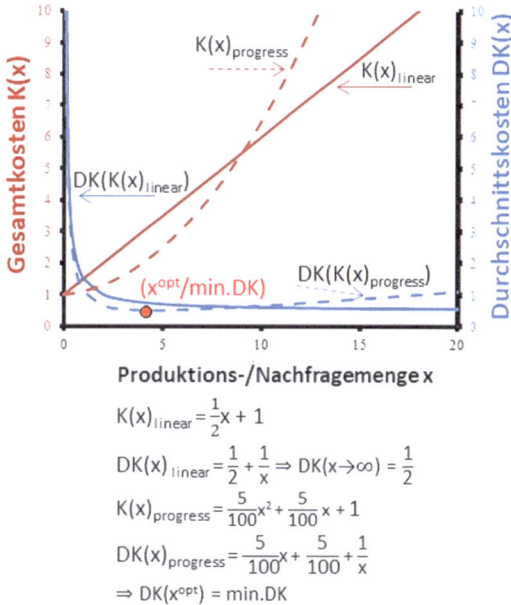

$K(x)_{linear} = \frac{1}{2}x + 1$

$DK(x)_{linear} = \frac{1}{2} + \frac{1}{x} \Rightarrow DK(x \to \infty) = \frac{1}{2}$

$K(x)_{progress} = \frac{5}{100}x^2 + \frac{5}{100}x + 1$

$DK(x)_{progress} = \frac{5}{100}x + \frac{5}{100} + \frac{1}{x}$

$\Rightarrow DK(x^{opt}) = min.DK$

teure Investition zum Zwecke einer Plastik-Transformation mittels WPC-Technologie weniger gut verkraften und müssten dann ihre Preise deutlich anheben.

Progressive Gesamtkosten $K(x)_{progress} = k_{v,2} * x^2 + k_{v,1} * x + k_f$ erzeugen einen konvexen Verlauf der Durchschnittskosten als $DK(x)_{progress} = k_{v,2} * x + k_{v,1} + \frac{k_f}{x}$ (Abb. 4.19, gestrichelt). Anders als zuvor existiert nun ein **Stückkosten-Minimum** bei einer bestimmten Produktionsmenge $x = x^{opt}$. Unternehmen müssen diese optimale Produktionsmenge einhalten, um Gewinnverluste zu vermeiden. Das Minimum der Stückkosten lässt sich über die Scheitelform der Funktion $DK(x)_{progress}$ bestimmen. Solche Massenproduzenten müssen daher stets ihre Kosten überprüfen, um den Gewinn konstant hoch zu halten. Ihre Unternehmensstrategie ist folgendermaßen geprägt: Keine maximalen Mengen produzieren, sondern kostenminimale Mengen!

Wie bisher erläutert, resultieren progressive Kostenverläufe aus der Tatsache, dass steigende x-Mengen mit regelmäßigen Kapazitätsausweitungen und ineffizienten Bedingungen, z. B. neue wenig erfahrende Mitarbeiter, einhergehen, die die Kosten überproportional ansteigen lassen. Bis Kosteneffizienzmaßnahmen greifen, kann es bereits zu neuen Ineffizienzen kommen. Diese lassen sich aber zunehmend besser beherrschen, sodass ein progressiver *K(x)*-Verlauf kontinuierlich in einen linearen Verlauf übergeht. Eine betriebliche Plastik-Transformation hingegen dürfte weniger gut beherrschbar sein als Maßnahmen, die auf kontinuierliche Produktionsmengenausweitungen abzielen. Daher könnte es sein, dass auf WPC-Substitutionstechnologie umsteigende Polypolisten mit bislang konstanter Durchschnittskostenfunktion mittelfristig wieder mit einem konvexeren Verlauf konfrontiert werden. Sie sollten dann eine bewusste Mengensteigerung erstmal zurückstellen, sonst verlassen sie ihr Durchschnittskostenminimum. Es ist aber anzuzweifeln, dass der Grund für eine Plastiktransformation in der Verwirklichung größerer Produktionsmengen liegt, sodass dies kein Hinderungsgrund sein muss.

4.10 Das Differenzial einer Funktion

4.10.1 Bedeutung des Differenzials

Das Differenzial einer Funktion beschreibt deren Veränderung in Abhängigkeit von ihren Variablen. Die Differenzialanalyse geht dann der Frage nach, ob die Funktionswerte kurz nach einem bestimmen x zu- oder abnehmen. x-Werte könnten Produktionsmengen sein, und ob die Gesamtkosten bei Ausweitung der Produktion, z. B. wenn ein Zusatzauftrag angenommen werden soll, nur geringfügig oder stark anwachsen, lässt sich über das Differenzial in x_0 abschätzen. Es interessiert also die Steigung der Kurve $f(x)$ in einem Punkt $P(x_0/y_0)$, und diese kann anhand der Tangentenneigung ausgedrückt werden. Vereinfacht entspricht die Steigung auch einer Sehnensteigung zwischen x_0 und einem weiteren Punkt im Abstand Δx. Beide Punkte bilden ein Steigungsdreieck $\frac{\Delta y}{\Delta x}$, und es gilt gemäß Abb. 4.20: $\frac{\Delta y}{\Delta x} = \frac{f(x_0+\Delta x) - f(x_0)}{(x_0+\Delta x) - x_0} = \frac{f(x_0+\Delta x) - f(x_0)}{\Delta x}$.

Für den Grenzwert $\Delta x \to 0$ erhält man schließlich die Tangentensteigung mit $m = \lim_{\Delta x \to 0} \frac{f(x_0+\Delta x) - f(x_0)}{\Delta x}$, auch ausgedrückt als $f'(x_0)$. Ist für ein infinitesimal kleines Δx der dazugehörige Betrag $|\Delta y|$ größer als null, so ist die Kurve in P steigend oder fallend, andernfalls ist die Tangente waagrecht mit $m = 0$. Die Ableitung $f'(x)$ ist also eine Funktion, die die Steigungen für jedes x einer stetigen Funktion ohne Sprungstellen angibt.

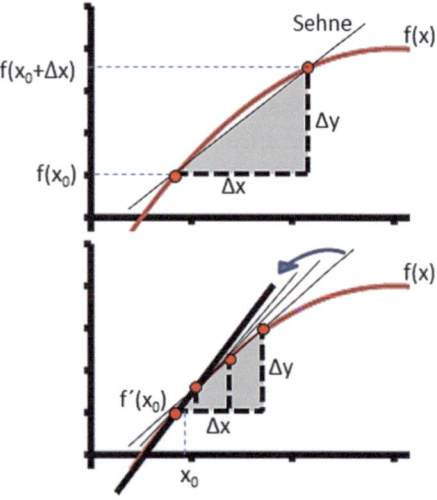

Abb. 4.20 Die Steigung eines Funktionsgraphen ist die für Δx gegen 0 angenäherte Sehnenneigung

4.10 Das Differenzial einer Funktion

Höhere Ableitungen lassen sich wieder aus der ersten Ableitung ableiten. Da $f'(x) = \lim_{x \to 0} \frac{y_1 - y_0}{\Delta x}$ die Differenz der Funktionswerte ausdrückt, ergibt $f''(x) = \lim_{x \to 0} \frac{\Delta^2 y}{(\Delta x)^2}$ die Differenz der Differenz und $f'''(x)$ die Differenz der Differenz der Differenz und so weiter. In der Notation wird Δx auch als *dx* und Δy als *dy* geschrieben.

4.10.2 Ableitungsregeln

Die Regeln, wie eine Funktion abgeleitet bzw. differenziert wird, unterscheiden sich nach zwei Typen von Funktionen. Unmittelbare Funktionen weisen einem x-Wert direkt einen y-Wert zu. Mittelbare Funktionen hingegeben beinhalten eine innere Funktion, deren Funktionswert einerseits von x abhängig ist und andererseits ihre äußere Funktion beeinflusst, sodass x auf die äußere nur mittelbar einwirkt.

Für unmittelbare Funktionen gilt das Grundprinzip des Differenzials als $y = x^r \Rightarrow y' = r * x^{r-1}$ ($r \in \mathbb{R}$), z. B. $y = x^2 \Rightarrow y' = 2 * x^{2-1} = 2x^1 = 2x$. Setzt sich eine Funktion aus mehreren Einzelfunktionen zusammen, so gelten folgende ***Ableitungsregeln***, die stets auf das genannte Grundprinzip zurückgreifen. Tab. 4.3 gibt einen Überblick für die Ableitungsregeln.

Die Ableitungsregel für mittelbare Funktionen wird Kettenregel genannt. Dieser Funktionstyp besitzt eine äußere Funktion g(h) und eine innere Funktion *h(x)*. Die Beziehung zwischen x und dem Funktionswert der äußeren Funktion g verläuft also indirekt über die innere Funktion *h(x)*, die äußere Funktion umhüllt quasi die innere und wird als *g(h(x))* ausgedrückt. Für die Ableitung mittelbarer Funktionen ist es wichtig, dass die innere Funktion *h(x)* in x_0 differenzierbar ist, es muss also ein $h'(x_0)$ existieren, ausgedrückt als $\frac{dh}{dx}$. Dann muss auch die äußere Funktion g(h) in x_0 differenzierbar sein, beschrieben durch $\frac{dg}{dh}$. Das Differenzial $h'(x_0)$ stellt dann die Differenz dh zweier Funktionswerte von *h(x)* für $dx \to 0$ dar. Für die Ableitung der inneren Funktion gilt also: $h'(x) = \frac{dh}{dx}$. Diese wird dann umhüllt von der Ableitung der äußeren Funktion $g'(h) = \frac{dg}{dh}$. Mathematisch wird die Umhüllung als das Produkt aus beiden Differenzialen erfasst: $g'(x) = \frac{dg}{dh} * \frac{dh}{dx}$. Die Kettenregel besagt somit, dass für eine Funktion *y(x)*, die aus der inneren Funktion *h(x)* und der umhüllenden äußeren Funktion g(h) gebildet wird, die Ableitungsregel $y'(x) = g'(x) = \frac{dg}{dh} * \frac{dh}{dx}$ gilt.

Im Vergleich zur Ableitung unmittelbarer Funktionen verlangt die Anwendung der Kettenregel einige Übung, weshalb diese im Folgenden weiter vertieft wird.

(1) Als erstes Beispiel dient eine Ableitung mittels Kettenregel (KR) alleine.

KR: Gegeben sei die Funktion $y = (5 + x)^2 \Rightarrow$ innere Funktion h(x) = (5 + x) und äußere g(h) = h^2
$\Rightarrow h'(x) = 1$ und $g'(h) = 2h \Rightarrow g'(h) * h'(x) = 2^*(5 + x) * 1 = 10 + 2x$

Tab. 4.3 Ableitungsregeln

Funktion	1. Ableitung	Beispiel
$y = c = $ const.	$y' = 0$ **Konstantenregel (KR)**	$y = 5 \Rightarrow y' = 0$
$y = a * f(x)$	$y' = a * f'(x)$ **Faktorregel (FR)**	$y = 2x = 2x^1 \Rightarrow y' = 1 * 2x^{1-1} = 2x^0 = 2$ oder $y = 5 * (x^2) \Rightarrow y' = 5 * (2x) = 10x$
$y = u(x) + v(x)$	$y' = u'(x) + v'(x)$ **Summenregel (SR)**	$y = 2x + 5x^2 \Rightarrow y' = 2 + 10x$
$y = u(x) * v(x)$	$y' = u'(x) * v(x) + u(x) * v'(x)$ **Produktregel (PR)**	$y = (x+1) * (2x-2)$ $\Rightarrow u(x) = (x+1)$ und $v(x) = (2x-2)$ $\Rightarrow u'(x) = 1$ und $v'(x) = 2$ $\Rightarrow u'(x) * v(x) + u(x) * v'(x) = 1 * (2x-2) + (x+1)^{*2}$ $= 2x - 2 + 2x + 2 = \mathbf{4x}$ Probe : $y = (x+1) * (2x-2) = 2x^2 - 2x + 2x - 2$ $= 2x^2 - 2 \Rightarrow y' = 2 * 2x^{2-1} = \mathbf{4x}$
$y = \frac{u(x)}{v(x)}$	$y' = \frac{u'(x)*v(x) - u(x)*v'(x)}{v^2(x)}$ **Quotientenregel (QR)**	$y = \frac{x+1}{2x-2}$ $\Rightarrow u(x) = (x+1)$ und $v(x) = (2x-2)$ und $v^2(x) = (2x-2)(2x-2) = (2x-2)^2$ $\Rightarrow u'(x) = 1$ und $v'(x) = 2$ $\Rightarrow \frac{u'(x)*v(x) - u(x)*v'(x)}{v^2(x)} = \frac{1*(2x-2)-(x+1)*2}{(2x-2)(2x-2)}$ $= \frac{2x-2-2x-2}{(2x-2)(2x-2)} = -\frac{4}{(2x-2)^2}$ Probe entfällt, denn y ist gebrochen rational und kann nicht auf eine ganz-rationale Form gebracht werden!

Probe: $y = (5 + x)^2 = (5+x)(5+x) = 25 + 5x + 5x + x^2 = 25 + 10x + x^2 = $ ganzrationale Funktion und ableitbar mit $y = x^r \Rightarrow y' = r * x^{r-1} \Rightarrow y' = 10 + 2x$

(2) Das zweite Beispiel verwendet die Kettenregel (KR) in Kombination mit der Produktregel (PR):

KR^{x}PR: Gegeben sei die Funktion $y = (2x + 4)\sqrt{(x+1)} \Rightarrow$ PR: $u(x) = (2x + 4)$ und $v(x) = \sqrt{(x+1)}$ mit KR: $g(h) = \sqrt{h}$ und $h(x) = x + 1$

1. KR $g(h) = \sqrt{h} = h^{\frac{1}{2}} \Rightarrow g'(h) = \frac{1}{2}h^{-\frac{1}{2}}$ und $h(x) = x + 1 \Rightarrow h'(x) = 1 \Rightarrow g'(h) * h'(x) = \frac{1}{2}(x+1)^{-\frac{1}{2}} * (1) = v'(x)$
2. PR: $u(x) = (2x + 4) \Rightarrow u'(x) = 2$ und $v(x) = \sqrt{(x+1)} \Rightarrow v'(x) = \frac{1}{2}(x+1)^{-\frac{1}{2}}$

4.10 Das Differenzial einer Funktion

Einsetzen in die PR: $y' = u'(x) * v(x) + u(x) * v'(x) = 2\sqrt{(x+1)} + (2x+4) \times \frac{1}{2}(x+1)^{-\frac{1}{2}}$

Setze $\sqrt{(x+1)} = (x+1)^{\frac{1}{2}}$ und $(x+1)^{-\frac{1}{2}} = \frac{1}{(x+1)^{\frac{1}{2}}}$ und $(2x+4)\frac{1}{2} = (x+2)$

Dann ergibt sich weiter $y' = 2(x+1)^{\frac{1}{2}} + \frac{x+2}{(x+1)^{\frac{1}{2}}}$

Erweitere 1. Summanden mit $(x+1)^{\frac{1}{2}}$ und bilde gleichen Nenner und fasse zusammen.

Dann ergibt sich $y' = \frac{2(x+1)^{\frac{1}{2}}(x+1)^{\frac{1}{2}}+(x+2)}{(x+1)^{\frac{1}{2}}} = \frac{3x+4}{\sqrt{(x+1)}}$

Beachte: $(x+1)^{\frac{1}{2}}(x+1)^{\frac{1}{2}} = (x+1)^{\frac{1}{2}+\frac{1}{2}} = (x+1)^1 = (x+1)$

(3) Das dritte Beispiel verknüpft KR mit der Quotientenregel (QR):

KR^xQR: Gegeben sei die Funktion $y = \frac{x}{(x-3)^2} \Rightarrow u(x) = x$ und $v(x) = (x-3)^2$, was wiederum per KR als $g(h) = h^2$ und $h(x) = x - 3$ gilt.

1. KR: $g(h) = h^2 \Rightarrow g'(h) = 2h$ und $h(x) = x - 3 \Rightarrow h'(x) = 1 \Rightarrow g'(h) * h'(x) = 2(x-3) * 1 = 2x - 6 = v'(x)$
2. QR: $u(x) = x \Rightarrow u'(x) = 1$ und $v(x) = (x-3)^2 \Rightarrow v'(x) = 2x - 6$

$$y' = \frac{u'(x) * v(x) - u(x) * v'(x)}{v^2(x)} = \frac{1(x-3)^2 - x(2x-6)}{\left((x-3)^2\right)^2} = \frac{(x-3)^2 - 2x^2 + 6x}{(x-3)^4} =$$

$$\frac{x^2 - 6x + 9 - 2x^2 + 6x}{(x-3)^4} = \frac{-x^2 + 9}{(x-3)^4} = \frac{(-1)(x^2 - 9)}{(x-3)^4} = -\frac{(x-3)(x+3)}{(x-3)^4} = -\frac{x+3}{(x-3)^2}$$

(4) Das vierte Beispiel verknüpft KR mit sich selbst (Abb. 4.21):

KR^xKR $y = (5(x-1)^2)^2 \Rightarrow$ Abb. 4.21: innen(i): $g_i(h_i) = 5h_i^2$ und $h_i(x) = x - 1$; *außen* (a): $g_a(h_a) = h_a^2$ und $h_a(g_i) = g_i$

1. $KR_i : g_i(h_i) = 5h_i^2 \Rightarrow g'_i(h_i) = 10h_i$ und $h_i(x) = x - 1 \Rightarrow h'_i(x) = 1 \Rightarrow KR_i : y'_i = 10(x-1)(1) = 10(x-1) = h'_a$
2. $KR_a : g_a(h_a) = h_a^2 \Rightarrow g'_a(h_a) = 2h_a$ und $h_a(g_i) = 5(x-1)^2 \Rightarrow h'_a(g_i) = 10(x-1)$

Abb. 4.21 h_i ist die innere Funktion ihrer äußeren Funktion g_i, wobei Letztere dann zur inneren Funktion ihrer äußeren Funktion g_a wird

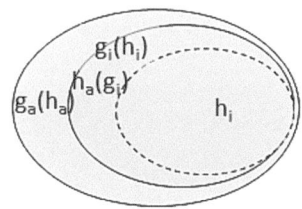

$\Rightarrow K_{ai}: y_a'(x) = 2\left(5(x-1)^2\right)\left(10(x-1) = 10(x-1)^2(10x-10) \times = 10(x^2-2x+1)\right.$
$\times (10x-10) = (10x^2 - 20x + 10)(10x - 10)$

$= 100x^3 - 100x^2 - 200x^2 + 200x + 100x - 100 = 100x^3 - 300x^2 + 300x - 100$

Probe: $y = (5(x-1)^2)^2 = (5(x^2-2x+1))^2 = (5x^2 - 10x + 5)^2 = (5x^2 - 10x + 5)(5x^2 - 10x + 5)$
$= 25x^4 - 50x^3 + 25x^2 - 50x^3 + 100x^2 - 50x + 25x^2 - 50x + 25 = 25x^4 - 100x^3 + 150x^2 - 100x + 25$.
Ableitung: $y'(x) = 100x^3 - 300x^2 + 300x - 100$ stimmt überein!

4.10.3 Interpretation der Ableitung

Wie bereits erörtert bildet die Ableitung $y'(x)$ einer Funktion wiederum eine Funktion, die die Steigungswerte der Tangente für jedes gegebene x ausdrückt. Wenn diese Steigung m negativ ist (m = $y'(x_0) < 0$), dann fällt die Funktion y in x_0 (Abb. 4.22a, linke Hälfte). Ist sie positiv (m = $y'(x_0) > 0$), steigt die Funktion y in x_0 (Abb. 4.22a, rechte Hälfte). Bei einer

Abb. 4.22 Zusammenhang zwischen Ursprungsfunktion und ihrer 1. und 2. Ableitung

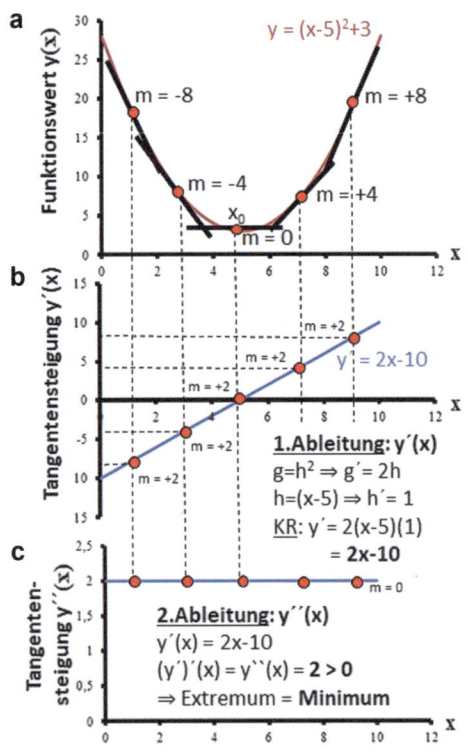

Steigung von null (m = $y'(x_0) = 0$) hat die Funktion y ein Extremum, und die Tangente verläuft waagrecht. Für ein solches x_0 gilt die **Bedingung erster Ordnung (BEO),** und sie besagt, dass ein Extremum von $y(x_0)$ dann gegeben ist, wenn gilt: $y'(x_0) = 0$. Diese Gleichung muss nach x_0 aufgelöst werden, um dasjenige x des Extremums zu finden. Für ein Minimum muss die Tangente von y bei x_0 von negativen auf positive Steigungen wechseln. Dies ist der Fall, wenn $y'(x_0)$ in x_0 steigend ist (Abb. 4.22b). Damit dies vorliegt, muss die Ableitung der Ableitung, also die zweite Ableitung $y''(x_0)$ größer als null sein ($y''(x_0) < 0$) (Abb. 4.22c).

Für ein Maximum muss die Tangente von y bei x_0 von positive auf negative Steigungen wechseln. Dies ist der Fall, wenn $y'(x_0)$ in x_0 fallend ist. Damit dies vorliegt, muss die zweite Ableitung $y''(x_0)$ kleiner als null sein ($y''(x_0) < 0$).

4.11 Ableitung von Funktionen im wirtschaftlichen Kontext

Funktionen wurden bereits auf wirtschaftliche Sachverhalte angewendet, und hierzu gehörte die Nutzenfunktion *U(x)* als nach unten geöffnete Parabel. Der Nutzenzuwachs ΔU (x) nimmt dabei, gemäß dem Gesetz von Gossen, mit zunehmender Konsummenge x ab. Wendet man auf U(x) nun das Differenzial an, zeigt $U'(x)$ den Nutzenzuwachs infolge einer minimalen Konsumzunahme von $\Delta x = 1$ Stück. Dies wird als **Grenznutzen GN(x)** bezeichnet, wobei ein großer Grenznutzen ein hohes Nutzenempfinden signalisiert, denn ΔU ist groß, und dies steigert bei Konsumenten die Akzeptanz höherer Preise. Gemäß Abb. 4.23 ist dies nur im Bereich kleiner x-Werte gegeben. Ob im Markt hohe oder nur niedrige Preise akzeptiert sind, drückt die Preisbereitschaft aus, auch als **Willingness-to-Pay (WTP)** bezeichnet. Sie gibt den maximal akzeptierten Marktpreis P für eine Menge x an und muss demnach eine Funktion *P(x)* sein. Wie bereits erkannt, führt eine kleine Angebotsmenge zu hoher Preisbereitschaft P, wohingegen eine zu große Konsummenge eines Gutes die WTP, und damit den Preis P, reduziert. Eine Funktion, die diesen Zusammenhang ausdrückt, ist die erste Ableitung der Nutzenfunktion, also $U'(x)$. Sie steht für die Preisbereitschaft *P(x)* (Abb. 4.23b).

Die Nutzenfunktion *U(x)* gilt sowohl für Einzelpersonen (Haushalte) als auch für die Gesamtheit der Konsumenten auf dem Markt. Bei Massengütern, die in großer Menge verfügbar sind (x = groß), nimmt der Nutzenzuwachs $\Delta U(x)$ ab, was zu einem Rückgang des Grenznutzens $U'(x)$ und damit auch des maximal akzeptierten Preises P führt. Im Gegensatz dazu sind Luxusgüter selten verfügbar (x = klein), was zu einem Anstieg des Nutzenzuwachses $\Delta U(x)$, des Grenznutzens $U'(x)$ und somit auch des Preises P führt. Mit Bezug zu WPC-Substitutionstechnologie bedeutet dies, dass es Polypolisten schwer haben werden, nach der Transformation die substituierten Güter zu wesentlich höheren Preisen abzusetzen, denn sie produzierten in einem Bereich niedriger ΔU, und nur geringe Preise sind für Massengüter im Markt akzeptiert. Ihre einzige Chance ist, den Scheitelpunkt der

Abb. 4.23 Die erste Ableitung der Nutzenfunktion ist die Preisfunktion

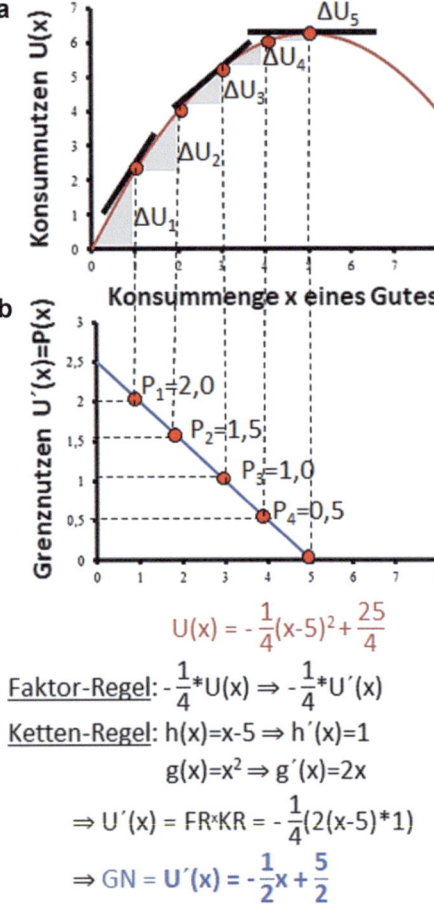

$$U(x) = -\frac{1}{4}(x-5)^2 + \frac{25}{4}$$

Faktor-Regel: $-\frac{1}{4}*U(x) \Rightarrow -\frac{1}{4}*U'(x)$

Ketten-Regel: $h(x)=x-5 \Rightarrow h'(x)=1$

$g(x)=x^2 \Rightarrow g'(x)=2x$

$\Rightarrow U'(x) = FR*KR = -\frac{1}{4}(2(x-5)*1)$

$\Rightarrow GN = U'(x) = -\frac{1}{2}x + \frac{5}{2}$

Nutzenfunktion *U(x)* nach oben zu verlagern, d. h., Konsumenten müssen nun unter Konsum dergleichen Mengen dieses Gutes einen höheren Nutzenzuwachs empfinden als zuvor. Diese steiler gewordene *U(x)*-Funktion liefert dann eine ebenso steilere *P(x)*-Funktion und erlaubt unter gleicher Produktionsmenge *x* höhere Preise zu verlangen. Polypolisten sollten also Werbemaßnahmen rund um ihr WPC-substituiertes Gut durchführen. Monopolisten können diesen Weg ebenso gehen und würden gleichermaßen von höheren Preisen profitieren. Da sie aber im Monopol wirtschaften, ist der Druck, sich durch WPC-Technologie zu differenzieren weit weniger ausgeprägt als bei Polypolisten. Bei ihnen stellt sich also weniger die Frage, ob sich mit WPC-basierten Gütern mehr Nutzen im Massenkonsum verkaufen lässt, sondern eher, ob sie mittels WPC neue Innovationen hervorbringen können.

4.12 Evidenz-basierte Forschung zu Konsumnutzen und Preisbereitschaft

Monopolisten versuchen, die Marktgegebenheiten, also Präferenzen für die Unterschiedlichkeit von Gütern, auszunutzen, um ihre Gewinne zu maximieren. Dass der Markt den Nutzen aus Gütern höher einschätzt, wenn diese immer speziellere Eigenschaften aufweisen, ist hinreichend belegt. In diesem Zusammenhang beschreibt die Lancaster-Theorie aus dem Jahr 1966 den Konsumnutzen als das Ergebnis addierter Partialnutzen, die sich zu einem Nutzenbündel summieren. Dabei können auch Substitutgüter, als ähnliche Produkte, im Nutzen variieren, was zu heterogenen Preisbereitschaften unter den Konsumenten führt. Die Preis-Mengen-Kurve $P(x)$ spiegelt dann die Häufigkeit der Zustimmung des Marktes zu verschiedenen Nutzenbündeln wider und wird als ***Preisbereitschaftsfunktion*** bezeichnet.

Zur Ermittlung der Preisbereitschaften wird häufig eine empirische Umfrage verwendet, bei der ein Produkt mit variierendem Teilnutzen, wie zum Beispiel unterschiedlicher Qualität, präsentiert wird. Das Marktvolumen V entspricht dabei der absetzbaren Produktmenge (Abschn. 3.7). Beispielsweise rechnet man damit, dass pro Erwachsener bzw. Erwachsene einmal das Produkt gekauft wird. Dann entspricht V annähernd der Bevölkerungsstatistik der über 18-Jährigen. Eine Stichprobe S mit n Personen, z. B. $n = 300$, repräsentiert dann die gesamte Konsumentenbasis. Das Zielprodukt wird schließlich in der Umfrage mit unterschiedlichen Teilnutzen $U_1, U_2, .. U_4$ vorgestellt, wobei jede Variante einen spezifischen Aufpreis hat, wie zum Beispiel P_1^{U1} (= + 20 % Aufpreis), P_2^{U2} (+30 %), P_3^{U3} (+40 %), P_4^{U4} (+50 %).

In der Umfrage geht es primär um zwei Hauptfragen:

1. Wie viele Befragte m der Studie würden generell das Zielprodukt kaufen? Wenn z. B. 80 % der Befragten generell zu den angebotenen Preisen P_1^{U1} kaufen würden, kann man davon ausgehen, dass auch 80 % des Gesamtmarktes, repräsentiert durch das Marktvolumen V, ebenfalls das Zielprodukt zu P_1^{U1} erwerben. Immerhin sollte die Stichprobe repräsentativ sein. Damit ergibt sich ein Marktpotenzial m von 0,8*V. Die Frage, die sich nun weiter stellt ist, wie viele von m würden potenziell auch zu höherem Preis kaufen?

2. Wie hoch ist die Preis-abhängige Kaufbereitschaft? Zu jedem Preis P_1^{U1}, ..., P_4^{U4} gehört auch ein spezifisches Nutzenbündel, das Konsumenten als passend zum Preis sehen und dann auch kaufen würden. Damit ergibt sich ein Anteil r_1 von m, der zu P_1^{U1} kauft, r_2 von m der zu P_2^{U2} usw. r_1 muss 100 % sein (= 1,0), denn in m sind nur Kaufende der Stichprobe n enthalten (Abb. 4.24a). Daraus ergibt sich der erste Punkt innerhalb der $P(x)$-Grafik, nämlich (r_1/P_1^{U1}, also 1,0/24,99). Zum nächst höheren Preis P_2^{U2} kaufen $r_2 < r_1$, damit liegt der zweite Punkt links von r_1 im $P(x)$-Diagramm mit den Koordinaten (r_2/P_2^{U2}, also 0,4/29,99). Dasselbe gilt für r_3 und r_4. Die Kurve $P(x)$ wird schließlich als Ausgleichsgerade durch die ermittelten Punkte dargestellt (Abb. 4.24b).

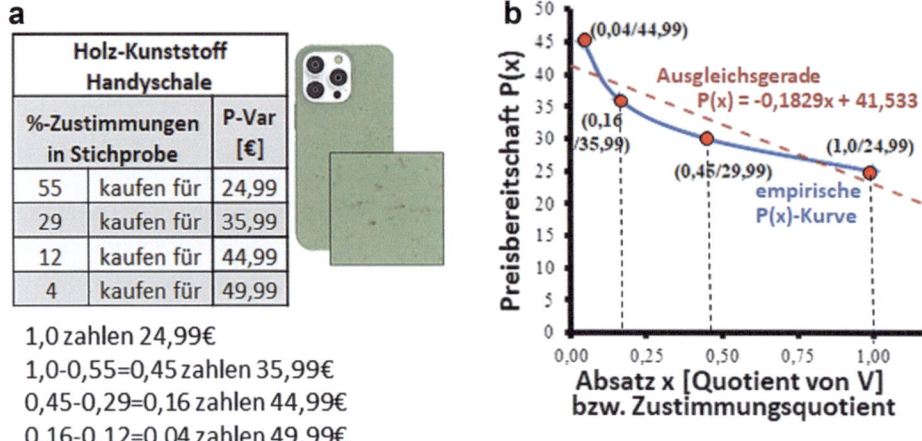

Abb. 4.24 Empirische Ermittlung der P(x)-Funktion für eine WPC-Handyschale mittels Umfragetechnik

Diese Ausgleichsgerade bildet die Basis für weitere Strategieanalysen, um eine Gewinnmaximierung anzustreben.

4.13 Kostenfunktion und Grenzkosten der Produktion

In der strategischen Planung interessieren sich besonders die Polypolisten dafür, wie stark ihre Kosten bei wachsender Produktionsmenge ansteigen. Dies wurde bereits im Abschn. 4.9 diskutiert. Differenzialanalytisch wird der Mengen-Effekt nun noch deutlicher, wenn die Gesamtkostenfunktion K(x) abgeleitet wird, denn diese weist dann jedem x die Steigung der Gesamtkostenfunktion. Die erste Ableitung von *K(x)* wird auch **Grenzkostenfunktion GK(x)** genannt, da die Ableitung eine Grenzbetrachtung für $\Delta x \rightarrow 0$ darstellt. Beim linearen Kostenverlauf, der durch die Funktion $K(x) = k_v * x + k_f$ beschrieben wird, zeigt *GK(x)* also die Erhöhung der Produktionskosten ΔK unter dem Mengenzuwachs Δx. Die Grenzkosten $GK(x) = K'(x)$ ergeben also die Zusatzkosten bei einer minimalen Erhöhung der Produktionsmenge $\Delta x \rightarrow 0$. Da für lineare Kostenfunktionen nach dem Differenzieren gilt, $GK(x) = k_v$, steigen Kosten um den variablen Stückkostenfaktor k_v (Abb. 4.25a). Ist der Marktpreis P vorgegeben, und liegt dieser über den variablen Stückkosten k_v, dann werden die variablen Kosten gedeckt, und es kann theoretisch beliebig viel produziert werden, ohne dass Verluste entstehen.

Im Gegensatz dazu zeigt der progressive Kostenverlauf, dargestellt durch die Funktion $K(x) = k_{v,2}x^2 + k_{v,1}^{1} + k_f$, einen überproportionalen Anstieg der Gesamtkosten unter Erhöhung der Produktionsmenge x. Hier sind die Grenzkosten $GK(x) = K'(x)$ nicht mehr konstant, sondern steigen mit zunehmender Produktionsmenge, da k_v nun von x

4.14 Zusammenhang zwischen Grenznutzen und Grenzkosten im Polypol

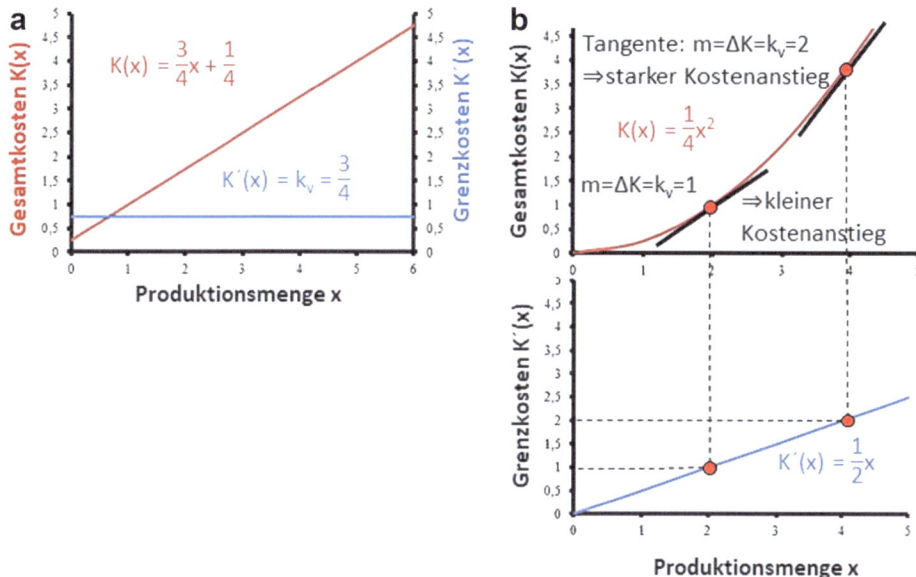

Abb. 4.25 Gesamtkostenverlauf mit Grenzkosten unter linearer (**a**) und progressiver Entwicklung (**b**)

abhängt (Abb. 4.25b). Die Grenzkosten GK beschreiben die zusätzlichen Kosten für die Produktion eines weiteren Stücks und nehmen mit zunehmender Menge Δx zu. Dies bedeutet, dass unter vorgegebenem Marktpreis P ab einer kritischen Produktionsmenge der Punkt erreicht wird, an dem die Grenzkosten GK den Marktpreis übersteigen. Dann sind die variablen Kosten nicht mehr gedeckt. In diesem Fall kann eine weitere Steigerung der Produktion den Gewinn des Unternehmens sogar verringern. Polypolisten mit progressiver Gesamtkostenfunktion müssen also aufpassen, dass sie nicht zu viel produzieren, es sei denn, sie können ihren Gesamtkostenverlauf abflachen, was die kritische Produktionsmenge höher ausfallen lässt.

4.14 Zusammenhang zwischen Grenznutzen und Grenzkosten im Polypol

Im Polypol werden Produzenten gemeinschaftlich solange x-Mengex produzieren, bis der exogen vorgegebene Marktpreis P gerade noch knapp über den Grenzkosten GK liegen. Dann machen sie zusammen noch Gewinne. Unter vollständiger Konkurrenz teilen sie sich diese gesamte optimale Marktmenge $x^{opt.}$. Volkswirtschaftlich gesehen entsprechen dann der Marktpreise, ausgedrückt als Zahlungsbereitschaft der Konsumenten, und die Grenzkosten, die den variablen Stückkosten entsprechen, einander. Die ökonomisch-effiziente Angebotsmenge ist gegeben, wenn das Verhältnis zwischen Marktpreis und Grenzkosten

Abb. 4.26 Zusammenhang zwischen Nutzen- und Gesamtkostenfunktion (a, b) und gesellschaftlicher Gewinn (c)

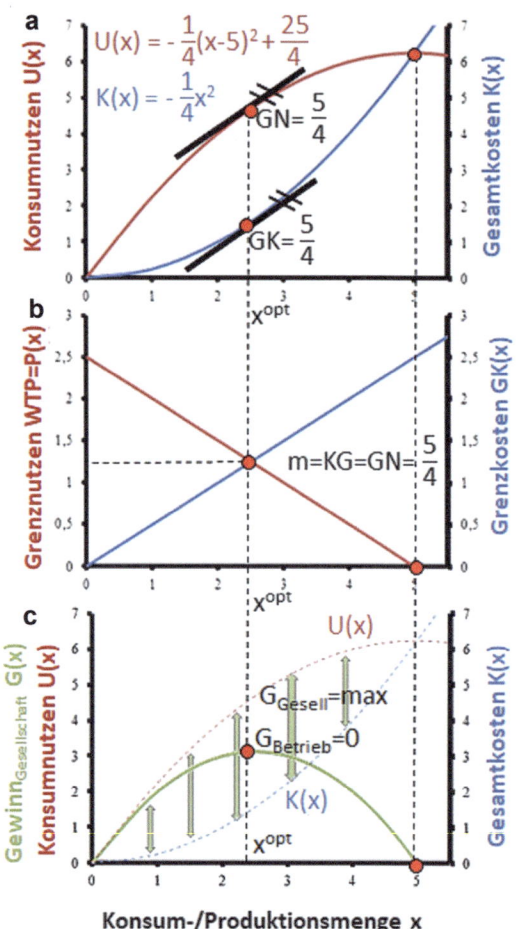

günstig ist, d. h., der Aufwand, in Form der Kosten, steigt nicht stärker an, als der Ertrag, in Form des erzielten Nutzens.

Eine Kontrolle der Effizienz erfolgt durch den Vergleich der Ursprungsfunktionen $U(x)$ und $K(x)$ (Abb. 4.26a), bzw. deren Ableitungsfunktionen, also dem Marktpreis $P(x) = GN(x)$ und den Grenzkosten $GK(x)$ (Abb. 4.26b). Der Schnittpunkt $P(x^{opt}) = GK(x^{opt})$ zeigt an, dass die Tangentensteigungen der Nutzen- und Kostenfunktionen an dieser Stelle gleich sind, was den Punkt der **polypolistischen Effizienz** markiert. An diesem Punkt x^{opt} steigen die Kosten genauso stark wie der Nutzen, was dann die volkswirtschaftlich optimale Ausbringungsmenge darstellt.

Liegt die Produktionsmenge x unterhalb von x^{opt}, steigt der Nutzen aus dem Konsum stärker an als die Kosten zunehmen, sodass der Markt hohe Preise akzeptiert und Gewinne bei geringer Stückzahl sogar höher ausfallen können. Überschreitet die Produktionsmenge jedoch x^{opt}, steigen die Kosten stärker als der Nutzen, sodass der Markt nur noch kleine Preise akzeptiert und die Gewinne bei größerer Stückzahl geringer ausfallen.

Der gesellschaftliche Gewinn, also der verbleibende Nutzen nach Abzug der Kosten, wird durch die Funktion $G(x) = U(x) - K(x)$ beschrieben und spiegelt das Bruttoinlandsprodukt (BIP) wider. Aus volkswirtschaftlicher Sicht ist es sinnvoll, die Produktionsmenge x^{opt} anzustreben, um maximalen Wohlstand und ein hohes BIP zu erzielen (Abb. 4.26c). Aus betriebswirtschaftlicher Sicht ist dies jedoch nachteilig, da der Gewinn $G(x^{opt})$, der sich aus der Differenz zwischen dem Marktpreis und den Grenzkosten ergibt, bei x^{opt} gleich null ist. Polypolisten würden also tendenziell etwas weniger anbieten wollen, als die gesellschaftlich optimale Menge x^{opt}.

4.15 Gesellschaftlich optimale Gesamtmarktmenge und Produktionsmenge des Polypolisten

Einzelne Produzenten im Polypol interessieren sich eher für die eigene Kosten-minimale Ausbringungsmenge als für die *gesellschaftlich optimale Gesamtmarktmenge*. Denn was für den Gesamtmarkt die Grenzkosten GK bedeuten, ist für den Einzelanbieter dessen Durchschnittskosten DK. Angenommen, der Polypolist produziert unter progressivem Kostenverlauf $K(x) = k_{v,2}x^2 + k_{v,1}x + k_f$, und dieser sei für alle anderen Produzenten gleichartiger Güter identisch. Diese Annahme ist sinnvoll, denn in einer gleichen Branche produzieren Anbieter mit denselben Rohstoffen und unter derselben Produktionstechnologie. Für ein einzelnes Unternehmen U ergibt sich dann die Durchschnittskostenfunktion als $DK(x) = \frac{K(x)}{x}$, die aufgrund des progressiven Kostenverlaufs konvex wird (Abb. 4.19). Das Minimum dieser Durchschnittskosten liegt bei $U:x^{opt}$ (Abb. 4.27a). Diese dort vorherrschenden Durchschnittskosten stellen gleichzeitig den Angebotspreis aller Unternehmen dar, da die Kostenfunktion *K(x)* für alle identisch ist und sie dann auch die gleichen DK-Verläufe mit gleichem Minimum besitzen.

Auf dem Gesamtmarkt M wird bei einem Preis $P = DK(U:x^{opt})$ die Menge $M:x^{opt}$ nachgefragt, die das Ergebnis aus der Preisbereitschaftskurve *P(x)* für gegebenes P darstellt (Abb. 4.27a). Da jedoch jedes Unternehmen im Polypol nur die Menge $U:x^{opt}$ produziert, ist die Produktionsmenge eines einzelnen Unternehmens kleiner als die Gesamtnachfrage $M:x^{opt}$. Die Unternehmen teilen sich den Markt mit $n = \left(\frac{M:x^{opt}}{U:x^{opt}} - 1\right)$ Konkurrenten, wobei jedes Unternehmen einen Anteil von $U:x^{opt}$ am Markt hält.

Steigen die variablen Produktionskosten, erhöht sich die Durchschnittskostenkurve *DK(x)*, und das Betriebsoptimum $U:x^{opt}$ verschiebt sich nach links, was bedeutet, dass die optimale Produktionsmenge sinkt (Abb. 4.27c). Gleichzeitig steigt der Preis $P = DK(U:x^{opt})$, was dazu führt, dass auch die Gesamtnachfrage $M:x^{opt}$ sinkt und die Anzahl n der Konkurrenten abnimmt. In einem solchen Umfeld erhöht sich der Konkurrenzdruck, und Anbieter, die nicht mehr kosteneffizient produzieren können, müssen den Markt verlassen. Dies zeigt einmal mehr, wie ungleich schwerer das Wirtschaften im Massenmarkt ist

Abb. 4.27 Optimale Produktionsmenge des Einzelproduzenten und des gesamten Marktes im Vergleich

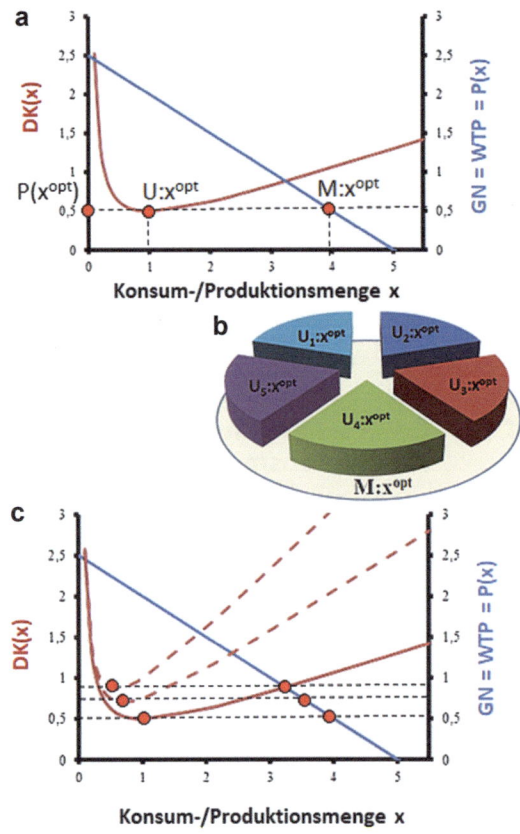

gegenüber einem Monopol. Unabhängig davon, wie teuer die Produktion wird, bleibt der Gewinn $U:G(x^{opt}) = 0$, da der Preis P immer den Durchschnittskosten entspricht.

4.16 Monopolisierung des Polypols

Der vorherige Abschnitt verdeutlichte, dass in einem Polypol die Unternehmen aufgrund der Marktstruktur und des Wettbewerbs nur Null-Gewinne erzielen, da der Preis P den Durchschnittskosten DK entspricht. Trotz dieser geringen Gewinne werden die Gesamtkosten der Unternehmen gedeckt, und der Markt wird maximal mit Gütern versorgt. Allerdings führt diese Situation zu einem Mangel an Anreizen für Fortschritt und Innovation, da die Gewinne fehlen, die für Investitionen notwendig wäre. Es scheint, als wären Polypolisten in einem Dilemma gefangen, denn sie können ihre Menge nicht erhöhen, ohne dabei den Gewinn zu reduzieren und den Konkurrenzdruck zu erhöhen. Immerhin ist die Gesamtmarktmenge bereits unter allen Anbietern aufgeteilt, also muss eine Mengenausweitung zulasten eines anderen Konkurrenten geschehen. Aber es gibt eine Lösung des

4.16 Monopolisierung des Polypols

Problems, und das ist die **Monopolisierung des Polypols**. Dies könnte mithilfe der WPC-Substitutionstechnologie gelingen, denn bisherige Ausführungen ließen schon vermuten, dass sich damit Produkte mit Alleinstellungsmerkmalen ausstatten lassen. Ein Effekt aus der Plastikumstellung von Massengütern soll nachfolgend verdeutlicht werden.

Um Gewinne zu steigern, können Unternehmen Produktvarianten einführen und dadurch die gewinnbringende Monopolisierung innerhalb ihres Polypols erreichen. Dies bedeutet, dass sie versuchen, einen eigenen kleinen Markt im großen Markt zu schaffen. Kap. 3, Abschn. 3.8 bezeichnete dies als Marktsegmentierung. Ihr bisheriges Standardprodukt (SP) wurde bislang in großen Mengen zu einem niedrigen Preis $P = DK$ angeboten, was bekanntlich nur geringe bis gar keine Gewinne ermöglichte. Im Gegensatz dazu wird nun eine Produktvariante (PV) mit exklusiven Eigenschaften in den Markt eingeführt, die eine geringere Produktionsmenge x abverlangt, aber zu deutlich höherem Preis $P > DK$ nachgefragt wird. Eine solche Produktvariante muss selbstverständlich mehr Nutzen $U(x)$ versprechen, um höhere Preisbereitschaft $P(x)$ zu generieren (Abb. 4.23). Dies ist für biobasierte Plastik-Produkte zu erwarten. Die dann geringere Produktionsmenge $x_{PV}(P_{PV})$ führt im Vergleich zu jener des Standardproduktes $X_{SP}(P_{SP})$ zu einem geringeren Aufwand und niedrigeren Kosten, wodurch der Preis entlang der Preisgeraden $P(x)$ angehoben werden kann. Dies kommt gemäß Abb. 4.28a einer Drehung der $P(x)$-Geraden im Uhrzeigersinn gleich, denn nun sind Konsumenten bereit, für gleiches x mehr zu bezahlen, zumindest im Bereich geringer Mengen, was sowieso Voraussetzung der Monopolisierung ist.

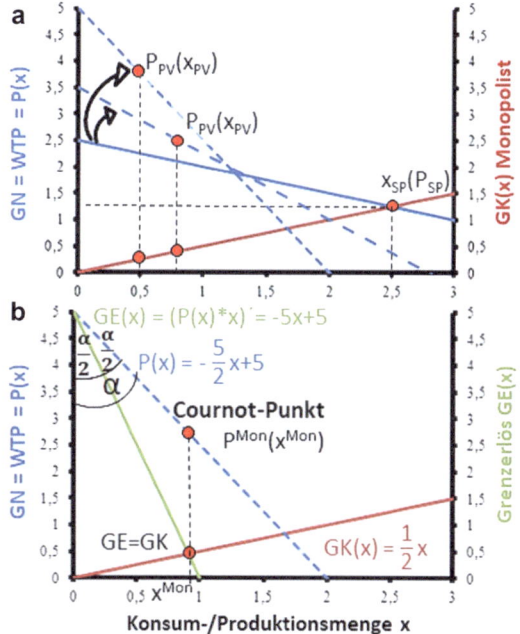

Abb. 4.28 Effekte aus der Monopolisierung des Polypols auf die Menge und den Preis

Im Monopolmarktmodell agiert der Monopolist nun als Alleinanbieter, wodurch seine eigenen Grenzkosten *GK(x)* auch die Markt-Grenzkosten darstellen. Der Gewinn *G(x)* eines Monopolisten ergibt sich aus der Differenz zwischen dem Erlös E(x) = P(x) $*$ x und den Kosten *K(x)*. Um den Gewinn zu maximieren, wird das Extremum der Bedingung erster Ordnung der Gewinnfunktion, also G'(x) = 0, berechnet. Die Lösung führt zu jener Monopolmenge x^{Mon}, unter der die Gewinnfunktion ihr Maximum aufweist. Dies tritt ein, wenn die Grenzerlöse *GE(x)* den Grenzkosten *GK(x)* entsprechen, was in Abb. 4.28b der Schnittpunkt zwischen der *GK(x)*- und der *GE(x)*-Geraden darstellt. Letztere halbiert die Steigung der *P(x)*-Geraden, denn aus *P(x)*x* ergibt sich eine Parabelfunktion, deren Ableitung doppelt so groß wird wie *P(x)* selbst, also wird die Steigung doppelt so steil. Verlangt der Monopolist unter der Ausbringungsmenge x^{Mon} nun einen Preis, der genau auf der *P(x)*-Geraden liegt, denn immerhin ist weit und breit keine Konkurrenz, die den Preis unterbietet, muss der Gewinn zwangsläufig maximal ausfallen. Jener gewinnmaximierende Monopol-Preis wird auch **Cournot-Punkt** bezeichnet, benannt nach dem französischen Mathematiker Antoine-Augustin Cournot im 19. Jahrhundert. **Monopolistische Effizienz** wird also erreicht, indem die Produktionsmenge x solange ausgeweitet wird, wie der Erlös stärker zunimmt als die Kosten steigen, denn links von x^{Mon} ergeben sich für die GE-Funktion größere Werte, also auch steilere Tangenten der Erlös-Kurve als für die GK-Funktion. Eine Monopolisierung bisheriger Plastik-intensiver Massengüter mittels WPC-Technologie kann für Massenanbieter vielversprechend sein, denn Gewinne können damit theoretisch gesteigert werden.

4.17 Differenzialanalyse der Gewinnmaximierung

Im Monopol ist der maximale Gewinn offensichtlich auch ein Ergebnis ökonomisch effizienten Wirtschaftens. Zur Bestimmung des Gewinn-Maximums muss die Bedingung erster Ordnung (BEO) der Gewinnfunktion als G(x) = P(x) $*$ x − K(x) = E(x) − K(x) gelöst werden (Abb. 4.29b, grüne Kurve). Hierbei wird *G(x)* abgeleitet, gleich null gesetzt und anschließend nach x^{Mon} aufgelöst. Unter dieser Bedingung gilt auch: E'(x) = GE (x) = K'(x) = GK(x), also Grenzerlös gleich Grenzkosten. Im nächsten Schritt erfolgt die Prüfung, ob ein Extremum vorliegt, indem die zweite Ableitung G''(x^{Mon}) betrachtet wird. Ist sie < 0, handelt es sich um ein Maximum bei x^{Mon}. Dort, wo die ersten Ableitungen von *GE(x)* und *GK(x)* einander entsprechen, müssen offensichtlich die Tangentensteigungen in ihren Stammfunktionen, also der Gewinn- bzw. der Gesamtkostenfunktion, ebenfalls einander entsprechen. Das heißt, in x^{Mon} steigen die Kosten genauso stark an, wie der Umsatz bzw. der Erlös (siehe Abb. 4.29a, Tangenten an blauen und grünen Punkt). Produziert der Monopolist mehr als x^{Mon}, steigen die Kosten stärker an als der Erlös, und das Wirtschaften wird ineffizient.

Im volkswirtschaftlichen Kontext, insbesondere im Polypol, interessiert weniger der Gewinn der Produzenten, sondern das Erlösmaximum im Gesamtmarkt als effizientes Ergebnis aller unter *GK(x)* produzierender Polypolisten, und wie bereits erkannt, muss

4.17 Differenzialanalyse der Gewinnmaximierung

Abb. 4.29 Zusammenhang zwischen monopolistischer und polypolistischer Effizienz

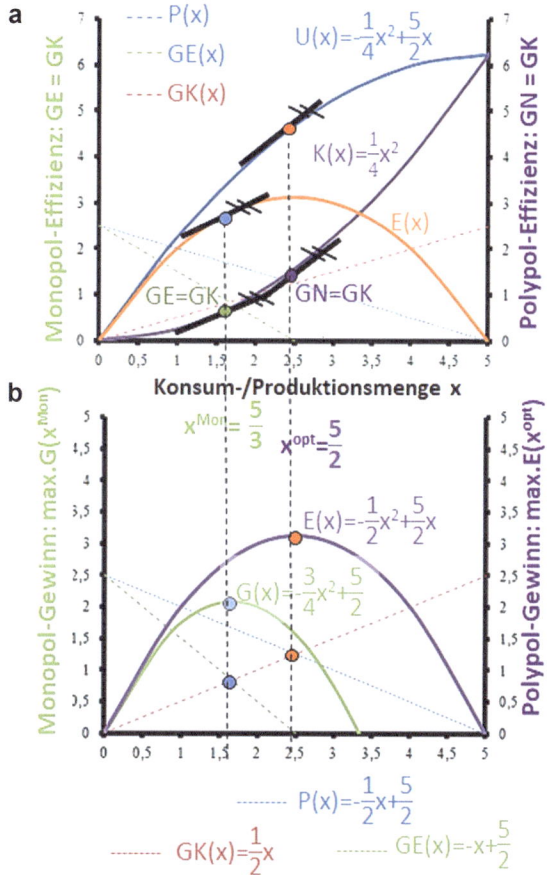

im Polypol gelten (Abb. 4.26): $P(x) = GN(x) = GK(x)$. Zur Bestimmung des Erlösmaximums wird für die Stammfunktion $E(x) = P(x) * x$ wieder die Bedingung erster Ordnung gelöst, indem die Ableitung des Erlöses $E'(x) = GE(x)$ gleich null gesetzt und nun nach x^{opt} aufgelöst wird. Anschließend wird geprüft, ob $E''(x^{opt}) < 0$ ist, was ein Maximum bestätigt. Bei diesem x^{opt} wird, im Gegensatz zum gewinnmaximalen x^{Mon} des Monopolisten, die maximale Marktversorgung bei minimalem Preis erreicht, denn der Preis entspricht ja den Grenzkosten. Aber, wie bereits herausgefunden, teilen sich nun n Unternehmen (Polypolisten) den Markt, wobei sie Null-Gewinne erzielen. Dieses x^{opt} ist wiederum ein Effizienzpunkt. Wenn nämlich $P(x) = GK(x)$ gilt, und ersteres die 1. Ableitung der Nutzenfunktion $U(x)$ darstellt, muss unter x^{opt} die Tangente an der Nutzenfunktion dieselbe Steigung aufweisen wie an der Kostenfunktion (Abb. 4.29a, orange und lila Punkt). Würde im Markt mehr als x^{opt} angeboten, stiegen die Kosten stärker als der empfundene Nutzen aus dem Konsum der Mehrmenge an Güter, was ineffizient ist.

Das Zahlenbeispiel in Abb. 4.29 verdeutlicht beide Prinzipien:
Gegeben seien:
$$P(x) = -\tfrac{1}{2}x + \tfrac{5}{2} \Rightarrow E(x) = P(x) * x = \left(-\tfrac{1}{2}x + \tfrac{5}{2}\right)x = -\tfrac{1}{2}x^2 + \tfrac{5}{2}x \Rightarrow GE(x) = -x + \tfrac{5}{2}$$

$$K(x) = \tfrac{1}{4}x^2 \Rightarrow GK(x) = \tfrac{1}{2}x$$

Im Monopol gilt: $G(x) = E(x) - K(x) = -\tfrac{1}{2}x^2 + \tfrac{5}{2}x - \tfrac{1}{4}x^2 = -\tfrac{3}{4}x^2 + \tfrac{5}{2}x \Rightarrow$ BEO: $G'(x) = 0 \Rightarrow -\tfrac{3}{2}x + \tfrac{5}{2} = 0 \Rightarrow x^{\text{Mon}} = \tfrac{5}{3}$
$\Rightarrow G''\left(\tfrac{5}{3}\right) = -\tfrac{3}{2} < 0 \Rightarrow$ Maximum; $P(x^{\text{Mon}}) = \tfrac{5}{3} \Rightarrow G\left(\tfrac{5}{3}\right) = \tfrac{25}{12}$;
Im Polypol gilt: $U(x) = -\tfrac{1}{4}x^2 + \tfrac{5}{2}x \Rightarrow GN(x) = P(x) = -\tfrac{1}{2}x + \tfrac{5}{2}$.
$E(x) = -\tfrac{1}{2}x^2 + \tfrac{5}{2}x \Rightarrow$ BEO: $E'(x) = 0 \Rightarrow -x + \tfrac{5}{2} = 0 \Rightarrow x^{\text{opt}} = \tfrac{5}{2} \Rightarrow E''\left(\tfrac{5}{2}\right) = -1 < 0 \Rightarrow$ Maximum: $E\left(\tfrac{5}{2}\right) = \tfrac{25}{8}$

Im Polypol ist unter dem Gesamtmarkt-Erlös von $\tfrac{25}{8}$ der Markt mit mehr und günstigeren Gütern von mehr Anbietern besser versorgt als im Monopol unter einem Gesamtmarkt-Gewinn von $\tfrac{25}{12}$ mit weniger und teureren Gütern von nur einem Anbieter.

4.18 Sonderfall: Gewinnmaximierung unter konstantem bzw. linearem Kostenverlauf

Egal ob Polypolist oder Monopolist, ein Anstieg der Kosten führt grundsätzlich zu einem Rückgang der produzierten Menge x. Dies ist so, weil Produzenten immer versuchen werden, ihren Gewinn konstant zu halten und daher höhere Kosten über Preissteigerungen an den Markt weitergeben. Die Preis-Mengen-Funktion *P(x)* besagt aber, dass höhere Preise nur dann akzeptiert sind, wenn weniger von dem Gut im Markt vorhanden ist. Bei einem linearen Kostenverlauf kann die Kostenfunktion als $K(x) = k_v x + k_f$ dargestellt werden, wobei k_v den Stückkostenfaktor darstellt. Die Grenzkosten *GK(x)* sind in diesem Fall konstant und entsprechen k_v, was grafisch einer horizontalen Gerade entspricht (Abb. 4.30b). Im Monopol wird das Gewinnoptimum dann erreicht, wenn Grenzerlös *GE(x)* gleich Grenzkosten *GK(x)* gilt. Im Schnitt der horizontalen GK-Linie mit der linear fallenden GE-Geraden ergibt sich x^{Mon}, und das Gut wird unter Cournot-Preissetzung angeboten.

Grafisch lässt sich die **monopolistische Stück-Gewinnfläche** ($SG(x^{\text{Mon}})$) als Höhendifferenz zwischen dem Cournot-Preis $P(x^{\text{Mon}})$ und den Grenzkosten $GK(x^{\text{Mon}})$ darstellen (Abb. 4.30b). Der Monopolgewinn $G^{\text{Mon}}(x^{\text{Mon}})$ ergibt sich dann aus dem Produkt aus Stückgewinn und der optimalen Produktionsmenge x^{Mon}, also $G^{\text{Mon}}(x^{\text{Mon}}) = SG(x^{\text{Mon}}) * x^{\text{Mon}} = (P^{\text{Mon}} - GK(x^{\text{Mon}})) * x^{\text{Mon}}$, wobei unter konstantem Kostenverlauf $GK(x^{\text{Mon}}) = k_v$ gilt.

4.18 Sonderfall: Gewinnmaximierung unter konstantem bzw. linearem Kostenverlauf

Abb. 4.30 Grafische Gewinnanalyse unter konstanten (b) und linearen Kostenverläufen (c) im Monopol

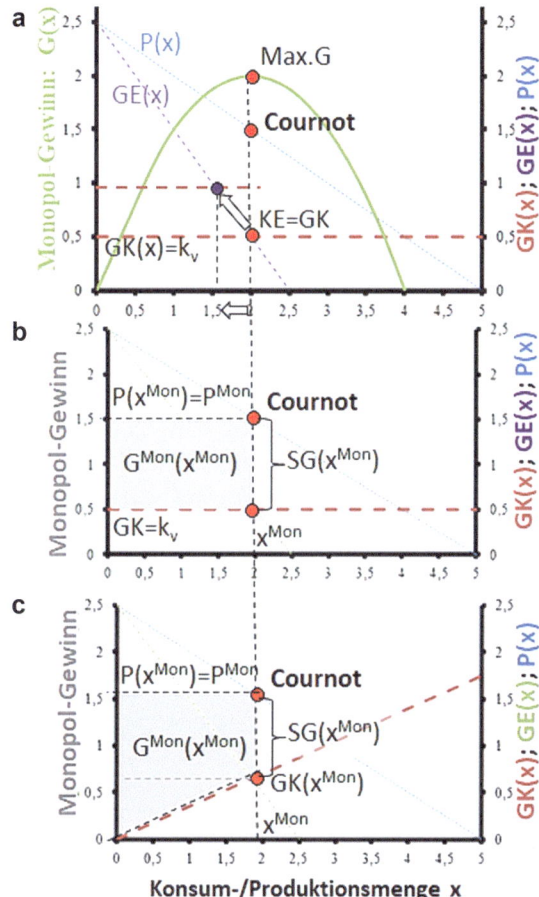

Wird hingegen von einem konvex-progressiven Kostenverlauf ausgegangen, so ändert sich die Berechnung des Stückgewinns entsprechend, wobei der Stückgewinn weiterhin als Differenz zwischen Preis und Grenzkosten gesehen wird (Abb. 4.30c), also $SG(x^{Mon}) = P(x^{Mon}) - GK(x^{Mon})$. Der Monopolgewinn lässt sich in diesem Fall erweitern auf $G^{Mon}(x^{Mon}) = SG(x^{Mon}) * x^{Mon} + \frac{1}{2} * GK(x^{Mon}) * x^{Mon}$. Dies kann weiter vereinfacht werden zu $(P(x^{Mon}) - GK(x^{Mon})) * x^{Mon} + \frac{1}{2} * GK(x^{Mon}) * x^{Mon} = (P(x^{Mon}) - \frac{1}{2} * GK(x^{Mon})) * x^{Mon} = \left(P - \frac{1}{2}GK\right) * x^{Mon}$. Erst mit zunehmendem x erhöhen sich die Grenzkosten, und die konvexe Gesamtkostenfunktion wird zunehmend steiler. Der Marktpreis jedoch betrug von Anfang an P^{Mon}, was gerade unter kleinen Ausbringungsmengen besonders viel Gewinn generierte. Im Ergebnis ist also der Monopolgewinn unter einem konvexen Kostenverlauf größer als unter linearem Kostenverlauf.

4.19 Exkurs: Effiziente Umweltschadensvermeidung bei der Produktion

Die Produktion bestimmter Güter ist einerseits wünschenswert, andererseits gehen damit vielfach Umweltschäden einher. Beispielsweise wird petrochemischer Kunststoff in einer Vielzahl von Alltagsgütern eingesetzt, nicht zuletzt, weil dieser Werkstoff günstig ist. Andererseits werden diese Produkte, und hauptsächlich deren Verpackung, bereits nach kurzer Lebensdauer weggeworfen, und ein nicht unerheblicher Anteil wird verbrannt. Der Schaden an der Umwelt erzeugt Kosten, die meist von der Allgemeinheit getragen werden müssen. Dieser Umstand gilt insbesondere für Massengüter. In einem Polypol, bei dem x^{opt} das Ergebnis effizienter Produktion darstellt, wachsen die Produktionskosten progressiv mit zunehmender Produktionsmenge x bis zum Erreichen von x^{opt} (Abb. 4.13). Gleichzeitig sind die Schadenskosten *SK(x)* an der Umwelt und Gesellschaft an die Produktion gekoppelt und steigen ebenfalls progressiv an (Abb. 4.31a).

Für eine *effiziente Umweltschadensvermeidung* könnte die Produktion auf eine reduzierte Gütermenge x_{red} gedrosselt werden, also um den Betrag $x^{opt} - x_{red}$. Dies könnte jedoch zu einer Unterversorgung des Marktes führen, und Preise steigen an, weil die *P(x)*-Kurve höhere Zahlungsbereitschaften für kleinere x-Mengen ausweist, und Polypolisten dies für das Aufrechterhalten ihrer bisherigen Gewinne nutzen würden. Eine ökonomisch

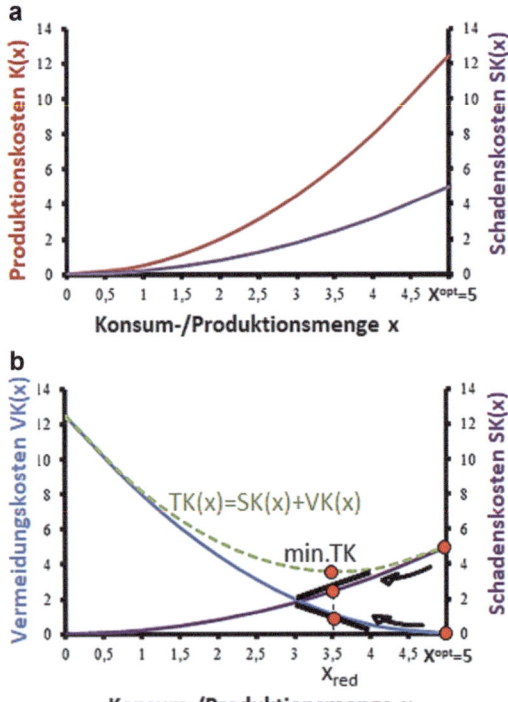

Abb. 4.31 Effiziente Vermeidung von Umweltschadenskosten aus Produktionstätigkeit

4.20 Funktionen mit mehr als einer Variablen

sinnvollere Alternative ist die Teil-Substitution schädlicher Gütermengen durch den Einsatz „grüner" Technologien, die weniger Schadstoffe verursachen. Dadurch bleibt die bisherige Menge x^{opt} erhalten, lediglich ein Teil davon wurde mittels umweltfreundlicherer Technologie hergestellt. Die Frage ist nun, wie viel sollte substituiert werden? Wird alles auf nachhaltig umgestellt, wird die Produktion insgesamt zu teuer. Wird zu wenig umgestellt, bleiben Umweltschadenskosten zu hoch.

Eine Schadensreduktion kann durch den Einsatz von sogenannten Reduktionstechnologien erfolgen, wozu auch WPC gehört. Diese erzeugen dann aber auch Vermeidungskosten $VK(x)$, die insbesondere als Umstellungskosten zu Buche schlagen. Solche Technologien reduzieren die Produktion ab x^{opt} in Richtung Null, was zu einer Abnahme der Schadenskosten $SK(x)$ führt, jedoch mit einem Anstieg der Vermeidungskosten $VK(x)$ einhergeht. Abb. 4.31b verdeutlicht dies anhand fallender Schadenskosten (Kurve in lila) und steigender Vermeidungskosten (Kurve in blau) für abnehmendes x von x^{opt} nach links ausgehend. Die Summenkurve aus beiden Einzelkurven stellt die **Transformationskostenkurve TK(x)** dar (gestrichelte grüne Linie). Sie erreicht ihr Minimum bei einer reduzierten Produktionsmenge x_{red}. Die schadensverursachende Menge x^{opt} wird dann um die Transformationsmenge $x^{opt} - x_{red}$ substituiert. Dies ist ökonomisch-effizient, denn würde mehr substituiert, wäre die über $(x^{opt} - x_{red})$ hinausgehende Menge zu teuer erkauft im Verhältnis der dadurch eingesparten Schadenskosten. Wird zu wenig substituiert, ist der verbleibende Schaden im Verhältnis noch zu hoch. Im Punkt x_{red} sind die Steigungen der Schadenskosten $|m|_{SK(x,red)}$ und der Vermeidungskosten $|m|_{VK(x,red)}$ gleich groß, jedoch entgegengesetzt geneigt. Dies entspricht dem Extremum unter der Bedingung erster Ordnung (BEO) für die TK(x)-Funktion, also $SK'(x_{red}) = -VK'(x_{red})$. In x_{red} liegt offensichtlich wieder ein ökonomischer Effizienzpunkt vor.

Das Beispiel mach deutlich, dass eine ökonomisch-effiziente Substitution umweltschädigender Güterproduktion durch teurere Transformationstechnologien nie zu einer Komplettsubstitution führen kann, es muss ein verbleibender Teil von Umweltschadenskosten hingenommen werden. Dieser Teil wird aber umso kleiner, je größer die Umweltschadenskosten eingeschätzt werden.

4.20 Funktionen mit mehr als einer Variablen

Die bisherigen Ausführungen schreiben wirtschaftliche Sachverhalte, bei denen eine Input-Variable, z. B. Produktionsmenge x, das Zustandekommen einer Output-Größe, z. B. Kosten, beschrieb. In der ökonomischen Analyse sind die abgebildeten Wirklichkeiten jedoch nur selten auf einen einzelnen Input-Faktor zurückzuführen. Beispielsweise kann der Output y aus mehreren unterschiedlichen Inputs resultieren, die aber ihrerseits unterschiedlich zum Output beitragen. Dies führt dann zu multivariaten Funktionen. Ein Spezialfall davon sind **bivariate Funktionen**, die also zwei Input-Variablen x_1 und x_2 beinhalten und in einem x_1; x_2-Diagramm dargestellt werden können. Ein kartesisches Koor-

Abb. 4.32 Möglichen Kombinationen zweier Produktionsinputmengen x_1; x_2 für jeweils gleiche Gewinnmenge $G(x_1; x_2)$

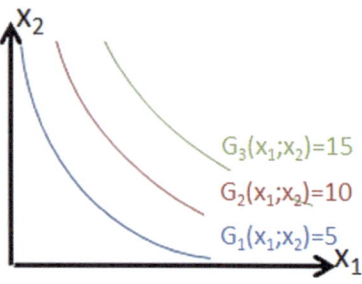

dinatensystem kann jedoch nur die zwei Variablen x und y miteinander verknüpfen und nicht drei. Als Lösung hierzu könnte man die beiden Achsen den zwei x-Variablen zuordnen, und der Graph zeigt dann alle möglichen Kombinationen von x_1 und x_2 für das Zustandekommen von einem bestimmten Betrag von y. Abb. 4.32. verdeutlicht dies für x_1 und x_2 als mögliche Produktionsmengen zweier unterschiedlicher Güter, und die Kurvenschar zeigt an, unter welcher Kombination dergleichen ein bestimmter Output-Wert für den Unternehmensgewinn erzeugt wird. Je weiter weg vom Ursprung die Kurve liegt, desto größer der Gewinn und auch die beiden möglichen x-Werte. Man denke an ein Zweiproduktunternehmen, bei dem der Gewinn $G(x_1; x_2)$ von den Produktionsmengen der beiden Güter x_1 und x_2 abhängt. Die Gewinnfunktion lautet dabei $G(x_1; x_2) = E(x_1; x_2) - K(x_1; x_2)$, wobei $E(x_1; x_2)$ die Erlöse und $K(x_1; x_2)$ die Kosten darstellen. Ein weiteres Beispiel ist die Produktionsfunktion, bei der die Input-Faktoren Arbeit L (entspricht x_1) Kapital K (entsprich x_2) in einer sogenannten Cobb-Douglas-Funktion dargestellt werden: Output $f(L; K) = y(L; K) = L^\alpha * K^\beta$ mit $0 \leq \alpha; \beta \leq 1,0$.

Die Differenziation solcher multivariater Funktionen ist Voraussetzung für die Lösung von Optimierungsproblemen, bei denen es darum geht, die Mengen x_1 und x_2 so zu bestimmen, dass die Funktion f(y) maximiert oder minimiert wird. Ein *partielles Differenzial*, nämlich die Ableitung nach nur einer variable, z. B. x_1, setzt voraus, dass x_2 als Konstante betrachtet wird. Die erste Ableitung stellt dann die Tangentengerade an $y(x_1)$ dar, möglicherweise in Abhängigkeit von x_2. Bei der totalen Differenziation werden x_1 und x_2 simultan abgeleitet, was zur totalen Ableitung $y'(x_1; x_2) = y_{x_1}(x_1; x_2) * dx_1 + y_{x_2}(x_1; x_2) * dx_2$ führt. Diese beschreibt die Tangentenebene an $y(x_1; x_2)$.

Bivariate *Optimierungsprobleme* in der Wirtschaftswissenschaft stehen oftmals auch in Verbindung mit einer Nebenbedingung (NB), z. B. darf die Gesamtmenge aus $x_1 + x_2$ nicht den Wert c übersteigen, wegen limitierter Produktionskapazitäten. Als Beispiel gilt es, die Gewinnfunktion $G(x_1; x_2)$ zu maximieren, ohne dass die Gütermengen x_1 und x_2 in Summe den Wert 5 übersteigen. Somit gilt: max.$G(x_1; x_2)$ unter der NB: $x_1 + x_2 \leq 5$. Der Lösungsprozess umfasst die folgenden Schritte: (1) Auflösen der Nebenbedingung nach x_2; (2) Einsetzen von x_2 in die Hauptfunktion; (3) Bestimmung des Extremwerts durch Setzen der ersten Ableitung gleich null (BEO); (4) Auflösen nach x_1 und (5) Einsetzen von x_1 in die Nebenbedingung zur Berechnung von x_2.

4.21 Das Integral einer Funktion

4.21.1 Bedeutung des Integrals

Das Differenzial einer Funktion ermöglichte es bislang, die Steigung einer Funktion für bestimmtes x zu bestimmen, als Maß für die Richtung und die Intensität, wie sich Funktionswerte bei marginaler Änderung von x entwickeln. Dies gelang, indem in einem Segment der Funktion eine Sehne als linear verlaufender Graph auf einen Punkt konzentriert wurde. Schneller gelang man zum Ergebnis über die erste Ableitung der Funktion in diesem Punkt. Anstatt den Graphen um eine Dimension von x zu reduzieren, geht das Integral den umgekehrten Weg und erweitert den linear-gerichteten Graphen um eine x-Dimension. Dabei fügt es der Linearität eine weitere Abmessung hinzu, was zur Fläche führt. Betriebswirtschaftlich ist dies interessant, denn viele Funktionen werden mit der Multiplikation mit x erweitert, wie z. B. P(x) ∗ x, was bekannterweise den Umsatz ausdrückt. Oder k_v ∗ x ergeben die variablen Kosten. Grafisch stellt dann das Produkt den Flächeninhalt unter der jeweiligen Funktion P(x) oder $k_v(x)$ dar. Konkreter ermöglicht die Integralrechnung, den Flächeninhalt zwischen einem Graphen und der x-Achse zu berechnen (Abb. 4.33). Dabei wird das **unbestimmte Integral** verwendet, was im Folgenden verdeutlicht werden soll.

Angenommen, F(x) ist die Funktion, die den Flächeninhalt A zwischen einer Funktion f(x) und der Linie y = 0, also der x-Achse, beschreibt. Dabei wird die untere Grenze des Flächeninhalts durch a und die obere Grenze durch x festgelegt (Abb. 4.33). x soll nun um Δx zunehmen. Dies führt dazu, dass der Flächeninhalt A um ΔF ansteigt. Dieses ΔF als Zusatzfläche muss zwischen f(x) ∗ Δx und (f(x) + Δf) ∗ Δx liegen, es gilt also: f(x) ∗ Δx ≤ ΔF ≤ (f(x) + Δf) ∗ Δx. Wenn man nun beide Seiten durch Δx teilt, erhält man f(x) ≤ $\frac{\Delta F}{\Delta x}$ ≤ f(x) + Δf mit $\frac{\Delta F}{\Delta x}$ als ein Steigungsdreieck. Lässt man schließlich Δx gegen

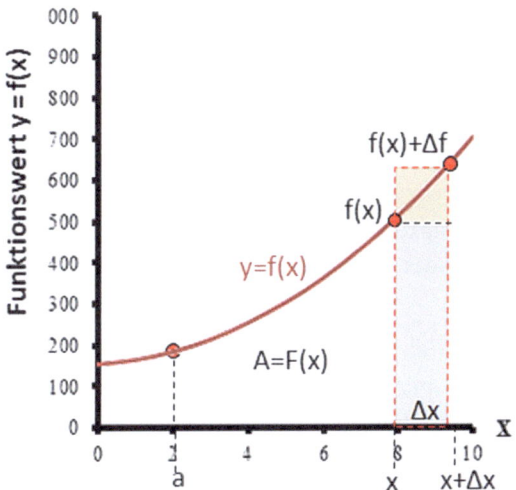

Abb. 4.33 Das unbestimmte Integral bildet den Flächeninhalt der Funktion mit der x-Achse ab

null gehen, verschwindet ΔF, und es ergibt sich $f(x) \le \frac{dF}{dx} \le f(x) \cdot \frac{dF}{dx}$ ist die Ableitung der Flächenfunktion F(x) und daher wird F(x) als Stammfunktion von f(x) bezeichnet. Sie kann damit durch Integration, als Umkehrung der Differenziation, gefunden werden.

Aus der Ableitung einer Funktion F(x) ergibt sich wiederum eine Funktion f(x) = dF/dx. Multipliziert man nun beide Seiten mit dx, erhält man dF = f(x) * dx, was zeigt, dass die Integration von f(x) über dx die Stammfunktion *F(x)* ergibt. Für die Schreibweise des Integrierens gilt dann: $\int f(x) * dx = F(x) + C$, wobei *f(x)* der Integrand, d*x* die Integrationsvariable und C die Integrationskonstante ist. C kann jeden beliebigen Wert annahmen, und deshalb wird das Integral zu einer unbestimmten Funktion, wie folgende Rechenbeispiele verdeutlichen:

1. $\int x^2 * dx = \frac{1}{3} x^3 + C$
2. $\int a^2 * dx = a^2 * \int 1 * dx = a^2 x + C$
3. $\int \frac{dx}{x^2} = \int x^{-2} * dx = -x^{-1} + C = -\frac{1}{x} + C$
4. $\int (a - x) * dx = ax - \frac{1}{2} x^2 + C$
5. $\int (a - x)^2 * dx = \int (a^2 - 2ax + x^2) * dx = a^2 x - ax^2 + \frac{1}{3} x^3 + C$

4.21.2 Integrationsregeln

Die vorherigen Rechenbeispiele ließen bereits auf ein regelhaftes Vorgehen beim Integrieren von Funktionen schließen. Das Integral zu bilden fällt leichter, wenn man sich die Ableitung zuerst vorstellt. Sei beispielsweise d * f(x) eine abzuleitende Funktion, dann ist die erste Ableitung $\frac{d*f(x)}{dx}$, also f'(x). Wenn aber eine Funktion *f(c)* ohne x-Variable nach x abzuleiten ist, dann ist die Ableitung $\frac{df(c)}{dx} = 0$, dann folgt auch für das Integral: $\int 0 = C$, also eine von x unabhängige Konstante.

Für eine nach x abzuleitende Funktion a * f(x) ist $\frac{d(a*f(x))}{dx} = a * f'(x)$. Für deren Integral gilt dann:
$\int a * f'(x) dx = a \int f'(x) dx = a * f(x) + C$, also wird die Konstante beim Integranden vor das Integral gestellt.

Für eine nach x abzuleitende Funktionssumme f(x) + g(x) gilt: $\frac{d(f(x)+g(x))}{dx} = (f'(x) + g'(x)) dx$. Und das Integral ist dann $\int (f'(x) + g'(x)) dx = \int f'(x) dx + \int g'(x) dx$. Eine Funktionssumme kann also summandenweise integriert werden.

Für das Integral einer nach x abzuleitenden Potenzfunktion x^r gilt: $f(x) : x^r * dx = \frac{1}{r+1} * x^{r+1} + C$ für $r \ne -1$.

Es gibt aber auch Sonderfälle, die es sich einzuprägen gilt, nämlich: $\int (f'(x) * g'(x)) dx \ne \int f'(x) dx, * \int g'(x) dx$ und: $\int \frac{f'(x)}{g'(x)} dx \ne \frac{\int f'(x) dx}{\int g'(x) dx}$

4.21 Das Integral einer Funktion

Einige weitere Beispiele sollen die Integrationsregeln verdeutlichen:

1. $\int (x^2 - 2x + 3)dx = \frac{1}{3}x^3 - x^2 + 3x + C$
2. $\int \frac{dx}{x^3} = -\frac{1}{4x^4} + C$
3. $\int \sqrt{x} * dx = \int x^{\frac{1}{2}} * dx = \frac{2}{3} * x^{\frac{3}{2}} + C = \frac{2}{3} * x * \sqrt{x} + C$
4. $\int x * \sqrt{a} * dx = \frac{1}{2} * x^2 * \sqrt{a} + C$
5. $7 * \int \frac{dx}{x} = -7 * \frac{1}{2x^2} + C$
6. $\int (x-4)^2 * dx = \int (x^2 - 8x + 16) * dx = \frac{1}{3}x^3 - 4x^2 + 16x + C$

4.21.3 Vom unbestimmten zum bestimmten Integral

Beim Übergang vom unbestimmten zum **bestimmten Integral** wird das Integral, das ursprünglich durch $\int f(x) * dx = F(x) + C$ beschrieben wird, durch Hinzufügen der Integrationsgrenzen a und x zu einem bestimmten Integral. In der unbestimmten Form gibt die Konstante C dem Graphen eine beliebige vertikale Lage, weshalb das Integral unbestimmt bleibt. Wird jedoch die untere Grenze a hinzugefügt, so wird die Fläche A unterhalb von *f(x)* und der x-Achse, auch ausgedrückt durch das unbestimmte Integral als Funktion von *F(x)*, um die linke Fläche *F(a)* von der y-Achse abgegrenzt (Abb. 4.34). *F(a)* muss dann vom unbestimmten Integral abgezogen werden. *F(a)* ist wiederum ein unbestimmtes Integral von *f(x)*, welches dieselbe Integrationskonstante C enthält, und beim Abzug verrechnet sich diese zu null. Also: $\int_a^x f(x)dx = [F(x) + C]_a^X = F(x) + C - (F(a) + C) = F(x) - F(a)$. Das Integral wird dadurch bestimmt.

Folgendes Beispiel in Abb. 4.35 soll das Integrieren innerhalb eines Intervalls mit Integrationsgrenzen $1 \leq x \leq 2$ verdeutlichen. Das Intergral drückt den Flächeninhalt unterhalb der Funktion $y = x^2$ bis zur x-Achse in den Grenzen $a = 1$ und $x = 2$ aus.

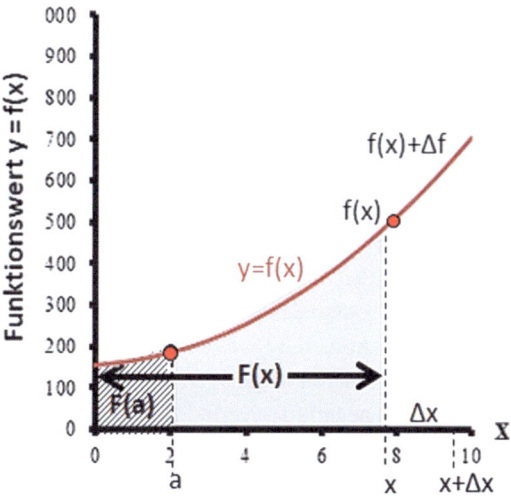

Abb. 4.34 Das Hinzufügen von Integrationsgrenzen macht das Integral bestimmt

Abb. 4.35 Beispiel zur Berechnung des bestimmten Integrals

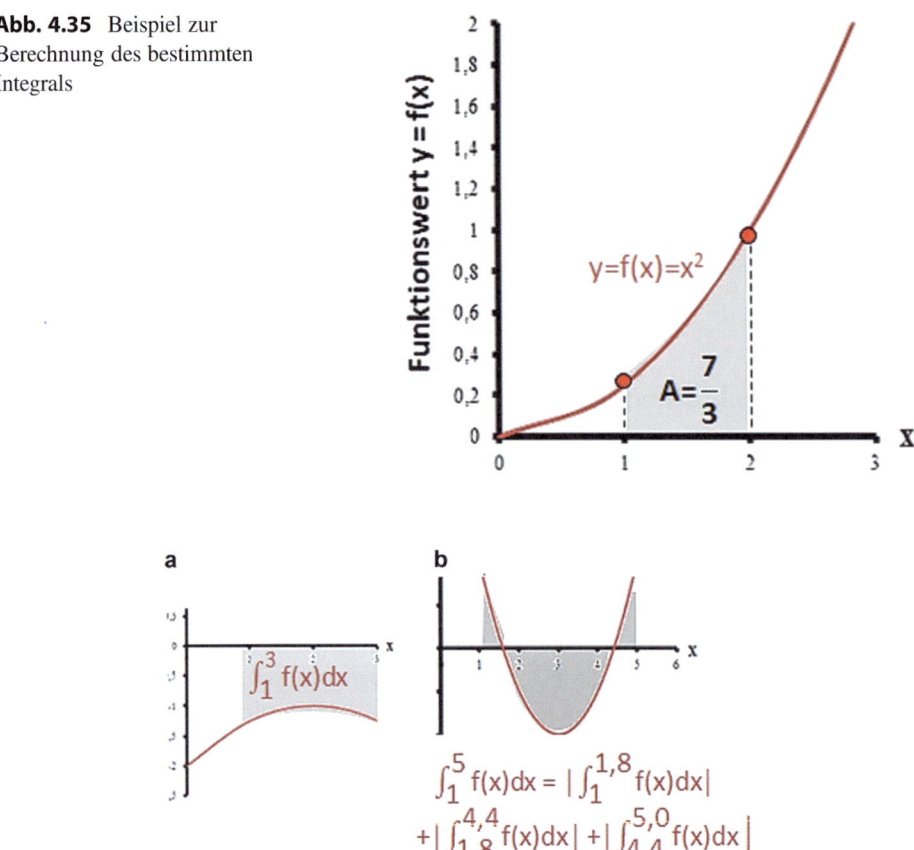

Abb. 4.36 Das Integral kann eine negative Fläche umfassen (**a**) oder segmentierte Teilflächen unterschiedlichen Vorzeichens (**b**)

Also gilt: $\int_1^2 x^2 dx = \left[\frac{1}{3}x^3\right]_1^2 = \frac{1}{3}2^3 - \frac{1}{3}1^3 = \frac{1}{3}*8 - \frac{1}{3}*1 = \frac{7}{3}$. Ebenso lässt sich die Frage beantworten, für welches x der Flächeninhalt $A = \frac{61}{3}$ beträgt. Es gilt: $\left[\frac{1}{3}x^3\right]_1^x = \frac{61}{3} \Rightarrow \frac{1}{3}x^3 - \frac{1}{3}1^3 = \frac{61}{3} \Rightarrow x = \sqrt[3]{64} = 4$.

Bei der Berechnung des Integrals innerhalb bestimmter Grenzen kann es auch zu negativen Ergebnissen kommen, da der Graph von *f(x)* negative Funktionswerte einnimmt (Abb. 4.36a). Ebenso kann *f(x)* Nullstellen besitzen, wodurch das Integral in positive und negative Segmente aufgeteilt wird (Abb. 4.36b). In solchen Fällen müssen die Beträge der Segmentflächen summiert werden, um die Gesamtfläche zu erhalten, andernfalls fällt dies zu klein aus.

Schließlich kann das bestimmte Integral auch den Flächeninhalt zwischen zwei Graphen ausdrücken (Abb. 4.37). Dies geschieht, indem vom Integral des einen Graphen das Integral des anderen abgezogen wird. Dabei ist die Reihenfolge unerheblich, denn wenn das Ergebnis negativ ist, verlief der Graph des angezogenen Integrals offensichtlich oberhalb des anderen Graphen. Also sollte stets vom Ergebnis der Betrag betrachtet werden. Dies gilt insbesondere, wenn sich beide Graphen schneiden und sich dadurch der Verlauf

4.21 Das Integral einer Funktion

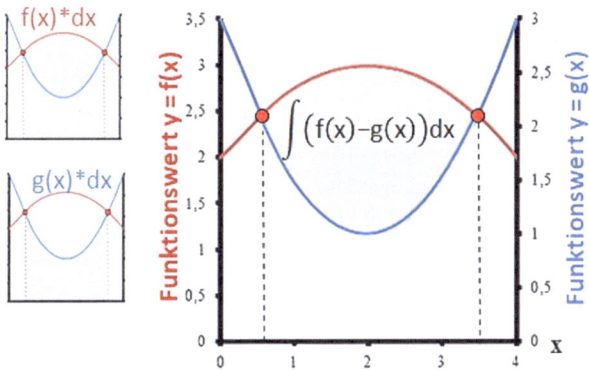

Abb. 4.37 Das Integral kann auch für die Berechnung der eingeschlossenen Fläche zwischen zwei Graphen verwendet werden

zueinander umkehrt. Dann gilt wie bereits im Fall nur eines Graphen ein segmentweises Vorgehen, bei dem zuerst die Schnittstellen beider Funktionen ermittelt werden, und dann jeweils Integrale der Intervalle zwischen den Schnittpunkten berechnet werden. Für das Integral aus zwei Funktion gilt allgemein: $A = |\int f(x) * dx - \int g(x) * dx|$ oder $A = |\int (f(x) - g(x))dx|$.

Folgendes Rechenbeispiel verdeutlicht die Integralrechnung zweier Funktionen $f(x) = x^3 - 4x$ und $g(x) = 4x - 2x^2$.

Schnittpunkte: $x^3 - 4x = 4x - 2x^2 \Rightarrow x^3 + 2x^2 - 8x = 0 \Rightarrow x(x^2 + 2x - 8) = 0 \Rightarrow$ $\mathbf{x_1 = 0}$

Klammer: $x^2 + 2x - 8 = 0 \Rightarrow 8 + 1 = x^2 + 2x + 1 \Rightarrow 9 = (x+1)^2 \Rightarrow \pm 3 = x + 1 \Rightarrow \mathbf{x_2 = -4}$ und $\mathbf{x_3 = 2}$

Segmente: -4 bis 0 und 0 bis 2; bilde $f(x) - g(x) = x^3 - 4x - 4x + 2x^2 = x^3 + 2x^2 - 8x$

$\Rightarrow \quad A_1 = \int_{-4}^{0} (x^3 + 2x^2 - 8x)dx = \left[\frac{1}{4}x^4 + \frac{2}{3}x^3 - 4x^2\right]_{-4}^{0} = \left(\frac{1}{4}0^4 + \frac{2}{3}0^3 - 4*0^2\right) -$

$\left(\frac{1}{4}(-4)^4 + \frac{2}{3}(-4)^3 - 4*(-4)^2\right) = 0 - \left(\frac{1}{4}(-4)^4 + \frac{2}{3}(-4)^3 - 4*(-4)^2\right) = -64 + \frac{128}{3} + 64 = \frac{128}{3}$

$A_2 = \int_{0}^{2} (x^3 + 2x^2 - 8x)dx = \left[\frac{1}{4}x^4 + \frac{2}{3}x^3 - 4x^2\right]_{0}^{2} = \left[\frac{1}{4}2^4 + \frac{2}{3}2^3 - 4*2^2\right] - 0 = 4 + \frac{16}{3} - 16 = -\frac{20}{3} \Rightarrow |A_1| + |A_2| = |\frac{128}{3}| + |-\frac{20}{3}| = \mathbf{\frac{148}{3}}.$

4.22 Integration von Funktionen im wirtschaftlichen Kontext

4.22.1 Integral zur Berechnung variabler Gesamtkosten

Wirtschaftliche Größen über die Integralfunktion zu ermitteln ist im Gegensatz zur Differenziation eher seltener in der angewandten Wirtschaftsmathematik anzutreffen. Was die vorherigen Abschnitte anhand der Ableitung für Kosten-, Umsatz- und Nutzenfunktionen veranschaulichte, lässt sich an ihnen auch umgekehrt für die Integration anwenden. Bei der Betrachtung variabler Kosten ließen sich bereits zwei Fälle unterscheiden, nämlich konstante und linear steigende variable Stückkosten.

Fall 1: Konstante variable Stückkosten ((k_v = const)). Wenn die variablen Stückkosten konstant sind, also k_v für jede produzierte Einheit gleich bleibt, ergeben sich die variablen Gesamtkosten als das Produkt von k_v und der Produktionsmenge x. Die Gesamtkosten $k_v(x)$ entsprechen somit der Fläche unter der k_v-Geraden. Mathematisch lässt sich dies durch das Integral $K_v(x) = \int k_V * dx$ darstellen, was zu $[k_V * x + C]_0^X$ führt. Die Integrationskonstante fällt nach dem Integrieren in den Schranken 0 und x weg, wodurch $k_V * x$ verbleibt. Bei konstantem k_v entspricht das Integral einfach der Rechteckflächenformel (Abb. 4.38a).

Abb. 4.38 Variable Gesamtkosten als Integral konstanter (**a**) oder mit der Menge wachsender variabler Stückkosten (**b**)

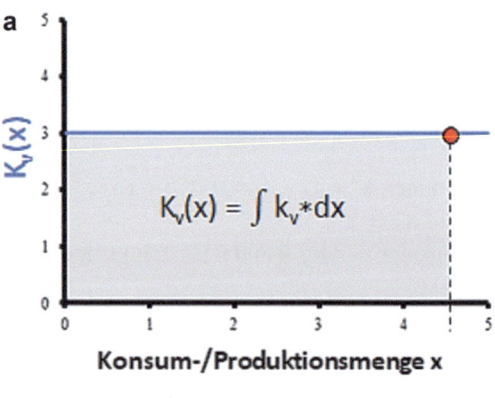

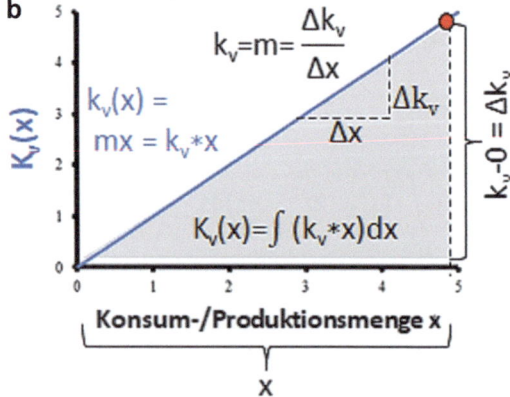

4.22 Integration von Funktionen im wirtschaftlichen Kontext

Fall 2: Nicht-konstante variable Kosten ($k_v \neq$ const). Die variablen Kosten sind nicht konstant und steigen beispielsweise linear mit der Produktionsmenge x, also ist k_v eine Funktion von x. In diesem Fall wird $k_v(x)$ durch das Integral $\int (k_V * x)\, dx$ berechnet. Integriert führt dies zu $\left[\frac{1}{2} k_V * x^2 + C\right]_0^X$. Da $k_v(x)$ eine Ursprungsgerade ist, gilt $k_v = \frac{\Delta k_v}{\Delta x}$, und dies eingesetzt führt zu $\left[\frac{1}{2} * \frac{\Delta k_v}{\Delta x} x^2 + C\right]_0^X$. Zerlegt man x^2 in $x * x$ und spaltet man eines davon zur Multiplikation mit $\frac{\Delta k_v}{\Delta x}$ ab, ergibt sich $\left[\frac{1}{2}\left(\frac{\Delta k_v}{\Delta x} x\right) * x + C\right]_0^X$, und der Klammerausdruck führt zum Funktionswert $k_v(x)$, was das Integral vereinfacht zu $\left[\frac{1}{2} k_V * x + C\right]_0^X$. Die Integrationsgrenzen eingesetzt vereinfacht dies zu $\frac{1}{2} k_V * x$, was zur Dreiecksflächenformel führt (Abb. 4.38b).

4.22.2 Integral zur Berechnung des Umsatzes

Der Erlös oder Umsatz aus dem Verkauf von Gütern ist bereits als das Produkt des Preises und der Absatzmenge erläutert worden (Abschn. 4.7.3). Daher muss sich der Umsatz auch aus dem Integral der Preis-Mengen-Funktion als Flächeninhalt unter der *P(x)*-Geraden im Intervall 0 und der Menge x ergeben. Auch lässt sich zwischen konstanten und in x fallenden Preisen unterscheiden. Erstere sind im Polypol und Letzteres im Monopol vorherrschend.

Fall 1: Konstante Marktpreise *P(x)* = const. (Polypol). Im Fall konstanter Marktpreise, wie es häufig bei Massengütern der Fall ist, bleibt der Preis unabhängig von der Produktionsmenge x unverändert, ist also aus Sicht des Anbieters exogen vorgegeben. Der Gesamterlös $E(x) = P(x) * x$ ergibt sich somit als Rechteckfläche unter der horizontalen *P(x)*-Geraden. Das Integral zur Berechnung des Umsatzes lautet $E(x) = \int P(x) * dx \Rightarrow E(x) = [P(x) * x + C]_0^X = P * x$ (Abb. 4.39a). Da die Integrationskonstante C nach dem Integrieren wieder wegfällt, kann der Umsatz einfach mit der Rechteckflächenformel berechnet werden. Der Konsumnutzen *U(x)* entspricht also dem Umsatz *E(x)*, da die

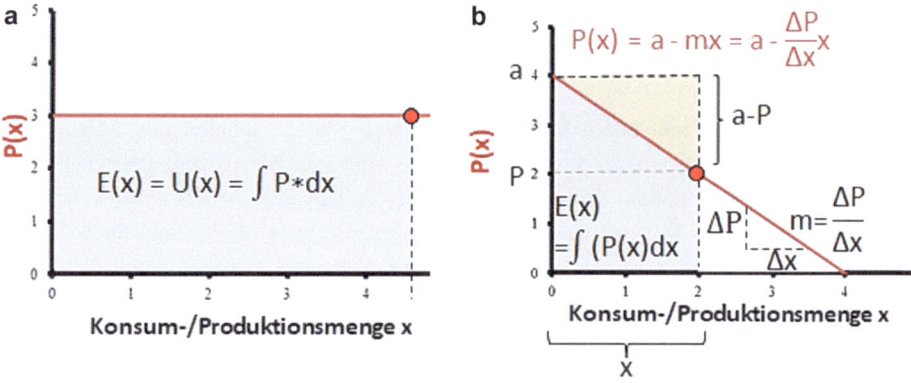

Abb. 4.39 Umsatz als Integral konstanter (**a**) oder mit der Menge fallender Preise (**b**)

Ableitung des Konsumnutzens U'(x) den Preis P ergab. Das ist logisch, denn die für gekaufte Produkte ausgegebene Geldmenge bedeutet für den Verkäufer wohl Umsatz, für den Konsument jedoch ist diese ein Äquivalent für den zu erwartenden Konsumnutzen.

Fall 2: Nicht-konstante Preise P(x) ≠ const (Monopol). Wenn die Preise nicht konstant sind, sondern beispielsweise linear mit der Produktionsmenge x abnehmen, wie es bei Luxusgütern der Fall sein kann, ergibt sich eine andere Berechnung. Der Umsatz *E(x)* wird zunächst wieder allgemein durch das Integral $\int (P(x) * x) dx$ ausgedrückt. Der Funktionswert P ergibt sich aus dem von a subtrahierten ΔP, Letzteres wird über das Steigungsdreieck $\frac{\Delta P}{\Delta x}$ berechnet, und es gilt: $\Delta P = \frac{\Delta P}{\Delta x} * x$. Mit der Funktion $P(x) = a - \frac{\Delta P}{\Delta x} * x$ gelangt man nun zur Integrationsformel $[ax - \frac{1}{2} * \frac{\Delta P}{\Delta x} x^2 + C]_0^X$. Darin ist wieder $\frac{\Delta P}{\Delta x} * x = \Delta P$ enthalten, und dieses kann man nun durch (a–P) ersetzen. Der Erlös *E(x)* ist also das Integral $[ax - \frac{1}{2}(a-P)x + C]_0^X$. Die Integrationsgrenzen eingesetzt ergibt schließlich $ax - \frac{1}{2}(a-P)x$. Dies lässt sich, wie in Abb. 4.39b ersichtlich, auch als großes Rechteck (a * x) minus oberes Dreieck $\frac{1}{2}(a-P)x$ darstellen, wobei also die Rechtecks- und Dreiecksflächenformel zur Anwendung kommen. Die Integrationskonstante ist hierbei wieder ohne Bedeutung und entfällt nach dem Integrieren. Das Integral entspricht erneut dem Erlös oder dem Bruttonutzen aus dem Konsum.

4.22.3 Polypolistischer Nettonutzen

Dass man mit dem Integral eine Fläche, die zwischen zwei Graphen eingeschlossen ist, ermitteln kann, lässt sich ökonomisch anhand der Berechnung zum **Nettonutzen** veranschaulichen. Volkswirtschaftlich entspricht der Nettonutzen der Wertedifferenz aus Erlös und Kosten. Damit entspricht der Nettonutzen formal dem Gewinn, jedoch handelt es sich diesmal nicht nur um den Unternehmensgewinn, also der Differenz zwischen Marktpreis und Stückkosten multipliziert mit der Menge, sondern auch um den gesellschaftlichen Gewinn, nämlich jener der Konsumenten. Wenn diese ein Gut zum Preis P kaufen, der unter ihrer maximalen Preisbereitschaft, also einem Punkt entlang der *P(x)*-Geraden, liegt, sparen sie Geld. Dieses können sie für anderweitigen Konsum ausgeben, haben dadurch also einen Nutzen. In Abb. 4.40 wäre der gezahlte Preis $P = k_v$, und das folgt bekanntlich dem Polypol, in dem die gesamte Marktmenge x^{opt} annähernd zu variablen Stückkosten k_v angeboten wird. Konsumenten jedoch nehmen den Markt nicht zwangsläufig als Massenmarkt wahr, weshalb sie eine Preisbereitschaft gegenüber dem Gut besitzen, welche höhere Preise akzeptabel erscheinen lässt. Auch wird es Anbieter geben, die nur einen Teil der Gesamtmarktmenge beisteuern, diese dann auch zu vergleichsweise kleinerem k_v herstellen. Entlang der x-Achse ergeben sich somit für jedes x eine Differenz zwischen *P(x)* und $k_v(x)$. Es wird also stets das Gut günstiger angeboten als man gezahlt hätte. Die Fläche unter der k_v-Geraden wurde bereits als variable Gesamtkosten erörtert. Die Fläche unter der *P(x)*-Geraden wurde ebenfalls bereits als Gesamtkonsumnutzen vorgestellt. Zieht man von diesem Bruttonutzen die variablen Ge-

4.22 Integration von Funktionen im wirtschaftlichen Kontext

Abb. 4.40 Nettokonsumnutzen als Integral aus Preis- und Grenzkostenfunktion

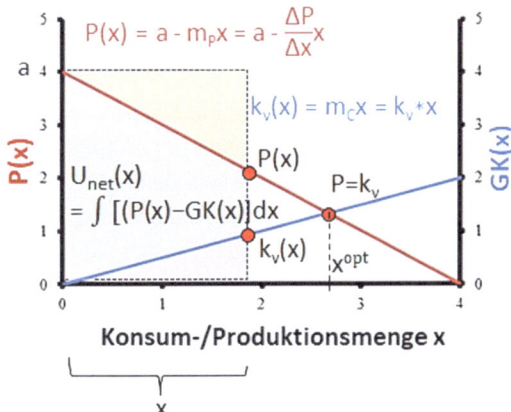

samtkosten ab, verbleibt der gesellschaftliche Gewinn, an dem die Produzenten als Teil der Gesellschaft partizipieren. Dieser wird dann Nettonutzen genannt.

Grafisch entspricht der Nettonutzen $U_{net}(x)$ der eingeschlossenen Fläche zwischen dem Preisgraphen $P(x)$ und dem Grenzkostengraphen $GK(x)$. Letzterer ist die nach Ableiten der parabelförmigen Gesamtkostenfunktion verbleibende $k_v(x)$-Gerade. Diese Fläche lässt sich durch die Integration der Differenz zwischen dem Preis $P(x)$ und den Kosten $k_v(x)$ ermitteln, wobei die resultierende Flächenformel eine Stammfunktion darstellt. Beide Integrale wurden in den vorherigen Abschnitten behandelt, also gilt unter Polypol-Bedingungen: $U_{net}(x) = \int_0^x (P(x) - K(x))dx = \left[ax - \frac{1}{2}(a-P)x - \frac{1}{2}k_v * x\right]_0^X = ax - \frac{1}{2}(a-P)x - \frac{1}{2}k_v * x$. Dieses Ergebnis bedeutet, dass vom Rechteck $a*x$ zwei Dreiecke abgezogen werden, nämlich eines über $P(x)$ und eines unter $k_v(x)$ (siehe Abb. 4.40).

Um zu bestimmen, für welches x das U_{net} maximal wird, substituiert man die Terme $(a-P)$ mit $m_P * x$ und k_v mit $m_C * x$. Es ergibt sich $U_{net}(x) = ax - \frac{1}{2}(m_P x)x - \frac{1}{2}(m_C x)*x = ax - \frac{1}{2}m_P x^2 - \frac{1}{2}m_C x^2$. Das maximale U_{net} ist ein Optimum, weshalb die Lösung über Differenzieren gefunden werden kann. Die BEO lautet: $U_{net}'(x) = 0 = a - m_P x - m_C x = a - x(m_P + m_C) \Rightarrow a = x(m_P + m_C) \Rightarrow x^{opt} = \frac{a}{m_P + m_C}$. Die optimale Angebotsmenge lässt sich mittels Quotient aus Prohibitivpreis a und der Summe beider Geradensteigungen bestimmen, wobei Letztere als Positivwert einzusetzen sind. Anhand der x^{opt}-Formel lässt sich leicht erkennen, dass der gesellschaftliche Nettonutzen nur dann größer wird, wenn die $P(x)$- und $k_v(x)$-Geraden flacher verlaufen. Produzenten müssen also kosteneffizienter werden, Konsumenten müssen auch für größere Angebotsmengen höhere Preisbereitschaften entwickeln.

4.23 Abschließende Betrachtung zur mathematischen Wirtschaftsanalyse

Die vorhergehenden Abschnitte machen deutlich, wie wertvoll mathematische Methoden für das Verständnis ökonomischer Vorgänge sind. Es hat sich gezeigt, dass sich wirtschaftliche Prozesse realitätsnah durch die Analysis und ein Koordinatensystem abbilden lassen. Zudem ermöglicht die Algebra, ausgewählte Veränderungsprozesse innerhalb eines Modells quantitativ zu erörtern, wobei die Interpretation dieser Prozesse auf betriebs- und volkswirtschaftlichem Grundwissen basiert.

Allerdings wurde auch auf einige Einschränkungen hingewiesen. Numerische Ergebnisse lassen sich nicht immer direkt in der Unternehmenspraxis anwenden, da sie oft nur Relativvergleiche bieten, die Aufschluss über die erwartbaren Veränderungsrichtungen geben. Zudem sollten die Input-Daten für modellhafte Analysen aus empirischen Markt- und Unternehmensstudien stammen.

Trotz dieser Einschränkungen kann die Wirtschaftsmathematik und Modelltheorie helfen, den Erfolg bei der Plastiktransformation mittels WPC-Substitutionstechnologie zu steigern. Unternehmen können künftige Entwicklungen theoretisch vorab durchdenken, mathematisch absichern und glaubhaft dokumentieren. Dies führt dazu, dass Ressourcen effizienter eingesetzt und Verluste vermieden werden, wodurch das Unternehmen insgesamt unter geringerem Risiko zielorientierter transformieren kann.

4.24 Übungen

Die folgenden Übungen beziehen sich auf einen konkreten Produzenten. Hierbei geht es um die Firma „Compolytica", die als Wirtschaftseinheit Güter herstellt. Compolytica hat sich auf innovative biobasierte Kunststoff-Anwendungen (Bioplastik oder Wood-Plastic Composites) spezialisiert und sieht darin ein hohes künftiges Potenzial. Zu ihren Kunststoff-basierten Produkten zählen unter anderem Plastiktransport- und Aufbewahrungsboxen, Verschlussclips etc., sie beliefert aber auch die Industrie mit Halbteilen wie Kunststoffgehäusen für Elektrogeräte.

Unter der zunehmenden Diskussion zu Umwelt- und Gesundheitsschäden aus petrochemischem Kunststoff stellt Compolytica ihre Produktion zunehmend auf biobasierten Kunststoff um und strebt eine betriebliche Plastiktransformation an.

Aufgabe 4.24.1: Grundlagen der Algebra & Anwendungen
Wie können a) die Differenzialanalyse, b) die Grenzwertbestimmung und c) Folgen und Reihen der Wirtschaftswissenschaft helfen? Erläutern Sie beispielhaft qualitativ.
Lösung:

a) Differenzialanalyse: Bildet man die Entwicklung von Messergebnissen, z. B. Kosten pro Menge, durch eine mathematische Funktion ab und besitzt diese ein Minimum, kann

man diejenige Menge als unternehmerisches Ziel festlegen, unter der die Kosten minimal werden.
b) Grenzwertbestimmung: Zeigt sich, dass sich bisher gewonnene Messergebnisse, z. B. verkaufte Menge pro Kundenbesuch, unter stetiger Weiterentwicklung einem Grenzwert nähern, kann man bereits frühzeitig erkennen, dass ein stetiges Aufstocken von Ressourcen, z. B. Verkaufspersonal, zunehmend an Wirkung verliert.
c) Folgen und Reihen: Zeigen bisherige Messergebnisse, z. B. Anzahl an Produktionsfehler, eine systematische Entwicklung, z. B. Zunahme der Fehler pro weitere produzierte 100 Stück, so kann man die insgesamt fehlerhaften Stück für künftige Produktionsgesamtmengen voraussagen und gleich um diese Menge mehr produzieren, um die Zielmenge auch tatsächlich zu erhalten.

Aufgabe 4.24.2: Grundlagen der Algebra & Anwendungen
Beschreiben Sie qualitativ den Aufbau und die Funktionsweise des mathematischen Marktmodells.
Lösung:
Das mathematische Marktmodell besitzt zwei primäre Achsen als Dimensionen (x- und y-Achse) und lässt sich um eine weitere sekundäre y-Achse erweitern. Die x-Achse stehe für Input-Daten, z. B. Produktionsmenge, die y-Achse/n verknüpft diese mit einer/zwei Funktionswerten als Output-Größen, z. B. Gewinn und/oder Umsatz. Die Skalierung der beiden y-Achsen kann unterschiedlich sein und die der x-Ache ist zwangsläufig unterschiedlich, z. B. Stückzahl. Es enthält mindestens einen Graphen, der den Verlauf der y-Werte mit zunehmenden x-Werten visualisiert. Es lässt sich aber auch eine ganze Kurvenschar abbilden, wobei dann am Graphen selbst eine Zuordnung zur primären oder sekundären y-Achse kenntlich gemacht werden muss. Das Modell erlaubt eine qualitative Interpretation der Entwicklung von abhängigen Funktionswerten. Quantitative Analysen erlauben die Bestimmung von Extrema und Grenzwerten und Schnittpunkten. Ebenso lasen sich Kurven horizontal und vertikal aggregieren. Wichtig zu wissen ist, dass das Modell von der Wirklichkeit abstrahiert ist, Ergebnisse müssen zwangsläufig weniger realistisch sein.

Aufgabe 4.24.3: Grundlagen der Algebra & Anwendungen
Erklären Sie qualitativ mathematisch den Unterschied zwischen Folgen und Reihen.
Lösung:
Eine Folge ist eine Abfolge von Einzelwerten, die eine Regelmäßigkeit, z. B. stetiges Wachstum, aufweisen können, aber nicht müssen. Eine Folge kann mathematisch anhand einer Formel abgebildet werden, die genau oder annähernd jede weitere Zahl prognostizierbar mach. Von Nutzen ist z. B. die Folge der Quartalsgewinne eines Unternehmens, die anhand einer Formel prognostizierbar werden.
Eine Reihe ist eine Abfolge von Summenwerten, die jedem vorherige Glied einen Betrag hinzuaddiert, der von der Größe her entweder konstant ist oder vom Rang des

Summanden abhängt. Reihen sind nützlich, da sie sofort Endergebnisse aufzeigen, z. B. quartalsweise Gesamtgewinnentwicklung.

Aufgabe 4.24.4: Grundlagen der Algebra & Anwendungen
Compolytica plant die Produktionsmengen *x(i)* für die nächsten i = 1 ... 10 Quartale und kommt zu nebenstehenden Ergebnissen. Die Mengen wurden mittels folgender Formel berechnet: $x(i) = x_{i-1} + 10i$ mit $x \in R^+$ und $x_0 = 155$.

a) Handelt es sich dabei um eine i) Folge oder eine ii) Reihe? Begründen Sie!
b) Konvergieren die Einzelwerte oder divergieren sie oder alternieren sie?
c) Sollte es sich um eine Folge handeln, wandeln Sie diese in eine Reihe um, sonst die Reihe in eine Folge.
d) Ergänzen Sie die leere Spalte mit Ihren Ergebnissen aus c).

Quartal i	Menge x(i)	Ergebnis d)
0	155	
1	165	
2	185	
3	215	
4	255	
5	305	
6	365	
7	435	
8	515	
9	605	
10	705	

Lösung:

a) Es handelt sich um eine Folge, da die Formel lediglich i-te Einzelwerte berechnet. Es fehlt das $\sum$-Zeichen.
b) Die Werte divergieren gegen ∞.
c) Die Reihe lautet:

$$\sum_{i=1}^{n} x_i = (x_0 + 10*1) + (x_1 + 10*2) + (x_2 + 10*3) + \ldots + (x_n + 10n)$$
$$= \sum_{i=1}^{n} (x_{i-1} + 10*i)$$

d) Siehe Eintragung letzte Spalte der Tabelle.

Quartal i	Menge x(i)	Ergebnis d)
0	155	**155**
1	165	**320**
2	185	**505**
3	215	**720**
4	255	**975**
5	305	**1280**
6	365	**1645**
7	435	**2080**
8	515	**2595**
9	605	**3200**
10	705	**3905**

Aufgabe 4.24.5: Grundlagen der Algebra & Anwendungen

Die Geschäftsführung von Compolytica möchte, dass der Gewinnverlauf der nächsten zehn Perioden einer Systematik unterliegt. Hierzu formuliert sie folgende Regel: Der Gewinn der nächsten Periode soll den Gewinn der Vorperiode um die Hälfte der quadrierten Differenz der letzten beiden Perioden übersteigen. Diese Regel soll ab $i = 2$ gelten, in $i = 0$ betrug G(0) = 5 Mio. € und in $G(1)$ rechnet man fest mit 6 Mio. €.

a) Stellen Sie die Summenformel der Gewinnreihe auf.
b) Tragen Sie die Werte in nebenstehende Tabelle ein.
c) Divergiert oder konvergiert die Reihe?
d) Hätte man die Regel auch einfacher formulieren können? Machen Sie einen Vorschlag für eine praktikable Summenformel.

Periode i	Gewinn $G(i)$
0	5
1	7
2	
3	
4	
5	
6	
7	
8	
9	
10	

Lösung:

a) $G(0) = 5; G(1) = 7; G(i) = \sum_{i=2}^{10} G_{i-1} + \frac{1}{2}(G_{i-1} - G_{i-2})^2$

b) Siehe Eintragungen letzte Tabellenspalte:

$$G(2) = 7 + 0{,}5(7-5)^2 = 7 + 0{,}5 * 4 = 9$$

$$G(3) = 9 + 0{,}5(9-7)^2 = 11$$

$$G(4) = 11 + 0{,}5(11-9)^2 = 13$$

$$G(5) = 13 + 0{,}5(13-11)^2 = 15$$

$$G(6) = 15 + 0{,}5(15-13)^2 = 17$$

$$G(7) = 17 + 0{,}5(17-15)^2 = 19$$

$$G(8) = 19 + 0{,}5(19-17)^2 = 21$$

$$G(9) = 21 + 0{,}5(21-19)^2 = 23$$

$$G(10) = 23 + 0{,}5(23-21)^2 = 25$$

c) Divergiert gegen ∞.

d) $G(i) = \sum_{i=2}^{10} G_{i-1} + 2 \Rightarrow$ 2 Mio. € Gewinnzuwachs pro Jahr

Periode i	Gewinn G(i)
0	5
1	7
2	**9**
3	**11**
4	**13**
5	**15**
6	**17**
7	**19**
8	**21**
9	**23**
10	**25**

4.24 Übungen

Aufgabe 4.24.6: Funktionen
Erklären Sie qualitativ, für welchen Funktionstyp (ganzrational oder gebrochenrational) ein Auseinanderfallen von Definitions- und Wertebereich eher zu erwarten ist und warum.

Lösung:

Für gebrochenrationale, weil dort die Variable im Nenner ist und dieser in der Mathematik niemals null sein darf. Auch praktisch gesehen ergibt es keinen Sinn, eine teilbare Menge in 0 Teile zu teilen. Somit muss es eine Zahl geben, die den Nenner 0 werden lässt und diese wird vom Definitionsbereich ausgeschlossen. Dieselbe Zahl jedoch kann durchaus im Wertebereich enthalten sein, denn über die Zuordnungsvorschrift wird sie ja mathematisch weiterverarbeitet, sodass sehr wahrscheinlich eine andere Zahl das Ergebnis bilden wird.

Aufgabe 4.24.7: Funktionen
Compolytica berechnet ihre optimale Produktionsmenge y aus einer Funktion vom Typ x^2 mit x = Anzahl Arbeitsstunden. Der Graph der Funktion ist in Abb. 4.41 abgebildet.

a) Stellen Sie die Zuordnungsvorschrift für die Arbeitsstunden zur Produktionsmenge dar.
b) Legen Sie den Definitions- und Wertebereich mathematisch und praktisch fest.
c) Überlegen Sie aus Ihrem BWL-Wissen heraus weitere Fälle, bei denen es bei der betrieblichen Prozess-Analyse eine solche Diskrepanz gemäß b) geben könnte. Überlegen Sie auch einen Fall, bei dem die Diskrepanz durchaus betriebswirtschaftlich Sinn ergibt?

Lösung:

a) $f(x) = y = x^2$
b) mathematisch: $x \in R$; $y \in R^+_0$

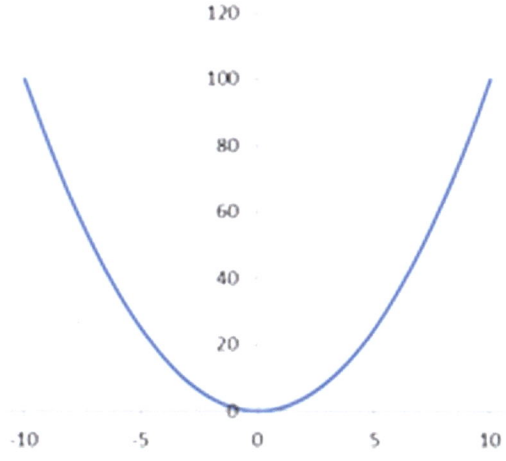

Abb. 4.41 Funktionsgraph vom Typ x^2

praktisch: $x \in R_0^+$; $y \in R_0^+$, da im betriebswirtschaftlichen Sinne keine negativen Mengen an Arbeitsstunden vorkommen und auch keine negativen Produktionsmengen, aber wohl Nullmengen.

c) Gewinne; Verkaufs- und Nachfragemengen; Schadens- oder Verschnitt-/Abfallmengen. Sinn ergibt es z. B. bei der Berechnung einer Steuerlast, da negative Steuerbeträge eine Rückerstattung darstellen.

Aufgabe 4.24.8: Funktionen

Bestimmen Sie aus den gegebenen Informationen die Geradengleichung in Normalform und die Koordinaten der Achs-Abschnitte.

a) A(− 3;− 1) und B(2;− 3)
b) P(5;− 2) und Q(− 2,5/1)
c) $2x - 4y - 5 = 0$
d) $5x - 7y = 0$
e) $b = \frac{4}{3}$ und $m = 2$
f) $b = -4$ und $m = \frac{2}{5}$
g) eine Parallele zur y-Achse durch x = 5
h) eine Parallele zur x-Achse durch y = 3
i) $2x + y - 5 = 0$
j) $-4x + 3y + 6 = 0$

Lösung:

a) $\frac{y-y_1}{x-x_1} = \frac{y_2-y_1}{x_2-x_1} \Rightarrow \frac{y-(-1)}{x-(-3)} = \frac{-3-(-1)}{2-(-3)}$

$\Rightarrow \frac{y+1}{x+3} = \frac{-2}{5} \Rightarrow y+1 = -\frac{2}{5}(x+3) \Rightarrow y+1 = -\frac{2}{5}x - \frac{6}{5} - \frac{5}{5} \Rightarrow y = -\frac{2}{5}x - \frac{11}{5}$

y-Achsabschnitt: x = 0 einsetzen $\Rightarrow y = -\frac{11}{5} \Rightarrow \mathbf{P_y\left(0 / -\frac{11}{5}\right)}$ entspricht auch dem b-Wert

x-Achsabschnitt: y = 0 einsetzen $\Rightarrow 0 = -\frac{2}{5}x - \frac{11}{5} \Rightarrow \frac{2}{5}x = -\frac{11}{5} \Rightarrow x = -\frac{11}{2} \Rightarrow \mathbf{P_x\left(-\frac{11}{2}/0\right)}$

b) $\frac{y-y_1}{x-x_1} = \frac{y_2-y_1}{x_2-x_1} \Rightarrow \frac{y-(-2)}{x-(5)} = \frac{1-(-2)}{-2,5-(5)}$

$\Rightarrow \frac{y+2}{x-5} = \frac{3}{-7,5} \Rightarrow y+2 = -\frac{6}{15}(x-5) \Rightarrow y+2 = -\frac{6}{15}x + 2 \Rightarrow y = -\frac{6}{15}x$ ist eine Ursprungsgerade

y-Achsabschnitt: x = 0 einsetzen $\Rightarrow y = 0 \Rightarrow \mathbf{P_y(0/0)}$ entspricht auch dem b-Wert

x-Achsabschnitt: y = 0 einsetzen $\Rightarrow 0 = -\frac{2}{5}x \Rightarrow x = 0 \Rightarrow \mathbf{P_x(0/0)}$

4.24 Übungen   175

c) nach y auflösen: $4y = 2x - 5 \Rightarrow y = \frac{1}{2}x - \frac{5}{4}$

y-Achsabschnitt: $x = 0$ einsetzen $\Rightarrow y = -\frac{5}{4} \Rightarrow \mathbf{P_y(0/-\frac{5}{4})}$ entspricht dem b-Wert

x-Achsabschnitt: $y = 0$ einsetzen $\Rightarrow 0 = \frac{1}{2}x - \frac{5}{4} \Rightarrow x = \frac{10}{4} = 2{,}5 \Rightarrow \mathbf{P_x(2{,}5/0)}$

d) Werte in die Normalform einsetzen: $y = \frac{2}{5}x - 4$

y-Achsabschnitt: $x = 0$ einsetzen $\Rightarrow y = -4 \Rightarrow \mathbf{P_y(0/-4)}$

x-Achsabschnitt: $y = 0$ einsetzen $\Rightarrow 0 = \frac{2}{5}x - 4 \Rightarrow \frac{2}{5}x = 4 \Rightarrow x = 10 \Rightarrow P_x(10/0)$

e) nach y auflösen: $7y = 5x \Rightarrow y = \frac{5}{7}x$ ist eine Ursprungsgerade

y-Achsabschnitt: $x = 0$ einsetzen $\Rightarrow y = 0 \Rightarrow \mathbf{P_y(0/0)}$

x-Achsabschnitt: $y = 0$ einsetzen $\Rightarrow 0 = \frac{5}{7}x \Rightarrow x = 0 \Rightarrow \mathbf{P_x(0/0)}$

f) Einsetzen in die Normalform: $y = 2x + \frac{4}{3}$

y-Achsabschnitt: $x = 0$ einsetzen $\Rightarrow y = +\frac{4}{3} \Rightarrow \mathbf{P_y(0/\frac{4}{3})}$

x-Achsabschnitt: $y = 0$ einsetzen $\Rightarrow 0 = 2x + \frac{4}{3} \Rightarrow 2x = -\frac{4}{3} \Rightarrow x = -\frac{2}{3} \Rightarrow P_x(-\frac{2}{3}/0)$

g) $x = 5$
h) $y = 3$
i) $y = 5 - 2x$

y-Achsabschnitt: $x = 0$ einsetzen $\Rightarrow y = 5 \Rightarrow \mathbf{P_y(0/5)}$ entspricht auch dem b-Wert

x-Achsabschnitt: $y = 0$ einsetzen $\Rightarrow 0 = 5 - 2x \Rightarrow x = \frac{5}{2} \Rightarrow P_x(\frac{5}{2}/0)$

j) $3y = 4x - 6 \Rightarrow y = \frac{4}{3}x - 2$

y-Achsabschnitt: $x = 0$ einsetzen $\Rightarrow y = -2 \Rightarrow P_y(0/-2)$

x-Achsabschnitt: $y = 0$ einsetzen $\Rightarrow 0 = \frac{4}{3}x - 2 \Rightarrow x = \frac{3}{2} \Rightarrow P_x(\frac{3}{2}/0)$

Aufgabe 4.24.9: Funktionen
Bilden Sie für folgende Funktionen die a) vertikale und b) horizontale Aggregationsfunktion und c) den Schnittpunkt $S(x/y)$ zwischen y_1 und y_2:

$$y_1(x_1) = 3 - \frac{1}{4}x_1$$

$$y_2(x_2) = -1 + \frac{5}{4}x_2$$

$$y_3(x_3) = 5 - \frac{1}{2}x_3$$

Lösung:

a) vertikal:

$$y(x) = (3 - 1 + 5) + \left(-\frac{1}{4} + \frac{5}{4} - \frac{1}{2}\right)x = 7 + \frac{1}{2}x$$

b) horizontal:

$$y_1(x_1) = 3 - \frac{1}{4}x_1 \Rightarrow x(y) = 12 - 4y$$

$$y_2(x_2) = -1 + \frac{5}{4}x_2 \Rightarrow x(y) = \frac{4}{5} + \frac{4}{5}y$$

$$y_3(x_3) = 5 - \frac{1}{2}x_3 \Rightarrow \underline{x(y) = 10 - 2y}$$

$$\Sigma = x(y) = \frac{114}{5} - \frac{26}{5}y$$

zurückinvertieren: $y(x) = \frac{57}{13} - \frac{5}{26}x$

c) Im Schnittpunkt entsprechen die y-Werte einander, daher kann $y_1 = y_2$ angenommen werden:

$3 - \frac{1}{4}x = -1 + \frac{5}{4}x \Rightarrow x = \frac{8}{3}$ und $y = 3 - \frac{1}{4} * \frac{8}{3} = \frac{7}{3}$

$$S\left(\frac{8}{3}; \frac{7}{3}\right)$$

Aufgabe 4.24.10: Funktionen
Gegeben seien die Einzelfunktionen $f(x)$, $g(x)$ und $h(x)$. Beschreiben Sie qualitativ, was das Ergebnis einer a) Vertikalaggregation und b) Horizontalaggregation der drei Einzelfunktionen aussagt.
Lösung:

a) Jede der drei Einzelfunktionen liefert für ein bestimmtes x ein dazugehöriges y bzw. für ein gemeinsames x einen dazugehörigen y-Wert. Die vertikal aggregierte Funktion liefert dann für das gemeinsame x die Summe der dazugehörigen y-Werte.

4.24 Übungen

b) Jede der drei Einzelfunktionen liefert für ein bestimmten x ein dazugehöriges y bzw. für ein gemeinsames y drei x-Werte. Die horizontal aggregierte Funktion liefert dann für das gemeinsame y die Summe der dazugehörigen Einzel-x-Werte.

Aufgabe 4.24.11: Funktionen
Nehmen Sie ein Koordinatensystem mit der Konsum-/Produktionsmenge auf der x-Achse an, die y-Achse dürfen Sie beliebig wählen. Geben Sie hierzu je zwei Beispiele aus der BWL oder VWL für das a) vertikale und b) horizontale Aggregationsverfahren und benennen Sie die von Ihnen gewählte y-Einheit.
Lösung:

a) Vertikalaggregation:
  1. y-Achse = Kosten, aggregierte Kostenverläufe über der Produktionsmenge x aus Einzelkostenverläufen wie Abfallentsorgungskosten, Lagerkosten, Qualitätsprüfungskosten.
  2. y-Achse = Nutzen; aggregierte Teilnutzenverläufe über der Konsummenge x zu Gesamtnutzenverläufen.
b) Horizontalaggregation:
  1. y-Achse = Preis; aggregierte Einzelmengen verschiedener Produzenten unter gleichem Preisangebot im Polypol.
  2. y-Achse = CO_2-Emissionen; aggregierte Einzelmengen verschiedener Produkte, die gleichen CO_2-Maximalausstoß einhalten müssen.

Aufgabe 4.24.12: Funktionen
Erklären Sie qualitativ den Unterschied zwischen a) konstanten und b) linearen Kostenverläufen in wirtschaftlicher und mathematischer Hinsicht.
Lösung:

a) Konstant: Die Gesamtkosten sind unveränderlich gegenüber der x-Mengenentwicklung, was einer Horizontalgeraden parallel zur x-Achse entspricht. Dies könnten die Fixkosten sein, die, egal wie viel produziert wird, also auch bei Nullmenge, immer den gleichen Wert einnehmen.
b) Linear: Jede weitere produzierte Einheit, z. B. Stück, verursacht einen Anstieg der Gesamtkosten um stetes denselben Betrag. Dies wird durch eine steigende Ursprungsgerade dargestellt. Die Steigung der Geraden entspricht dem Gesamtkostenanstieg pro Stück: $\Delta K/\Delta x$ für $\Delta x = 1$.

Aufgabe 4.24.13: Funktionen
Beschreiben Sie qualitativ, wie sich Gesamtkosten *K(x)* mittel- und langfristig entwickeln können. Gehen Sie auch auf den Entwicklungspfad ein.

Lösung:
Mittelfristig können Gesamtkosten überproportional (progressiv) ansteigen, d. h., wenn die Produktionsmenge um weitere 100 Stück zunimmt und die Gesamtkosten um 500 ansteigen, werden weitere produzierte 100 Stück mehr als 500 Zusatzkosten verursachen. Ein Anstieg kann auch unterproportional ausfallen (degressiv), dann sind nach der zweiten Zusatzproduktion von 100 Stück weniger als 500 an Zusatzkosten angefallen. Schließlich können Kosten auch regressiv verlaufen, dann sind nach weiteren 100 Stück produzierter Menge die Gesamtkosten um 500 gesunken, und bei weiteren 100 Stück haben sie um mehr als 500 abgenommen.

In der kurzfristigen Betrachtung kann man all die beschriebenen Kostenentwicklungen auch als linear ansehen und den Verlauf durch eine Gerade ersetzen. Also nehmen bei Zunahme um eine weitere feste Produktionsmenge die Gesamtkosten immer um denselben Betrag zu oder ab.

In der langen Frist, z. B. über mehrere Jahre, kann der Gesamtkostenverlauf auch als Gerade angenähert werden. Dann sollten die unterhalb der Geraden verlaufenden Kurvensegmente mit der Geraden eine Fläche einschließen, die auch mit der Flächensumme aus den Kurvensegmenten oberhalb der Geraden annähernd übereinstimmt.

Aufgabe 4.24.14: Funktionen
Zur Auswahl steht eine horizontale oder vertikale Aggregation von Funktionen. Schlagen Sie für folgende Fälle die korrekte Aggregationsart vor und beschreiben Sie den Effekt auf die Grundfunktion $y_g = a_g \pm m_g x$.

a) Zur Grundfunktion der Produktionsgesamtkosten *K(x)* müssen Zusatzkosten $ZK(x) = a_z \pm m_z x$ aus mengenabhängiger CO_2-Steuerlast addiert werden.
b) Zur Grundfunktion der Produktionsgesamtkosten *K(x)* müssen Zusatzkosten $ZK(x) = a_z \pm m_z x$ aus Grundsteuer für das Firmengelände addiert werden.
c) Sie bieten nun Ihre zwei Güter A und B im Bündel als ein Einzelgut an und wollen aus den beiden Grundfunktionen $P_A(x)$ und $P_B(x)$ nun eine einzelne $P_{Ges}(x)$-Funktion machen.

Lösung:

a) *ZK(x)* steigt als Ursprungsgerade linear mit x und wird vertikal zur Grundfunktion *K(x)* hinzuaddiert. Also werden die Einzelsummanden aufaddiert zu $a_g + a_z$ und $(m_g + m_z)x$.
b) *ZK(x)* ist eine Horizontalgerade parallel zur x-Achse auf Höhe der Grundsteuerkosten, also $y = a_z$. Sie wird ebenfalls vertikal zur Grundfunktion addiert als $a_g + a_z$ und $(m_g + 0)x$.
c) Hier handelt es sich um eine Horizontalaggregation, da man wissen möchte, wie der Preis P in Abhängigkeit von $x_1 + x_2$ der beiden Güter resultiert. Hierzu muss man $P_A(x)$ und $P_B(x)$ erstmal als Inverse $x_1(P_A)$ und $x_2(P_B)$ ausdrücken, die Gleichungen zu $x_1 + x_2$ vertikal aufaddieren und die Summe wieder zurück invertieren auf $P(x_1 + x_2)$. Somit erhält man den Marktpreis in Abhängigkeit der Einzelmengensumme über eine einzige Preis-Mengen-Funktion.

4.24 Übungen

Aufgabe 4.24.15: Linear-Funktionen im wirtschaftlichen Kontext

Compolytica stellt Aufbewahrungsboxen aus Vollkunststoff her. Die Herstellung einer Box verursacht 0,30 € Materialkosten bei 0,5 Mio. € Fixkosten. Nun soll der Kunststoff mit 60 % Holzfasern gemischt werden, um die Box biobasiert zu machen. Die Verarbeitung der Holzfasern, z. B. Trocknen und Sieben, ist aufwendig, aber die Fasern kann Compolytica gratis als Abfallprodukt der Sägewerksindustrie beziehen, sodass die Materialkosten des Holz-Kunststoff-Gemisches nur noch mit 0,20 € zu Buche schlagen. Allerdings steigen die Fixkosten durch die Anschaffung des Holzsilos und Trocknungskammer um 25 %. Einheiten x-Achse [Mio. Stk] und y-Achse [Mio. €].

a) Stellen Sie die Gesamtkostengleichung $K_{Vollk}(x) = k_v * x + k_f$ für die ursprünglichen Vollkunststoff-Boxen auf.
b) Stellen Sie die neue Gesamtkostengleichung $K_{Biobas}(x) = k_v * x + k_f$ für die biobasierten Boxen auf.
c) Wie viele Boxen muss Compolytica nun produzieren, um gleiche Gesamtkosten wie zuvor zu haben?

Lösung:

a) Eine Box verursacht 0,30 € Kosten $\Rightarrow$ m = 0,30 und k_f = y-Achsabschnitt.

Also lautet die Gesamtkostenfunktion: **$K_{Vollk}(x) = 0{,}30 * x + 0{,}5$**

b) Die neue Steigung lautet m = 0,20 und $k_f = 1{,}25 * 0{,}5 = 0{,}75 \Rightarrow$ **$K_{Biobas}(x) = 0{,}20 * x + 0{,}75$**

c) Gleiche Gesamtkosten haben beide Kostenfunktionen in ihrem Schnittpunkt (siehe Abb. 4.42):

$\Rightarrow 0{,}30 * x + 0{,}5 = 0{,}20 * x + 0{,}75 \Rightarrow 0{,}10x = 0{,}25 \Rightarrow$ **x = 2,5 Mio. Stk**.

Abb. 4.42 Gesamtkostenverlauf Transportboxen aus Vollplastik oder biobasiertem Plastik

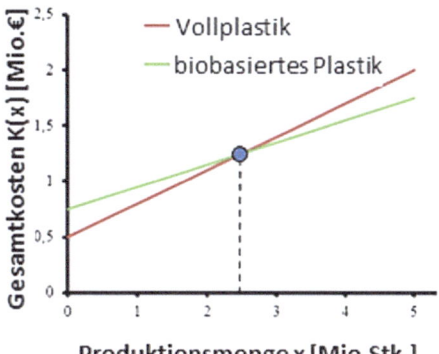

Aufgabe 4.24.16: Linear-Funktionen im wirtschaftlichen Kontext
Beschreiben Sie qualitativ den unterschiedlichen Verlauf von *P(x)* aus Monopol- und Polypolsicht.
Lösung:
Im Polypol werden Güter in viel größerer Menge und zu vergleichsweise günstigeren Preisen angeboten. Dies wird im *P(x)*-Koordinatensystem über eine flachere Gerade ausgedrückt, die auch tiefer liegt als die monopolistische *P(x)*-Gerade. Das heißt, unter großer Menge x ist im Polypol noch ein Preis erzielbar, wo im Monopol bei steilerer Geraden unter diesem x bereits Negativwerte für *P(x)* resultieren würden, also niemand mehr Preisbereitschaft für diese große Menge besitzt. Immerhin wollen Konsumenten im Monopol, dass das Gut selten und damit kostbar ist. Hingegen liegt unter geringen x-Mengen die monopolistische Preisbereitschaft deutlich über der polypolistischen. Einerseits sehen Konsumenten im Monopol dieses Gut dann als knapp und kostbar an. Konsumenten im Polypol jedoch würden unter dieser Menge den hohen Monopolpreis nicht entrichten wollen, wohlwissend, dass es genügend ähnliche günstigere Alternativgüter gibt.

Aufgabe 4.24.17: Linear-Funktionen im wirtschaftlichen Kontext
Was sagt die Preiselastizität ε aus? Erklären Sie anhand der Preiselastizitätsformel $\varepsilon = \frac{1}{m} * \frac{P_1}{x_1}$, warum im Polypol Preissenkungen andere Wirkung haben als im Monopol.
Lösung:
ε gibt an, wie stark sich die Nachfrage nach x bei Variation des Preises P ändert. ε ist negativ, d. h., wenn P fällt, müssen x-Werte zunehmen und umgekehrt. Interessant ist eher ersteres, denn man möchte mit moderaten Preissenkungen die Nachfrage anheizen. Ist ε deutlich kleiner als − 1 (elastisch), dann fällt die prozentuale Nachfragesteigerung größer aus als die prozentuale Preissenkung. Bei ε = − 2 bewirkt also 10 % Preissenkung 20 % mehr x-Nachfrage.

Im Polypol sind *P(x)*-Geraden flacher und besitzen daher ein kleineres m. Laut Formel steht m im Nenner, und der Quotient wird mit zunehmend kleinerem m größer, also liegen Werte für ε eher unter − 1 (Merke: m ist negativ!). Geringe Preissenkungen sind also für Massengüter geeignet, vorübergehend mehr x-Mengen am Markt abzusetzen.

Im Monopol ist m groß was ε klein macht und sich dann wahrscheinlicher zwischen 0 und − 1 einpendelt. Dieser unterproportionale Effekt besagt dann, dass bei ε = − 0,5 eine 10 %-tige Preissenkung nur 5 % Nachfragesteigerung bewirkt. Nachfrage wird dann von Anbietern teuer erkauft, weil Gewinne eher geringer sind als vor der Preissenkung.

Aufgabe 4.24.18: Linear-Funktionen im wirtschaftlichen Kontext
Compolytica möchte eines ihrer biobasierten Produkte mit strategischer Preis- bzw. Mengenänderungen vermarkten. Aktuell werden 5 Mio. zu 4,00 € abgesetzt. Als Szenario 1 kommt eine Preissenkung in Betracht, aus der ein höherer Absatz resultieren soll. Konkret soll der Preis auf 3,00 € gesenkt werden, und man rechnet dann mit 2 Mio. Absatzsteigerung. Szenario 2 möchte die aktuelle Preis-Absatz-Konstellation beibehalten, aber

4.24 Übungen

mittels Werbemaßnahmen die Preisakzeptanz erhöhen. Eine Konsumentenstudie hat gezeigt, dass dann die aktuellen 5 Mio. mit 20 % höherem Preis abgesetzt werden können. Gleichzeitig möchte Compolytica durch die Werbung von einer Marktmonopolisierung profitieren und rechnet damit, dass der *P(x)*-Graph dann doppelt so steil verläuft.

a) Berechnen Sie für Szenario 1 die Preiselastizität und beurteilen Sie die Effektivität der Preissenkung.
b) Berechnen Sie für Szenario 2 die resultierende *P(x)*-Funktion.
c) Welches Szenario maximiert den Umsatz $U(x) = P(x)*x$ am meisten?

Lösung:

a) Aktuell(5 Mio/4 €); Neu(7 Mio/3 €) $\Rightarrow$ P(x) ermitteln: $\frac{y-y_1}{x-x_1} = \frac{y_2-y_1}{x_2-x_1} \Rightarrow \frac{y-4}{x-5} = \frac{3-4}{7-5}$

$\Rightarrow y(x) = P(x) = -\frac{1}{2}x + \frac{13}{2}$

$\Rightarrow m = -\frac{1}{2} \Rightarrow \varepsilon = \frac{1}{m} * \frac{P_1}{x_1} = \frac{1}{-\frac{1}{2}} * \frac{4}{5} = -\frac{8}{5} < -1,0 \Rightarrow$ elastischer Preis $\Rightarrow$ die Preissenkungsmaßnahme ist effektiv!

b) $P_{neu} = 1,2 * 4€ = 4,80€ \Rightarrow$ Neu(5 Mio/4,80 €); doppelte Steigung: $m_{neu} = 2 * \left(-\frac{1}{2}\right) = -1$

$\Rightarrow P_{neu}(x) = -1x + b \Rightarrow$ b bestimmen aus Neu(5 Mio/4,80 €) $\Rightarrow 4,80 = -1*5 + b \Rightarrow b = 9,80$

$\Rightarrow \mathbf{P_{neu}(x) = -x + 9,80}$

c) Aktuell: U(x = 5 Mio) = P(5 Mio)*5 Mio = 4,00 € * 5 Mio. = **20 Mio. €**

Szenario 1: U(x = 7 Mio) = P(7 Mio)*7 Mio = 3,00 € * 7 Mio. = **21 Mio. €**
Szenario 2: U(x = 5 Mio) = P(5 Mio)*5 Mio = 4,80 € * 5 Mio. = **24 Mio. €**
$\Rightarrow$ Die Werbemaßnahme unter Szenario 2 maximiert den Umsatz mehr als die Preissenkung unter Szenario 1.

Aufgabe 4.24.19: Linear-Funktionen im wirtschaftlichen Kontext

Compolytica produziert Plastik-Teller. Bisherige Absätze lassen erkennen, dass bei einem Stückpreis von 2,99 € insgesamt 15 Mio. Teller abgesetzt werden können, und beim aktuellen Preis von 3,99 € verkauft Compolytica derzeit 10 Mio. Stück. Compolytica erwägt, die Teller nun mit 60 % Holzfaseranteil auszustatten (Abb. 4.43). Marktstudien haben ergeben, dass bei dieser nachhaltigen Biobasiert-Variante zu 4,99 € insgesamt 7 Mio. Stück absetzbar wären, aber unter der aktuellen Produktionsauslastung mit den 10 Mio. Stück ein Teller nur noch 3,49 € kosten darf.

Abb. 4.43 Plastik-Teller aus biobasiertem Holz-Kunststoff-Verbundwerkstoff. (Quwelle: Toghyani et al. 2017, Composite Structures 180: 845–852)

Beantworten Sie folgende Fragen:

a) Würde die Materialumstellung zur Monopolisierung oder Marktausweitung als Polypolisierung führen?
b) Wie lautet konkret die aktuelle Preis-Absatz-Funktion $P_{Vollk}(x)$ und wie die künftige $P_{Biobas}(x)$?
c) Angenommen, Compolytica würde mit der biobasierten Variante einen komplett neuen Markt schaffen und beide Varianten gleichzeitig vertreiben. Wie lautet dann die aggregierte Preis-Absatz-Funktion?

Lösung:

a) $|m_{Vollk}| = \frac{\Delta P}{\Delta x} = \frac{3{,}99 - 2{,}99}{10 - 15} = \mathbf{0{,}20}$ und $|m_{Biobas}| = \frac{\Delta P}{\Delta x} = \frac{4{,}99 - 3{,}49}{7 - 10} = \mathbf{0{,}50} \Rightarrow |m_{Biobas}| > |m_{Vollk}|$

Zur Bestimmung des Prohibitivpreises (b = y-Achsabschnitt) muss die kleinere Menge mit m multipliziert und zum höheren Preis addiert werden.

$b_{Vollk} = 10 * 0{,}20 + 3{,}99 = \mathbf{5{,}99€}$ und $b_{Biobas} = 7 * 0{,}50 + 4{,}99 = \mathbf{8{,}49€} \Rightarrow b_{Biobas} > b_{Vollk}$

Sowohl Prohibitivpreise als auch die Geradenneigung fallen unter Biobasiertheit größer aus, also monopolisiert sich der Markt.

b) $\mathbf{P_{Vollk}(x) = 5{,}99 - 0{,}20x}$ und $\mathbf{P_{Biobas}(x) = 8{,}49 - 0{,}50x}$ (Abb. 4.44)

c) Inverse zu $P_{Vollk}(x)$: $x(P) = \frac{5{,}99}{0{,}20} - \frac{1}{0{,}20}P$

Inverse zu $P_{Biobas}(x)$: $x(P) = \frac{8{,}49}{0{,}50} - \frac{1}{0{,}50}P$

$$x(P) = 46{,}93 - 7P$$

Abb. 4.44 Preis-Geraden der Plastikteller aus Vollkunststoff bzw. Holz-Kunststoff

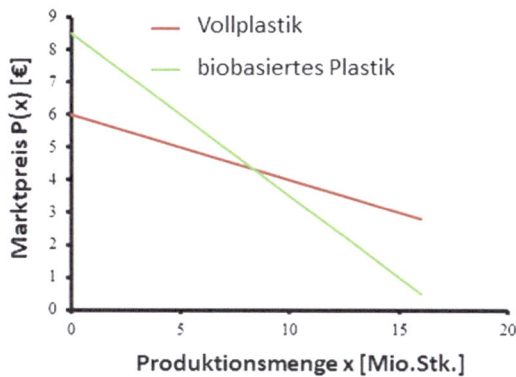

zurückinvertiert: $P(x) = \frac{46,93}{7} - \frac{1}{7}x$

Probe:
Preisannahme P = 5,00 €

Setze $P_{\text{Vollk}}(x) = 5{,}00$ und löse nach x auf : $5{,}00 = 5{,}99 - 0{,}20x \Rightarrow x = 4{,}95$

Setze $P_{\text{Biobas}}(x) = 5{,}00$ und löse nach x auf : $5{,}00 = 8{,}49 - 0{,}50x \Rightarrow x = 6{,}98$

Setze Gesamtmarkt $P(x) = 5{,}00$ und löse nach x auf : $5{,}00 = \frac{46{,}93}{7} - \frac{1}{7}x \Rightarrow x = \mathbf{11{,}93}$

Aufgabe 4.24.20: Parabel-Funktionen

Beschreiben Sie qualitativ und quantitativ, wie sich ein gegebenes $y = a_2 x^2 + a_1 x$ über quadratische Ergänzung in eine binomische Gleichung überführen lässt, um daraus nach x aufzulösen.

Lösung:

Da beide Summanden mit einem „+" verrechnet werden, muss es sich um die 1. binomische Formel handeln, nämlich vom Typ $(x + b)(x + b) = x^2 + 2xb + b^2$. Zunächst muss man x^2 separieren, also die Gleichung durch a_2 teilen. Es ergibt sich: $\frac{y}{a_2} = x^2 + \frac{a_1}{a_2}x$. Offensichtlich muss $\frac{a_1}{a_2}x$ dem Summanden $2xb$ in der binomischen Formel entsprechen und davon brauchen wir b, um es als dritten Summanden zum b^2 zu quadrieren. Es gilt Folgendes nach b aufzulösen: $\frac{a_1}{a_2}x = 2xb$ und $b = \frac{1}{2} * \frac{a_1}{a_2} = \frac{a_1}{2a_2}$. Daraus ergibt sich für $b^2 = \left(\frac{a_1}{2a_2}\right)^2$. Also muss $\frac{y}{a_2} = x^2 + \frac{a_1}{a_2}x$ beidseitig um $\left(\frac{a_1}{2a_2}\right)^2$ ergänzt werden, und die Lösung ist $\frac{y}{a_2} + \left(\frac{a_1}{2a_2}\right)^2 = x + \frac{a_1}{a_2}x + \left(\frac{a_1}{2a_2}\right)^2 = \left(x + \left(\frac{a_1}{2a_2}\right)\right)^2$. Möchte man nach x auflösen, muss die

Wurzel auf beiden Seite gezogen werden: $\pm\sqrt{\frac{y}{a_2} + \left(\frac{a_1}{2a_2}\right)^2} = \sqrt{\left(x + \left(\frac{a_1}{2a_2}\right)\right)^2}$ bzw.
$\pm\sqrt{\frac{y}{a_2} + \left(\frac{a_1}{2a_2}\right)^2} = x + \left(\frac{a_1}{2a_2}\right)$ und $x_1 = -\left(\frac{a_1}{2a_2}\right) + \sqrt{\frac{y}{a_2} + \left(\frac{a_1}{2a_2}\right)^2}$ und $x_2 = -\left(\frac{a_1}{2a_2}\right) - \sqrt{\frac{y}{a_2} + \left(\frac{a_1}{2a_2}\right)^2}$.

Aufgabe 4.24.21: Parabel-Funktionen
Bestimmen Sie für folgende Parabel-Funktionen die Scheitelform und wenn möglich die Nullstellen und zeichnen Sie den Graphen für Teilaufgabe a), b) und c).

a) $\frac{3}{2}x^2 + 6x + 5$
b) $-\frac{1}{3}x^2 + 2x - 6$
c) $\frac{3}{2}x^2 - \frac{3}{2}x + \frac{19}{8}$
d) $-\frac{1}{3}x^2 - \frac{8}{3}x + \frac{10}{3}$
e) $\frac{1}{4}x^2 - x + 2$
f) $\frac{1}{4}x^2 + \frac{1}{2}x - \frac{7}{4}$
g) $-2x^2 + 4x + 1$
h) $-2x^2 - 12x - 16$

Lösung:

a) $y = \frac{3}{2}x^2 + 6x + 5$ [$\frac{3}{2}$ ausklammern]

$y = \frac{3}{2}\left(x^2 + 4x + \frac{10}{3}\right)$ [binomische Ergänzung und Korrektur]

$y = \frac{3}{2}\left(x^2 + 4x + 4 + \frac{10}{3} - 4\right)$ [binomische Klammer und Restargumente separieren]

$y = \frac{3}{2}(x+2)^2 + \frac{3}{2}\left(\frac{10}{3} - 4\right) \Rightarrow \mathbf{y = \frac{3}{2}(x+2)^2 - 1}$ [Scheitelkoordinaten ablesen] S(−2/ − 1)

Nullstellen: $y = \frac{3}{2}(x+2)^2 - 1$ [y = 0 setzen]

$0 = \frac{3}{2}(x+2)^2 - 1$ [mal $\frac{2}{3}$ nehmen]

$0 = (x+2)^2 - \frac{2}{3} \Rightarrow \frac{2}{3} = (x+2)^2$ [beidseitig Wurzel ziehen]

$\pm\sqrt{\frac{2}{3}} = x + 2 \Rightarrow x_1 = -2 + \sqrt{\frac{2}{3}} \approx -1,18$ und $x_2 = -2 - \sqrt{\frac{2}{3}} \approx -2,82$ (Abb. 4.45)

b) $-\frac{1}{3}x^2 + 2x - 6$

Lösung:

$$y = -\frac{1}{3}x^2 + 2x - 6 \quad \left[-\frac{1}{3} \text{ ausklammern}\right]$$

$y = -\frac{1}{3}(x^2 - 6x + 18)$ [Binomische Ergänzung und Korrektur]
$y = -\frac{1}{3}(x^2 - 6x + 9 + 18 - 9)$ [Binomische Klammer und Restargumente separieren]

4.24 Übungen

Abb. 4.45 Der Graph der Parabel-Funktion $\frac{3}{2}x^2 + 6x + 5$ mit Scheitelkoordinate und Nullstellen

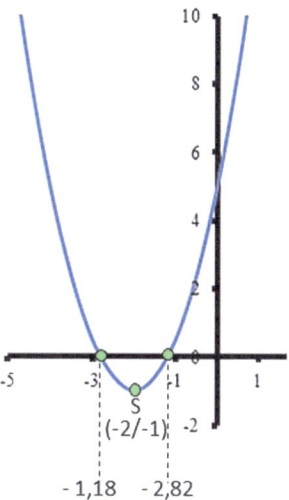

$y = -\frac{1}{3}(x-3)^2 - \frac{1}{3}(9) \Rightarrow \mathbf{y = -\frac{1}{3}(x-3)^2 - 3}$ [Scheitelkoordinaten ablesen] $\mathbf{S(3/-3)}$

Nullstellen: $y = -\frac{1}{3}(x-3)^2 - 3$ [y = 0 setzen]

$$0 = -\frac{1}{3}(x-3)^2 - 3 \quad [\text{mal} - 3 \text{ nehmen}]$$

$0 = (x-3)^2 + 9 \Rightarrow -9 = (x-3)^2$ [aus -9 lässt sich keine Wurzel ziehen]

Keine Lösung! Dies zeigt auch die Scheitelkoordinate im negativen y-Bereich zusammen mit dem negativen a_2 ($=$ nach unten geöffnete Parabel) (Abb. 4.46).

c) $\frac{3}{2}x^2 - \frac{3}{2}x + \frac{19}{8}$

Lösung:

$$y = \frac{3}{2}x^2 - \frac{3}{2}x + \frac{19}{8} \quad \left[\frac{3}{2} \text{ ausklammern}\right]$$

$y = \frac{3}{2}\left(x^2 - x + \frac{19}{12}\right)$ [binomische Ergänzung und Korrektur]
$y = \frac{3}{2}\left(x^2 - x + \frac{1}{4} + \frac{19}{12} - \frac{1}{4}\right)$ [binomische Klammer und Restargumente separieren]
$y = \frac{3}{2}\left(x - \frac{1}{2}\right)^2 + \frac{3}{2}\left(\frac{19}{12} - \frac{1}{4}\right) \Rightarrow \mathbf{y = \frac{3}{2}\left(x - \frac{1}{2}\right)^2 + 2}$ [Scheitelkoordinaten] $\mathbf{S(\frac{1}{2}/2)}$

Nullstellen: Keine Lösung! Dies zeigt die Scheitelkoordinate im positiven y-Abschnitt zusammen mit dem positiven a_2 (=nach oben geöffnete Parabel) (Abb. 4.47).

Abb. 4.46 Der Graph der Parabel-Funktion $-\frac{1}{3}x^2 + 2x - 6$ mit Scheitelkoordinate und Nullstellen

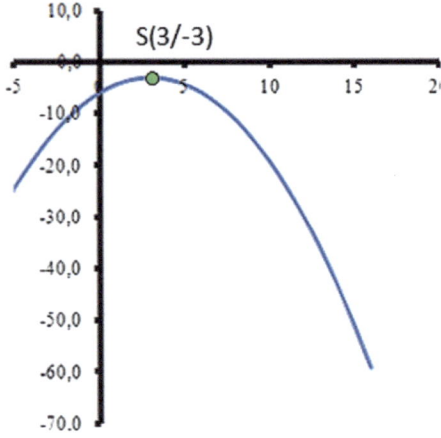

Abb. 4.47 Der Graph der Parabel-Funktion $\frac{3}{2}X^2 - \frac{3}{2}X + \frac{19}{8}$ mit Scheitelkoordinate und Nullstellen

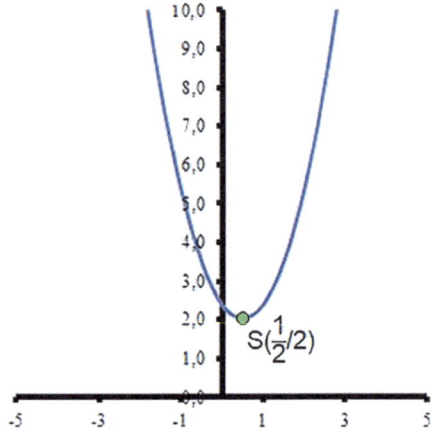

d) $-\frac{1}{3}x^2 - \frac{8}{3}x + \frac{10}{3}$ *Lösung:* $y = -\frac{1}{3}(x+4)^2 + \frac{26}{3} \Rightarrow S(-4/\frac{26}{3})$; *Nullstellen:* $x_1 = -9{,}10$; $x_2 = +1{,}10$

e) $\frac{1}{4}x^2 - x + 2$ *Lösung:* $y = \frac{1}{4}(x-2)^2 + 1 \Rightarrow S(2/1)$; *Nullstellen:* **keine!**

f) $\frac{1}{4}x^2 + \frac{1}{2}x - \frac{7}{4}$ *Lösung:* $y = \frac{1}{4}(x+1)^2 - 2 \Rightarrow S(-1/-2)$; *Nullstellen:* $x_1 = -3{,}83$; $x_2 = 1{,}83$

g) $-2x^2 + 4x + 1$ *Lösung:* $y = -2(x-1)^2 + 3 \Rightarrow S(1/3)$; *Nullstellen:* $x_1 = -0{,}22$; $x_2 = 2{,}22$

h) $-2x^2 - 12x - 16$ *Lösung:* $y = -2(x+3)^2 + 2 \Rightarrow S(-3/2)$; *Nullstellen:* $x_1 = -4$; $x_2 = -2$

Aufgabe 4.24.22: Parabel-Funktionen

Gegeben sind stets der Scheitel und ein Punkt auf einer Parabel. Ermitteln Sie die Parabelgleichung in Polynom-Form.

4.24 Übungen

a) S(3/− 4); P(1/8)   b) S(− 2/3); P(0/$\frac{3}{2}$)   c) S(3/− 3); P(1/3)

Lösung: Man muss erst S um x_S/y_S in den Ursprung verschieben und P um dieselbe Verschiebung mitnehmen.

a) Neuen Punkt auf der Normal-Parabel aus P ableiten mittels $P_N(x_P − x_S/y_P − y_S)$

$$\Rightarrow P_N(1 − 3/8 − (− 4)) = (− 2/12)$$

a_2 für Normal-Parabel bestimmen aus P_N: $y = a_2 * x^2 \Rightarrow 12 = a_2 * (−2)^2 \Rightarrow 12 = a_2 * 4 \Rightarrow a_2 = 3$

Scheitelform mit S(3/− 4) bilden: $y = 3(x − 3)^2 − 4$

Polynom-Form bilden (= ausmultiplizieren): $y = 3(x^2 − 6x + 9) − 4 = 3x^2 − 18x + 27 − 4 = \mathbf{3x^2 − 18x + 23}$

b) $P_N(x_P − x_S/y_P − y_S) \Rightarrow P_N\left(0 − (−2)/\frac{3}{2} − 3\right) = \left(2/ − \frac{3}{2}\right)$

$$y = a_2 * x^2 \Rightarrow -\frac{3}{2} = a_2 * 2^2 \Rightarrow -\frac{3}{2} = a_2 * 4 \Rightarrow a_2 = -\frac{3}{8}$$

$$S(-2/3) \Rightarrow y = -\frac{3}{8}(x+2)^2 + 3 \Rightarrow y = -\frac{3}{8}(x^2 + 4x + 4) + 3 = -\frac{3}{8}x^2 - \frac{3}{2}x - \frac{3}{2} + 3$$

$$= \mathbf{-\frac{3}{8}x^2 - \frac{3}{2}x + \frac{3}{2}}$$

c) $P_N(x_P − x_S/y_P − y_s) \Rightarrow P_N(1 − 3/3 − (−3)) = (−2/6)$

$$y = a_2 * x^2 \Rightarrow 6 = a_2 * (−2)^2 \Rightarrow 6 = a_2 * 4 \Rightarrow a_2 = \frac{3}{2}$$

$$S(3/−3) \Rightarrow y = \frac{3}{2}(x-3)^2 - 3 \Rightarrow y = \frac{3}{2}(x^2 - 6x + 9) - 3 = \frac{3}{2}x^2 - 9x + \frac{27}{2}$$

$$-3 = \mathbf{\frac{3}{2}x^2 - 9x + \frac{21}{2}}$$

Aufgabe 4.24.23: Parabel-Funktionen im wirtschaftlichen Kontext

Wie lässt sich aus einer progressiv-konvexen *K(x)*-Funktion und einer linearen Zusatzkostenfunktion *ZK(x)* die Summenfunktion bilden? Beschreiben Sie qualitativ.

Lösung:

K(x) muss dem Typ $y = a_2x^2 + a_1x + a_0$ entsprechen und *ZK(x)* muss $y = a + mx$ sein. Bei vertikaler Aggregation können die Einzelsummanden nach x^2- und x-Variablen und der Konstanten geordnet aufaddiert werden. Also heißt das Aggregat: $y_{ges} = a_2x^2 + (a_1 + m)x + (a_0 + a)$.

Aufgabe 4.24.24: Parabel-Funktionen im wirtschaftlichen Kontext
Der Gesamtnutzen aus dem x-fachen Konsum eines Gutes lässt sich über folgende Gleichung beschreiben: $U(x) = -\frac{1}{5}(x-5)^2 + 5$. Beachten Sie, dass der Konsum tatsächlich dem Gossen'schen Gesetz folgt und beschreiben Sie das Nutzenempfinden qualitativ und umfassend.

Lösung:
Die Funktion entspricht offensichtlich einer Parabel, da die ausmultiplizierte Klammer ein x^2 enthält. Sie ist auch nach unten geöffnet, da der Öffnungsfaktor a_2 negativ ist. Damit lässt sich bereits aussagen, dass der Zusatznutzen aus jeder weiteren konsumierten Einheit immer kleiner werden muss. Schließlich fügt die 6. konsumierte Einheit des Gutes dem Gesamtnutzen keinen weiteren Zusatznutzen mehr hinzu, da die Parabel in S(5/5) ihren Scheitel hat und danach abfällt. Damit beträgt der maximale Nutzen 5 unter 5 Einheiten. Um das Gossen'sche Gesetz zu erfüllen, müsste unter Null-Konsum (=Verzicht) kein Nutzen entstehen. Tatsächlich ist $U(0) = -\frac{1}{5}(0-5)^2 + 5 = -\frac{25}{5} + 5 = 0$. Damit startet die Parabel im Ursprung.

Aufgabe 4.24.25: Parabel-Funktionen im wirtschaftlichen Kontext
Eines der Standardprodukte Compolyticas sind Einweg-Vollkunststoff(VK)-Brillengestelle. Um sich in diesem Massenmarkt besser differenzieren zu können, wählt das Produktmanagement eine Monopolisierungsstrategie und möchte eine nachhaltige Variante anbieten, entweder in Vollholz (VH) und in Holz-Kunststoff (HK) (Abb. 4.48). Es wird davon ausgegangen, dass eine Variante x-mal bis zur Nutzensättigung gekauft wird. Compolyticas Marketingabteilung führte eine Umfrage durch, um relativ zur VK-Brille herauszufinden, wie viel Mal häufiger (n-mal) eine der Varianten gekauft würde und wie viel Mal mehr Nutzen (m-mal) sie dann bietet. Die Nutzenfunktion der Standard-Variante aus Vollkunststoff ist bekannt als:
$U_{VK}(x) = -\frac{2}{9}x^2 + \frac{4}{3}x$. Die Umfrageergebnisse lauten:

	n-mal häufiger	m-mal nutzenstiftender
HK	2	3
VH	3	2

a) Stellen Sie die Nutzenfunktion der VH- und HK-Varianten in Scheitelform auf.
b) Sollte Compolytica VK oder HK anbieten? Bestimmen Sie hierzu den Nutzen *U(x)* aus x-Käufen, die Differenz *ΔU(x)* zum vorherigen Nutzen, summieren Sie alle *ΔU(x)* bis zur Sättigung auf *(∑ΔU(x))* und formulieren Sie die Bestimmungsgleichung der *ΔU*-Folge. Tragen Sie Ihre Ergebnisse in die Tabelle unten ein und zeichnen Sie das *ΔU(x)*-*x*-Diagramm. Welche Variante sollte Compolytica wählen, um eine effektive Monopolstrategie zu verfolgen, also möglichst wenig produzieren zu müssen und zu hohem Preis absetzen?

4.24 Übungen

Abb. 4.48 Brillengestellte aus Vollkunststoff (**a**), Holz-Kunststoff (**b**) und Vollholz (**c**)

a Vollkunststoff Brille:

b Holz-Kunststoff Brille:

c Vollholz Brille:

	ΔU_1	ΔU_2	ΔU_3	ΔU_4	ΔU_5	ΔU_6	ΔU_7	ΔU_8	ΔU_9	$\Delta U(x) = U(x) - U(x-1)$
HK										
VH										

Lösung:

a) VK-Variante: $U_{VK}(x)$ in Scheitelform bringen und $S(x_{S,VK}/y_{S,VK})$ ablesen. $U_{HK}(x)$ und $U_{VH}(x)$ müssen wie auch $U_{VK}(x)$ durch (0/0) gehen, da Null-Konsum keinen Nutzen stiftet. Die Scheitelpunkte x_S lassen sich für HK und VK aus der Tabelle bestimmen, da $x_S = n*x_{S,VK}$ und $y_S = m*y_{S,VK}$ gilt. Aus $S(x_{S,HK}/y_{S,HK})$ und (0/0) lässt sich die Parabel-Gleichungen für HK ableiten, für VH analog.

1. **VK**: $U_{VK}(x)$ in Scheitelform: $U_{VK}(x) = -\frac{2}{9}x^2 + \frac{4}{3}x = -\frac{2}{9}(x^2 - 6x + 9 - 9) \Rightarrow$
$-\frac{2}{9}(x-3)^2 - \frac{2}{9}*(-9) = -\frac{2}{9}(x-3)^2 + 2$

Scheitelpunkt ablesen: $\mathbf{S_{VK}(3/2)}$

2. **HK**: $S(x_{S,HK}/y_{S,HK}) = S(2*3/3*2) = S(6/6); U_{HK}(x): P_N(0-6/0-6) \Rightarrow P_N(-6/-6)$
$\Rightarrow -6 = a_2 * (-6)^2 \Rightarrow a_2 = -\frac{1}{6}$

Parabelgleichung aufstellen: $U_{HK}(x) = -\frac{1}{6}(x-6)^2 + 6$

3. **VH:** $S(x_{S,VH}/y_{S,VH}) = S(3*3/2*2) = S(9/4); U_{VH}(x): P_N(0-9/0-4) \Rightarrow P_N(-9/-4)$
$\Rightarrow -4 = a_2 * (-9)^2 \Rightarrow a_2 = -\frac{4}{81}$

Parabelgleichung aufstellen: $U_{VH}(x) = -\frac{4}{81}(x-9)^2 + 4$

b) Sollte Compolytica VK oder HK anbieten?

Lösung: Gegeben: $U_{HK}(x) = -\frac{1}{6}(x-6)^2 + 6$ und $U_{VH}(x) = -\frac{4}{81}(x-9)^2 + 4$

Für HK und VH für $x = 1 \ldots x_S$ die $U(x)$ berechnen und die $\sum \Delta U = \sum_{x=1}^{xS}[\Delta U(x) = U(x) - U(x-1)]$ bilden.

HK: $U(x=1) = -\frac{1}{6}(1-6)^2 + 6 = -\frac{1}{6}(-5)^2 + 6 = -\frac{25}{6} + \frac{36}{6} = \frac{11}{6} \Rightarrow \Delta U_1 = \frac{11}{6} - 0 = \frac{11}{6}$

$U(x=2) = -\frac{1}{6}(2-6)^2 + 6 = -\frac{1}{6}(-4)^2 + 6 = -\frac{16}{6} + \frac{36}{6} = \frac{20}{6} \Rightarrow \Delta U_2 = \frac{20}{6} - \frac{11}{6} = \frac{9}{6}$

$U(x=3) = -\frac{1}{6}(3-6)^2 + 6 = -\frac{1}{6}(-3)^2 + 6 = -\frac{9}{6} + \frac{36}{6} = \frac{27}{6} \Rightarrow \Delta U_3 = \frac{27}{6} - \frac{20}{6} = \frac{7}{6}$

$U(x=4) = -\frac{1}{6}(4-6)^2 + 6 = -\frac{1}{6}(-2)^2 + 6 = -\frac{4}{6} + \frac{36}{6} = \frac{32}{6} \Rightarrow \Delta U_4 = \frac{32}{6} - \frac{27}{6} = \frac{5}{6}$

$U(x=5) = -\frac{1}{6}(5-6)^2 + 6 = -\frac{1}{6}(-1)^2 + 6 = -\frac{1}{6} + \frac{36}{6} = \frac{35}{6} \Rightarrow \Delta U_5 = \frac{35}{6} - \frac{32}{6} = \frac{3}{6}$

$U(x=6) = -\frac{1}{6}(6-6)^2 + 6 = -\frac{1}{6}(0)^2 + 6 = 0 + \frac{36}{6} = \frac{36}{6} \Rightarrow \Delta U_6 = \frac{36}{6} - \frac{35}{6} = \frac{1}{6}$

$\sum \Delta U = \frac{11+9+7+5+3+1}{6} = 6$ und hierzu passt die Folgen-Gleichung: $\Delta U(x) = \frac{13-2*x}{6}$

VH:

$U(x=1) = -\frac{4}{81}(1-9)^2 + \frac{324}{81} = -\frac{4}{81}(-8)^2 + \frac{324}{81} = -\frac{256}{81} + \frac{324}{81} = \frac{68}{81} \Rightarrow \Delta U_1 = \frac{68}{81} - 0 = \frac{68}{81}$

$U(x=2) = -\frac{4}{81}(2-9)^2 + \frac{324}{81} = -\frac{4}{81}(-7)^2 + \frac{324}{81} = -\frac{196}{81} + \frac{324}{81} = \frac{128}{81} \Rightarrow \Delta U_2 = \frac{128}{81} - \frac{68}{81} = \frac{60}{81}$

$U(x=3) = -\frac{4}{81}(3-9)^2 + \frac{324}{81} = -\frac{4}{81}(-6)^2 + \frac{324}{81} = -\frac{144}{81} + \frac{324}{81} = \frac{180}{81} \Rightarrow \Delta U_{13} = \frac{180}{81} - \frac{128}{81} = \frac{52}{81}$

$U(x=4) = -\frac{4}{81}(4-9)^2 + \frac{324}{81} = -\frac{4}{81}(-5)^2 + \frac{324}{81} = -\frac{100}{81} + \frac{324}{81} = \frac{224}{81} \Rightarrow \Delta U_4 = \frac{224}{81} - \frac{180}{81} = \frac{44}{81}$

$U(x=5) = -\frac{4}{81}(5-9)^2 + \frac{324}{81} = -\frac{4}{81}(-4)^2 + \frac{324}{81} = -\frac{64}{81} + \frac{324}{81} = \frac{260}{81} \Rightarrow \Delta U_5 = \frac{260}{81} - \frac{124}{81} = \frac{36}{81}$

$U(x=6) = -\frac{4}{81}(6-9)^2 + \frac{324}{81} = -\frac{4}{81}(-3)^2 + \frac{324}{81} = -\frac{36}{81} + \frac{324}{81} = \frac{288}{81} \Rightarrow \Delta U_6 = \frac{288}{81} - \frac{260}{81} = \frac{28}{81}$

$U(x=7) = -\frac{4}{81}(7-9)^2 + \frac{324}{81} = -\frac{4}{81}(-2)^2 + \frac{324}{81} = -\frac{16}{81} + \frac{324}{81} = \frac{308}{81} \Rightarrow \Delta U_7 = \frac{308}{81} - \frac{288}{81} = \frac{20}{81}$

$U(x=8) = -\frac{4}{81}(8-9)^2 + \frac{324}{81} = -\frac{4}{81}(-1)^2 + \frac{324}{81} = -\frac{4}{81} + \frac{324}{81} = \frac{320}{81} \Rightarrow \Delta U_8 = \frac{320}{81} - \frac{308}{81} = \frac{12}{81}$

$U(x=9) = -\frac{4}{81}(9-9)^2 + \frac{324}{81} = -\frac{4}{81}(-0)^2 + \frac{324}{81} = -0 + \frac{324}{81} = \frac{324}{81} \Rightarrow \Delta U_9 = \frac{324}{81} - \frac{320}{81} = \frac{4}{81}$

$\sum \Delta U = \frac{68+60+52+44+36+28+20+12+4}{81} = 4$ und hierzu passt die Folgengleichung: $\Delta U(x) = \frac{76-8*x}{81}$

$$U_{HK}(x) = -\frac{1}{6}(x-6)^2 + 6 \text{ und } U_{VH}(x) = -\frac{4}{81}(x-9)^2 + 4$$

	ΔU_1	ΔU_2	ΔU_3	ΔU_4	ΔU_5	ΔU_6	ΔU_7	ΔU_8	ΔU_9	$\Delta U(x) =$
HK	$\frac{11}{6}$	$\frac{9}{6}$	$\frac{7}{6}$	$\frac{5}{6}$	$\frac{3}{6}$	$\frac{1}{6}$	-	-	-	$\frac{13-2*x}{6} = \frac{13}{6} - \frac{2*x}{6}$
VH	$\frac{68}{81}$	$\frac{60}{81}$	$\frac{52}{81}$	$\frac{44}{81}$	$\frac{36}{81}$	$\frac{28}{81}$	$\frac{20}{81}$	$\frac{12}{81}$	$\frac{4}{81}$	$\frac{76-8*x}{81} = \frac{76}{81} - \frac{8*x}{81}$

Geradengleichungen: $D = R^+$

HK: $b = \frac{13}{6}$ und $m = \frac{\Delta(\Delta U(x))}{\Delta x} = \frac{\frac{11}{6}-\frac{1}{6}}{6-1} = \frac{\frac{10}{6}}{5} = \frac{1}{3}$

$$\Rightarrow \Delta U_{HK}(x) = \frac{11}{6} - \frac{1}{3}x$$

VH: $b = \frac{76}{81}$ und $m = \frac{\Delta(\Delta U(x))}{\Delta x} = \frac{\frac{68}{81}-\frac{4}{81}}{9-1} = \frac{\frac{64}{81}}{8} = \frac{8}{81}$

$$\Rightarrow \Delta U_{VH}(x) = \frac{76}{81} - \frac{8}{81}x$$

Fazit: HK stiftet im Konsum bei kleinen Absatzmengen mehr Nutzen. Dies steigert die Akzeptanz höherer Preise und Compolytica macht mehr Gewinne (Abb. 4.49).

Aufgabe 4.24.26: Parabel-Funktionen im wirtschaftlichen Kontext

Compolytica entwickelt die Holz-Kunststoff-Materialmischung, indem sie in das konventionelle Plastik 0 % bis 60 % Holzfasern einbettet. Je höher der Holzanteil, desto nachhaltiger der Werkstoff und die daraus produzierten Lebensmittelverpackungen. Aber desto

Abb. 4.49 Verlauf der Nutzenzuwächse der Brillengestell-Varianten aus Konsumentensicht

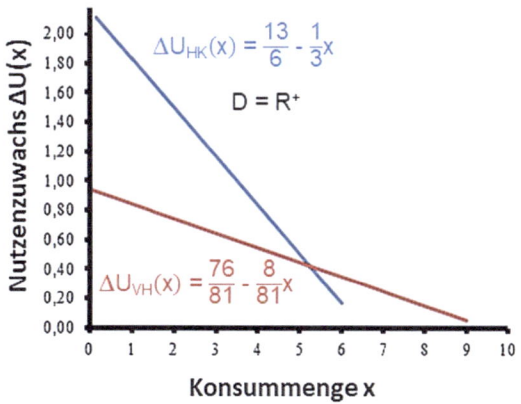

Abb. 4.50 Holz-Kunststoff-Obstschale

kritischer könnte die Funktionsfähigkeit gesehen werden, denn die Holzfasern nehmen Feuchtigkeit auf, was zuweilen unhygienisch ist. Für das Produkt „Obstschale" (Abb. 4.50) soll daher die Konsumentenakzeptanz für die Holzanteile 20 %, 40 % und 60 % auf einer 5-Punkte-Skala (unakzeptabel ... − 2, − 1, ±0, + 1, + 2 ... akzeptabel) gemessen werden. Die Befragung ergab folgende mittlere Zustimmungsgrade:

Holzanteil [%]	mittlerer Zustimmungsgrad
20	1,68
40	1,68
60	− 0,88

Es kann davon ausgegangen werden, dass die Zustimmung zum Produkt mit dem empfundenen Nutzen positiv korreliert sind.

a) Leiten Sie aus den Zustimmungsgraden $\overline{U}(20 \leq x \leq 60)$ eine Parabel-Funktion ab und zeichnen Sie den Graphen.
b) Welcher Holzanteil (%) findet maximale mittlere Zustimmung?
c) Compolytica erwägt, für die Obstschale einen höchstmöglichen Holzfaseranteil zu verwenden, bei dem die mittlere Zustimmung gerade noch den Wert ±0 (= neutral) annimmt. Welcher Holzanteil ist dies?

Lösung:

a) Offensichtlich handelt es sich um eine nach unten geöffnete Parabel. Insgesamt sind 4 Punktkoordinaten bekannt, nämlich A(20/1,68); B(40/1,68); C(60/−0,88) und aus Symmetriegründen muss auch gelten D(0/−0,88). Die Polynom-Form der Parabel lautet: $y = a_2 x^2 + a_1 x + a_0$.

4.24 Übungen

Die Koordinaten eingesetzt liefert 4 Gleichungen mit 3 Unbekannten:

[1] $1{,}68 = a_2 20^2 + a_1 20 + a_0$
[2] $1{,}68 = a_2 40^2 + a_1 40 + a_0$
[3] $-0{,}88 = a_2 60^2 + a_1 60 + a_0$
[4] $\underline{-0{,}88 = a_2 0^2 + a_1 0 + a_0}$
[5] $\mathbf{a_0 = -0{,}88}$

[2] − [1] $\Rightarrow 0 = (40^2 - 20^2)a_2 + 20a_1 = 1200a_2 + 20a_1 = 0 \Rightarrow$ [6] $a_1 = -60a_2$ in [1] einsetzen

$$[1]\ 1{,}68 = a_2 20^2 + (-60*a_2)*20 - 0{,}88 \Rightarrow 1{,}68 + 0{,}88 = (20^2 - 60*20)a_2$$
$$\Rightarrow 2{,}56 = -800a_2$$

$\Rightarrow \mathbf{a_2 = -0{,}0032}$ in [6]

$$\Rightarrow \mathbf{a_1} = -60*(-0{,}0032) = \mathbf{0{,}192}$$
$$\Rightarrow \mathbf{\overline{U}(20 \leq x \leq 60) = -0{,}0032x^2 + 0{,}192x - 0{,}88}$$

b) Gesucht ist der Scheitelpunkt von $\overline{U}(x)$:

$$\overline{U}(20 \leq x \leq 60) = -0{,}0032x^2 + 0{,}192x - 0{,}88 \mid -0{,}0032 \text{ ausklammern}$$

$$\Rightarrow \overline{U}(20 \leq x \leq 60) = -0{,}0032\left(x^2 - \frac{0{,}192}{0{,}0032}x + \frac{0{,}88}{0{,}0032}\right)$$

$$\Rightarrow \overline{U}(20 \leq x \leq 60) = -0{,}0032\left(x^2 - 60x + 275\right) \mid \text{quadratische Ergänzung} + 900$$

$$\Rightarrow \overline{U}(20 \leq x \leq 60) = -0{,}0032\left(x^2 - 60x + 900 + 275 - 900\right)$$

$$\Rightarrow \overline{U}(20 \leq x \leq 60) = -0{,}0032(x - 30)^2 - 0{,}0032 * (-625)$$

$$\Rightarrow \overline{U}(20 \leq x \leq 60) = -0{,}0032(x - 30)^2 + 2$$

$\Rightarrow$ **S(30/2)**, bei 30 % Holzanteil wird ein maximaler Nutzen von 2 empfunden, und 2 ist auch der maximale mittlere Zustimmungsgrad laut 5-Punkte-Skala.
oder: $\overline{U}(x) = 2$ setzen, also dasjenige x suchen, für das die Funktion den max. Zustimmungswert 2 einnimmt:

$$\Rightarrow \overline{U}(20 \leq x \leq 60) = 2 = -0{,}0032x^2 + 0{,}192x - 0{,}88$$

nach x auflösen: $2 + 0{,}88 = 2{,}88 = -0{,}0032x^2 + 0{,}192x$

$\Rightarrow \frac{2{,}88}{-0{,}0032} = -900 = x^2 + \frac{0{,}192}{-0{,}0032} = x^2 - 60x \mid$ quadratische Ergänzung $+900$

$\Rightarrow -900 + 900 = x^2 - 60x + 900 \mid$ in binomische Formel umwandeln $\Rightarrow 0 = (x - 30)^2$
$\mid$ Wurzel ziehen
$\Rightarrow \pm 0 = x - 30 \Rightarrow x_{1|2} = $ **30 % Faseranteil** (Abb. 4.51)

c) Nullstellen von $\overline{U}(20 \leq x \leq 60) = -0{,}0032x^2 + 0{,}192x - 0{,}88$ bestimmen

$$\Rightarrow \overline{U}(20 \leq x \leq 60) = 0 = -0{,}0032x^2 + 0{,}192x - 0{,}88$$

nach x auflösen: $0{,}88 = -0{,}0032x^2 + 0{,}192x \mid : (-0{,}0032)$
$\Rightarrow \frac{0{,}88}{-0{,}0032} = -275 = x^2 + \frac{0{,}192}{-0{,}0032} = x^2 - 60x \mid$ quadratische Ergänzung + 900
$\Rightarrow -275 + 900 = x^2 - 60x + 900 \mid$ in binomische Formel umwandeln
$\Rightarrow 625 = (x - 30)^2 \mid$ Wurzel ziehen
$\Rightarrow \pm 25 = x - 30 \Rightarrow x_1 = 30 - 25 = $ **5 % Faseranteil**
$\Rightarrow x_2 = 30 + 25 = $ **55 % Faseranteil** (Abb. 4.52)
Da man am maximalen Biobasiertheitsgrad interessiert ist, lautet das Ergebnis 55 %.

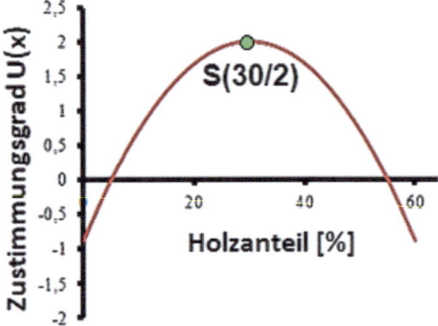

Abb. 4.51 Verlauf der Zustimmungsgrade über dem Holzanteil in WPC und Bestimmung des Maximums

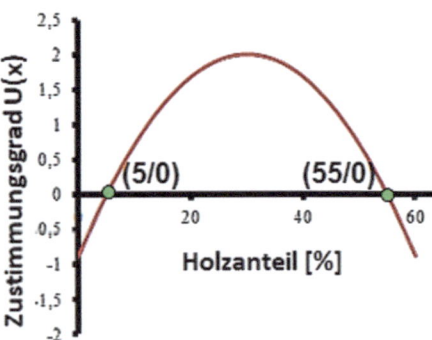

Abb. 4.52 Verlauf der Zustimmungsgrade über dem Holzanteil in WPC und Bestimmung der Nullstellen

4.24 Übungen

Aufgabe 4.24.27: Parabel-Funktionen im wirtschaftlichen Kontext

Nicht alle Produkte lassen sich problemlos auf biobasierte Holz-Kunststoff-Technologie umzustellen, wie z. B. Compolyticas Standardprodukt „Plastik-Joghurtbecher". Stattdessen möchte Compolytica ihre Konsumenten mehr an der zirkulären Nutzung der zunehmend knappen Ressource „Petro-Plastik" beteiligen. Das Produktmanagement überlegt sich, dass Konsumenten nach dem Essen des Joghurts den Becher grob reinigen und in die Einzelmaterialien (Aludeckel, Papp-Mantel, Plastikbecher) zerlegen, getrennt sammeln und beim nächsten Einkauf beim Vertragshändler abgeben (Abb. 4.53). Damit ließen sich alle Wertstoffe beim nächsten Joghurtbecher nahezu ohne Verluste immer wieder einsetzen.

Das Konzept klingt gut, verlangt aber einen erheblichen Aufwand im Konsum, der den Nutzen schmälert.

Sei die Tages-Familien-Nutzenfunktion $U(x)$ für das Konsumgut „Joghurtbecher": $U(x) = -\frac{1}{5}x^2 + 2x$. Der Aufwand $A(x)$ der Familie beim Trennen und Zurückbringen von x Bechern kann wie folgt beschrieben werden: $A(x) = \frac{3}{10}x^2$. x sei die Menge an täglich konsumiertem Joghurt.

a) Wie hoch ist die Familien-Tages-Präferenz an Joghurts im Nutzenoptimum allein aus Konsumsicht?
b) Ab dem Konsum des wievielten Joghurts x_{max} wird der Gesamtnutzen vom Gesamtaufwand aufgezehrt?
c) Berechnen Sie für $0 \leq x \leq x_{max}$ die anteiligen Nutzenzuwächse aus Konsum und die Nutzenverluste aus Entsorgung. Ab dem wievielten Joghurt nimmt der Aufwand mehr zu als der Konsumnutzen? Was schließen Sie daraus für die nun resultierende Familien-Tages-Präferenz an Joghurts?

Lösung:

a) $U(x) = -\frac{1}{5}x^2 + 2x$ und $A(x) = \frac{3}{10}x^2$

Abb. 4.53 Bestandteile eines Joghurtbechers

$U(x)$ in Scheitelform bringen (quadratische Ergänzung) und S ablesen:
$U(x) = -\frac{1}{5}x^2 + 2x = -\frac{1}{5}(x^2 - 10x + 25 - 25)$
$\Rightarrow U(x) = -\frac{1}{5}(x-5)^2 - \frac{1}{5}(-25) = -\frac{1}{5}(x-5)^2 + 5 \Rightarrow$ **S(5/5)** (Abb. 4.54)

b) Bedingung: $U(x) = A(x) \Rightarrow -\frac{1}{5}x^2 + 2x = \frac{3}{10}x^2 \Rightarrow 0 = \frac{1}{5}x^2 + \frac{3}{10}x^2 - 2x \Rightarrow 0 = \frac{1}{2}x^2 - 2x \quad | : \left(\frac{1}{2}\right)$

$\Rightarrow 0 = x^2 - 4x$ |quadratische Ergänzung
$\Rightarrow 4 = x^2 - 4x + 4 \Rightarrow 4 = (x-2)^2$ |Wurzel ziehen
$\Rightarrow \pm 2 = (x-2) \Rightarrow x_1 = 2 - 2 = 0$ (Keine Lösung da Null-Konsum auch keinen Aufwand verlangt!)
$\Rightarrow x_{max} = 2 + 2 = 4$ ist eine Lösung, d. h., unter Berücksichtigung des Entsorgungsaufwandes konsumiert die Familie einen Joghurt weniger am Tag (Absatzrückgang!) bei $U(4) = A(4) = \frac{3}{10} * 4^2 = \mathbf{4,8}$

c) $U(x) = -\frac{1}{5}x^2 + 2x$ und $A(x) = \frac{3}{10}x^2$. Für $U(x)$ und $A(x)$ die Funktionswerte für x = 0 bis $x_{max} = 4$ berechnen und Differenz zwischen $U(x)$ und $U(x-1)$ bzw. $A(x)$ und $A(x-1)$ ermitteln und vergleichend gegenüberstellen.

Funktionswerte für $U(x)$:

$U(0) = -\frac{1}{5} * 0^2 + 2 * 0 = 0 \Rightarrow \Delta U = 0 - 0 = \mathbf{0}$

$U(1) = -\frac{1}{5} * 1^2 + 2 * 1 = 1,8 \Rightarrow \Delta U = 1,8 - 0 = \mathbf{1,8}$

$U(2) = -\frac{1}{5} * 2^2 + 2 * 2 = 3,2 \Rightarrow \Delta U = 3,2 - 1,8 = \mathbf{1,4}$

$U(3) = -\frac{1}{5} * 3^2 + 2 * 3 = 4,2 \Rightarrow \Delta U = 4,2 - 3,2 = \mathbf{1,0}$

$U(4) = -\frac{1}{5} * 4^2 + 2 * 4 = 4,8 \Rightarrow \Delta U = 4,8 - 4,2 = \mathbf{0,6}$

Abb. 4.54 Nutzenverlauf aus Joghurt-Konsum und einhergehender Aufwand aus Entsorgung der Joghurtbecher

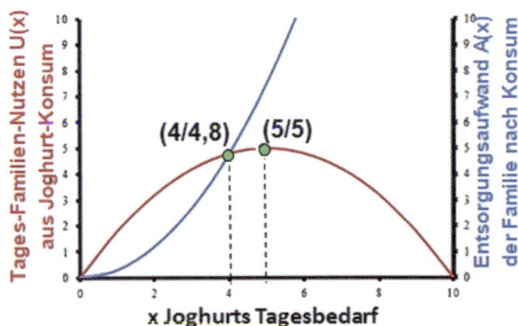

4.24 Übungen

Funktionswerte für A(x):

$$A(0) = \frac{3}{10} * 0^2 = 0 \Rightarrow \Delta A = 0 - 0 = \mathbf{0}$$

$$A(1) = \frac{3}{10} * 1^2 = 0{,}3 \Rightarrow \Delta A = 0{,}3 - 0 = \mathbf{0{,}3}$$

$$A(2) = \frac{3}{10} * 2^2 = 1{,}2 \Rightarrow \Delta A = 1{,}2 - 0{,}3 = \mathbf{0{,}9}$$

$$A(3) = \frac{3}{10} * 3^2 = 2{,}7 \Rightarrow \Delta A = 2{,}7 - 1{,}2 = \mathbf{1{,}5}$$

$$A(4) = \frac{3}{10} * 4^2 = 4{,}8 \Rightarrow \Delta A = 4{,}8 - 2{,}7 = \mathbf{2{,}1}$$

Nutzenüberschuss:

x	ΔU	ΔA	$\Delta U - \Delta A$
0	0	0	0,0
1	1,8	0,3	1,5
2	1,4	0,9	0,5
3	1,0	1,5	− 0,5
4	0,6	2,1	− 1,5

Fazit: Ab dem 3. Joghurt (x = 3) nimmt der Aufwand mehr zu als der Konsumnutzen, dennoch dauert es einen weiteren konsumierten Joghurt (x =4), bis der Gesamtnutzen aus Konsum (U = 4,8) vom Aufwand (A = 4,8) aufgezehrt wird. Da Konsumenten effizient sind (Ertrag ≥ Aufwand), wird die Familie nun bereits nach dem 3. Joghurt den weiteren Konsum einstellen.

Aufgabe 4.24.28: Parabel-Funktionen im wirtschaftlichen Kontext

Die produktionstechnische Umstellung der Plastik-intensiven Produktserie „Handyschale" (Abb. 4.55) verursacht Compolytica zunächst Zusatzkosten. Konkret erhöhen sich die Fixkosten von bisher 0,20 Mio. € um 25 %, da die Produktionsmaschinen auf das neue Holz-Kunststoff-Material umgerüstet werden müssen. Die variable Kostenfunktion von bisher $K_v(x) = 0{,}1x^2$ behält zwar nach der Umstellung ihren konvexen Verlauf, wird aber viermal so steil, da sich für den neuen Werkstoff die Produktionsgeschwindigkeit verlangsamt. Biobasierte Handyschalen liegen im Trend, und eine Marktstudie ergab eine Preisakzeptanz von $P(x) = 5 - 0{,}1x$. Alle Werte gelten 1 Mio-fach! Runden auf 2 Nachkommastellen!

a) Stellen Sie die Gesamtkostenfunktion *K(x)* der neuartigen Holz-Kunststoff-Handyschale auf.
b) Stellen Sie die Erlösfunktion *E(x)* und die Gewinnfunktion *G(x)* auf.

Abb. 4.55 Handy-Schale aus Holz-Kunststoff-Verbundwerkstoff

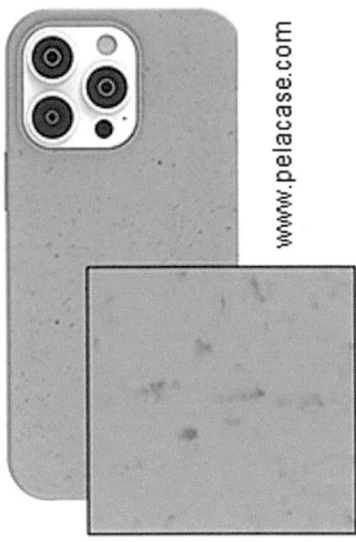

c) Bei welcher Produktionsmenge kommt Compolytica bei diesem Produkt in die Gewinnzone?
d) Unter welcher Produktionsmenge ist der Gewinn maximal und wie hoch?

Lösung:

a) Die Gesamtkostenfunktion setzt sich additiv aus der Fixkosten- und variablen Kostenfunktion zusammen.

$$K_f(x) = 0{,}2 * 1{,}25 = 0{,}25 \text{ und } K_v(x) = 4 * 0{,}1x^2 = 0{,}4x^2$$
$$\Rightarrow K(x) = K_f(x) + K_v(x) = \mathbf{0{,}4x^2 + 0{,}25}$$

b) $E(x) = P(x)*x = (5 - 0{,}1x)*x = \mathbf{5x - 0{,}1x^2}$

$$G(x) = 5x - 0{,}1x^2 - (0{,}4x^2 + 0{,}25) = 5x - 0{,}1x^2 - 0{,}4x^2 - 0{,}25 = \mathbf{-0{,}5x^2 + 5x - 0{,}25}$$

c) Hier interessieren die Nullstellen der *G(x)*-Parabel. Dazu wird sie 0 gesetzt und nach x aufgelöst.

$$0 = -0{,}5x^2 + 5x - 0{,}25 \Rightarrow 0{,}25 = -0{,}5x^2 + 5x \,|\text{mal } (-2) \text{ und quadratische Ergänzung}$$

$$-0{,}5 + 25 = x^2 - 10x + 25$$

4.24 Übungen

$$24{,}5 = (x-5)^2 \;|\text{Wurzel ziehen}$$

$$\pm\sqrt{24{,}5} = x-5$$

$\Rightarrow x_1 = 5 - \sqrt{24{,}5} \approx \mathbf{0{,}05}$ ist das gesuchte Ergebnis, da es die kleinere Menge ist!

$$\Rightarrow x_2 = 5 + \sqrt{24{,}5} \approx 9{,}95$$

0,05 Mio. = 50.000 Handyschalen bringen Compolytica bereits in die Gewinnzone (Abb. 4.56).

d) $G(x) = -0{,}5x^2 + 5x - 0{,}25$

Gesucht sind die Koordinaten des Scheitelpunktes:
$G(x) = -0{,}5x^2 + 5x - 0{,}25 \;|\; -0{,}5$ ausklammern und binomisch-quadratisch ergänzen!

$$G(x) = -0{,}5\left(x^2 - 10x + 25 + 0{,}5 - 25\right)$$
$$G(x) = -0{,}5\left(x^2 - 10x + 25 - 24{,}5\right)$$
$$G(x) = -0{,}5(x-5)^2 - 0{,}5(-24{,}5)$$
$$G(x) = -0{,}5(x-5)^2 + 12{,}25$$

S(5/12,25)

Somit beträgt der maximale Gewinn 12,25 Mio. € bei 5 Mio. Handyschalen.

oder: Da es sich um eine symmetrische Parabel handelt, muss die gewinnmaximale Menge genau zwischen x_1 und x_2 liegen, also bei $x_1 + (x_2 - x_1)/2$.

$$x = \left(5 - \sqrt{24{,}5}\right) + \left[\left(5 + \sqrt{24{,}5}\right) - \left(5 - \sqrt{24{,}5}\right)\right]/2 = \left(5 - \sqrt{24{,}5}\right) + \sqrt{24{,}5} = \mathbf{5}$$

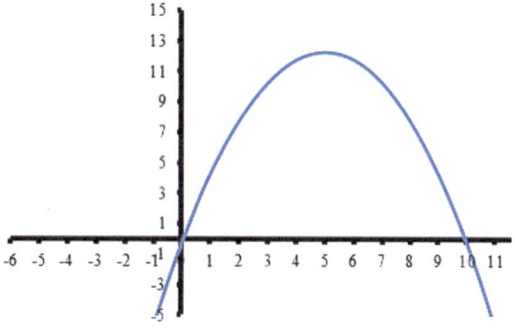

Abb. 4.56 Der Verlauf der Gewinnfunktion zeigt Nullstellen und ein Maximum

Aufgabe 4.24.29: Parabel-Funktionen im wirtschaftlichen Kontext

Begründen Sie qualitativ mathematisch, dass es sich bei der Funktion $-\frac{1}{2}(x-4)^2 + 8$ um eine Erlösfunktion handeln könnte.

Lösung:

Die Funktion beschreibt eine nach unten geöffnete Parabel, da $-\frac{1}{2}$ den negativen Öffnungsfaktor darstellt und sie einen Scheitel in (4/8) hat. Auch startet sie im Ursprung, da y(0) = 0 ist, also bei 0 verkauften Einheiten ergibt sich 0 Umsatz. Mit jeder verkauften Einheit steigt der Gesamterlös, aber jede weitere verkaufte Einheit muss dann weniger Zusatzerlös generieren, denn die Kurve flacht bis S komplett ab. Dies muss daran liegen, dass mit jedem weiteren x ein immer kleinerer Beitrag dem Gesamterlös hinzugefügt wird. Dieser Beitrag entsteht aus der Multiplikation des immer größer werdenden x mit einem noch kleiner werdenden anderen Faktor. Damit muss es sich bei dem anderen Faktor um *P(x)* handeln, denn P nimmt mit x ab.

Aufgabe 4.24.30: Parabel-Funktionen im wirtschaftlichen Kontext

Warum sind Umsätze im Polypol (P) höher als im Monopol (M). Argumentieren Sie mathematisch anhand der Steigung m_P und m_M der jeweiligen Preis-Mengen-Funktion *P(x)*.

Lösung:

Der Umsatz (Erlös) lässt sich wie folgt berechnen: $E(x) = P(x) * x$ mit $P(x) = a - m_{P/M} * x$. Im Polypol verläuft *P(x)* flacher, also gilt $|m_P| < |m_M|$. Aus $E(x) = ax - m_{P/M} * x^2$ ist ersichtlich, dass im Polypol infolge geringerem m_P weniger von ax abgezogen wird als im Monopol. Damit lassen sich für gleiches x im Polypol höhere Funktionswerte für *E(x)* erzielen. Das heißt aber nicht, dass zwangsläufig auch höhere Gewinne resultieren.

Aufgabe 4.24.31: Parabel-Funktionen im wirtschaftlichen Kontext

Gegeben sei das in Abb. 4.57 dargestellte Schaubild der Erlös- und Kostenentwicklung eines Gutes. Diskutieren Sie qualitativ die Gewinnentwicklung anhand des Schaubildes.

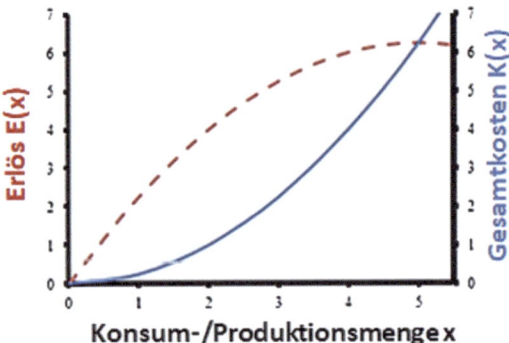

Abb. 4.57 Erlös- und Kostenentwicklung eines Gutes

Lösung:

Bei der gestrichelten Kurve muss es sich um die degressive Erlös-Kurve handeln, bei der durchgehenden Kurve um die progressive Gesamtkosten-Kurve. Gewinn ist Erlös minus Kosten, also beschreibt die Gewinnfunktion den Abstand der unteren Kurve von der oberen für jedes gegebene x. Gewinnmaximum herrscht, wenn der Abstand maximal ist. Da bei x = 0 und x = 5 der Abstand null ist, muss das Gewinnmaximum aus Symmetriegründen genau in der Mitte bei x = 2,5 liegen. Also mehr als 2,5 zu verkaufen ist gewinnreduzierend, da dann die Zusatzkosten aus jeder weiteren produzierten Einheit höher ausfallen als die Zusatzerlöse, die mit dem Verkauf dieser weiteren Einheit erzielt werden können. Dass die Zusatzerlöse dann immer kleiner werden, liegt an der abnehmenden Preisbereitschaft *P(x)* des Marktes bei zu großer Angebotsmenge.

Aufgabe 4.24.32: Parabel-Funktionen im wirtschaftlichen Kontext

Gegeben sei das in Abb. 4.58 dargestellte Schaubild der Gewinnentwicklung eines Gutes.

a) Für welche x-Menge ist der Erlös maximal?
b) Für welche x-Menge sind die Kosten maximal?
c) Für welche x-Menge ist der Abstand der Kosten vom Erlös maximal?

Bestimmen Sie die Werte aus dem Schaubild!
Lösung:

a) Gewinn = Erlös minus Kosten. Die Kosten können maximal die Höhe des Erlöses einnehmen, denn dann gilt Erlös = Kosten, und der Gewinn wird null. Dies ist bei x = 5 der Fall, also ist dort der Erlös maximal.
b) Aus gleichen Gründen müssten praktisch auch in x = 5 die Kosten maximal werden. Theoretisch könnte aber auch weiterproduziert werden, was die Kosten weiter ansteigen ließe, dann aber Negativgewinne entstehen lässt. Es ist anzunehmen, dass Unternehmen rechtzeitig aufhören zu produzieren.
c) Auf dem Weg nach x = 5 müssen zunächst die Erlöse stärker anwachsen als die Kosten, und irgendwann kehrt sich dies um. Dies geschieht im Gewinnmaximum bei x = 2,5, und hier ist der Abstand zwischen Erlös und Kosten maximal.

Abb. 4.58 Gewinnentwicklung eines Gutes

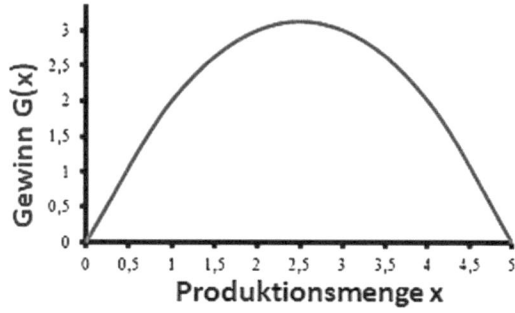

Aufgabe 4.24.33: Gebrochenrationale Funktionen
Beschreiben Sie qualitativ mathematisch, wie man eine gebrochenrationale Funktion auf
a) horizontale und b) vertikale Asymptote untersucht.
Lösung:
Bei einer gebrochenrationalen Funktion ergibt sich der Funktionswert aus einem Bruch mit einem Argument im Zähler und einem im Nenner. Eine Asymptote stellt eine Gerade dar, an die sich der Graph der Funktion horizontal oder vertikal annähert, ohne sie jedoch jemals zu berühren.

a) Eine horizontale Asymptote muss der Gleichung y = r folgen. r ist ein von x unabhängiger Wert, den die Funktion nie einnehmen kann, weil er eben ein Grenzwert ist. Bei starker Annäherung müssen Funktionswerte sich daher immer noch um einen minimalen x-abhängigen Betrag von r unterscheiden. Die gebrochenrationale Funktion ist also derart umzuformen, dass sich y = r ± dem x-abhängigen Betrag ergibt. Dies gelingt oftmals, indem man Zähler und Nenner erstmal durch x teilt. Daraus ergeben sich Doppelbrüche mit x im Nenner, aus denen bei manchen sich das x rauskürzen lässt, sodass x-unabhängige Werte zurückbleiben, aus denen sich dann r ergibt. Alle restlichen Argumente behalten x im Nenner, was dann für gegen unendlich strebende x-Werte 0 ergibt. In diesem Falle würde r übrig bleiben und den Grenzwert bzw. die horizontale Asymptoten-Gleichung y = r ergeben.
b) Die vertikale Asymptote ergibt sich aus der Sprungstelle der gebrochenrationalen Funktion, und die ist für dasjenige x gegeben, für welches der Nenner 0 werden würde, mathematisch aber nicht darf. Der Funktionsbruch ist also derart zu kürzen, dass im Nenner nur noch ein Argument mit berechenbaren Nullstellen für x verbleibt, z. B. x − 2 wird für x = 2 zu 0 oder x^2 − 4 wird für x = ± 2 zu 0. Die vertikale Asymptote hat dann die Form x = Nullstelle, also z. B. x = 2 oder x = ± 2.

Aufgabe 4.24.34: Gebrochenrationale Funktionen
Beschreiben Sie qualitativ mathematisch den Unterschied zwischen einer Durchschnittskostenanalyse unter a) linearer bzw. b) progressiver Gesamtkostenentwicklung.
Lösung:

a) Zur Bildung der Durchschnittskostenfunkton *DK(x)* muss die Gesamtkostenfunktion *K(x)*, egal ob linear oder progressiv, durch x geteilt werden, also jeder Summand der Funktion. Aus einer linearen Gesamtkostenfunktion entsteht dann $DK(x) = k_v + \frac{k_f}{x}$, also ein konstanter variabler Stückkostenfaktor k_v und die Stückfixkosten. Wie man sieht, besitzt diese dann eine horizontale Asymptote, denn für unendlich große x-Werte tendiert der Funktionswert *DK(x)* gegen k_v, weil $\frac{k_f}{x}$ gegen 0 geht. Das heißt, dass Unternehmen so viel produzieren können wie nur möglich, und die Stückkosten werden immer gleich hoch sein. Bei extrem flach verlaufender *P(x)*-Geraden des Marktes wird dann immer nahezu der gleiche Marktpreis P gelten, was bei Massengütern als ein

4.24 Übungen

exogen vorgegebener Marktpreis bezeichnet wird. Die Gewinne steigen also linear um immer den gleichen Betrag pro Stück, also ist der Stückgewinn *SG(x)* = konstant und beträgt $P - k_v$.

b) Bei progressiver Gesamtkostenfunktion K(x) ist ein Summand der Funktionsformel x^2 und ein weiterer die Fixkosten k_f. Die Durchschnittskostenfunktion muss daraus dann eine Linearfunktion x und wieder die Stückfixkosten k_f/x hervorbringen. Beide müssen mit einem Pluszeichen verbunden sein, weil Fixkosten zu variablen Kosten addiert werden. Damit ist D(x) das vertikale Aggregat aus einer steigenden Geraden und der gebrochenrationalen Funktion $\frac{1}{x}$. Diese Konstellation sorgt dafür, dass der Graph des Aggregates DK(x) ein Minimum aufweist, denn $\frac{1}{x}$ ist eine zum Ursprung hin gekrümmte Kurve, und die Gerade biegt den unteren Kurvenschenkel mit zunehmendem x nach oben. Rechnerisch kann das Minimum differenzialanalytisch bestimmt werden über die BEO der DK'(x)-Funktion. Praktisch bedeutet dies, dass Unternehmen nun aufpassen müssen, nicht zu viel und nicht zu wenig x zu produzieren, denn bei exogen vorgegebenem Marktpreis würden die Stückgewinne wieder abnehmen. Es gibt also ein eindeutiges Gewinnmaximum unter dem Durchschnittskostenminimum.

Aufgabe 4.24.35: Gebrochenrationale Funktionen im wirtschaftlichen Kontext

Gegeben seien die Gesamtkostenformeln für die Produkte A, B und C aus Compolyticas Produktsparte „CompoFlorica" im Gartensegment (Abb. 4.59). Mit der Holz-Kunststoff-Technologie erhofft sich das Marketing langfristig konstante Stückkosten. Damit könnte die Produktionsmenge je nach Auftragslage angepasst werden, ohne x^{opt} zu verfehlen und ohne dass Gewinne infolge steigender Stückkosten abnehmen könnten. Mögliche Kostenverläufe hat das Controlling vorab für A, B und C durchkalkuliert. Untersuchen Sie für jedes Kosten-Szenario, ob der Wunsch nach konstanten Stückkosten tatsächlich erfüllt wird, indem Sie auf Polstellen und horizontale Asymptote prüfen. Welche Kostenfunktion empfehlen Sie?

a) $y = K_A(x) = (x-2)^2$ b) $y = K_B(x) = \frac{x^2 - 2x + 1}{x - 1}$ c) $y = K_C(x) = \frac{2(x^2 - 9)}{x + 3}$

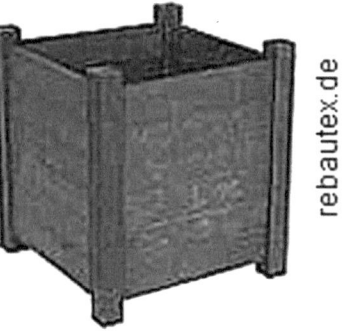

Abb. 4.59 Blumenkübel aus Holz-Kunststoff

Lösung:

a) $K_A(x) = (x-2)^2 \Rightarrow DK(x) = \frac{x^2-4x+4}{x}$; Polstelle $x_P = 0$

$\Rightarrow$ Senkrechte Asymptote = y-Achse

Horizontale Asymptote (Bruchzerlegung): $\frac{x^2-4x+4}{x} = \frac{x^2}{x} - \frac{4x}{x} + \frac{4}{x} = x - 4 + \frac{4}{x}$

$\Rightarrow DK(x \to \infty) = \infty - 4 + 0 = \infty \Rightarrow$ keine asymptotische Stückkosten-Entwicklung, weist auf DK-Minimum hin (Abb. 4.60).

b) $K_B(x) = \frac{x^2-2x+1}{x-1} \Rightarrow DK(x) = \frac{(x-1)^2}{x(x-1)} = \frac{(x-1)^2}{x(x-1)} = \frac{x-1}{x}$;

Polstellen $x_P = 0 \Rightarrow$ Senkrechte Asymptote = y-Achse

Horizontale Asymptote (Bruchzerlegung): $\frac{x-1}{x} = \frac{x}{x} - \frac{1}{x} = 1 - \frac{1}{x} \Rightarrow DK(x \to \infty) = 1 - 0 = 1$

$\Rightarrow$ Stückkosten entwickeln sich asymptotisch gegen den Wert 1 als Grenzwert.

c) $K_C(x) = \frac{2(x^2-9)}{x+3}$; Zähler in 3. binomische Formel überführen: $\frac{2(x-3)(x+3)}{(x+3)} = 2(x-3)$

$\Rightarrow DK(x) = \frac{2x-6}{x}$; Polstellen $x_P = 0 \Rightarrow$ Senkrechte Asymptote = y-Achse

Horizontale Asymptote (Bruchzerlegung): $\frac{2x-6}{x} = \frac{2x}{x} - \frac{6}{x} = 2 - \frac{6}{x} \Rightarrow DK(x \to \infty) = 2 - 0 = 2$

$\Rightarrow$ Stückkosten entwickeln sich asymptotisch gegen den Wert 2 als Grenzwert (Abb. 4.61).

Fazit: $K_B(x)$ liefert sowohl stabile Stückkosten bei variablen Produktionsmengen als auch niedrigere DK mit dem Wert 1 anstatt 2 bei $K_C(x)$.

d) $K_C(x) = \frac{2(x^2-9)}{x+3}$; Zähler in 3. binomische Formel überführen: $\frac{2(x-3)(x+3)}{(x+3)} = 2(x-3)$

$\Rightarrow DK(x) = \frac{2x-6}{x}$; Polstellen $x_P = 0 \Rightarrow$ Senkrechte Asymptote = y-Achse

Horizontale Asymptote (Bruchzerlegung): $\frac{2x-6}{x} = \frac{2x}{x} - \frac{6}{x} = 2 \frac{6}{x} \Rightarrow DK(x \to \infty) = 2 - 0 = 2$

Abb. 4.60 Verlauf der Stückkosten-Funktion $y = K_A(x) = (x-2)^2$ über der Menge x

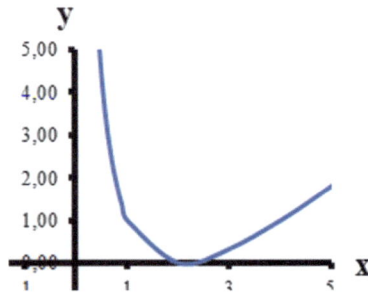

Abb. 4.61 Verlauf der Stückkosten-Funktion $y = K_B(x) = \frac{x^2 - 2x + 1}{x - 1}$ über der Menge x

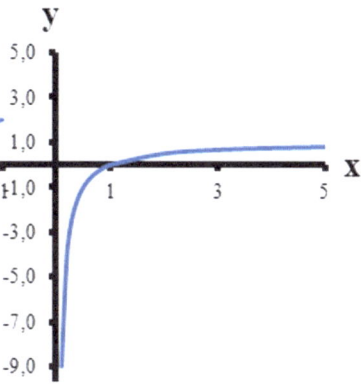

Abb. 4.62 Verlauf der Stückkosten-Funktion $y = K_C(x) = \frac{2(x^2 - 9)}{x+3}$ über der Menge x

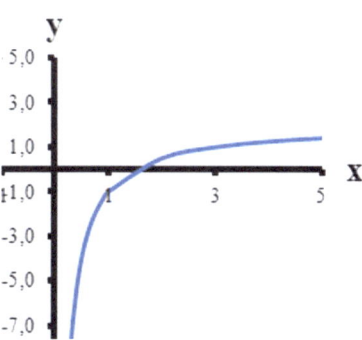

⇒ Stückkosten entwickeln sich asymptotisch gegen den Wert 2 als Grenzwert (Abb. 4.62).

Fazit: $K_B(x)$ liefert sowohl stabile Stückkosten bei variablen Produktionsmengen als auch niedrigere DK mit dem Wert 1 anstatt 2 bei $K_C(x)$.

Aufgabe 4.24.36: Gebrochenrationale Funktionen im wirtschaftlichen Kontext

Neueste Berechnungen des Controllings haben nun für die Produktserie „CompoFlorica" Gartenpflanzkübel eine Gesamtkostenfunktion wie folgt ergeben: $K(x) = 2x^2 - \frac{1}{2}x + 5$, x = Produktionsmenge in Mio. Stück. Diese Funktion besitzt ein DK-Minimum, das Compolytica derzeit gewinnmaximal macht. Um strategisch klug zu entscheiden, wie viel Aufträge man für CompoFlorica annehmen sollte, muss x^{opt} bestimmt werden. Bearbeiten Sie hierzu Folgendes:

a) Wie hoch sind die Fixkosten für CompoFlorica?
b) Leiten Sie die DK(x)-Funktion her.
c) Berechnen Sie die DK($0{,}5 \leq x \leq 3$) in 0,5-Mio-Schritten (zwei Nachkommastellen). Welche Produktionsmenge x^{opt} empfehlen Sie?

Abb. 4.63 Verlauf der Stück- bzw. Durchschnittskostenfunktion mit eindeutigem Minimum

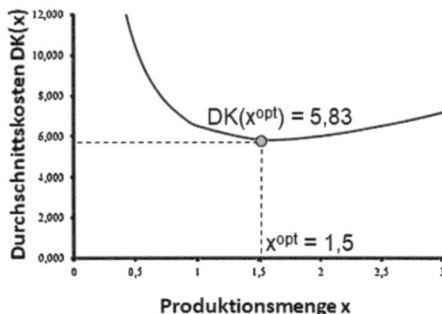

Lösung:

a) $k_f(x) = 5$

b) $K(x) = 2x^2 - \frac{1}{2}x + 5 \Rightarrow \mathbf{DK(x) = 2x - \frac{1}{2} + \frac{5}{x}}$ (Abb. 4.63)

c) $DK(0,5) = 2 * 0,5 - \frac{1}{2} + \frac{5}{0,5} = \mathbf{10,50}$

$DK(1,0) = 2 * 1,0 - \frac{1}{2} + \frac{5}{1,0} = \mathbf{6,50}$

$DK(1,5) = 2 * 1,5 - \frac{1}{2} + \frac{5}{1,5} = \mathbf{5,83}$

$DK(2,0) = 2 * 2,0 - \frac{1}{2} + \frac{5}{2,0} = \mathbf{6,00}$

$DK(2,5) = 2 * 2,5 - \frac{1}{2} + \frac{5}{2,5} = \mathbf{6,50}$

$DK(3,0) = 2 * 3,0 - \frac{1}{2} + \frac{5}{3,0} = \mathbf{7,17}$

Compolytica sollte nur so viele Aufträge annehmen, dass die Menge nicht von $x^{opt} = 1,5$ Mio. Stück abweicht, sonst steigen die DK wieder und Gewinne fallen.

Aufgabe 4.24.37: Gebrochenrationale Funktionen im wirtschaftlichen Kontext

Die Produktserie „CompoFlorica" wird nun endgültig auf Holz-Kunststoff umgestellt, wodurch sich auch die Gesamtkostenfunktion auf folgende Gleichung hin ändert: $K(x) = \frac{x^2 - 2x + 3}{2x}$; x = Produktionsmenge in Mio. Stk.

a) Leiten Sie die Durchschnittskostenfunktion DK(x) ab. Liegt eine gebrochen- oder ganzrationale Funktion vor?

b) Bilden Sie die Scheitelform von DK(x) und bestimmen Sie x^{opt}.

Lösung:

a) $K(x) = \frac{x^2 - 2x + 3}{2x}$

$$\Rightarrow DK(x) = \frac{K(x)}{x} = \frac{x^2 - 2x + 3}{2} = \frac{1}{2}x^2 - x + \frac{3}{2}$$

Dies ist eine ganzrationale Polynom-Funktion 2. Grades.

b) $DK(x) = \frac{1}{2}x^2 - x + \frac{3}{2}$ | $\frac{1}{2}$ ausklammern

$\Rightarrow DK(x) = \frac{1}{2}(x^2 - 2x + 3)$ | auf 2. binomische Formel bringen, keine Erweiterung, besser: 3 in 1 + 2 splitten

$\Rightarrow DK(x) = \frac{1}{2}(x^2 - 2x + 1 + 2) = \frac{1}{2}(x^2 - 2x + 1) + \frac{1}{2}(2) = \frac{1}{2}(x-1)^2 + 1 \Rightarrow S(1/1) \Rightarrow$
$x^{opt} = 1,0$ (Abb. 4.64)

Aufgabe 4.24.38: Das Differenzial

Beschreiben Sie qualitativ, wie die Ableitung einer Funktion zustande kommt und was sie theoretisch und praktisch bedeutet.

Lösung:

Bei der Bildung der Ableitung einer Funktion *f(x)* werden im Ausgangszustand zwei Funktionswerte y_0 und y_1 betrachtet, die aus einem gegebenen x_0 und $x_0 + \Delta x$ resultieren. Der Abstand zwischen beiden Funktionswerten sei dann Δy, und bezieht man dieses auf Δx, so ergibt sich das Steigungsdreieck der Sehne als Verbindungslinie zwischen y_0 und y_1. Lässt man nun Δx gegen 0 gehen, betrachtet also ein unendlich kleines Dreieck, so konzentriert sich die Steigung auf einen Punkt, nämlich an y_0 als den Funktionswert an der Stelle x_0. Die erste Ableitung $f'(x_0)$ der Funktion $f(x_0)$ gibt somit die Steigung der Funktion an der Stelle x_0 an. Praktisch gibt die 1. Ableitung einen Hinweis darauf, wie sich Funktionswerte ab einem bestimmten x_0 weiterentwickeln, denn ist $f'(x_0) > 0$, dann werden die Funktionswerte weiter zunehmen, z. B. würden Gewinne bei weiterer Produktion von x

Abb. 4.64 Verlauf der Stück- bzw. Durchschnittskostenfunktion mit Produktionsoptimum

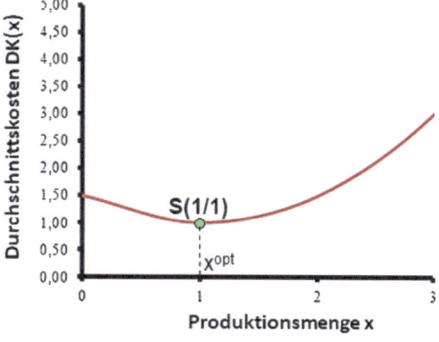

weiter ansteigen. Ist $f'(x_0) < 0$, dann sinken Gewinne, und es sollte nicht weiterproduziert werden. Ist $f'(x_0) = 0$, dann liegt ein Optimum vor, Gewinne könnten dann maximal sein, und das dazugehörige x_0 sollte nicht verändert werden. Sie könnten aber auch minimal sein, dann sollte erst recht weiterproduziert werden. Um dies zu konkretisieren, muss die zweite Ableitung gebildet und das x_0 eingesetzt werden. Ist $f''(x_0) < 0$, dann wechselt die Steigung an x_0 zu Negativwerten, d. h., $f(x_0)$ wird fallend in x und dies kann nur nach einem Maximum geschehen. Unter $f''(x_0) > 0$ werden Steigungswerte positiv, also beginnt der Graph anzusteigen, und dies ist nach einem Minimum der Fall.

Aufgabe 4.24.39: Das Differenzial
Beschreiben Sie qualitativ die Anwendung der Kettenregel.
Lösung:
Gegeben sei eine Funktion g(h), die ihrerseits von der Funktion h(x) abhängt. Damit ist auch g(h) von x mittelbar abhängig. g(h) sei die äußere und h(x) die innere Funktion. h(x) lässt sich nach x ableiten, und damit muss auch g(h) an der Stelle x differenzierbar sein, denn g(h) ist für jedes x mit h verknüpft. So muss die Ableitung einerseits das Differenzial der Funktion g enthalten, aber auch das der Funktion h. Da beide Ursprungsfunktionen miteinander verknüpft sind, müssen auch beide Differenziale miteinander verknüpft sein. Die umhüllende Wirkung von g auf h wird mathematisch über eine Multiplikation erfasst, also: g'(h)*h(x)', wobei g nach h zu differenzieren ist und h nach x.

Aufgabe 2.24.40: Das Differenzial
Beschreiben Sie qualitativ das Vorgehen bei der Lösung von KR^xPR.
Lösung:
Gegeben sei eine Funktion n(x), die aus dem Produkt zweier Funktionen u(x) und v(x) hervorgeht. Eine davon, sei es v(x), besteht aus einer mittelbaren Verknüpfung zweier weiterer Funktionen g(h) als äußere und h(x) als innere Funktion. Die 1. Ableitung n'(x) ergibt sich nun aus der Produktregel u'(x)*v(x) + u(x)*v'(x), wobei v'(x) = g'(v)*v'(x) gemäß Kettenregel ist. Pragmatisch sollte zuerst v' berechnet werden. Dann n' nach Produktregel, wobei das Ergebnis für g' entsprechend für v' substitutiv eingesetzt werden muss.

Aufgabe 4.24.41: Das Differenzial
Beschreiben Sie qualitativ das Vorgehen bei der Lösung von KR^xKR.
Lösung:
Gegeben sei eine Funktion $g_a(h_a)$ und sei daher mit h_a direkt verknüpft. h_a sei gleichzeitig auch der Funktionswert $g_i(h_i)$, der direkt verknüpft ist mit $h_i(x)$. $h_i(x)$ ist schließlich direkt von x abhängig. Also wenn sich x ändert, verändern sich auch der Funktionswert g_i von h_i, und weil g_i auch h_a ist, muss sich der Funktionswert g_a von h_a ändern. g_a und deren Argument h_a umfüllen somit g_i und deren Argument h_i.

Die Gesamtableitung erfolgt nun durch Rückwärtsinduktion, d. h., man fängt innen an und setzt Ergebnisse in die Ableitung der äußeren Funktion ein. Also erfolgt die Ableitung von g_i nach Kettenregel, was zum Ergebnis $g_i'(x) = g_i'(h_i) * h_i'(x)$ führt. Dieses wird nun für $h_a'(x)$ angenommen und in die Kettenregel der äußeren Ableitung eingesetzt, also: $g_a'(x) = g_a'(h_a) * h_a'(x)$ mit $h_a'(x) = g_i'(h_i) * h_i'(x)$. Das Ergebnis ist: $g_i'(x) = g_a'(h_a) * g_i'(h_i) * h_i'(x)$.

Aufgabe 4.24.42: Das Differenzial
Beschreiben Sie mathematisch qualitativ den Verlauf von $y(x) = x^2$, indem Sie auf deren 1. und 2. Ableitung eingehen.

Lösung:

Die 1. Ableitung von x^2 ist $2x$, also weist $y'(x) = 2x$ den Verlauf der Tangentensteigungen über x. $2x$ ist eine Ursprungsgerade. Für $x < 0$ nimmt sie negative Funktionswerte ein, also sind Tangentensteigungen von $y(x<0) = x^2$ negativ und damit fallend für negative x bis 0. Für $x = 0$ ist $y'(x) = 2x = 0$, also liegt im Ursprung eine Horizontaltangente vor. Der weitere Verlauf lässt sich aus der 2. Ableitung einschätzen. $y''(x = 0) = (y'(x))' = 2 > 0$, d. h., die Tangentensteigung nimmt positive Werte an und $y(x)$ ist damit steigend in x. In $x = 0$ muss also ein Minimum vorliegen. Tatsächlich führt $y'(x>0) = 2x$ zu positiven Funktionswerten, Tangenten von $y(x)$ für $x > 0$ sind daher steigend in x.

Aufgabe 4.24.43: Das Differenzial
Multiplizieren Sie zuerst aus und bilden Sie dann die 1. und die 2. Ableitung:

a) $y(x) = (2 + x)(x^2 + 1)$
b) $y(x) = (0{,}5 - x)(3x^2 - 1)$
c) $y(x) = x(2x^2 + x - 1)$
d) $y(x) = x^2(x - 1)(2 - 0{,}5x)$
e) $y(x) = (1 - x)(x + 1)(2x + 3)$
f) $y(x) = (a + bx)(c + dx)$
g) $y(x) = \frac{1}{2}(c - 2x)\left(\frac{3}{4} + cx^2\right)$
h) $y(x) = (1 + x)(2 - 3x)(4 + 2x)$

Lösung:

a) $y(x) = x^3 + 2x^2 + x + 2$ $y'(x) = 3x^2 + 4x + 1$ $y''(x) = 6x + 4$
b) $y(x) = -3x^3 + 1{,}5x^2 + x - 0{,}5$ $y'(x) = -9x^2 + 3x + 1$ $y''(x) = -18x + 3$
c) $y(x) = 2x^3 + x^2 - x$ $y'(x) = 6x^2 + 2x - 1$ $y''(x) = 12x + 2$
d) $y(x) = -0{,}5x^4 + 2{,}5x^3 - 2x^2$ $y'(x) = -2x^3 + 7{,}5x^2 - 4x$ $y''(x) = -6x^2 + 15x - 4$
e) $y(x) = -2x^3 - 3x^2 + 2x + 3$ $y'(x) = -6x^2 - 6x + 2$ $y''(x) = -12x - 6$
f) $y(x) = ac + adx + bcx + bdx^2$ $y'(x) = ad + bc + 2bdx$ $y''(x) = 2bd$
g) $y(x) = -cx^3 + \frac{1}{2}c^2x^2 - \frac{3}{4}x + \frac{3}{8}c$ $y'(x) = -3cx^2 + c^2x - \frac{3}{4}$ $y''(x) = -6cx + c^2$
h) $y(x) = -6x^3 - 14x^2 + 8$ $y'(x) = -18x^2 - 28x$ $y''(x) = -36x - 28$

Aufgabe 4.24.44: Das Differenzial

Ermitteln Sie die Nullstellen der Funktionen:

a) $y(x) = 4x - x^2$
b) $y(x) = x^3 - 5x^2$
c) $y(x) = \frac{1}{2}x - \frac{2}{3}$
d) $y(x) = x^2 - 9$
e) $y(x) = 4x^2 + 4x - 3$

Lösung:

a) $y(x) = 4x - x^2 = x(4 - x) = 0 \Rightarrow \mathbf{N_1(0/0); N_2(4/0)}$
b) $y(x) = x^3 - 5x^2 = x^2(x - 5) = 0 \Rightarrow \mathbf{N_1(0/0); N_2(5/0)}$
c) $y(x) = \frac{1}{2}x - \frac{2}{3} = 0 \Rightarrow \frac{1}{2}x = \frac{2}{3} \Rightarrow x = \frac{4}{3} \Rightarrow \mathbf{N\left(\frac{4}{3}/0\right)}$
d) $y(x) = x^2 - 9 = (x - 3)(x + 3) = 0 \Rightarrow \mathbf{N_1(3/0); N_2(-3/0)}$
e) $y(x) = 4x^2 + 4x - 3 = 4(x^2 + x) - 3 = 0 \Rightarrow 3 = 4(x^2 + x) \Rightarrow \frac{3}{4} + \frac{1}{4} = x^2 + x + \frac{1}{4}$

$\Rightarrow 1 = \left(x + \frac{1}{2}\right)^2$

$\Rightarrow \pm 1 = x + \frac{1}{2} \Rightarrow x_1 = -\frac{1}{2} - 1 = -\frac{3}{2}$ bzw. $x_2 = -\frac{1}{2} + 1 = \frac{1}{2} \Rightarrow \mathbf{N_1\left(-\frac{3}{2}/0\right); N_2\left(\frac{1}{2}/0\right)}$

Aufgabe 4.24.45: Das Differenzial

Ordnen Sie den Schaubildern y(x) oben ihre 1. Ableitung unten zu.

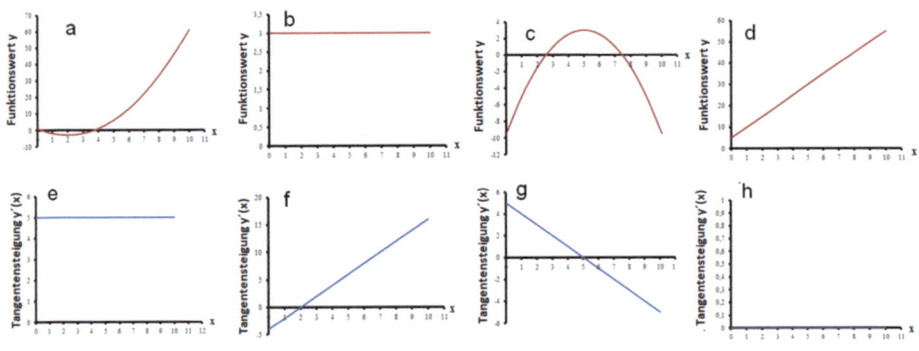

Lösung:
a → f; b → h; c → g; d → e

4.24 Übungen

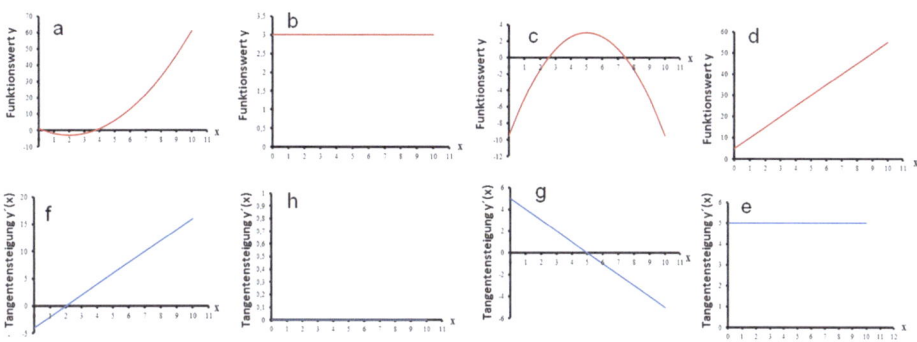

Aufgabe 4.24.46: Das Differenzial

Prüfen Sie, ob und was für ein Extremum vorliegt und berechnen Sie ggf. die Scheitelpunkt-Koordinaten.

a) $y = 2x^2 - x + 2$
b) $y = -\frac{1}{2}x + 5$
c) $y = x$
d) $y = \frac{1}{x}$
e) $y = -\frac{1}{2}x^2 + 3x - 4$
f) $y = 2(x-3)^2 + 5$

Lösung:

a) $y = 2x^2 - x + 2 \Rightarrow y' = 4x - 1$ *Bedingung Extremum*: $y' = 0 = 4x - 1 \Rightarrow \mathbf{x_s = \frac{1}{4}}$
(Abb. 4.65)

Bedingung Minimum/Maximum: $y'' = 4 > 0 \Rightarrow$ Minimum bei $y\left(\frac{1}{4}\right) = 2\left(\frac{1}{4}\right)^2 - \frac{1}{4} + 2 = \frac{1}{8} - \frac{2}{8} + \frac{16}{8} = \frac{15}{8} = \mathbf{y_s}$

b) $y = -\frac{1}{2}x + 5 \Rightarrow y' = -\frac{1}{2}$ *Bedingung Extremum*: $y' = 0 = -\frac{1}{2}$

$\Rightarrow$ Keine Lösung, kein Extremum (Abb. 4.66)!

Abb. 4.65 Kurvenverlauf der Funktion $y = 2x^2 - x + 2$

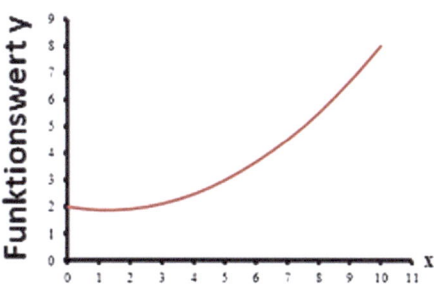

Abb. 4.66 Kurvenverlauf der Funktion $y = -\frac{1}{2}x + 5$

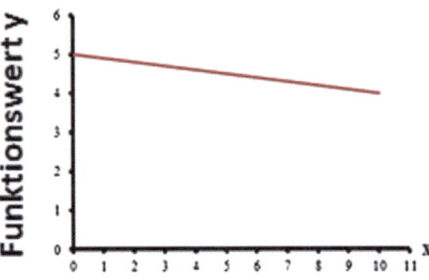

Abb. 4.67 Kurvenverlauf der Funktion $y = x$

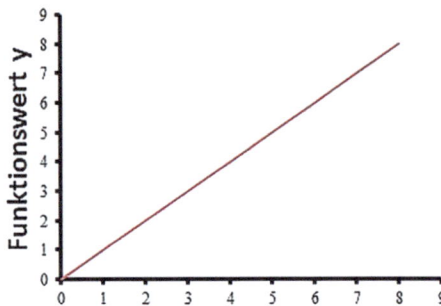

c) $y = x \Rightarrow y' = 1$ *Bedingung Extremum*: $y' = 0 = 1 \Rightarrow$ Keine Lösung, kein Extremum! (Abb. 4.67)

d) $y = \frac{1}{x} = x^{-1} \Rightarrow y' = -1(x^{-2}) = -x^{-2}$

Bedingung Extremum: $y' = 0 = -x^{-2} = -\frac{1}{x^2} \Rightarrow$ Keine Lösung, Nenner darf nicht null sein (Abb. 4.68)!

e) $y = -\frac{1}{2}x^2 + 3x - 4 \Rightarrow y' = -x + 3$ *Bedingung Extremum*: $y' = 0 = -x + 3 \Rightarrow \mathbf{x_s = 3}$

Bedingung Minimum/Maximum: $y'' = -1 < 0$
$\Rightarrow$ Maximum bei $y(3) = -\frac{1}{2}(3)^2 + 3*3 - 4 = -\frac{9}{2} + \frac{18}{2} - \frac{8}{2} = \frac{1}{2} = \mathbf{y_s}$ (Abb. 4.69)

f) $y = 2(x-3)^2 + 5 \Rightarrow$ Kettenregel: $y' = 2(2(x-3)*1) = 4(x-3) = 4x - 12$

Bedingung Extremum: $y' - 0 = 4x - 12 \Rightarrow \mathbf{x_s = 3}$

Abb. 4.68 Kurvenverlauf der Funktion $y = \frac{1}{x}$

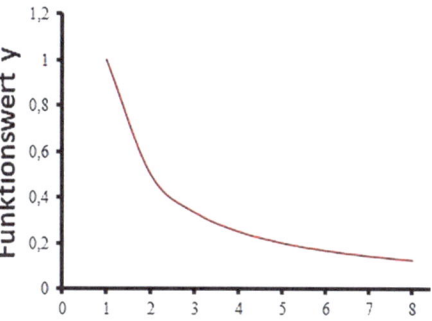

Abb. 4.69 Kurvenverlauf der Funktion $y = -\frac{1}{2}x^2 + 3x - 4$

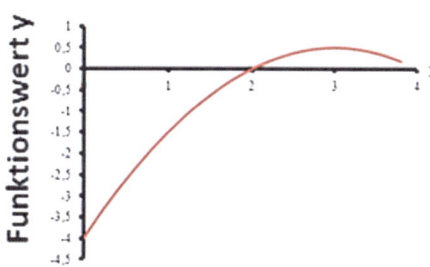

Abb. 4.70 Kurvenverlauf der Funktion $y = 2(x - 3)^2 + 5$

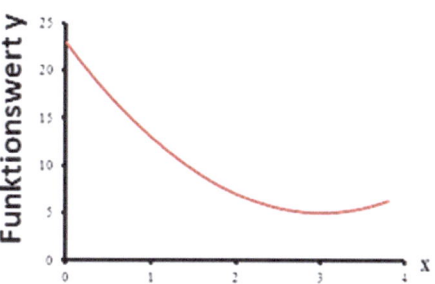

Bedingung Minimum/Maximum: $y'' = 4 > 0 \Rightarrow$ Minimum bei $y(3) = 2(3 - 3)^2 + 5 = 5 = \mathbf{y_S}$ (Abb. 4.70)

Aufgabe 4.24.47: Das Differenzial
Untersuchen Sie auf Extrema und Scheitelpunkt:

a) $y(x) = x^2 - 6x + 5$
b) $y(x) = -1 + 2x - 0{,}5x^2$
c) $y(x) = \frac{2}{3}x - \frac{1}{2}x^2$
d) $y(x) = 2x^3 - 3x^2$

Lösung:

a) $y(x) = x^2 - 6x + 5 \Rightarrow y'(x) = 2x - 6 = 0 \Rightarrow 2x = 6 \Rightarrow x = 3; y''(x) = 2 > 0$

$\Rightarrow$ **Minimum**; $y(3) = 3^2 - 6*3 + 5 = 9 - 18 + 5 = -4 \Rightarrow$ **S(3/ − 4)** (Abb. 4.71)

b) $y(x) = -1 + 2x - 0{,}5x^2 \Rightarrow y'(x) = 2 - x = 0 \Rightarrow x = 2; y''(x) = -1 < 0$

$\Rightarrow$ **Maximum**; $y(2) = -1 + 2*2 - 0{,}5*2^2 = -1 + 4 - 2 = 1 \Rightarrow$ **S(2/1)** (Abb. 4.72)

c) $y(x) = \frac{2}{3}x - \frac{1}{2}x^2 \Rightarrow y'(x) = \frac{2}{3} - x = 0 \Rightarrow x = \frac{2}{3}; y''(x) = -1 < 0$

$\Rightarrow$ **Maximum**; $y\left(\frac{2}{3}\right) = \frac{2}{3} * \frac{2}{3} - \frac{1}{2} * \left(\frac{2}{3}\right)^2 = \frac{4}{9} - \frac{2}{9} = \frac{2}{9} \Rightarrow$ **S$\left(\frac{2}{3}/\frac{2}{9}\right)$** (Abb. 4.73)

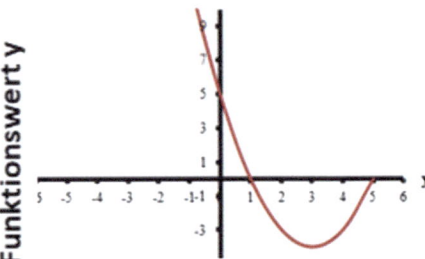

Abb. 4.71 Kurvenverlauf der Funktion $y(x) = x^2 - 6x + 5$

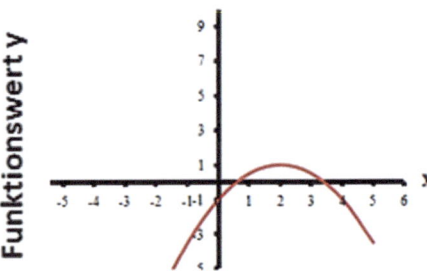

Abb. 4.72 Kurvenverlauf der Funktion $y(x) = -1 + 2x - 0{,}5x^2$

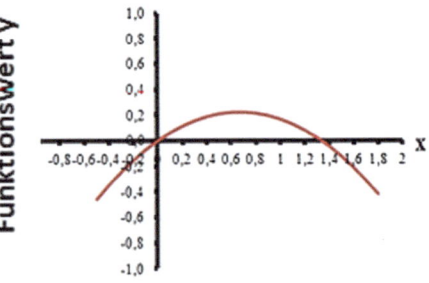

Abb. 4.73 Kurvenverlauf der Funktion $y(x) = \frac{2}{3}x - \frac{1}{2}x^2$

Abb. 4.74 Kurvenverlauf der Funktion $y(x) = 2x^3 - 3x^2$

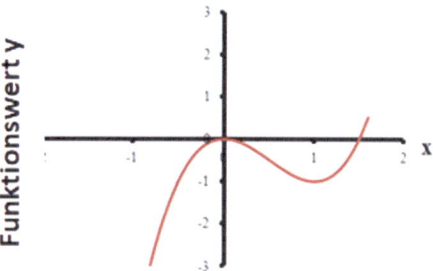

Abb. 4.75 Holz-Kunststoff-Materialmischung aus Plastik und Holzfasern

d) $y(x) = 2x^3 - 3x^2 \Rightarrow y'(x) = 6x^2 - 6x = 6x(x-1) = 0 \Rightarrow x_1 = 0; x_2 = 1;$

$y''(x) = 12x - 6 \Rightarrow y''(0) = -6 < 0 \Rightarrow$ **Maximum;** $y(0) = 0 \Rightarrow \mathbf{S_1(0/0)}$
$\Rightarrow y''(1) = 6 > 0 \Rightarrow$ **Minimum;** $y(1) = -1 \Rightarrow \mathbf{S_2(1/-1)}$ (Abb. 4.74)

Aufgabe 4.24.48: Differenzial im wirtschaftlichen Kontext

Compolytica hat einen Großauftrag für Holz-Kunststoff-Fensterrahmen erhalten. Dazu muss sie ihre „Holz-Kunststoff"-Fertigmischung vorproduzieren (Abb. 4.75). In jede Misch-Maschine muss die gleiche Menge x kg loses Holz-Kunststoff-Rohgemisch zur Fertigmischung verschmelzen. Während der Aufwärmphase verbraucht jede der Maschine 2 kg Rohgemisch, was dadurch zu Abfall wird. Es laufen stets so viele Mischer, dass die Gesamt-Fertigmischung der quadrierten Einzelmengen eines Mischers entspricht. Leiten Sie die Funktion f der Gesamt-Fertigmischung [kg] in Abhängigkeit des x [kg] loses Holz-Kunststoff-Rohgemisch her. Zeigen Sie, dass mindestens 2 kg loses Holz-Kunststoff-Rohgemisch zum Einsatz kommen, indem Sie f nach der Kettenregel ableiten und das Minimum bestimmen:

(KR): $y'(x) = g'(h) * h'(x)$

Lösung:

Es handelt sich hier um zwei Einzelfunktionen, nämlich einer Funktion h (=innere), sie beschreibt den Zusammenhang zwischen In- und Output eines einzelnen Mischers, und g (äußere) den Zusammenhang zwischen der Gesamt-Fertigmischung aller Mischer und dem Input hierzu. Dieser Input entspricht dem Output eines Mischers. Diese Verschachtelung kann mit der Kettenregel dargestellt werden.

Innere: $h(x) = (x-2)$ d. h., x-kg gehen in eine Maschine rein und davon werden 2 kg Ausschuss produziert

Äußere: g(h) = Quadrieren der Output-Menge h(x) einer Maschine zur Gesamt-Fertigmischung

Gesamt-Fertigmischung f: $y(x) = (x - 2)^2$ also: $h(x) = (x-2) \Rightarrow h'(x) = 1$ und $g(h) = h^2 \Rightarrow g'(h) = 2h$

KR: $y'(x) = 2(x - 2)*1 = 2(x - 2)$; *Extremum*: $y'(x) = 0 = 2(x - 2) \Rightarrow x = 2$; $y''(2) = 2 > 0 \Rightarrow$ **Minimum bei x = 2**

Also müssen mind. 2 kg eingesetzt werden, was ja genau dem Verlust bei Betrieb einer Maschine entspricht.

Aufgabe 4.24.49: Differenzial im wirtschaftlichen Kontext
Interpretieren Sie qualitativ die Grenznutzenfunktion *GN(x)* im Lichte der Nutzenfunktion *U(x)* ökonomisch und mathematisch. Nutzen Sie Ihr Wissen über das Gossen'sche Gesetz.

Lösung:

Die Nutzenfunktion *U(x)* ist eine nach unten geöffnete und im Ursprung beginnende Parabel. Nach dem Gossen'schen Gesetz nimmt der Zusatznutzen aus jeder weiteren konsumierten Einheit des Gutes kontinuierlich ab. Dies zeigt sich in einer immer flacher werdenden Tangente an *U(x)* mit zunehmendem x. Der Wert der Tangentensteigung ist das Differenzial, somit drückt die 1. Ableitung in x das Steigungsdreieck $\frac{\Delta y}{\Delta x} = \frac{\Delta U}{\Delta x}$ aus. Für große Gütermengen kann Δx eine konsumierte Einheit daraus beschreiben. Dann entspricht der Wert der Tangentensteigung in x dem Zusatznutzen ΔU aus der x-ten konsumierten Einheit. Zeigt also die Funktion *U(x)* den nach der x-ten konsumierten Einheit bis dahin empfundenen Gesamtnutzen, weist *U'(x)* auf die unter der x-ten konsumierten Einheit empfundene Nutzendifferenz zwischen x und x − 1, also auf den Zusatznutzen. Dieser wird immer kleiner, je größer x ist. Die 1. Ableitung wird auch Grenzwert-Funktion genannt, weil ΔU aus der Grenzbetrachtung $\Delta x \to 0$ resultiert. *U'(x)* ist daher die Grenznutzenfunktion *GN(x)*, die nun als Geradenfunktion in x fallende Tangentensteigungen als Funktionswerte aufweist. Wenn unter großen x-Werten der Zusatznutzen kleine Werte annimmt, verleihen große Angebotsmengen eines Gutes nur ein kleines Zusatznutzenempfinden. Man kann schon jeden Tag Nudeln essen, aber dann wird man kaum bereit ein, für eine Nudelpackung viel Geld zu bezahlen. Der *P(x)*-Graph zeigt also qualitativ, dass Massengüter nur gekauft werden, wenn sie einen niedrigen Preis besitzen. Seltene Güter, z. B. Luxusartikel oder Genussmittel, sollten hochpreisig angeboten werden, weil deren Konsum viel Zusatznutzen verleihen. Dort, wo *P(x)* die x-Achse schneidet (Nullstelle), ist der Zusatznutzen 0, und die Summe aller bislang empfundenen Zusatznutzen entspricht dann dem maximalen Gesamtnutzen. Also besitzt dort der *U(x)*-Graph ein Maximum.

Aufgabe 4.24.50: Differenzial im wirtschaftlichen Kontext
Für das Produkt „Zahnbürste" (ZB) aus Plastik hatte das Marketing von Compolytica bereits eine Nutzenkurve aus einer Marktstudie abgeleitet mit folgender Form: $U_{ZB,Plas}(x) = -\frac{1}{4}(x-4)^2 + 4$, x in Mio. Stk. Nun überlegt das Produktmanagement, eine Variante in Holz-Kunststoff (HoKu) und in reinem Holz (Holz) anzubieten (Abb. 4.76).

4.24 Übungen

Abb. 4.76 Zahnbürste aus Plastik (Plas), Holz-Kunststoff (HoKu) und Holz (Holz)

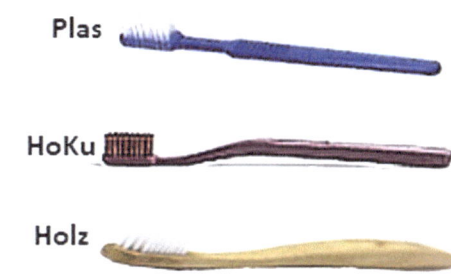

Die Preis-Mengen-Funktion habe die Einheit [€]. Die drei Varianten seien am Markt substitutiv zueinander, werden somit aufgrund der subjektiven Qualitätseinschätzung gewählt.

a) Leiten Sie für das ZB_{Plas}-Standardprodukt die Preis-Mengen-$P_{Plas}(x)$-Funktion her. Wie hoch ist der Marktpreis, wenn Compolytica 2 Mio. Zahnbürsten davon anbietet?
b) Leiten Sie für die ZB_{HoKu}-Produktvariante die Preis-Mengen-$P_{HoKu}(x)$-Funktion her, wenn bekannt ist, dass der maximale Nutzen bei S(5/5) liegt. Wie hoch ist nun der Marktpreis, wenn Compolytica 2 Mio. Zahnbürsten davon anbietet?
c) Die Holz-Variante besitze die Preis-Mengen-Funktion $P_{Holz}(x) = -\frac{3}{10}x + \frac{3}{2}$. Bei welcher Menge empfindet der Markt einen maximalen Konsumnutzen, und wie hoch ist nun der Marktpreis, wenn Compolytica 2 Mio. Zahnbürsten davon anbietet?
d) Interpretieren Sie die WTPs (Willingness-to-Pay) aus den drei Teilaufgaben im Lichte der Materialien. Wie schätzen Konsumenten die Qualitäten offensichtlich ein?

Lösung:

a) $U_{ZB,Plas}(x) = -\frac{1}{4}(x-4)^2 + 4 \Rightarrow$ <u>KR</u> : $h = x - 4 \Rightarrow h' = 1$ und $g = x^2 \Rightarrow g' = 2x$ und $-\frac{1}{4}$ bleibt als Vorfaktor a

und $+4$ fallen weg: $U'_{ZB,Plas}(x) = P(x)' = a * g'(h) * h' = -\frac{1}{4}(2(x-4)) * (1) = -\frac{1}{2}(x-4)$

$\Rightarrow \mathbf{P_{Plas}(x) = -\frac{1}{2}x + 2}$; Angebot x = 2 Mio. : $P_{Plas}(2) = -\frac{1}{2}*2 + 2 = \mathbf{1,00}$ /Stk.

b) S(5/5) $\Rightarrow$ die Form muss $y = a_2 * (x-5)^2 + 5$ entsprechen, a_2 über eine Ersatzparabel ermitteln. Diese lautet $y = a_2 * x^2$ und geht durch 0/0 und muss einen Punkt $P_N(-5/-5)$ haben (Abb. 4.77)

Abb. 4.77 Ermittlung der Nutzenkurve der Holz-Kunststoff-Zahnbürste über das Ersatz-Parabel-Verfahren

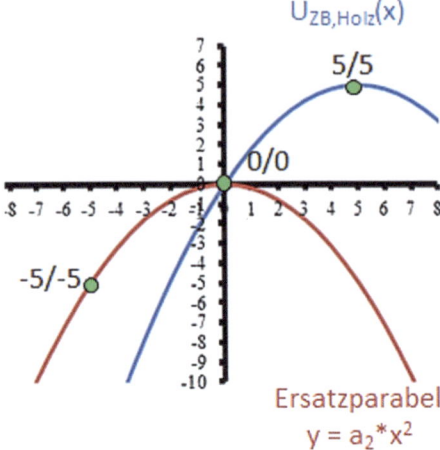

$$\Rightarrow -5 = a_2 * (-5)^2 \Rightarrow a_2 = -\frac{5}{25} = -\frac{1}{5} = -\frac{1}{5}(x-5)^2 + 5$$

$$\Rightarrow U'_{ZB,HoKu}(x) = P_{ZB,HoKu}(x) = -\frac{1}{5}\left(2(x-5)(1)\right) = -\frac{2}{5}x + 2$$

Angebot $x = 2$ Mio.: $P_{ZB,HoKu}(2) = -\frac{2}{5} * 2 + 2 = -\frac{4}{5} + \frac{10}{5} = \frac{6}{5} = \mathbf{1{,}20\,€/Stk.}$

c) $P_{Holz}(x) = -\frac{3}{10}x + \frac{3}{2}$; der Markt-Gesamtnutzen ist am größten, wenn die ZB zu 0 € angeboten wird

$$\Rightarrow P_{Holz}(x) = -\frac{3}{10}x + \frac{3}{2} = 0 \Rightarrow \frac{3}{10}x = \frac{3}{2}$$

$\Rightarrow \mathbf{x = 5}$ und

$$P_{Holz}(2) = -\frac{3}{10} * 2 + \frac{3}{2} = -\frac{3}{5} + \frac{3}{2} = \frac{-6+15}{10} = \frac{9}{10} = \mathbf{0{,}90\,€/Stk.}$$

d) $P_{HoKU} = 1{,}20\,€ > P_{Plas} = 1{,}00\,€ > P_{Holz} = 0{,}90\,€ \Rightarrow$ Der Holz-ZB wird am wenigsten Nutzen zugetraut, HoKu deutlich mehr und deren Nachhaltigkeit könnte gegenüber Plas den Nutzen nochmal gesteigert haben.

Aufgabe 4.24.51: Differenzial im wirtschaftlichen Kontext

Beschreiben Sie das Evidenz-basierte Verfahren zur Bestimmung der Preis-Mengen-Funktion *P(x)* aus der Marktforschung.

Lösung:
Wie viel Konsumenten für ein Gut bereit sind zu bezahlen hängt nicht nur von der Angebotsmenge ab. Produkte unterscheiden sich auch in ihren Eigenschaften, obwohl sie oftmals den gleichen Grundnutzen bieten. Die Lancaster-Theorie (1966) besagt, dass Konsumenten den Nutzen aus dem Konsum eines Gutes anhand des wahrgenommenen Nutzenbündels einschätzen, das das Gut verspricht. Da Konsumenten im Markt vielfältige Präferenzen besitzen, können Hersteller durch Variation dieses Nutzenbündels mehr Konsumenten ansprechen, als wenn es als Einheitsgut angeboten wird. Die Variation gelingt z. B. durch verschiedene Farben, Größen, Geschmacksrichtungen etc. Wie viel Prozent aller potenziellen Käufe dann generiert werden können, lässt sich mittels Fragenbogen an einer repräsentativen Stichprobe aus n (z. B. 300) Konsumenten herausfinden. Darin wird ein Gut mit beispielsweise vier verschiedenen Nutzenbündeln zu entsprechenden Preisen angeboten und die Kaufbereitschaft gemessen. Die Nutzenbündel müssen annähernd eine qualitative Rangfolge bilden, z. B. 2 Jahre Herstellergarantie, 3 Jahre, 4 Jahre und 5 Jahre Garantie (Q_1 bis Q_4), und die präsentierten Preise sollten ausgehend vom marktüblichem Niveau gleichmäßig ansteigen (P_1 bis P_4). Konsumenten können nun angeben, zu welchem Preis sie maximal bereit sind, die jeweilige Produkteigenschaft zu kaufen. Die Auswertung kann dann Folgendes ergeben: Zu P_1/Q_1 kauften 60 % und alle weiteren Optionen schlugen sie aus; zu P_2/Q_2 kauften 20 % und schlugen alles Weitere aus; zu P_3/Q_3 kauften 12 % und sonst nichts mehr, und die restlichen 8 % gingen bis zum Maximalen P_4/Q_4-Nutzenbündel. In der weiteren Betrachtung ist nun wichtig zu beachten, dass zunächst alle 100 % Befragten Q_1 zu P_1 kaufen würden, also einerseits die 60 % und andererseits alle, die auch höhere Preise akzeptierten, würden den geringsten Preis entrichten. Zu P_2 würden dann nur noch 100 % − 60 % = 40 % kaufen, zu P_3 noch 40 % − 20 % = 20 % und zu P_4 noch 20 % − 12 % = 8 %. Ein „y = Preis/x = Mengen%-Diagramm" enthält nun folgende Punkte: (100 %/P_1); (40 %/P_2); (20 %/P3); (8 %/P_4). Höchstwahrscheinlich bildet die Verbindungslinie der Punkte keine eindeutige Gerade, daher kann man eine Ausgleichgerade sinnhaft in den Verlauf einzeichnen und diese mathematisch aus zwei abgelesenen Punkten herleiten. Auf die konkreten Marktmengen kommt man, indem man die preisabhängigen Prozentwerte auf ein geschätztes Marktvolumen bezieht. Angenommen, jeder deutsche Haushalt würde sich wegen der Einzigartigkeit des Gutes tatsächlich mindestens ein Stück davon kaufen, dann lässt sich das Marktvolumen aus statistischen Erhebungen zur Anzahl deutscher Haushalte ermitteln. Weitere Analysen können nun zeigen, unter welcher Menge und dazugehörendem P/Q-Niveau der Erlös oder der Gewinn maximiert werden kann, woraus sich das strategische Ziel des Unternehmens definieren lässt.

Aufgabe 4.24.52: Differenzial im wirtschaftlichen Kontext
Als Monopolist versucht Compolytica mit dem Holz-Kunststoff-Material bestehende Massenprodukte biobasiert zu machen, um sie mit mehr Nachhaltigkeit zu differenzieren. Dadurch können höhere Preisbereitschaften zur Gewinnsteigerung genutzt werden.

Abb. 4.78 Holz-Kunststoff-Textmarker

Holz-Kunststoff kann bis 80 % Holzfasern enthalten, biobasiert ist aber ein Produkt bereits ab 50 % Anteil. Mit zunehmendem Holz-Gehalt u (0,5 ≤ u ≤ 0,8) steigen auch die Kosten, sodass Compolytica nicht mehr Fasern als nötig einsetzen möchte. Daher soll eine Studie zunächst die Preis-Mengen-Funktion $P(x)$ für das Zielprodukt „Textmarker" (Abb. 4.78) evidenz-basiert ermitteln, es interessiert also die Abhängigkeit der Preisakzeptanz von der Marktmenge x. Die repräsentative Umfrage basiert auf einer Stichprobengröße von n = 300 Teilnehmer. Der übliche Marktpreis für Textmarker wurde mit P_1 = 0,99 € angenommen. Zunächst wurde nach der generellen Kaufabsicht eines Holz-Kunststoff-basierten Textmarkers gefragt, und anschließend die Akzeptanz dreier Preisaufschläge (P_2 = 1,49 €; P_3 = 1,99 € und P_4 = 2,49 €) abgefragt. Nachfolgend die Ergebnisse:

a) Berechnen Sie due prozentuale Verteilung der Preisakzeptanzen.
b) Zeichnen Sie die Preis-Mengen-Grafik und ermitteln Sie grafisch eine plausible P(x)-Ausgleichsgerade. Legen Sie dann zwei Geradenpunkte fest und leiten Sie die P(x)-Gleichung mittels 2-Punkte-Formel her.
c) Berechnen Sie die Menge x^{opt} für den maximalen Erlös E(x).
d) Wenn das Marktvolumen V für Textmarker auf 500 Mio. Stk geschätzt wird, wie viel Umsatz kann dann konkret prognostiziert werden?

Anzahl Befragte	davon würden gar nicht kaufen	
n = 300	33	
Anzahl Preis-Zustimmungen ...	... zu Preisvorschlag	
145	0,99	€ (+ 0 %)
72	1,49	€ (+ 50 %)
32	1,99	€ (+ 100 %)
18	2,49	€ (+ 150 %)

Lösung:

a) 33 lehnten den Kauf prinzipiell ab ⇒ m = 267 von n = 300 kaufen potenziell das Produkt. Mit den Mengen an $P_{1,2,3,4}$-abhängigen Preisbereitschaften ergeben sich folgende Zustimmungsquotienten x:

$P_1 = 0{,}99€ : x = \frac{145}{267} = 0{,}54 \Rightarrow 1{,}00 \,(=100\,\%\text{ von m}) \text{ zahlen } 0{,}99€ \Rightarrow (1{,}0/0{,}99)$

$P_2 = 1{,}49€ : x = \frac{72}{267} = 0{,}27 \Rightarrow 1{,}00 - 0{,}54 = 0{,}46 \text{ zahlen bis } 1{,}49€ \Rightarrow (0{,}46/1{,}49)$

$P_3 = 1{,}99€ : x = \frac{32}{267} = 0{,}12 \Rightarrow 0{,}46 - 0{,}27 = 0{,}19 \text{ zahlen bis } 1{,}99€ \Rightarrow (0{,}19/1{,}99)$

$P_4 = 2{,}49€ : x = \frac{18}{267} = 0{,}07 \Rightarrow 0{,}19 - 0{,}12 = 0{,}07 \text{ zahlen bis } 2{,}49€ \Rightarrow (0{,}07/2{,}49)$

b) Die Punkte in das Preis-Mengen-Diagramm eingetragen ergibt zunächst eine gekrümmte Kurve, die mit der gestrichelten Ausgleichsgeraden approximiert werden kann (Abb. 4.79).

Mögliche Punkte darauf sind: C(0/2,4) und D(1/0,9). Mit der 2-Punkte-Formel ergibt sich die Geradengleichung wie folgt: $\frac{y-y_1}{x-x_1} = \frac{y_2-y_1}{x_2-x_1} \Rightarrow \frac{y-2{,}4}{x-0} = \frac{0{,}9-2{,}4}{1-0} \Rightarrow y - 2{,}4 = x(-1{,}5) \Rightarrow y = \mathbf{P(x) = 2{,}4 - 1{,}5x}$

c) $E(x) = P(x) * x = (2{,}4 - 1{,}5x)x = 2{,}4x^2 - 1{,}5x \Rightarrow \text{BEO}: E'(x) = 0 \Rightarrow 4{,}8x = 1{,}5$
$\Rightarrow \mathbf{x^{opt}} = \frac{1{,}5}{4{,}8} = \mathbf{0{,}3125} = 31{,}25\,\%$ der kaufbereiten Befragten, die das Marktvolumen repräsentieren $\Rightarrow 31{,}25\,\%$ vom Marktvolumen

d) $P(0{,}3125) = 2{,}4 - 0{,}3125 * 1{,}5 = 1{,}93 € \Rightarrow$ Umsatzerwartung $= 1{,}93 * 0{,}3125 * 500$ Mio $= \mathbf{301{,}563 \text{ Mio. €}}$

Aufgabe 4.24.53: Differenzial im wirtschaftlichen Kontext
Was sagt die Grenzkostenfunktion aus? Diskutieren Sie qualitativ mathematisch anhand einer a) linearen bzw. b) progressiven Gesamtkostenfunktion und aus betriebswirtschaftlicher Perspektive.

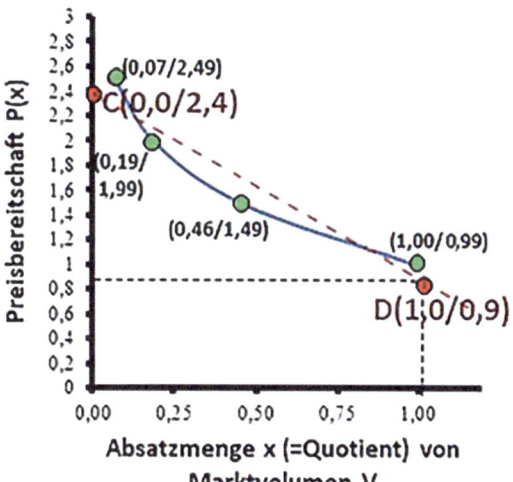

Abb. 4.79 Empirisch ermittelte Preis-Absatz-Kurve

Lösung:
Die Grenzkostenfunktion *GK(x)* ist die 1. Ableitung der Gesamtkostenfunktion *K(x)*. Da das Differenzial eine Marginalbetrachtung der Funktion *K(x)* an der Stelle x_0 ist für $\Delta x \to 0$, also den Grenzwert für ΔK an dieser Stelle bestimmt, ist die 1. Ableitung von *K(x)* die Grenzkostenfunktion *GK(x)*. Sie zeigt also die Veränderung der Gesamtkosten mit zunehmender Produktionsmenge.

a) Unter linearem Verlauf von $K(x) = k_v x + k_f$ wird $GK(x) = k_v$, d. h., egal wie viel produziert wird, die Gesamtkosten nehmen mit jeder weiteren Einheit des Gutes immer um denselben Wert k_v zu. k_v ist der variable Stückkostenfaktor. Er ist nicht variabel, weil er sich mit x ändert, sondern weil er zu den variablen Kosten gehört, die von der Produktionsmenge x abhängen im Gegensatz zu den Fixkosten k_f. Für den Unternehmenserfolg bedeutet dies, dass durchaus viele Aufträge angenommen werden können und unter exogen vorgegebenem Marktpreis P des Massengutes der Stückgewinn immer konstant hoch bleibt.

b) Unter progressiver Gesamtkostenentwicklung $K(x) = k_{v,2} x^2 + k_{v,1} x + k_f$ wird $GK(x) = 2 k_{v,2} x + k_{v,1}$ und stellt somit eine steigende Gerade dar, die um $k_{v,1}$ nach oben verschoben ist. Das heißt, der variable Stückkostenfaktor nimmt mit steigender Produktionsmenge x zu, z. B. weil Investitionen in weitere Anlagen erforderlich werden, die nur langsam ihre volle Auslastung erzielen. Im Gegensatz zu linearen *K(x)* ist er weiterhin von x abhängig und kann dann separat als $k_v(x)$ angegeben werden. Nun wird bei konstantem Marktpreis des Massengutes der Stückgewinn abnehmen, weil die variablen Stückkosten infolge zunehmender Grenzkosten steigen. Es ist also sinnvoll, nicht jeden Auftrag anzunehmen, es sei denn, es gelingt, die Gesamtkosten zu reduzieren, was dann auch die Grenzkosten verringert.

Merke: Variable Stückkosten $k_v(x)$ sind nicht die Durchschnittskosten *DK(x)*. Letztere enthalten nämlich zusätzlich auch die Stückfixkosten $\frac{k_f}{x}$.

Aufgabe 4.24.54: Differenzial im wirtschaftlichen Kontext
Erklären Sie für das Polypol qualitativ mathematisch und wirtschaftlich das Prinzip der „ökonomischen Effizienz" aus a) Perspektive der Nutzen-*U(x)*- und der Gesamtkosten-*K(x)*-Funktionen und b) aus der Perspektive der Grenznutzen-*GN(x)*- und der Grenzkosten-*GK(x)*-Funktionen.
Lösung:

a) Laut Gossen'schem Gesetz verläuft der empfundene Gesamtnutzen U(x) degressiv in x, also konkav. Die Gesamtkosten entwickeln sich demgegenüber progressiv konvex. Unter kleinen Produktions- und Absatzmengen ergeben sich hohe Nutzenempfinden im Konsum, und demgegenüber sind die Kosten noch gering. Die Produktion und der Konsum sind also nutzenstiftend. Mit zunehmender Menge x steigen aber die Kosten (= Aufwand), und gleichzeitig nimmt das Nutzenempfinden ab. Irgendwann sind die

Kosten genauso hoch wie der empfundene Nutzen. Auf dem Weg dorthin nahmen die Nutzenüberschüsse erst zu, erzielten ihr Maximum und nahmen dann wieder auf null ab. Es gibt also ein Nutzenmaximum unter derjenigen Menge x^{opt}, ab der sich das günstige Verhältnis zwischen Nutzen und Kosten umkehrt. Dieses nennt man ökonomische Effizienz. Sie besagt, dass eine Aktivität so lange durchgeführt werden sollte, bis sie keinen den Aufwand übersteigenden Nutzen mehr stiftet. Ab dann sollte man die Aktivität nicht noch weiter ausdehnen. Diese Menge x^{opt} sollte dann dauerhaft dem Markt angeboten werden. Mathematisch bedeutet dies, dass die Neigung der Tangente an *U(x)* für kleines x erstmal sehr steil verläuft und dann zunehmend flacher wird. Die Tangentenneigung an *K(x)* ist zunächst sehr flach und wird dann steiler. Bei x^{opt} entsprechen die Tangentenneigungen einander. Sie verlaufen zwar auf unterschiedlicher Höhe im *U(x),K(x)-X*-Diagramm, sind aber parallel zueinander.

b) Der Effizienzpunkt x^{opt} ergibt sich auch aus der Betrachtung des *P(x),GK(x)-x*-Diagramms, also der 1. Ableitungen von *U(x)* zu *GN(x) = P(x)* und *K(x)* zu *GK(x)*. Da wie unter a) gesehen die Tangentenneigungen unter dem ökonomischen Effizienzpunkt x^{opt} einander entsprechen, muss dies nun unter der Bedingung *P(x) = GK(x)* der Fall sein, denn das Differenzial ist die Funktion der Kurvenneigungen ihrer Ursprungsfunktionen. Die Funktionswerte von $P(x^{opt})$ und $GK(x^{opt})$ geben also die Steigungswerte für $U(x^{opt})$ und $K(x^{opt})$ an. Grafisch ist dies im Schnittpunkt der *P(x)*- und *GK(x)*-Geraden. Die ökonomische Effizienz lässt sich also auch über die Grenzfunktionen erkennen.

Aufgabe 4.24.55: Differenzial im wirtschaftlichen Kontext
Diskutieren Sie qualitativ die Bedeutung von x^{opt} im Polypol aus a) volkswirtschaftlicher und b) betriebswirtschaftlicher Perspektive.
Lösung:
Das ökonomische Effizienzprinzip in x^{opt} zu produzieren und anzubieten hat volkswirtschaftlich eine andere Konsequenz als betriebswirtschaftlich.

a) Volkswirtschaftlich gesehen wird mit x^{opt} eine Menge an Güter produziert und konsumiert, die zwar nicht den maximal möglichen Nutzen verleiht, denn x^{opt} ist nicht im Scheitel des *U(x)*-Graphen, aber auch nicht am teuersten produziert wird. Die Differenz zwischen $U(x^{opt})$ und $K(x^{opt})$ ist maximal, d. h., unter dieser Menge stiftet das Gut dem Markt den größtmöglichen Nutzen. Gleichzeitig entspricht $P(x^{opt})$ den Grenzkosten $GK(x^{opt})$, d. h., Konsumenten bezahlen nicht mehr als die variablen Stückkosten, also auch nicht mehr als das Gut tatsächlich Kosten verursacht hat bzw. nicht mehr als das Gut real wert ist, auch wenn es manchen Konsumenten einen höheren Wert verspricht. Unter diesem Optimum wird die gesamte x^{opt}-Menge auch nachgefragt, nichts bleibt übrig. Man sagt, der Markt wird leer geräumt. Es gibt auch keine Konsumenten, die auf das Gut verzichten müssen. Volkswirtschaftlich gesehen wird der Markt bestmöglich versorgt.

b) Betriebswirtschaftlich jedoch ist die Bereitstellung von x^{opt} nicht gewinnmaximierend. Denn wie unter a) beschrieben entspricht der Marktpreis $P(x^{opt})$ den variablen Stückkosten $GK(x^{opt}) = k_v(x^{opt})$. Der Gewinn berechnet sich aus $G(x^{opt}) = P(x^{opt}) * x^{opt} - k_v(x^{opt}) * x^{opt} = [P(x^{opt}) - k_v(x^{opt})] * x^{opt}$, und unter $P = k_v$ wird $G = 0$. Eigentlich ist es noch schlimmer, denn unter Berücksichtigung der Fixkosten k_f, die ja beim Differenzieren der *K(x)*-Funktion wegfielen, gilt $G(x^{opt}) = -k_f$, also macht das Unternehmen sogar Verluste. Jedoch ist diese Betrachtung fehlerhaft, denn im Polypol gibt es nicht ein, sondern viele Unternehmen, die nur einen Bruchteil von x^{opt} herstellen. Und auch *K(x)* ist die vertikal aggregierte Gesamtkostenfunktion, einzelne Unternehmen haben eine flachere individuelle *K(x)*-Funktion. Es ist also sehr wahrscheinlich, dass Anbieter kleinere variable Stückkosten haben als das Anbieter-Aggregat, und da der Marktpreis $P(x^{opt})$ aus aggregierten Bedingungen resultiert, bleibt ihnen durchaus eine Gewinn-induzierende Differenz zwischen P und k_v. Dieser Gewinn ist ihnen aber nicht garantiert, denn Konkurrenten können strategisch auf ihren Gewinn verzichten und Preise unterbieten, es besteht ja noch Spielraum nach unten. Eine Praxis, die als ruinöse Konkurrenz bekannt ist.

Aufgabe 4.24.56: Differenzial im wirtschaftlichen Kontext
Compolytica stellt Schraubverschlusskappen (Kapsel) aus Plastik für die Getränkeindustrie her. Da diese per Rücknahmesystem nicht vollständig gesammelt werden und oftmals im Restmüll landen, möchte das Produktmanagement nun eine Biobasiert-Variante aus Holz-Kunststoff (HoKu) anbieten (Abb. 4.80). Die Nutzenfunktion der Plastikvariante kann beschrieben werden als $U_{Plas}(x) = -\frac{1}{20}(x-10)^2 + 5$ mit x in 100 Mio. Kapseln. Studien haben ergeben, dass sich unter der HoKu-Variante das Nutzenempfinden im Markt beim Kauf steigert, was durch eine Stauchung der Nutzen-Parabel um den Faktor 2,5 mit dem neuen Scheitel in (8/8) abgebildet werden kann. Aktuell bietet Compolytica $x_{Kap} = 6$ Mio.

Abb. 4.80 Plastik-(Plas)-Schraubverschluss (**a**) und Holz-Kunststoff-(HoKu)-Schraubverschluss (**b**)

a **Plas**

b **HoKu**

4.24 Übungen

Plastik-Kapseln an, die Funktion der variablen Kosten ist $k_{v,Plas}(x) = \frac{1}{4}x$ [Cent] und x [*100 Mio.], und infolge der Materialumstellung erhöhen sich lediglich die bisherigen Fixkosten von $k_{f, Plas} = 0{,}50$ Mio. € um 50 %.

a) Bestimmen Sie die $U_{HoKu}(x)$-Parabelgleichung in Scheitelform.
b) Wie hoch ist die Preisakzeptanz $P_{Plas}(x_{Kap})$ [Cent] und $P_{HoKu}(x_{Kap})$ [Cent]?
c) Wie hoch fällt der betriebswirtschaftliche Gewinn $G_{HoKu}(x_{Plas})$ [Cent] aus, wenn Konsumenten tatsächlich $P_{HoKu}(x_{Kap})$ bezahlen?
d) Wie viel (x^{opt}_{HoKu}) müsste Compolytica anbieten, damit die Umstellung volkswirtschaftlich zu maximalem Wohlstand beiträgt?
e) Zeigen Sie, dass dies volkswirtschaftlich effizient wäre, für Compolytica aber Verluste bringt.

Lösung:

a) Stauchung entspricht einer Vergrößerung des Öffnungsfaktors a_2. Da dieser als Bruch gegeben ist, muss er mit 2,5 multipliziert werden, um ihn zu vergrößern, also $\frac{1}{20} * 2{,}5$. Mit S(8/8) ergibt sich aus $U_{Plas}(x)$:

$$U_{Plas}(x) = -\frac{1}{20}(x-10)^2 + 5 \Rightarrow \mathbf{U_{Hoku}(x) = -\frac{2{,}5}{20} * (x-8)^2 + 8 = -\frac{1}{8}(x-8)^2 + 8}$$

b) $U'_{Plas}(x) = P_{Plas}(x) = -\frac{1}{20}\left(2(x-10)\right)(1) = -\frac{1}{10}x + 1 \Rightarrow \mathbf{P_{Plas}(6)} = -\frac{1}{10}*6 + 1 = -\frac{3}{5} + \frac{5}{5} = \frac{2}{5} = \mathbf{0{,}40\ Cent}$

$$U'_{HoKu}(x) = P_{HoKu}(x) = -\frac{1}{8}(2(x-8))(1) = -\frac{1}{4}x + 2$$
$$\Rightarrow \mathbf{P_{HoKu}(6)} = -\frac{1}{4}*6 + 2 = -\frac{3}{2} + \frac{4}{2} = \frac{1}{2} = \mathbf{0{,}50\ Cent}$$

c) $k_{v,Plas}(x) = \frac{1}{4}x \Rightarrow \mathbf{k_{v,HoKu}(x) = \frac{1}{4}x}$ mit $k_v = 0{,}25$ Cent

$k_{v, HoKu}(x)$ verläuft linear, also ist k_v der variable Stückkostenfaktor (Abb. 4.81a).
$\Rightarrow$ variabler Stückgewinn als Preis- und Stückkostendifferenz: $0{,}50 - 0{,}25 = \mathbf{0{,}25\ Cent}$
$\Rightarrow$ Gewinn inklusive Fixkosten: $0{,}25 * 6 * 100$ Mio. Cent $= \mathbf{1{,}5\ Mio.\ €}$
$\Rightarrow$ Gewinn exklusive Fixkosten: $1{,}5$ Mio. € $- 1{,}5 * 0{,}5$ Mio. € $= \mathbf{0{,}75\ Mio.\ €}$ mit $1{,}5 * 0{,}5$ Mio. € als umstellungsbedingte Fixkostenzunahme.

d) Unter x^{opt} zeigen $P_{HoKu}(x)$ und $K'_{HoKu}(x)$ gleiche Werte als Steigungen der Tangenten an deren Stammfunktion $U_{HoKu}(x)$ und $K_{HoKu}(x)$ (Abb. 4.81b). Bis x^{opt} nimmt der Nutzen stärker zu als die Kosten. Um diese ökonomische Vorteilhaftigkeit maximal

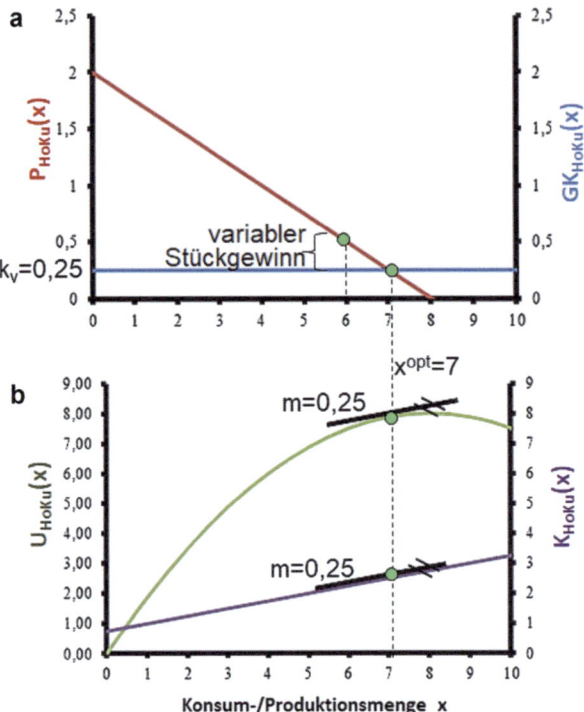

Abb. 4.81 Zusammenhang zwischen Preis- und Nutzenverlauf des Holz-Kunststoff-(HoKu)-Schraubverschlusses

auszunutzen, sollte so viel produziert werden, bis sich dieses Verhältnis umkehrt, was bei x^{opt} der Fall sein wird.

Gesucht x^{opt} mit der Effizienzbedingung: $P_{HoKu}(x) = K'_{HoKu}(x)$

$$K_{HoKu}(x) = k_{f,HoKu} + \frac{1}{4}x \Rightarrow K'_{HoKu}(x) = k_{v,HoKu}(x) = \frac{1}{4}$$

$$P_{HoKu}(x) = -\frac{1}{4}x + 2$$

Effizienzbedingung: $\frac{1}{4} = -\frac{1}{4}x + 2 \Rightarrow \frac{1}{4}x = \frac{7}{4} \Rightarrow \frac{7}{4} * \frac{4}{1} = 7 = \mathbf{x^{opt}}$
Steigung: $K'_{HoKu}(7) = \frac{1}{4}$ oder $P_{HoKu}(7) = -\frac{1}{4} * 7 + 2 = \mathbf{0,25}$
7 Mio. der Holz-Kunststoff-Verschlüsse anzubieten ist volkswirtschaftlich effizient.

e) *Aber*: $G_{HoKu}(7) = P(7) * 7$ Mio. Stk. $- k_{v, HoKu} * 7$ Mio. Stk. $- k_{f, HoKu} = 0,25$ Cent*7 Mio. $- 0,25$ Cent*7 $- 0,75$ Mio. € = $-$ **0,75 Mio. € Verlust in Höhe der Fixkosten**

4.24 Übungen

Aufgabe 4.24.57: Differenzial im wirtschaftlichen Kontext
Diskutieren Sie qualitativ und ggf. auch quantitativ, ob Unternehmen im Polypol ihr Produkt zu a) P = min.DK oder zu b) P = GK anbieten sollten.
Lösung:
Es kann einen Unterschied machen, ob Polypolisten zu minimalen Durchschnittskosten oder zu Grenzkosten anbieten. Dass die DK-Perspektive immer zuverlässig ist, zeigt folgender Vergleich.

a) Unter linearem *K(x)* ist der Unterschied zwischen *DK(x)* und *GK(x)* nahezu null. Sei K(x) = 2x + 8, dann ist DK(x) = $2 + \frac{8}{x}$ und GK(x) = K'(x) = 2. $\frac{8}{x}$ geht für größeres x schnell gegen 0, sodass in beiden Fälle das Ergebnis ungefähr 2 ist. Also wird zu k_v angeboten, egal unter welcher Perspektive die Mengen und der Preis festgelegt werden. Demnach kann ein Unternehmen so viel produzieren wie der Markt bereit ist abzunehmen, die Stückkosten sind ja immer gleich.

b) Unter progressivem *K(x)* führt nur die Durchschnittskosten-Perspektive zu einem optimalen Betriebsergebnis. Sei nun K(x) = $2x^2 - x + 8$, dann ist DK(x) = $2x - 1 + \frac{8}{x}$ und der Graph zeigt ein Minimum, was $2x + \frac{8}{x}$ hervorruft, die -1 verschiebt die Kurve nur um 1 nach unten. Das Minimum liegt bei DK'(x) = $2 - \frac{8}{x^2} = 0 \Rightarrow x^{opt} = 2$, und die *DK (2)* betragen $2 * 2 - 1 + \frac{8}{2} = 7$. Die Menge nach der Grenzkostenperspektive optimieren zu wollen, führt hingegen zu keinem brauchbaren Ergebnis. K'(x) = GK(x) = $4x - 1$, und würde man nach dem Optimum von *K(x)* suchen, ergibt die BEO: $4x - 1 = 0 \Rightarrow x^{opt} = \frac{1}{4}$ und GK$\left(\frac{1}{4}\right) = 0$ weil in x^{opt} die Tangente an *K(x)* horizontal ist. Es müsste dann $\frac{1}{4}$ Menge zu P = 0 angeboten werden, was kein Unternehmen macht. Anders, wenn das Unternehmen versucht, gemäß Grenzkostenperspektive optimal auf den exogen vorgegebenen Polypol-Marktpreis zu reagieren. Angenommen, alle anderen Anbieter haben unter der DK-Perspektive ihre Preise festgesetzt und kamen auf P = 7. Unser Unternehmen würde nun versuchen, die Preis-Mengen-Funktion *P(x)* = 7 (horizontale Gerade um 7 parallel zur x-Achse) mit der Funktion GK(x) = $4x - 1$ zum Schnitt zu bringen, was $7 = 4x - 1 \Rightarrow x^{opt} = 2$ ergibt, und das ist auch das optimale Betriebsergebnis unter DK-Perspektive. Bleibt festzuhalten: Unabhängig des *K(x)*-Verlaufs sollte die Kosten-optimale Produktionsmenge immer nach der *DK(x)*-Perspektive ermittelt werden.

Aufgabe 4.24.58: Differenzial im wirtschaftlichen Kontext
Beschreiben Sie qualitativ mathematisch das Verfahren zur Bestimmung der Anzahl an Polypolisten für eine Branche mit progressivem Gesamtkostenverlauf.
Lösung:
Polypolisten bieten im Massenmarkt unter Konkurrenz an, und Marktpreise sind meist das Ergebnis eines Unterbietungswettbewerbs. Da Produktionsmengen in der Regel sehr hoch sind, versuchen Polypolisten ständig ihre Kosten zu reduzieren (Automatisierung,

Lohndumping, Outsourcing etc.). Diese Rahmenbedingungen machen ihre Unternehmensperspektive dominant gegenüber der Marktsicht, Preise sind ja kaum beeinflussbar. Somit versuchen sie, ihre Durchschnittskosten *DK(x)* zu minimieren, um den Abstand zum exogen vorgegebenen Marktpreis zu erhöhen, was Gewinne induziert.

Indem die *K(x)*-Funktion durch x geteilt wird, erhält man die *DK(x)*-Funktion. Sie enthält die Stückfixkosten $\frac{k_f}{x}$, was die Kurve gegen den Ursprung krümmt, und auch enthalten ist ein Summand $k_{v,2} * x$ als Geradengleichung, der für positive x-Werte den gekrümmten *DK(x)*-Graphen wieder ansteigen lässt. Dies verleiht der Kurve ein offensichtliches Minimum, welches über die Bedingung erster Ordnung (BEO) als $K'(x) = GK(x) = 0$ und Auflösen nach x das Betriebsoptimum U : x^{opt} hervorbringt. Eingesetzt in die *DK(x)*-Funktion erhält man nun die DK-Kosten für genau diese Menge. Wenn jedes Stück aus U : x^{opt} nun zum Preis $DK(x^{opt})$ angeboten wird, macht das Unternehmen zwar keine Gewinne, aber alle Kosten sind gedeckt, inklusive Fixkosten. Da alle Hersteller dieses Gutes dieselbe *K(x)*-Funktion haben, immerhin arbeitet die ganze Branche mit derselben Produktionstechnologie, bezahlen dieselben Löhne, die Produkte bestehen aus demselben Stoff, was gleiche Materialkosten abverlangt, müssen auch andere Produzenten zum selben Ergebnis für P kommen. Die Durchschnittskosten stellen dann den exogen vorgegebenen Marktpreis für jeden Anbieter dar.

Konsumenten sehen im Markt lediglich das Gut mit dem Preis P. Zu diesem Preis sind sie bereit, nur eine bestimmte Menge abzunehmen, Mehrmengen würden sie nur unter geringerem Preis abkaufen. Die Preisbereitschaft des Marktes wird anhand der in x fallenden Geraden $P(x) = a - mx$ beschrieben. Setzt man nun $P(x) = DK(x^{opt}) = a-mx$ und löst nach x auf, so ergibt sich eben diese maximale Nachfragemenge M : x^{opt}. Diese Menge teilt sich gleichmäßig über alle Anbieter auf, jeder von ihnen bietet sein U : x^{opt} an. Also können nicht mehr als $n = \frac{M:x^{opt}}{U:x^{opt}}$ Anbieter im Polypol sein.

Aufgabe 4.24.59: Differenzial im wirtschaftlichen Kontext
Erklären Sie anhand des Schaubilds (Abb. 4.82) qualitativ mathematisch als auch ökonomisch, warum das Betriebsoptimum x^{opt} nur unter einem Anstieg der variablen Kosten und nicht auch unter höheren Fixkosten abnimmt.

Was heißt dies praktisch für die Kostenstrategie von Polypolisten?

Abb. 4.82 Einfluss der variablen Kosten auf das Betriebsoptimum

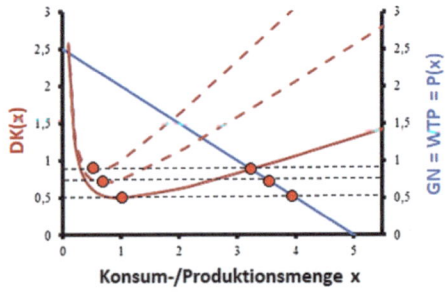

4.24 Übungen

Lösung:
Steigen sowohl variable als auch Fixkosten, so muss sich auch der *DK(x)*-Graph nach oben verschieben, denn der Zähler der DK(x) = $\frac{K(x)}{x}$ -Funktion wird größer. Bei der Bestimmung des Betriebsoptimums, also dasjenige x für das *DK(x)* minimal ist, macht es einen Unterschied, ob variable oder fixe Kosten den Anstieg verursachten. Sei (x) = $2x^2 - x + 8$, dann ist DK(x) = $2x - 1 + \frac{8}{x}$ und DK'(X) = $2 - \frac{8}{x^2} = 0 \Rightarrow x^{opt} = 2$. Bei Anstieg variabler Kosten sind offensichtlich nur jene 2. Grades relevant, denn wie man sieht, fällt der lineare Anteil − x nach Teilen durch x und anschließendem Differenzieren weg. Erhöht sich $2x^2$ auf z. B. $3x^2$, dann wird die Wurzel zu x^{opt} aus einem kleineren Quotienten gebildet und verringert das Betriebsoptimum. Hingegen steigt x^{opt} unter Zunahme der Fixkosten von 8 auf einen höheren Wert, woraus dann wieder die Wurzel gezogen wird. Betriebswirtschaftlich bedeutet dies also, dass ein Anstieg der variablen Kosten, z. B. Lohnerhöhungen oder teurere Materialien, die optimale Produktionsmenge sinken und den Angebotspreis steigen lässt. Unter dem höheren Preis ist der Markt nun nicht mehr bereit, die alte größere Menge abzukaufen, die Nachfrage geht also zurück. In der jetzt kleineren Gesamtnachfragemenge M : x^{opt} des Marktes sind nun wieder alle n Anbieter mit ihren auch kleiner gewordenen Einzelmengen U : x^{opt} enthalten, sodass die Anbieterzahl n nahezu gleich bleiben kann. Ein positiver Umstand für die Volkswirtschaft, denn nach jeder temporären Rohstoffpreisschwankung müssen nicht sogleich manche Unternehmen den Markt verlassen. Anders wenn z. B. die Mieten erhöht werden. Dann steigen Fixkosten, was die Produktionsmenge ansteigen lässt und ebenfalls die DK erhöht. Aber im Gegensatz zu steigenden variablen Kosten können Unternehmen sehr wohl ihre Fixkosten beeinflussen. Sie werden also schnellstens versuchen, woanders wieder Fixkosten einzusparen. Wenn dies ihren Konkurrenten besser gelingt, laufen sie Gefahr, den Markt verlassen zu müssen.

Aufgabe 4.24.60: Differenzial im wirtschaftlichen Kontext
Compolytica produziert ihren Gartenstuhl „FloroFlair" aus reinem Kunststoff (Abb. 4.83). Unter vollständiger Konkurrenz sei die Preis-Mengen-Funktion dieses Massengutes im Markt für Gartenstühle: P(x) = $15 - \frac{69}{320000}x$ [€], und die Kostenfunktion sei unter allen Anbietern identisch und betrage: K(x) = $\frac{1}{500}x^2 - \frac{5}{4}x + 20480$ [€]. x ist in Stk. einzusetzen.

a) Bei welcher Produktionsmenge sind für Compolytica, wie auch für alle anderen Unternehmen (U), die Durchschnittskosten minimal?
b) Zu welchem Preis werden im Markt (M) Kunststoff-haltige Plastikgartenstühle angeboten?
c) Wie viele Konkurrenten bedienen neben Compolytica langfristig den Markt für solche Gartenstühle?
d) Wie hoch ist der Gewinn für Compolytica aus ihrem „FloroFlair"?

Abb. 4.83 Plastik-Gartenstuhl als mögliches Umstellungsobjekt für Holz-Kunststoff

Lösung:

a) Durchschnittskosten $\mathbf{DK(x)} = K(x) = \frac{K(x)}{x} = \frac{1}{500}x - \frac{5}{4} + \frac{20480}{x}$

Man beachte, dass $20480/x = 20480x^{-1}$ ist und nach dem Ableiten wieder in den Bruch überführt werden kann.

$$\text{Durchschnittskostenminimum} \Rightarrow \text{BEO}: DK'(x) = \frac{1}{500} - \frac{20480}{x^2} = 0$$

$$\Rightarrow U: \mathbf{x^{opt}} = \sqrt{20480 * 500} = \mathbf{3200 \text{ Stühle}}$$

b) Compolytica bietet sein „FloroFlair" unter vollständiger Konkurrenz zu den Durchschnittskosten an:

$$P(x^{opt}) = DK(x^{opt}) = \frac{1}{500} * 3200 - \frac{5}{4} + \frac{20480}{3200} = \mathbf{11{,}55 \text{ €/Stuhl}}$$

c) Zu diesem Preis herrscht gemäß Preis-Mengen-Funktion eine Markt-Nachfrage nach x^{opt} Stühlen:

$$P(x^{opt}) = 11{,}55 = 15 - \frac{69}{320.000} * x^{opt} \Rightarrow M: \mathbf{x^{opt} = 16.000 \text{ Stühle}}$$

Jeder Hersteller produziert unter identischer Kostenfunktion 3200 Stühle. Somit sind **n** = 16.000/3200 − 1 = **4** Konkurrenten im Markt für Plastik-Gartenstühle.

Unternehmensgewinn: $\mathbf{G(x^{opt})} = P(3200) * 3200 - K(3200) = 11{,}55 * 3200 - \frac{1}{500} * 3200^2 + \frac{5}{4} * 3200 - 20480 = \mathbf{0 \text{ €}}.$

4.24 Übungen

Aufgabe 4.24.61: Differenzial im wirtschaftlichen Kontext

Compolytica möchte nun ihren „FloroFlair"-Gartenstuhl (Abb. 4.84) aus Holz-Kunststoff anbieten. Dies würde ihren Markt monopolisieren, und dazu unterscheidet sie den Stuhl optisch von den Vollplastik-Konkurrenzprodukten, damit höhere Preise tatsächlich akzeptiert werden. Unter diesen Monopol-ähnlichen Bedingungen sei die Preis-Mengen-Funktion allein für „FloroFlair" $P(x) = P(x) = 20 - \frac{1}{800}x$ [€] und die Kostenfunktion $K(x) = \frac{1}{1000}x^2 - \frac{5}{2}x + 25000$ [€]. x ist in Stk. einzusetzen.

a) Wie hoch sind die Fixkosten von Compolytica für „FloroFlair"?
b) Bestimmen Sie den Cournot-Preis pro Stuhl und die Angebotsmenge an Stühlen.
c) Wie hoch ist dann der Gewinn für Compolytica?
d) Zeigen Sie, dass Compolytica tatsächlich effizient wirtschaftet, indem Sie die Grenzkosten und den Grenzerlös unter der gewinnmaximalen Angebotsmenge miteinander vergleichen. Formulieren Sie mit eigenen Worten, worin hier die Effizienz liegt.

Lösung:

a) Die Fixkosten sind unabhängig von der Ausbringungsmenge x $\Rightarrow$ **$K_f(x) = 25000$**.
b) Gewinnfunktion von Compolytica als Monopolist:

$$G(x) = P(x) * x - K(x) = \left(20 - \frac{1}{800}x\right)x - \frac{1}{1000}x^2 + \frac{5}{2}x - 25000$$
$$= 20x - \frac{1}{800}x^2 - \frac{1}{1000}x^2 + \frac{5}{2}x - 25000 \Rightarrow G'(x) = 20 - \frac{1}{400}x - \frac{1}{500}x + \frac{5}{2} = \frac{45}{2} - \frac{9}{2000}x$$

BEO: $G'(x) = 0 \Rightarrow \frac{45}{2} = \frac{9}{2000}x \Rightarrow$ **$x^{Mon} = 5000$ Stühle**

Abb. 4.84 Der Holz-Kunststoff-Gartenstuhl könnte den Massenmarkt für Plastikstühle monopolisieren

Cournot-Preis: $P(x^{Mon}) = 20 - \frac{1}{800} * 5000 = \mathbf{13{,}75\ €\ pro\ Stuhl}$

Gewinn: $G(x) = 13{,}75 * 5000 - \frac{1}{1000} * 5000^2 + \frac{5}{2} * 5000 - 25000 = \mathbf{31250\ €}$

c) Die Tangentensteigungen der *E(x)*- und *K(x)*-Graphen sollten an der Stelle x^{Mon} gleiche Neigungen

$$\text{aufweisen} \Rightarrow E(x) = P(x) * x = 20x - \frac{1}{800}x^2 \Rightarrow E'(x) = 20 - \frac{1}{400}x$$

$$\Rightarrow E'(x^{Mon}) = 20 - \frac{1}{400}5000 = \frac{15}{2}$$

und $K(x) = \frac{1}{1000}x^2 - \frac{5}{2}x + 25000 \Rightarrow K'(x) = \frac{1}{500}x - \frac{5}{2} \Rightarrow K'(x^{Mon}) = \frac{1}{500}5000 - \frac{5}{2} = \frac{15}{2}$.
Bis 5000 Stühle steigen die Kosten weniger stark an als der Erlös zunimmt, danach kehrt sich dies um, und die Produktion wird im Verhältnis zum Erlös zu teuer.

Aufgabe 4.24.62: Funktionen und ihre Anwendungen
Beschreiben Sie qualitativ mathematisch, wie Polypolisten ihren Markt monopolisieren können. Gehen Sie gezielt auf den Cournot-Preis ein.
Lösung:
Im Polypol sind zwar Kosten gedeckt, aber Gewinnmaximierung ist kaum möglich, da Preissteigerungen sofort von Konkurrenten unterboten werden. Der Unterbietungswettbewerb misslingt, wenn Konsumenten nicht auf Substitutprodukte umsteigen können, um Preissteigerungen zu umgehen. Daher müssen Polypolisten ihre Produkte von jenen des Wettbewerbs differenzieren, also unvergleichlich machen. Dies gelingt einerseits durch ganz neue Produkte (Innovationen) oder zumindest durch Produktvarianten von Standardmassenprodukten. Letztere besitzen meist nur allgemeine Eigenschaften, die wohl Durchschnittskonsumenten präferieren, aber spezielle Gruppen wenig ansprechen. Wenn man durch Marktforschung deren individuelle Wünsche aufdeckt und Standardprodukten diese Eigenschaften hinzufügt, lassen sich diese zwar nur an ein zusätzlich kleineres Segment verkaufen, dafür aber zu deutlich höheren Preisen. Solch monopolisierte Produkte besitzen dann eine viel steilere, aber höher positionierte Preis-Mengen-Gerade *P(x)*. Nun kann die optimale Produktionsmenge x aus der Gewinnformel als Erlös minus Kosten abgeleitet werden. Erlös ist Preis mal Menge, und es gilt: $G(x) = E(x) - K(x) = P(x)*x - K(x)$. $P(x)*x$ ergibt eine Parabel, von der eine weitere Parabel *K(x)* oder eine Gerade *K(x)* abgezogen wird. In beiden Fällen ist das Ergebnis wieder eine Parabel, die somit ein Extremum besitzen muss. Dieses lässt sich über die BEO: $G'(x) = 0$ bestimmen. $G'(x) = E'(x) - K'(x) = 0 \Rightarrow E'(x) = K'(x)$. Bedingung für ein Gewinnmaximum ist somit Grenzerlös = Grenzkosten. Es lässt sich nun die Gleichung nach x auflösen, was zu x^{Mon} als Betriebsoptimum führt. Ob tatsächlich ein Maximum vorliegt, wird $G''(x^{Mon}) < 0$ beweisen. Egal ob die Monopolisierung idealtypisch aus einer Innovation herrührt, oder das Ergebnis einer Produktvariante ist, in beiden Fällen kann nun der Monopolist den Preis

höher setzen als die Grenzkosten, die ja ähnlich hoch sind wie die Durchschnittskosten. Immerhin werden Konsumenten kein günstigeres Substitutprodukt mehr finden, sodass sie gezwungenermaßen sogar unter maximaler Preisbereitschaft kaufen werden. Dies ist der Fall für Preise, die auf der *P(x)*-Geraden liegen. Monopolisten werden also $P = P(x^{Mon})$ verlangen und dieser Preis heißt Cournot-Preis, benannt nach dem französischen Wirtschaftswissenschaftler Antoine-Augustin Cournot (1801–1877). Der maximale Gewinn lässt sich nun durch Einsetzen von x^{Mon} in die G(x)-Funktion konkret berechnen.

Aufgabe 4.24.63: Funktionen und ihre Anwendungen

Compolytica produziert Plastik-Fahrradhelme und kreiert auch hierzu eine Bio-Variante aus Holz-Kunststoff (Abb. 4.85). Analysen weisen für dieses neue Produkt auf eine Preis-Mengen-Funktion von $P(x) = 120 - 15x$ hin, und für die Kosten ergeben sich zwei Szenarien:

$K_1(x) = 25x$ und $K_2(x) = \frac{7}{2}x^2$, Fixkosten sind in beiden Fällen gleich hoch und können daher für den Vergleich vernachlässigt werden. Einheiten bleiben dimensionslos.

Compolytica möchte mit der gewinnmaximalen Kostenfunktion weiterarbeiten. Es gilt herauszufinden, welche das ist, indem Sie:

a) die Grenzkostenfunktionen $K'(x) = GK(x)$ ableiten,
b) die Erlösfunktion, die Grenzerlösfunktion, die gewinnmaximale Menge x^{opt} und den Cournot-Preis $P_C(x^{opt})$ berechnen,
c) die Monopol-Gewinnfläche in die Schaubilder Abb. 4.86 einzeichnen,
d) die Monopol-Gewinnflächen berechnen
e) und erklären, warum sich unter Szenario 2 ein höherer Monopol-Gewinn ergibt.

Runden auf zwei Nachkommastellen!
Lösung:

a) $K_1(x) = 25x$ und $K_2(x) = \frac{7}{2}x^2 \Rightarrow \mathbf{K'_1(x) = 25}$ und $\mathbf{K'_2(x) = 7x}$ (Abb. 4.86)

Abb. 4.85 Fahrradhelm als mögliches Umstellungsobjekt für Holz-Kunststoff

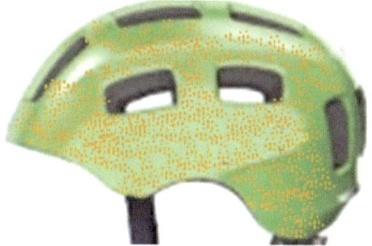

Abb. 4.86 Umstellung der Fahrradhelmproduktion auf Holz-Kunststoff verändert den Grenzkosten-Verlauf

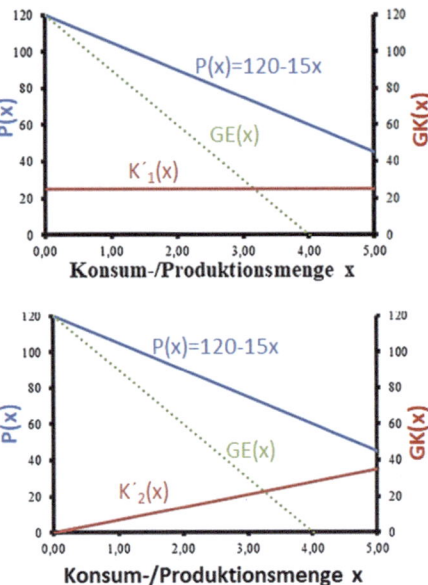

b) Monopol-Gewinn ergibt sich aus der Bedingung GE = GK:

$$E(x) = (120 - 15x)x = 120x - 15x^2 \Rightarrow E'(x) = 120 - 30x$$

Szenario 1: GE = GK $\Rightarrow$ 120 − 30x = 25 $\Rightarrow$ **x^{opt} = 3,17**
$\Rightarrow P_C(3,17) = 120 - 15 * 3,17 =$ **72,50** (Abb. 4.87a)
Szenario 2: GE = GK $\Rightarrow$ 120 − 30x = 7x $\Rightarrow$ **x^{opt} = 3,24**
$\Rightarrow P_C(3,24) = 120 - 15 * 3,24 =$ **71,35** (Abb. 4.87b)

c) $G_{1,Mon}(3,17) = 72,50 * 3,17 - 25 * 3,17 =$ **150,58**

oder grafisch: $G_{1, Mon} = (72,50 - 25) * 3,17 = 150,58$

$$G_{2,Mon}(3,24) = 71,35 * 3,24 - \frac{7}{2} * 3,24^2 = \mathbf{194,44}$$
$$GK_2(3,24) = 7 * 3,24 = 22,68$$

oder grafisch: $G_{1,Mon} = (71,35 - 22,68) * 3,24 + \frac{1}{2} * 3,24 * 22,68 =$ **194,44**

d) In Szenario 1 betragen die Grenzkosten von Anfang an bereits 25, aber in Szenario 2 wachsen sie erst noch von 0 auf 22,68 an und generieren zusätzlich die Dreiecks-Gewinnfläche. K_2 ist also gewinnmaximaler.

Abb. 4.87 Effekt aus der Holz-Kunststoff-Umstellung auf den Gewinn

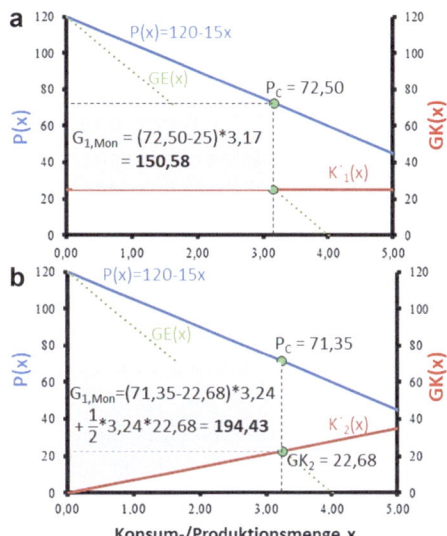

Aufgabe 4.24.64: Funktionen und ihre Anwendungen

Was ist der grundlegende Unterschied zwischen a) x^{opt} im Polypol und b) x^{Mon} im Monopol? Erklären Sie qualitativ.

Lösung:

a) Im Polypol resultiert x^{opt} aus der Bedingung: $P(x) = GK(x)$. Sie rühren aus der Ableitung ihrer Ursprungsfunktionen $U(x)$ und $K(x)$ her. Ökonomisch heißt dies, dass der Markt nur so viel von einem Gut bekommt, bis die Tangentensteigungen an $U(x)$ und $K(x)$ einander entsprechen. Dies ist effizient, denn unter Produktion weiterer Mengen steigen die Kosten stärker an als der Nutzen aus dem Konsum. Unter diesem x^{opt} ist der Markt größtmöglich mit dem Gut versorgt, und Produzenten machen zwar keine Gewinne, aber die Kosten sind gedeckt. Die optimale Marktversorgung ergibt sich auch aus der Tatsache, dass der Erlös $P(x)*x$ unter x^{opt} maximal wird.

b) Im Monopol gilt für das Gewinnmaximum $GE(x) = GK(x)$. Beide Argumente resultieren aus ihren Ursprungsfunktionen $E(x)$ und $K(x)$, erstere ist eine konkave Parabel und Letztere eine konvexe. Die Auflösung der Gewinnmaximum-Bedingung führt zu x^{Mon}. Unter dieser Menge wirtschaftet der Monopolist effizient, denn die Erlöse stiegen bis dahin stärker an als die Kosten, was zu einer hohen Gewinnanhäufung führt. Danach sinkt der Gewinn wieder.

Im Vergleich zwischen Polypol und Monopol wird unter Letzterem der Markt mit einer vergleichsweise kleineren Stückzahl des Gutes versorgt, dafür aber ist das Gut viel stärker auf die Bedürfnisse einer bestimmten Käufergruppe zugeschnitten. Es ist wahrscheinlich, dass die restlichen potenziellen Käufer mit anderen Produktvarianten desselben Standardgutes ebenfalls auf monopolistische Weise versorgt werden. Aber im Gegensatz zum Polypol sind die dazugehörenden Preise viel höher, und Produzenten machen Gewinne.

Aufgabe 4.24.65: Funktionen und ihre Anwendungen
Erläutern Sie qualitativ mathematisch, dass sich x^{opt} im Polypol sowohl aus der Bedingung $P(x) = GK(x)$ als auch aus dem Maximum von $E(x)$ ergibt.
Lösung:
Aus der Polypol-Mengenbedingung $P(x) = GK(x)$ resultiert x^{opt} und besagt, dass maximale Polypolmengen unter identischem Preis und Grenzkosten gegeben sind, also $P(x^{opt}) - GK(x^{opt}) = 0$. Ebenso gilt im Maximum der Markt-Erlösfunktion $E(x)$ die Bedingung erster Ordnung BEO: $GE(x) = 0$, und deren Lösung wird zeigen, dass dies unter x^{opt} der Fall ist. Das heißt, dass die GE-Gerade in x^{opt} die x-Achse schneidet, weil dort deren Funktionswert $GE(x^{opt})$ ja 0 ist. Beide Bedingungen $P(x^{opt}) = GK(x^{opt})$ bzw. GE $(x^{opt}) = 0$ könnten sich noch auf unterschiedliche x-Werte beziehen. Aber sie lassen sich gleichsetzen, weil beide zu 0 resultieren. Also gilt auch: $P(x^{opt}) - GK(x^{opt}) = GE(x^{opt}) = 0$. Dass es sich jetzt um den gleichen x^{opt}-Wert handeln muss, wird klarer, wenn man beide Bedingungen in Worte fasst: Bei demjenigen x-Abschnitt, wo der Erlös sein Maximum hat, muss auch der Schnittpunkt der $P(x)$- und $GK(x)$-Geraden liegen.

Aufgabe 4.24.66: Funktionen und ihre Anwendungen
Erklären Sie qualitativ, warum der Monopolgewinn unter linearem Gesamtkostenverlauf kleiner ist als unter progressiven Kosten.
Lösung:
Grafisch ergibt sich die Gewinnfläche aus der Gesamtfläche unter der P(x)-Geraden im Intervall 0 und x abzüglich der Fläche unter der GK(x)-Geraden im selben Intervall. Unter linearem Kostenverlauf herrschen über das gesamte Intervall die gleichen GK, sodass von P(x)*x das Rechteck GK(x)*x abgezogen wird. Unter progressiven Kosten wuchsen die GK erst von 0 auf jenen Wert, der unter linearem Verlauf von Anfang an herrschte. Der Abzug der GK-Fläche von P(x)*x ist nur halb so groß, was höhere Gewinne erwirtschaftet. Diese Erklärung setzt voraus, dass über die gesamte Ausbringung von x in den Markt immer der gleiche Marktpreis P(x) vorlag, variable Stückkosten (= GK(x)) sich aber dynamisch entwickelten. Praktisch könnte man aber auch eine dynamische Preisentwicklung unterstellen, denn der Monopolist gab ja erstmal nur eine kleine produzierte Menge in den Markt, für die noch höhere Preisbereitschaft P(x) existierte. Erst mit weiteren zeitversetzten Belieferungen nimmt P(x) ab. Es ist also unter progressiven Kosten wahrscheinlich, dass Monopolgewinne noch höher ausfallen könnten.

Aufgabe 4.24.67: Funktionen und ihre Anwendungen
Erklären Sie qualitativ mathematisch das Verfahren zur ökonomisch-effizienten Schadensreduktion mittels Substitutionstechnologien im Polypol.

4.24 Übungen

Lösung:
Im Polypol ist x^{opt} das Ergebnis effizienten Wirtschaftens, aus dem große Angebotsmengen zu geringstmöglichen Preisen resultieren. Dabei können aber Schadenskosten entstehen, die unbeteiligte Dritte treffen. Volkswirtschaftlich reduziert sich dadurch der Gesamtnutzen aus dem Konsum dieser Massengüter. Hätte der Produzent von vornherein diese Mehrkosten tragen müssen, wäre die K(x)-Funktion steiler gewesen, die daraus resultierende GK(x)-Gerade verlief ebenso steiler, und der Schnitt mit der P(x)-Geraden wäre unter kleinerem x^{opt} zustande gekommen, was den Schaden unter kleinerer Produktionsmenge automatisch reduziert hätte. Nun wäre es wünschenswert, dass Produzenten anstatt die Mehrkosten zu tragen und den Markt mit weniger Gütern zu versorgen, die alte Gütermenge beibehalten, aber einen Teil davon mit teurerer umweltfreundlicher Technologie bereitstellen. In diesem Mix aus umweltschädlichen und umweltfreundlichen Gütern wird der Gesamtschaden zwar nicht auf 0 reduziert, aber ein Teil zumindest vermieden. Von x^{opt} abwärts Richtung 0 wird nun Stück für Stück umgestellt bzw. vermieden, und mit jeder auf umweltfreundliche Technologie umgestellte Produkteinheit nehmen die Umstellungsosten als Vermeidungskosten progressiv zu. Gleichzeitig nehmen die Schadenskosten rückwärts entlang der progressiven Schadenskostenkurve ab. Wie viel schließlich umgestellt bzw. vermieden wird, resultiert wieder aus dem ökonomischen Effizienzkriterium. Es besagt, dass so viel Menge von x^{opt} abwärts umgestellt wird, solange die Vermeidungskosten nicht stärker ansteigen als die Schadenskosten abnehmen. Letztere nehmen immer weniger stark ab, je mehr umgestellt wird. Gleichzeitig nehmen die Vermeidungskosten immer mehr zu, aus denselben Gründen, weshalb Produktionskosten in der Regel progressiv verlaufen. x_{red}, als die Menge verbleibender umweltschädlicher Produkteinheiten, lässt sich mathematisch auf zwei Wegen ermitteln. (1) Man kann das vertikale Aggregat aus Schadenskostenfunktion und Vermeidungskostenfunktion berechnen, was die Transaktionskostenfunktion darstellt. Als Summe zweier Parabel-Funktionen muss sie wiederum eine Parabel darstellen, die auf ein Extremum hin analysiert wird und deren 2. Ableitung auf ein Minimum unter x_{red} hinweist. (2) Wie auch schon bei der Effizienzbetrachtung im Monopol- und Polypolmarktmodell kann x_{red} auch das Ergebnis der Schnittpunktberechnung der Grenzschadens- und Grenzvermeidungskostenfunktion sein. Denn sie besagt, dass die Tangenten an der Schadens- und Vermeidungskostenkurve in x_{red} einander entsprechen und die Vermeidungskosten dann genauso stark anwachsen wie die Schadenskosten abnehmen, was als effizient gilt. Im Ergebnis wird der Markt wieder mit der alten x^{opt}-Menge versorgt, ein Teil davon ist aber umweltfreundlich, und das ökonomische Effizienzprinzip bleibt bewahrt.

Aufgabe 4.24.68: Funktionen und ihre Anwendungen

Von was hängt das Vermeidungsniveau x_{red} ab? Gehen Sie qualitativ auf den Verlauf der a) Vermeidungskosten- und b) Schadenskostenfunktion ein.
Lösung:
Das Vermeidungsniveau x_{red} ist das Ergebnis des Schnittpunktes zwischen der Grenzvermeidungskosten(VK′)- und Grenzschadenskosten(SK′)-Geraden.

a) Je teurer die Vermeidung bei gleichem Schadenskostenverlauf, desto steiler die VK'-Gerade, und x_{red} resultiert weiter rechts, nimmt also größere Werte ein, aber immer noch kleiner als x^{opt}. Teurere Vermeidungstechnologien bieten also weniger Potenzial für möglichst viel Umweltschadensreduktion.
b) Je steiler die Schadenskosten ansteigen bei gleichen Vermeidungskosten, desto steiler verläuft $SK'(x)$, und der Schnitt mit der $VK'(x)$-Geraden ist weiter links als zuvor. Unter schlimmeren Umweltauswirkungen der Produktion muss dann mehr vermieden werden. Wirtschaftspolitisch ist es daher wünschenswert, nicht zu warten, bis die Umweltschäden zunehmen, sondern frühzeitig Vermeidungstechnologien kosteneffizienter zu machen, z. B. durch Fördermaßnahmen in Forschungen und Entwicklung.

Aufgabe 4.24.69: Funktionen und ihre Anwendungen
Plastikknöpfe stellen ein Massengut dar, und die Marktmenge x^{opt} sei das Ergebnis einer ökonomisch-effizienten Volkswirtschaft. Dieser Markt teile sich zwischen Compolytica und 9 weiteren Anbietern in gleichen Portionen auf. Um Mehrkosten aus der CO_2-Besteuerung Plastik-intensiver Produkte zu vermeiden, beabsichtigen alle Produzenten, die Fertigung von Knöpfen auf Holz-Kunststoff umstellen (Abb. 4.88).

Der Schaden aus Plastikknöpfen infolge CO_2-Ausstoß beim Verbrennen von Altkleidung wachse progressiv mit zunehmender Menge produzierter Knöpfe mit max. $x = x^{opt}$. Mit einer branchenweiten Umstellung ließen sich zwar Schadenskosten der Funktion $SK(u) = \frac{9}{10}u^2$ (u = prozentualer Anteil verbleibender Vollkunststoff-Knöpfe an x^{opt}) der Marktmenge reduzieren. Dem gegenüber entstehen der gesamtem Branche, bestehend aus 10 Produzenten, Vermeidungskosten in Höhe von $VK(u) = \frac{3}{2}(100-u)^2$.

a) Wie viel Prozent der ursprünglichen Marktmenge an Plastikknöpfen muss auf Holz-Kunststoff umgestellt werden, damit die Transformation ökonomisch-effizient wird?
b) Wie hoch sind die Vermeidungskosten für jeden Produzenten, wie Compolytica?
c) Wie viel Schaden wird dann insgesamt von allen vermieden?
d) Diskutieren Sie den Effekt aus einer künftig steiler anwachsenden i) Schadenskostenkurve und ii) Vermeidungskostenkurve auf die effiziente Restmenge an Vollkunststoffknöpfen.

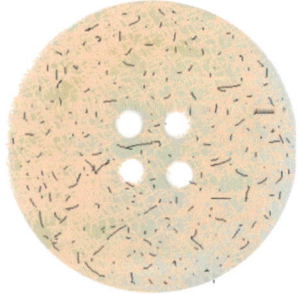

Abb. 4.88 Plastikknöpfe als mögliches Umstellungsobjekt für Holz-Kunststoff

4.24 Übungen

Runden auf 2 Nachkommastellen!
Lösung:

a) Transformationsgesamtkosten TK(u) bilden als Summe VK(u) und SK(u). BEO(TK) bilden und u^{opt} bestimmen.

$$SK(u) = \frac{9}{10}u^2 \text{ und } VK(u) = \frac{3}{2}(100-u)^2 \Rightarrow \mathbf{TK(u)} = \frac{9}{10}u^2 + \frac{3}{2}(100-u)^2$$

$$= \frac{9}{10}u^2 + \frac{3}{2}\left(100^2 - 200u + u^2\right) = \frac{9}{10}u^2 + \frac{3}{2}u^2 - 300u + 15000$$

$= \mathbf{\frac{24}{10}u^2 - 300u + 15000}$, BEO : $TK'(u) = \frac{24}{5}u - 300 = 0 \Rightarrow \mathbf{u^{opt}} = \frac{1500}{24} = \mathbf{62{,}5\,\%}$
(Abb. 4.89)

b) Vermeidungskosten steigen von u = 100 bis u = 62,5 an und betragen:

$$VK(u=62{,}5) = \frac{3}{2}(100-62{,}5)^2 = \frac{3}{2} * 37{,}5^2 = \frac{3}{2} * 1406{,}25 = \mathbf{2109{,}38}$$

$\Rightarrow$ Anteil Compolyticas: $\frac{2109{,}38}{10} = \mathbf{210{,}94}$

c) Anfangsschaden: $SK(100) = \frac{9}{10} * 100^2 = 9000$ und verbleibende Schadenskosten

bei u = 62,5 % : $SK(62{,}5) = \frac{9}{10} * 62{,}5^2 = 3515{,}63 \Rightarrow$ vermieden = 9000 − 3515,63 = **5484,38**

d) Abb. 4.90 zeigt folgendes: (1) Steigen VK, muss weniger vermieden, und (2) steigen SK, muss mehr vermieden werden.

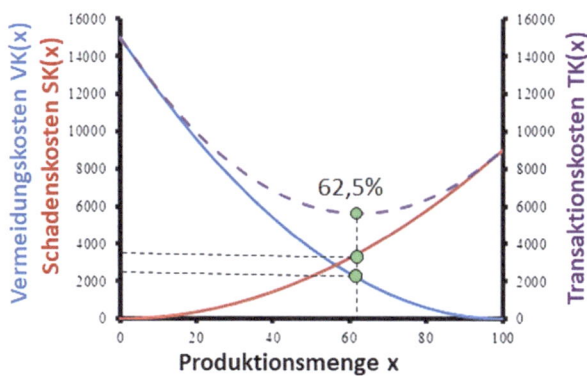

Abb. 4.89 Minimale Transaktionskosten der Plastikumstellung

Abb. 4.90 Minimale Transaktionskosten der Plastikumstellung

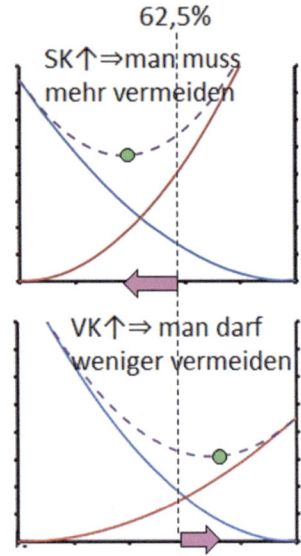

Abb. 4.91 Bivariate Gewinnentwicklung eines Zweiprodukt-Unternehmens

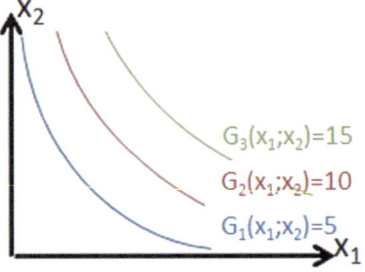

Aufgabe 4.24.70: Multivariate Funktionen im wirtschaftlichen Kontext
Erklären Sie mit eigenen Worten für das gegebene Schaubild (Abb. 4.91) einer bivariaten Gewinnfunktion, wie Gewinne für das Zweiprodukt-Unternehmen zustande kommen.

Lösung:

Das Zweiprodukt-Unternehmen produziert vom Gut_1 x_1 und vom Gut_2 x_2 an Mengen. Der Gewinn kommt also aus den Produktionsmengen beider Güter simultan zustande und beträgt $G_{1,2}(x_1; x_2) = P_1(x_1) * x_1 - K_1(x_1) + P_2(x_2) * x_2 - K_2(x_2)$. Ein $G(x_1; x_2) - x_1 - x_2$-Diagramm kann nur zwei Achsen darstellen. Seien die x-Achse die Menge x_1 und die y-Achse die Menge x_2. Dann kann die Gewinnkurve lediglich ein Gewinnniveau beschreiben, das unter bestimmter Kombination von x_1, x_2-Mengen zustande kam. Die Einzelmengen sind also substitutiv zueinander, wenig x_1 und viel x_2 kann zu demselben Gewinn führen wie wenig x_2 und viel x_1. Ein höheres Gewinnniveau kommt zustande, wenn entsprechend mehr von x_1, x_2 unter der gleichen Kombination produziert und abgesetzt wurden. Die Gewinnkurve ist dann vom Ursprung weiter weg verschoben. Die Abstände

4.24 Übungen

müssen aber nicht zwangsläufig proportional zur Gewinnsteigerung sein, denn die Argumente in der Gewinnfunktion P(x)*x und K(x) verlaufen degressiv bzw. progressiv, also nicht linear.

Aufgabe 4.24.71: Multivariate Funktionen im wirtschaftlichen Kontext
Zwei Unternehmen bieten ein zueinander substitutives Produkt im gleichen Markt an. Die Markt-Mengen-Funktion sei: $P(x_1; x_2) = 12 - x_1 - x_2$. a) Um was für eine Funktion handelt es sich? b) Wie wirkt sich die Mengensteigerung x_2 des Konkurrenzunternehmens auf die Erlösmaximierung des Unternehmens 1 aus? Weisen Sie den Effekt mittels partiellen Differenzials quantitativ nach und interpretieren Sie das Ergebnis qualitativ.
Lösung:

a) $P(x_1; x_2)$ ist eine bivariate Funktion, und der Funktionswert P resultiert aus einer Vielzahl an Kombinationen von x_1 und x_2. Der Prohibitivpreis von 12 verringert sich, wenn beide Unternehmen ihre Individualmenge im Markt anbieten, je mehr dies ein Unternehmen tut, desto mehr verringert es den Marktpreis auch für das Konkurrenzunternehmen. Die Unternehmen üben mit ihren Individualmengen einen Effekt nicht nur auf den Marktpreis P, sondern auch auf den Erlös des anderen aus.

b) Für Unternehmen 1 ist der Erlös $E_1(x_1; x_2) = P(x_1; x_2) * x_1 = (12 - x_1 - x_2) * x_1 = 12x_1 - x_1^2 - x_1 x_2$, und für das Unternehmen 2 ist der Erlös spiegelbildlich. Um den Erlös zu maximieren, muss für U_1 die Erlösfunktion nach der eigenen Menge x_1 partiell abgeleitet und 0 gesetzt werden:

$\frac{E_1(x_1; x_2)}{dx_1} = 12 - 2x_1 - x_2 = 0$ und $x_1 = 6 - \frac{x_2}{2}$. Das Ergebnis ist für U_2 spiegelbildlich $x_2 = 6 - \frac{x_1}{2}$. x_2 kann nun in x_1 eingesetzt werden, um die für beide Unternehmen gleichermaßen Erlös-maximale x-Menge zu bestimmen: $x_1 = 6 - \frac{6 - \frac{x_1}{2}}{2} = 6 - 3 + \frac{x_2}{4}$ und Auflösen nach $x_1 = 4$, und damit ist auch $x_2 = 4$. Somit sind beide Unternehmen Erlös-maximal, wenn jedes 4 anbietet. Die partielle Ableitung und deren Lösung $x_2 = 6 - \frac{x_1}{2}$ lässt erkennen, dass U_1 auf ein höheres Erlösmaximum kommt, wenn U_2 gar nicht anbietet. Dies ist das Ergebnis im Monopol, denn $P_1 * x_1 = 12x - x_1^2$, und die Lösung der BEO ist: $12 - 2x_1 = 0 \Rightarrow x_1 = 6$. Die Konkurrenz hält also U_1 davon ab, sein monopolistisches x^{opt} zu realisieren, x = 4 ist aber für beide mindestens garantiert.

Aufgabe 4.24.72: Multivariate Funktionen im wirtschaftlichen Kontext
Compolytica möchte mit der Holz-Kunststoff-Technologie mehr CO_2 vermeiden und muss auf dem Weg zu Net-Zero weitere 1,50 kg CO_2−eq/kg Produkt einsparen (CO_2−eq = dem tatsächlichen Schadstoffausstoß äquivalente CO_2-Menge). Die Emissionen je Materialkomponente im Produkt „FloroFlair"-Gartenstuhl zeigt folgende Tabelle. Es müssen zusätzlich genau 5 Vol.-% Zusatzstoffe (Farbpigmente, Haftvermittler etc.) dem Holz-Kunststoff-Gemisch beigesetzt werden.

CO₂-Ausstoß je kg Werkstoff im Produkt	
Werkstoff [kg]	CO₂-eq. [kg/kg]
Holz	0,50
Plastik	3,00

Wie viel Holzanteil φ_{Holz} [Vol.-%] müssen dem Plastik-Gartenstuhl (Abb. 4.92) beigemischt werden, um das Einsparziel zu erreichen?

Lösung:

Einsparung $\Delta E_{CO2-eq} = 1{,}50$ kg CO_2-eq/kg Stuhlgewicht

Emissionen aus Vollkunststoff: $E_{CO2-Plast} = 3{,}00$ kg/kg Stuhlgewicht und aus Holz $E_{CO2-Holz} = 0{,}50$ kg/kg

Restriktion: $\varphi_{Holz} + \varphi_{Plast} \leq 0{,}95$ (5 % müssen für Zusatzstoffe freigehalten werden) $\Rightarrow \varphi_{Plast} = 0{,}95 - \varphi_{Holz}$

Zielfunktion aufstellen: $\Delta E_{CO2}(\varphi_{Holz}; \varphi_{Plast}) = 0{,}50 * \varphi_{Holz} + 3{,}00 * \varphi_{Plast}$

φ_{Plast} substituieren: $\Delta E_{CO2}(\varphi_{Holz}; \varphi_{Plast}) = 0{,}50 * \varphi_{Holz} + 3{,}00 * (0{,}95 - \varphi_{Holz}) = 0{,}50 * \varphi_{Holz} + 2{,}85 - 3{,}00 * \varphi_{Holz}$

Lösen: $1{,}50 = 0{,}50 * \varphi_{Holz} + 2{,}85 - 3{,}00 * \varphi_{Holz}$

$\Rightarrow 1{,}35 = 2{,}50 * \varphi_{Holz} \Rightarrow \varphi_{Holz} = \frac{1{,}35}{2{,}50} = 0{,}54 = $ **54 % Holz; 95 % − 54 % = 41 % Plastik und 5 % Zusatzstoffe.**

Aufgabe 4.24.73: Multivariate Funktionen im wirtschaftlichen Kontext

Compolytica bietet ihren Vollkunststoff-basierten To-go-Becher (x_{Plast}) auch in Holz-Kunststoff-Variante (x_{HoKu}) an (Abb. 4.93); x = Angebotsmenge ohne Einheiten. Beide verleihen unterschiedlichen Konsumnutzen, und für Familien, die beide Varianten im Haushalt verwenden, ergibt sich die Gesamtnutzenfunktion als:

Abb. 4.92 Plastik-Gartenstuhl als mögliches Umstellungsobjekt für Holz-Kunststoff

Abb. 4.93 Kaffee-To-go-Becher als mögliches Umstellungsobjekt für Holz-Kunststoff

Abb. 4.94 Konsumgesamtnutzen aus Kaffee-To-go-Bechern aus Vollkunststoff (Plast) und Holz-Kunststoff (HoKu)

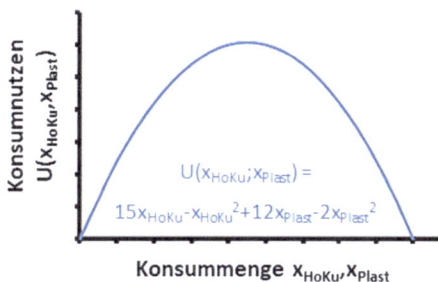

$U(x_{HoKu}; x_{Plast}) = 15x_{HoKu} - x_{HoKu}^2 + 12x_{Plast} - 2x_{Plast}^2$ mit dem Graphen gemäß Abb. 4.94.

a) Welche Mengen an x_{HoKu} und x_{Plast} würden Familien nachfragen, wenn deren Einkommen den Konsum nicht limitieren würde, und wie hoch ist dann deren Gesamtnutzen im Konsum?

b) Welche Mengen wären es, wenn das Einkommen die Verwendung auf insgesamt nur 4 Becher beschränkt, also $x_{HoKu} + x_{Plast} \leq 4$ gilt. Wie hoch ist dann der Gesamtnutzen?

Lösung:

a) Gemäß Grafik Abb. 4.94 ist ersichtlich, dass der Nutzen mit steigendem Konsum von HoKu- und Plast-Bechern zunächst ansteigt, aber dann bei zu hoher Konsummenge wieder fällt, was am Entsorgungsaufwand, Gewöhnungseffekt etc. liegen könnte. Da auch Familien Nutzen-Maximierer sind, suchen sie diejenige Kombination von x_{HoKu}

und x_{Plast}, bei der die Nutzenfunktion ihr Maximum aufweist. Somit sind $U(x_{HoKu}; x_{Plast})$ einmal nach x_{HoKu} und einmal nach x_{Plast} abzuleiten und die BEO zu lösen.

(1) $U'(x_{HoKu}) = 15 - 2x_{HoKu} = 0 \Rightarrow x_{HoKu}{}^{opt} = \mathbf{7,5}$
(2) $U'(x_{Plast}) = 12 - 4x_{Plast} = 0 \Rightarrow x_{Plast}{}^{opt} = \mathbf{3,0}$

$U(x_{HoKu} = 7,5; x_{Plast} = 3,0) = 15 * 7,5 - 7,5^2 + 12 * 3 - 2 * 3^2 = \mathbf{74,25}$ **Gesamtnutzen**.

b) Lösung nach der Eliminationsmethode: Budgetbeschränkung $4 = x_{HoKu} + x_{Plast}$ ergibt nach x_{Plast} aufgelöst $x_{Plast} = 4 - x_{HoKu}$. Dies wieder in die Nutzenfunktion einsetzen und BEO lösen:

$$U(x_{HoKu}) = 15x_{HoKu} - x_{HoKu}{}^2 + 12(4 - x_{HoKu}) - 2(4 - x_{HoKu})^2$$
$$\Rightarrow U'(x_{HoKu}) = 0 = 15 - 2x_{HoKu} + 12(-1) - 2(2(4 - x_{HoKu})(-1))$$
$$(PR + KR) \Rightarrow \mathbf{x_{HoKu}} = \frac{19}{6} = \mathbf{3,17} \Rightarrow \mathbf{x_{Plast}} = 4 - \frac{19}{6} = \frac{5}{6} = \mathbf{0,83}$$

Fazit: Unter Budgetbeschränkung müssen Familien weniger konsumieren und mehr auf Holz-Kunststoff-Becher verzichten.

Aufgabe 4.24.74: Multivariate Funktionen im wirtschaftlichen Kontext
Die Produktion Holz-Kunststoff-basierter Güter (Abb. 4.95) kann für Compolytica annähernd nach der Cobb-Douglas-Produktionsfunktion der Form $y(L; K) = L^\alpha * K^\beta$ beschrieben werden, wobei L für die Arbeitsmenge, K für den Kapitaleinsatz, y dem Wert aller erzeugten Güter stehen, und es gelte $0 \leq \alpha; \beta \leq 1,0$. Die Produktion verursacht linear verlaufende Lohnkosten LK(L) mit L = Arbeitsstundenzahl und W = Arbeitsstundenlohn,

Abb. 4.95 Lohn- und Kapitalintensive Holz-Kunststoff-Produktion

4.24 Übungen

und es entstehen auch Kapitalkosten in Höhe von KK(K) mit K = Wert aller Extruder-Anlagen, die zum Zins i kreditfinanziert sind.

a) Stellen Sie die Gewinnfunktion G(L;K) auf, indem Sie vom Output-Wert y noch die Lohnkosten LK(L) und die Kapitalkosten KK(K) abziehen.
b) Leiten Sie y(L,K) partiell nach L ab und bestimmen Sie das Optimum. Was besagt das Ergebnis?
c) Leiten Sie y(L,K) partiell nach K ab und bestimmen Sie das Optimum. Was besagt nun das Ergebnis?

Lösung:

a) Gewinn G(L,K) = Output-Wert y(L;K) – Lohnkosten LK(L) – Kapitalkosten KK(K)

$$\Rightarrow \mathbf{G(L;K) = L^\alpha * K^\beta - W^*L - i*K}$$

Beachte: Der Kapitaldienst ist die prozentuale Belastung aufgenommenen Kapitals (z. B. finanzierte Maschinen) durch Kreditzins i. Lohnkosten sind der Lohnsatz mal Arbeitsstunden.

b) Bestimmung der gewinnmaximalen Arbeitsmenge L^{opt}:

$$\frac{dG(L;K)}{dL} = \alpha * L^{(\alpha-1)} * K^\beta - W$$

$$\Rightarrow BEO: 0 = \alpha * L^{(\alpha-1)} * K^\beta - W \mid \text{auflösen nach L}$$

$$\Rightarrow L^{(\alpha-1)} = \frac{W}{\alpha * K^\beta} \mid \text{beide Seiten hoch } 1/(\alpha-1) \text{ nehmen}$$

$$\Rightarrow (L^{(\alpha-1)})^{\frac{1}{\alpha-1}} = (\frac{W}{\alpha * K^\beta})^{\frac{1}{\alpha-1}} \mid \text{beachte}: (L^a)^b = L^{a*b}$$

$$\Rightarrow \mathbf{L^{opt} = (\frac{W}{\alpha * K^\beta})^{\frac{1}{\alpha-1}}}$$

Interpretation: Es gibt eine gewinnmaximale Arbeitsstundenzahl L^{opt}. Wenn Löhne steigen (W↑), müssen weniger Stunden gearbeitet werden, um das Gewinnoptimum zu halten, denn $\alpha < 1 \Rightarrow \frac{1}{\alpha-1}$ wird negativ, und dies kommt dem Kehrwert von $\frac{W}{\alpha * K^\beta}$ gleich, also steht dann W↑ im Nenner und verkleinert L^{opt}. Wird K↑ größer, dann muss mehr gearbeitet werden (L^{opt} ↑), es sind ja dann auch mehr Maschinen zu bedienen (Abb. 4.96).

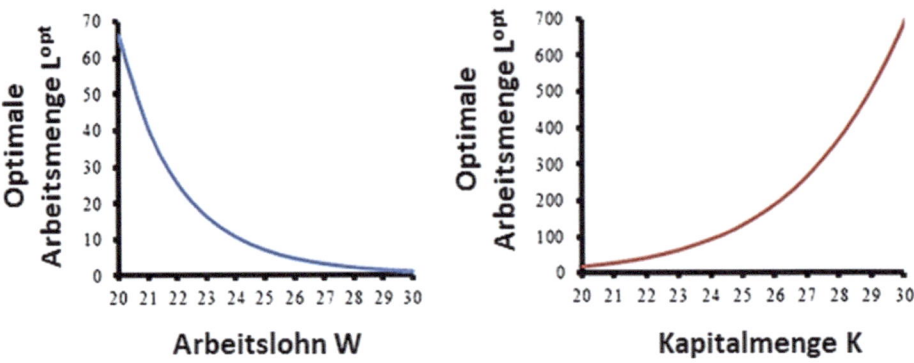

Abb. 4.96 Änderung der gewinnmaximalen Arbeitseinsatzmenge L^{opt} bei Zunahme des Lohn- und Kapitalaufwandes

c) Bestimmung der gewinnmaximalen Kapitalmenge K^{opt}:

$$\frac{dG(L;K)}{dK} = L^{\alpha} * \beta * K^{(\beta-1)} - i \mid \text{BEO bilden und K separieren}$$

$$\Rightarrow L^{\alpha} * \beta * K^{(\beta-1)} = i \quad \mid \text{auflösen nach K}$$

$$\Rightarrow K^{(\beta-1)} = \frac{i}{L^{\alpha} * \beta} \quad \mid \text{Kehrwert bilden}$$

$$\Rightarrow \left(K^{\beta-1}\right)^{-1} = \left(\frac{i}{L^{\alpha} * \beta}\right)^{-1} \quad K^{-(\beta-1)}$$

$$= K^{(1-\beta)} = \frac{L^{\alpha} * \beta}{i} \quad \mid \text{beide Seiten hoch } \frac{1}{1-\beta} \text{ nehmen}$$

$$\Rightarrow \left(K^{1-\beta}\right)^{\frac{1}{1-\beta}} = \mathbf{K^{opt}} = \left(\frac{\mathbf{L^{\alpha} * \beta}}{\mathbf{i}}\right)^{\frac{1}{1-\beta}}$$

Interpretation: Es gibt eine gewinnmaximale Kapitalmenge K^{opt}. Wenn mehr gearbeitet wird (L↑), dann steigt K^{opt}, d. h., es muss mehr Kapital aufgenommen werden, um auch für die Arbeiter mehr Maschinen anzuschaffen. Sinken die Zinsen (i↑), dann sollte auch mehr Kapital aufgenommen werden, immerhin werden Kredite günstiger. Aber wie b) bereits zeigt, muss dann auch mehr gearbeitet werden (L↑). Dies demonstriert die Effektivität von Zinssenkungen durch die Zentralbank zur Konjunkturbelebung, es wird mehr investiert und mehr gearbeitet. Niedrige Zinsen unterstützen dann auch die Investition in betriebliche Holz-Kunststoff-Transformationen (Abb. 4.97).

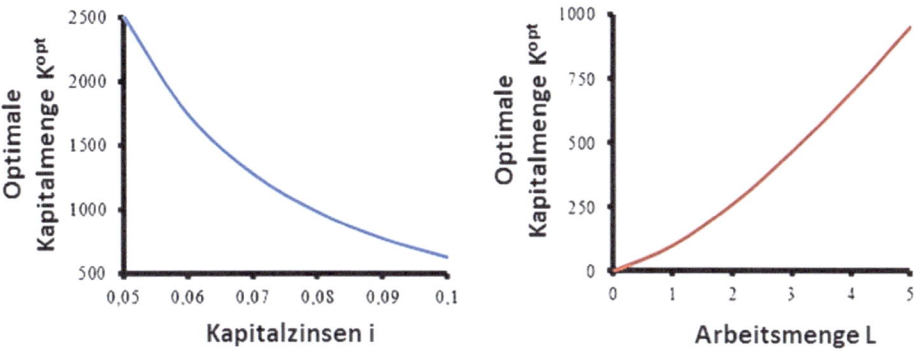

Abb. 4.97 Änderung der gewinnmaximalen Kapitaleinsatzmenge K^{opt} bei Zunahme des Lohn- und Kapitalaufwandes

Aufgabe 4.24.75: Integral
Erläutern Sie qualitativ die Begriffe a) Integrand; b) Integrationsvariable und c) Integrationskonstante.
Lösung:

a) Integrand: Ist die Funktion f(x) unter der der unbestimmte Flächeninhalt bis zur x-Achse berechnet wird.
b) Integrationsvariable: Ist x die Variable, nach der die Stammfunktion von f(x) abgeleitet wird, um f(x) zu erhalten, dann ist gleichermaßen die Variable x auch die Integrationsvariable, die durch Integrieren aus der Funktion f(x) die Stammfunktion macht. Beim Differenzieren und Integrieren wird x dann als dx bezeichnet, analog zu Δx als das infinitesimal kleine x-Intervall, für das beim Differenzieren die Sehne an der Kurve f(x) zur Punkt-Tangenten wird.
c) Integrationskonstante C: Sie entsteht bei Integrieren von f(x) zu F(x). Da beim Differenzieren von F(x) nach f(x) eine potenziell vorhandene Konstante wegfallen würde, muss sie F(x) wieder hinzugefügt werden. Sie besagt, dass F(x) um den unbekannten Wert C in ihrer Lage über der x-Achse verschoben ist. Ergebnisse aus der Integralberechnung sind vorerst unbestimmt.

Aufgabe 4.24.76: Integral
Erläutern Sie qualitativ, wie das Hinzufügen von Integrationsgrenzen x und a das unbestimmte Integral bestimmt macht.
Lösung:
Das unbestimmte Integral der Funktion f(x) lautet: $\int f(x) * dx = F(x) + C$. Dabei beschreibt F(x) den eingeschlossenen Flächeninhalt zwischen f(x) und der x-Achse in der Vertikalen und der y-Achse und x in der Horizontalen. C fügt dem Flächeninhalt noch eine unbestimmte Fläche hinzu, da womöglich beim Differenzieren von $F'(x) = f(x)$ eine Konstante innerhalb der F(x)-Gleichung verloren ging. Diese Fläche C wird wieder

beim Festlegen einer linken Integrationsgrenze a subtrahiert. Denn nun wird ein weiteres Integral F als Flächeninhalt zwischen f(x) und der y-Achse von der y-Achse bis a abgezogen inklusive wieder dessen unbestimmte Zusatzfläche C. In beiden Fällen muss es sich um das gleiche C handeln, denn F(a) und F(x) benutzen dieselbe unbestimmte Flächenfunktion F, von der C ein Bestandteil ist. Also gilt für die im Intervall a und x eingeschlossene Fläche: $F = (F(x) + C) - (F(a) + C) = F(x) + C - F(a) - C = F(x) - F(a)$. Durch Hinzufügen des Integrationsintervalls wird das Integral bestimmt, und es liefert nun einen konkreten Wert für den Flächeninhalt.

Aufgabe 4.24.77: Integral
Bestimmen Sie die Stammfunktion:

a) $f(x) = x - x^2 + 2x^3$
b) $f(x) = (3x - 1)^2$
c) $f(x) = 2(x - 4)$
d) $f(x) = (1 + 2x)^2$
e) $f(x) = \frac{1+2x}{2}$
f) $f(x) = \frac{1}{2}x^2$
g) $f(x) = \sqrt{3x^5}$
h) $f(x) = ax^4$
i) $f(x) = \frac{2}{x^4}$
j) $f(x) = \frac{4}{5}x - \frac{1}{8}x^3$
k) $f(x) = \frac{1+x\sqrt{x}+x^3}{x^2}$
l) $f(x) = 2 * \frac{1}{\sqrt{3-x}}$

Lösung:

a) $F(x) = \frac{1}{2}x^2 - \frac{1}{3}x^3 + \frac{1}{2}x^4$
b) $f(x) = 9x^2 - 6x + 1 \Rightarrow F(x) = 3x^3 - 3x^2 + x$
c) $f(x) = 2x - 8 \Rightarrow F(x) = x^2 - 8x$
d) $f(x) = 1 + 4x + 4x^2 \Rightarrow F(x) = x + 2x^2 + \frac{4}{3}x^3$
e) $f(x) = \frac{1}{2} + x \Rightarrow F(x) = \frac{1}{2}x + \frac{1}{2}x^2$
f) $f(x) = \frac{1}{2}x^2 \Rightarrow F(x) = \frac{1}{6}x^3$
g) $f(x) = (3x^5)^{\frac{1}{2}} = 3^{\frac{1}{2}} * x^{\frac{5}{2}} \Rightarrow F(x) = 3^{\frac{1}{2}*\frac{2}{7}} * x^{\frac{7}{2}} = \sqrt{3} * \frac{2}{7} * \sqrt[2]{x^7}$
h) $f(x) = ax^4 \Rightarrow F(x) = \frac{a}{5}x^5$
i) $f(x) = 2x^{-4} \Rightarrow F(x) = -\frac{2}{3}x^{-3} = -\frac{2}{3x^3}$
j) $F(x) = \frac{2}{5}x^2 - \frac{1}{32}x^4$
k) $f(x) = \frac{1}{x^2} + \frac{\sqrt{x}}{x} + x = x^{-2} + \frac{\sqrt{x}}{\sqrt{x}\sqrt{x}} + x$

4.24 Übungen

$$= x^{-2} + \frac{1}{\sqrt{x}} + x = x^{-2} + x^{-\frac{1}{2}} + x$$

$$\Rightarrow F(x) = -x^{-1} + 2x^{\frac{1}{2}} + \frac{1}{2}x^2$$

l) $f(x) = 2*(3-x)^{-\frac{1}{2}} \Rightarrow F(x) = -4*(3-x)^{\frac{1}{2}}$ mit KR evt. mehrmals probieren!

Aufgabe 4.24.78: Integral
Lösen Sie das Integral:

a) $\int_0^4 x^3 dx$
b) $\int_{0,5}^2 \frac{1}{x^2} dx$
c) $\int_1^2 dx$
d) $\int_{-1}^1 (\frac{1}{4}x^2 + 1) dx$
e) $\int_3^5 (5-x)^3 dx$
f) $\int_2^3 \frac{3}{(2-2x)^2} dx$
g) $dx \int_0^4 \frac{1}{\sqrt{x+2}}$
h) $dx \int_1^2 (1-x)^2 dx$

Lösung:

a) $A = [\frac{1}{4}x^4]_0^4 = \frac{1}{4}4^4 - 0 = \mathbf{64}$
b) $A = [-x^{-1}]_{0,5}^2 = -2^{-1} - 0,5^{-1} = -\frac{1}{2} - \frac{1}{\frac{1}{2}} = -\frac{1}{2} - 2 = |-\frac{5}{2}| = \mathbf{\frac{5}{2}}$
c) $A = [x]_1^2 = 2 - 1 = \mathbf{1}$
d) $A = [\frac{1}{12}x^3 + x]_{-1}^1 = (\frac{1}{12}2^3 + 2) - (\frac{1}{12}1^3 + 1) = \frac{2}{3} + 2 - \frac{1}{12} - 1 = \frac{8+24-1-12}{12} = \mathbf{\frac{19}{12}}$
e) $A = [-\frac{1}{4}(5-x)^4]_3^5$, F(x) über KR versuchen! $\Rightarrow A = (-\frac{1}{4}(5-5)^4 - (-\frac{1}{4}(5-3)^4)$
   $= 0 + 4 = \mathbf{4}$
f) $f(x) = 3*(2-2x)^{-2} \Rightarrow$ über KR versuchen! $F(x) = \frac{3}{2}(2-2x)^{-1} = \frac{3}{2(2-2x)}$

$$\Rightarrow A = \left[\frac{3}{2(2-2x)}\right]_2^3 = \left(\frac{3}{2(2-2*3)}\right) - \left(\frac{3}{2(2-2*2)}\right) = -\frac{3}{8} + \frac{3}{4} = \mathbf{\frac{3}{8}}$$

g) $f(x) = (x+2)^{-\frac{1}{2}} \Rightarrow$ über KR versuchen! $F(x) = 2(x+2)^{\frac{1}{2}} = 2*\sqrt{x+2}$

$$\Rightarrow A = \left[2 * \sqrt{x+2}\right]_0^4 = \left(2 * \sqrt{6}\right) - \left(2 * \sqrt{2}\right) = 2\left(\sqrt{6} - \sqrt{2}\right)$$

h) über KR versuchen! $F(x) = -\frac{1}{3}(1-x)^3 \Rightarrow A = \left[-\frac{1}{3}(1-x)^3\right]_1^2 =$
$\left(-\frac{1}{3}(1-2)^3\right) - \left(-\frac{1}{3}(1-1)^3\right) = \frac{1}{3} - 0 = \frac{1}{3}$

Aufgabe 2.24.78: Integral
Berechnen Sie die Fläche zwischen f(x) und der x-Achse, indem Sie zuvor die Nullstellen bestimmen:

a) $f(x) = 4x - x^2$
b) $f(x) = \frac{1}{10}x^4 - \frac{1}{5}x^5$
c) $f(x) = -\frac{1}{2}x^2 + x + \frac{3}{2}$

Lösung:

a) $f(x) = 4x - x^2 \Rightarrow 0 = 4x - x^2 \Rightarrow 0 = x(4-x) \Rightarrow x_1 = 0$ und $x_2 = 4$

$$\Rightarrow \int_0^4 (4x - x^2)dx = \left[2x^2 - \frac{1}{3}x^3\right]_0^4 = \left(2 * 4^2 - \frac{1}{3}4^3\right) - 0 = 32 - \frac{64}{3} = \frac{32}{3}$$

b) $f(x) = \frac{1}{10}x^4 - \frac{1}{5}x^5 \Rightarrow 0 = \frac{1}{10}x^4 - \frac{1}{5}x^5 \mid * 10$

$$\Rightarrow 0 = x^4 - 2x^5 \Rightarrow 0 = x^4(1 - 2x) \Rightarrow x_1 = 0 \text{ und } x_2 = \frac{1}{2}$$

$$\Rightarrow \int_0^{\frac{1}{2}} \left(\frac{1}{10}x^4 - \frac{1}{5}x^5\right)dx = \left[\frac{1}{50}x^5 - \frac{1}{30}x^6\right]_0^{\frac{1}{2}} = \left(\frac{1}{50}\left(\frac{1}{2}\right)^5 - \frac{1}{30}\left(\frac{1}{2}\right)^6\right) - 0 = \frac{1}{1600}$$

$$-\frac{1}{1920} = \frac{1920 - 1600}{1600 * 1920} = \frac{1}{9600}$$

c) $f(x) = -\frac{1}{2}x^2 + x + \frac{3}{2} \Rightarrow 0 = -\frac{1}{2}x^2 + x + \frac{3}{2} \mid * -2$

$$\Rightarrow 0 = x^2 - 2x - 3 \Rightarrow 3 + 1 = x^2 - 2x + 1 \Rightarrow 4 = (x-1)^2$$

$\Rightarrow \pm 2 = x - 1 \Rightarrow x_1 = -1$ und $x_2 = 3 \Rightarrow \int_{-1}^3 \left(-\frac{1}{2}x^2 + x + \frac{3}{2}\right)dx = \left[-\frac{1}{6}x^3 + \frac{1}{2}x^2 + \frac{3}{2}x\right]_{-1}^3$

$$= \left(-\frac{1}{6}3^3 + \frac{1}{2}3^2 + \frac{3}{2}3\right) - \left(-\frac{1}{6}(-1)^3 + \frac{1}{2}(-1)^2 + \frac{3}{2}(-1)\right) = \left(-\frac{27}{6} + \frac{9}{2} + \frac{9}{2}\right)$$
$$- \left(\frac{1}{6} + \frac{1}{2} - \frac{3}{2}\right) = \frac{9}{2} + \frac{5}{6} = \frac{32}{6} = \mathbf{\frac{16}{3}}$$

Aufgabe 4.24.79: Integral

Berechnen Sie die Fläche zwischen $f(x) = \frac{1}{8}x^2 + 1$ und $g(x) = -\frac{1}{2}x^2 + 3x - 4$ und den Grenzen [1;3], indem Sie zuvor auch auf mögliche Schnittstellen prüfen.

Lösung:

Schnittstelle: $f(x) = g(x) \Rightarrow \frac{1}{8}x^2 + 1 = -\frac{1}{2}x^2 + 3x - 4 \Rightarrow -5 = \frac{5}{8}x^2 - 3x \mid * \frac{8}{5}$

$$\Rightarrow -8 + \frac{144}{25} = x^2 - \frac{24}{5} + \frac{144}{25}$$

$\Rightarrow -\frac{56}{25} = \left(x - \frac{12}{5}\right)^2 \Rightarrow$ Kleine Lösung, also keine Schnittstellen! Integral über gesamtes Intervall.

Integral:

$A = \int_1^3 \left(\frac{1}{8}x^2 + 1 - \left(-\frac{1}{2}x^2 + 3x - 4\right)\right) dx = \int_1^3 \left(\frac{1}{8}x^2 + 1 + \frac{1}{2}x^2 - 3x + 4\right) dx =$
$\int_1^3 \left(\frac{5}{8}x^2 - 3x + 5\right) dx$

$$= \left[\frac{5}{24}x^3 - \frac{3}{2}x^2 + 5x\right]_1^3 = \left(\frac{5}{24} * 3^3 - \frac{3}{2} * 3^2 + 5 * 3\right) - \left(\frac{5}{24} * 1^3 - \frac{3}{2} * 1^2 + 5*1\right)$$
$$= \frac{135}{24} - \frac{27}{2} + 15 - \frac{5}{24} + \frac{3}{2} - 5$$
$$= \frac{135 - 324 + 360 - 5 + 36 - 120}{24} = \frac{82}{24} = \mathbf{\frac{41}{12}}$$

Aufgabe 4.24.80: Integral

Berechnen Sie die Fläche zwischen $f(x) = x^3 - 6x^2 + 9x$ und $g(x) = -\frac{1}{2}x^2 + 2x$, indem Sie zuerst die Schnittstellen bestimmen.

Lösung:

Schnittstellen: $x^3 - 6x^2 + 9x = -\frac{1}{2}x^2 + 2x$

$$\Rightarrow 0 = x^3 - \frac{11}{2}x^2 + 7x \mid *2$$
$$\Rightarrow 0 = 2x^3 - 11x^2 + 14x$$

$\Rightarrow 0 = x(2x^2 - 11x + 14) \Rightarrow \mathbf{x_1 = 0}$ und Klammer-Nullstellen: $0 = 2x^2 - 11x + 14 \mid :2$

$\Rightarrow -7 + \left(\frac{11}{4}\right)^2 = x^2 - \frac{11}{2}x + \left(\frac{11}{4}\right)^2 \Rightarrow \frac{9}{16} = \left(x - \frac{11}{4}\right)^2 \Rightarrow \mathbf{x_2} = -\frac{3}{4} + \frac{11}{4} = \frac{8}{4} = 2$ und
$\mathbf{x_3} = \frac{3}{4} + \frac{11}{4} = \frac{14}{4} = \frac{7}{2}$

Teilintervalle [0;2] und $\left[2; \frac{7}{2}\right]$ $\Rightarrow$ bilde Differenzkurve $f(x) - g(x) = x^3 - \frac{11}{2}x^2 + 7x$

$$A_1 = \int_0^2 \left(x^3 - \frac{11}{2}x^2 + 7x\right) dx = \left[\frac{1}{4}x^4 - \frac{11}{6}x^3 + \frac{7}{2}x^2\right]_0^2 = \left(\frac{1}{4}2^4 - \frac{11}{6}2^3 + \frac{7}{2}2^2\right)$$
$$-0 = 4 - \frac{44}{3} + 14 = \frac{10}{3}$$

$$A_2 = \left(\frac{1}{4}\left(\frac{7}{2}\right)^4 - \frac{11}{6}\left(\frac{7}{2}\right)^3 + \frac{7}{2}\left(\frac{7}{2}\right)^2\right) - \left(\frac{1}{4}2^4 - \frac{11}{6}2^3 + \frac{7}{2}2^2\right) = \frac{2401}{64} - \frac{3773}{48} + \frac{343}{8}$$
$$- 4 + \frac{88}{6} - \frac{28}{2}$$
$$= \frac{7203 - 15092 + 8232 - 768 + 2816 - 2688}{192} = -\frac{297}{192} \Rightarrow A_1 + A_2 = \frac{10}{3} + \left|-\frac{297}{192}\right|$$
$$= \frac{640 + 297}{192} = \mathbf{\frac{937}{192}}$$

Aufgabe 4.24.81: Integral im wirtschaftlichen Kontext

Zeigen Sie quantitativ mathematisch, dass das Integral der Linearfunktion variabler Kosten $K(x) = k_v * x$ einer Dreiecksflächenformel entspricht.

Lösung:

$K_v(x) = k_v * x$ mit k_v = Steigungsdreieck $m = \frac{\Delta k_v}{\Delta x}$. Das Integral ist dann:

$k_v = \int_0^x (m * x) dx = \left[\frac{1}{2} * m * x^2 + C\right]_0^x = \frac{1}{2} * m * x^2$ und für m wieder $\frac{\Delta k_v}{\Delta x}$ einsetzen ergibt:

$K_v(x) = \frac{1}{2} * \frac{\Delta k_v}{\Delta x} * x^2 = \frac{1}{2} * \left(\frac{\Delta k_v}{\Delta x} * x\right) * x$.

Grafisch ist das Integral der Flächeninhalt unter der $k_v(x)$-Ursprungsgeraden mit Horizontalschenkel x und Vertikalschenkel $k_v(x)$. Letzteres kann auch über das Steigungsdreieck $m = \frac{\Delta k_v}{\Delta x}$ bestimmt werden, indem es vom kleinen Dreieck $\frac{\Delta k_v}{\Delta x}$ auf das große Dreieck $\frac{k_v(x)}{x}$ gestreckt wird. Denn nach dem Strahlensatz müssen beide das gleiche Verhältnis bilden, sodass gilt: $\frac{\Delta k_v}{\Delta x} = \frac{k_v(x)}{x}$ und aufgelöst nach $k_v(x) = \frac{\Delta k_v}{\Delta x} * x$. Somit ist die Dreiecksflächenformel für die variablen Kosten:

$k_v(x) = \frac{1}{2}*$Vertikalschenkel*Horizontalschenkel $= \frac{1}{2} * \left(\frac{\Delta k_v}{\Delta x} * x\right) * x = \frac{1}{2} * \frac{\Delta k_v}{\Delta x} * x^2$. Das ist auch das Ergebnis nach der Integralrechnung. Somit folgt diese einer Dreieckflächenformel.

Aufgabe 4.24.82: Integral im wirtschaftlichen Kontext

Der Erlös E(x) kann als Integral der linearen Preis-Mengen-Funktion $P(x) = a - mx$ berechnet werden. Zeigen Sie quantitativ mathematisch, dass das integrative E(x) genauso gut mittels kombinierter Rechteck- und Dreiecksflächenberechnung bestimmt werden kann.

4.24 Übungen

Lösung:

$P(x) = a - mx$ mit $m = $ Steigungsdreieck $\frac{\Delta P}{\Delta x}$. Das Integral $E(x)$ ist dann:
$E(x) = \int_0^x (a - m*x)dx = \left[ax - \frac{1}{2}*m*x^2 + C\right]_0^x = ax - \frac{1}{2}*m*x^2$, und für $m = \frac{\Delta P}{\Delta x}$ einsetzen ergibt:

$$E(x) = ax - \frac{1}{2} * \frac{\Delta P}{\Delta x} * x^2$$

Grafisch ist $E(x)$ die Fläche unter der $P(x)$-Geraden zwischen 0 und x. Sie kann aus einem Rechteck der Fläche a*x abzüglich eines Dreiecks oberhalb $P(x)$ mit Schenkel x und Höhe $a - P(x)$ berechnet werden. Die Dreieckshöhe wird wieder über das Steigungsdreieck $m = \frac{\Delta P}{\Delta x}$ ermittelt. m wird auf die Schenkellänge x gestreckt, und laut Strahlensatz gilt: $\frac{\Delta P}{\Delta x} = \frac{a - P(x)}{x}$ woraus $a - P(x) = \frac{\Delta P}{\Delta x} * x$ resultiert. Somit ist $E(x) = ax - \frac{1}{2}\left(\frac{\Delta P}{\Delta x}*x\right)x = ax - \frac{1}{2}\frac{\Delta P}{\Delta x}*x^2$. Dies entspricht der Integralformel oben, sie folgt also einer zusammengesetzten Rechtecks- und Dreiecksflächenberechnung.

Aufgabe 4.24.83: Integral im wirtschaftlichen Kontext

Zeigen Sie quantitativ mathematisch, dass der mittels Integralrechnung resultierende Nettonutzen aus x-Produktion und Konsum im Polypol auch über Flächeninhalte im $P(x), GK(x)$-x-Diagramm berechnet werden kann.

Lösung:

Die Geradengleichungen sind $P(x) = a - m_P * x$ und $GK(x) = m_C * x$. Der Nettonutzen ist für gegebenes x der eingeschlossene Flächeninhalt zwischen $P(x)$ und $GK(x)$ im Intervall 0 und x. Über das Integral erhält man $U_{net}(x) = \int_0^x (P(x) - GK(x))dx = \left[ax - \frac{1}{2}m_P x^2 - \frac{1}{2}m_C x^2\right]_0^x = ax - \frac{1}{2}m_P x^2 - \frac{1}{2}m_C x^2 \cdot m_p = \frac{\Delta P}{\Delta x}$ und $m_C = \frac{\Delta k_v}{\Delta x}$, was eingesetzt zum Ergebnis führt: $U_{net}(x) = ax - \frac{1}{2}\frac{\Delta P}{\Delta x}x^2 - \frac{1}{2}\frac{\Delta k_v}{\Delta x}x^2$.

Grafisch kann $U_{net}(x)$ aus zusammengesetzten Flächeninhalten berechnet werden. Das große Rechteck a*x abzüglich dem Dreieck oberhalb $P(x)$ mit Horizontalschenkel x und Vertikalschenkel $a - P(x)$, wobei dies über das Steigungsdreieck als $a - P(x) = \frac{\Delta P}{\Delta x} * x$ ausgedrückt werden kann, und abzüglich des Dreiecks unterhalb $GK(x)$ mit Horizontalschenkel x und Vertikalschenkel $k_v(x)$ wieder über das Steigungsdreieck als $\frac{\Delta k_v}{\Delta x} * x$ substituierbar. Somit ergibt sich:

$U_{net}(x) = ax - \frac{1}{2}\left(\frac{\Delta P}{\Delta x}*x\right)*x - \frac{1}{2}\left(\frac{\Delta k_v}{\Delta x}*x\right)*x = ax - \frac{1}{2}\frac{\Delta P}{\Delta x}x^2 - \frac{1}{2}\frac{\Delta k_v}{\Delta x}x^2$, was der Integralformel oben entspricht.

Aufgabe 4.24.84: Integral im wirtschaftlichen Kontext

Compolytica produziert mit vier anderen Herstellern Plastik-Fastfood-Trays (Abb. 4.98) für die Gastronomie mit der in der Branche typischen variablen Kostenfunktion $k_v(x) = \frac{1}{10}x$ (Fixkosten vernachlässigbar!), und der Polypol-Markt zeigt hierfür eine Preisbereitschaft von $P(x) = 12 - \frac{1}{20}x$. Laut Schätzungen verursachen der Erdölverbrauch und

Abb. 4.98 Kunststoff-Tray als mögliches Umstellungsobjekt für Holz-Kunststoff

die Produktion inklusive Entsorgung einen hohen CO_2-Ausstoß, der mit einer Schadenskostenfunktion von $SK(x) = \frac{3}{100}x^2$ beziffert wurde. x in Mio. Trays.

Compolytica möchte mit den anderen Produzenten gemeinsam einen Teil der Produktionsmenge x^{opt} in Holz-Kunststoff ausführen, dies vermeidet reine Plastik-Trays. Dabei hat man sich geeinigt, dass der verlorene Nettonutzen ($U_{net,\,red}$) aus eingesparter Menge an reinen Plastik-Trays gerade so hoch sein soll, wie die dadurch vermiedenen Schadenskosten (SK_{red}). Sei x^{opt} die Polypol-Menge an produzierten Trays aller Hersteller.

a) Wie groß ist die gesamte Menge x^{opt} [Mio.] an Trays im Markt, und wie viel produziert Compolytica davon?
b) Stellen Sie die Funktion U_{net} des Nettonutzens der Tray-Produktion auf.
c) Ermitteln Sie die verbleibende Restmenge x_{red} an reinen Plastik-Trays nach Einführung der branchenweiten Vermeidungsmaßnahme. Wie viele Plastik-Trays [Mio.] darf Compolytica nun noch produzieren?

Lösung:

$$GK(x) = k_v(x) = \frac{1}{10}x \Rightarrow \int k_v(x)dx = \left[\frac{1}{20}x^2\right]_{x1}^{x2}$$

$$P(x) = 12 - \frac{1}{20}x \Rightarrow \int P(x)dx = \left[12x - \frac{1}{40}x^2\right]_{x1}^{x2}$$

$$SK(x) = \frac{3}{100}x^2 = \int GSK(x)dx \Rightarrow GS(x) = \frac{3}{50}x$$

a) Polypol-Optimum: $GK(x) = P(x) \Rightarrow \frac{1}{10}x = 12 - \frac{1}{20}x \Rightarrow 12 = \frac{3}{20}x$

$\Rightarrow x^{opt} = \frac{120*20}{3} =$ **80 Mio. Trays**, davon **16 Mio. von Compolytica** (Abb. 4.99a)

b) $U_{net} = \int P(x)dx - \int k_v(x)dx = \left[12x - \frac{1}{40}x^2 - \frac{1}{20}x^2\right]_{x_{red}}^{80} = \left[\mathbf{12x - \frac{3}{40}x^2}\right]_{x_{red}}^{80}$

c) Reduzieren auf x_{red} bis $[U_{net}]_{x_{red}}^{80} = [SK]_{x_{red}}^{80}$

Abb. 4.99 Polypol-Menge x^{opt} an Trays (**a**) und reduzierte Menge x_{red} nach Umstellung auf Holz-Kunststoff (**b**)

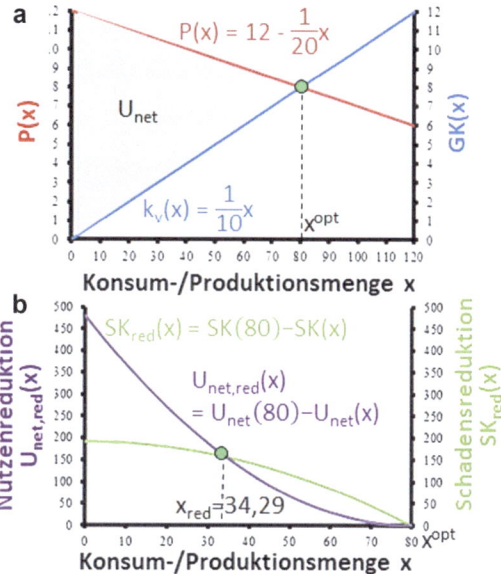

$$\Rightarrow \left[12x - \frac{3}{40}x^2\right]_{x_{red}}^{80} = \left[\frac{3}{100}x^2\right]_{x_{red}}^{80}$$

$$\Rightarrow 12*80 - \frac{3}{40}80^2 - 12*x_{red} + \frac{3}{40}x_{red}^2 = \frac{3}{100}*80^2 - \frac{3}{100}x_{red}^2$$

$$960 - 480 - 192 = 12*x_{red} - \frac{21}{200}x_{red}^2 \quad | * \left(-\frac{200}{21}\right)$$

$$-\frac{288*200}{21} + \left(\frac{1200}{21}\right)^2 = -\frac{12*200}{21}x_{red} + x_{red}^2 + \left(\frac{1200}{21}\right)^2 \quad | \text{ quadratische Ergänzung, Wurzel}$$

ziehen

$$\pm 22{,}86 = x_{red} - \frac{1200}{21}$$

$\Rightarrow X_{red,1} = \frac{1200}{21} + 22{,}86 = 80$; unter x^{opt} sind logischerweise die Schadensreduktion und die U_{net}-Einsparung $= 0$

$\Rightarrow \mathbf{x_{red,2}} = \frac{1200}{21} - 22{,}86 = \mathbf{34{,}29}$; Schadensreduktion = U_{net}-Einsparung, davon **6,86 Mio. von Compolytica** (Abb. 4.99b)

Aufgabe 4.24.85: Integral im wirtschaftlichen Kontext

Compolytica möchte nun mit allen anderen Herstellern branchenweit die in Holz-Kunststoff (HoKu) transformierten Trays (Abb. 4.100) intensiver vermarkten, um sie von den verbleibenden Plastik-Trays besser zu differenzieren. Werbung soll dabei das Nutzenempfinden der Käufergruppen um exakt 20 % mehr Netto-Nutzen (U_{net}) erhöhen.

Abb. 4.100 Kunststoff-Tray auf Holz-Kunststoff umgestellt

Unter Beibehaltung der aktuellen Produktionsmenge x^{opt} sollen Gewinne infolge höherer Preisbereitschaft $P^*_{HoKu}(x)$ kurzfristig gesteigert und mittelfristig die Produktionsmenge auch ausgebaut werden. Bisher betrug die Preisbereitschaft $P_{HoKu}(x) = 12 - \frac{1}{20}x$, und die Kostenfunktion sei $k_v(x)$, die Fixkosten sind vernachlässigbar, und Kostensteigerungen durch die Werbemaßnahmen sind nicht zu erwarten. x in Mio. Stk.

a) Wie lautet die branchenweite Kostenfunktion aller Hersteller, wenn insgesamt $x^{opt} = 35$ Mio. Trays angeboten werden?
b) Wie lautet die neue $P^*_{HoKu}(x)$-Funktion? *Hinweis*: Hier kann eine Parallel-Verschiebung des $P_{HoKu}(x)$-Graphen nach oben unterstellt werden bei gleicher Menge $x^{opt} = 35$.
c) Mittelfristig soll die Produktion über $x^{opt} = 35$ ausgeweitet werden. Wie viele HoKu-Trays Δx^{opt} könnten die Hersteller aufgrund der Werbemaßnahme dann zusätzlich absetzen?

Lösung:

a) In x^{opt} gilt $P(35) = GK(35) = k_v(35) \Rightarrow P(35) = 12 - \frac{1}{20} * 35 = 10{,}25 \Rightarrow k_v(35) = 10{,}25 = m_C * 35$

$$\Rightarrow m_C = \frac{10{,}25}{35} = \frac{41}{140} \Rightarrow \mathbf{k_v(x) = \frac{41}{140}x} \text{ (Abb. 4.101)}$$

$$\Rightarrow K(x) = \int k_v(x)dx = \frac{41}{280}x^2 + C$$

$C = 0$ da keine Fixkosten $\Rightarrow \mathbf{K(x) = \frac{41}{280}x^2}$

b) $U_{net} = \int P(x)dx - \int k_v(x)dx = \left[12x - \frac{1}{40}x^2 - \frac{41}{280}x^2\right]_0^{35} = \left[12x - \frac{6}{35}x^2\right]_0^{35} = 12*35 - \frac{6}{35}35^2 = \mathbf{210}$

U_{net}-Steigerung um 20 % $\Rightarrow U_{net,\ HoKu} = 210*1{,}20 = \mathbf{252}$

Abb. 4.101 Mengensteigerung transformierter Kunststoff-Produkte infolge höherer Preisbereitschaften

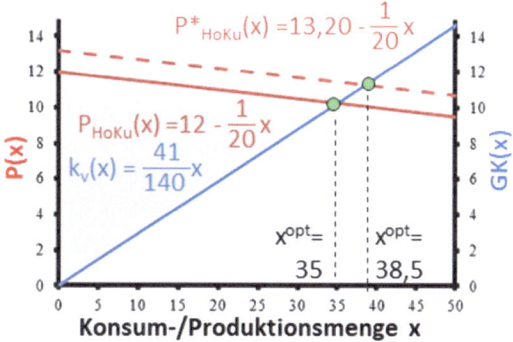

Die Höhenlage des P(x)-Graphen wird durch den Prohibitivpreis a festgelegt, was bisher den Wert 12 einnahm. Diese bleibt jetzt als Variable a, und ausgehend von $U_{net,\,HoKu} = 252$ wird nach a aufgelöst:

$$\Rightarrow U_{net,HoKu} = 252 = [a*x - \tfrac{6}{35}x^2]_0^{35} = a*35 - \tfrac{6}{35}35^2 \Rightarrow 252 + 6*35 = 35a$$

$$\Rightarrow 462 = 35a \Rightarrow a = \frac{462}{35} = 13{,}20 \Rightarrow P^*_{HoKu}(x) = \mathbf{13{,}20} - \frac{1}{20}\mathbf{x}$$

c) $x^{opt}_{HoKu} = \frac{a}{m_P - m_C} = \frac{13{,}20}{\frac{1}{20} - \left(-\frac{41}{140}\right)} = 38{,}5$ Mio. Trays (Abb. 4.101).

Mittelfristig zusätzlich absetzbar sind $\Delta x^{opt} = 38{,}50 - 35 = \mathbf{3{,}50\ Mio.\ Trays.}$

Aufgabe 4.24.86: Abschließende Betrachtung zur Wirtschaftsmathematik
Diskutieren Sie qualitativ je drei Vor- und Nachteile einer Modell-theoretischen Analyse zu betriebs- und volkswirtschaftlichen Fragestellungen der Wirtschaftswissenschaft.
Lösung:
Vorteile: (1) Am Model lassen sich Auswirkungen von Veränderungsprozessen im Markt und Unternehmen abschätzen. (2) Man kann herausfinden, ob die aktuelle betriebliche Produktionssituation optimal ist, und (3) es macht das Wirtschaften effizienter, indem Aufwand nur im günstigen Verhältnis zur erwarteten Ertrag eingesetzt wird.

Nachteile: (1) Quantitative Ergebnisse können nur unter Vorsicht als konkrete Zahlenwerte in strategische Entscheidungen übernommen werden. (2) Das Modell hängt stark von den Annahmen über Unternehmen und Markt ab, was Ergebnisse realistischer erscheinen lässt als sie tatsächlich sind. (3) Das Model verleitet dazu, die Wirklichkeit erklären und verstehen zu können (Wirklichkeit folgt dem Modell), aber tatsächlich sollte das Modell von der Wirklichkeit abgeleitet sein (Modell folgt der Wirklichkeit).

Aufgabe 4.24.87: Multiple Choice (MC) Aufgaben zur Vertiefung und Konsolidierung

MC 1: Linear-Funktionen im wirtschaftlichen Kontext

Welche Aussage(n) ist/sind zu Koordinatensystemen in der Wirtschaftsmathematik uneingeschränkt richtig?

a)	Die x-Achse nennt man auch Abszisse und die y-Achse auch Ordinate	
b)	Koordinatensysteme können neben der primären y-Achse auch eine sekundäre y-Achse besitzen	X
c)	Ein Graph in einem Koordinatensystem ordnet einem x-Wert einen y-Funktionswert eindeutig zu	X
d)	Ein Koordinatensystem erlaubt eine zweidimensionale Abbildung	X
e)	x- und y-Achse müssen stets die gleiche Skalierung besitzen	

MC 2: Linear-Funktionen im wirtschaftlichen Kontext

Welche Aussage(n) ist/sind zur Geradenfunktion f(x) = y = mx + b im wirtschaftlichen Kontext uneingeschränkt richtig?

a)	Gesamtkostenverläufe sind in der BWL ausschließlich linear	
b)	Der langfristige Entwicklungspfad von Kosten verläuft linear	X
c)	Zur vertikalen Aggregation von Geradengleichungen muss zunächst die Inverse gebildet werden	
d)	K(x) = k_v*x beschreibt einen linearen Verlauf variabler Kosten	X
e)	Unter negativem Steigungsdreieck fällt der Funktionswert mit zunehmendem x	X

MC 3: Linear-Funktionen im wirtschaftlichen Kontext

Welche Aussage(n) ist/sind zur Darstellung von Preisentwicklungen mittels Geradengleichungen uneingeschränkt richtig?

a)	Im Monopol verläuft P(x) flacher als im Polypol	
b)	Werbung macht, dass die Position von P(x) niedriger wird (näher zur x-Achse)	
c)	Obsoleszenz verschiebt P(x) zunehmend nach unten	X
d)	Für ein Gut unter unelastischem Preis liegt die Elastizität ε zwischen − 1 und 0	X
e)	Die Preiselastizität ist von der Steigung m der P(x)-Geraden abhängig	X

MC 4: Polynom-Funktionen zweiten Grades

Welche Aussage(n) ist/sind zur Darstellung von Parabelfunktionen der Form $y = a_2 x^2 + a_1 x + a_0$ in der Wirtschaftsmathematik uneingeschränkt richtig?

a)	Unter $a_2 = 0$ liegt eine Normalparabel vor	X
b)	Für $a_2 < 0$ ist die Parabel nach oben geöffnet	
c)	Steigt der Wert für a_2, steigen die Funktionwerte der Parabelgleichung	X
d)	Aus der Polynom-Darstellung einer Parabelgleichung kann man deren Scheitelkoordinaten ablesen	
e)	Für $a_0 < 0$ besitzt die Parabel Nullstellen	

4.24 Übungen

MC 5: Parabel-Funktionen im wirtschaftlichen Kontext

Welche Aussage(n) ist/sind zur Parabel-förmigen Darstellung von Kostenentwicklungen uneingeschränkt richtig?

a)	Unter progressiv konvexer Gesamtkostenentwicklung nehmen die zusätzlichen Kosten jeder weiterer produzierten Einheit immer mehr ab	
b)	Fallen keine Fixkosten an, dann startet der Graph progressiver Gesamtkosten im Ursprung	X
c)	Lineare Zusatzkosten machen die Gesamtkosten-Parabel steiler, und konstante Zusatzkosten verschieben sie parallel nach oben	X
d)	Zusatzkosten aus Umwelt-Schäden während der Produktion eines Gutes sind wegen entstehender Folgeschäden progressiv im Verlauf	X
e)	Gesamtkostenverläufe ergeben sich aus der horizontalen Aggregation von Einzelkostenverläufen	

MC 6: Parabel-Funktionen im wirtschaftlichen Kontext

Welche Aussage(n) ist/sind zur Parabel-förmigen Darstellung $U(x) = a_2 x^2 + a_1 x + a_0$ des Nutzenempfindens im Konsum uneingeschränkt richtig?

a)	Das Gossen'sche Gesaetzt beschreibt das Nutzenempfinden unter einmaligem Konsum einer Einheit eines Gutes	
b)	Gemäß Gossen'schem Gesetz verläuft der empfundene Gesamtnutzen konvex	
c)	Verleihen weiterentwickelte Güter im Konsum mehr Nutzen als zuvor, drückt sich dies in einem größeren a_2-Faktor der U(x)-Parabelgleichung aus	X
d)	Der empfundene Nutzenzuwachs ΔU aus jeder weiteren konsumierten Einheit lässt sich als Reihe mathematisch und anhand einer Formel darstellen	X
e)	Unter Sättigung im Konsum wird die Tangente an U(x) zunehmend vertikal	

MC 7: Parabel-Funktionen im wirtschaftlichen Kontext

Welche Aussage(n) ist/sind zur progressiven Gewinnentwicklung uneingeschränkt richtig?

a)	Der Unternehmensgewinn errechnet sich aus Kosten minus Umsatz	
b)	Die Gewinnfunktion verläuft konkav und weist ein Minimum auf	
c)	Zur Darstellung von Verlusten kann die Gewinnfunktion auch Negativwerte annehmen	X
d)	Die Gewinnfunktion ergibt sich aus horizontaler Subtraktion der Kosten von den Erlösen	
e)	Der Verlauf der Gewinnfunktion zeigt anschaulich, dass Unternehmen so viel wie möglich produzieren sollten, um Gewinne zu maximieren	

MC 8: Bruch-Funktionen im wirtschaftlichen Kontext

Welche Aussage(n) ist/sind zur Durchschnittskostenentwicklung uneingeschränkt richtig?

a)	Wird die Durchschnittskostenfunktion DK(x) aus linearen Gesamtkosten ermittelt, weist der DK(x)-Graph eine horizonatle Asymptote auf	X
b)	Wird die Durchschnittskostenfunktion DK(x) aus progressiven Gesamtkosten ermittelt, weist der DK(x)-Graph ein DK-Minimum auf	X
c)	Monopolisten müssen stest ihre Kosten überprüfen, um nicht außerhalb des DK-Minimums zu produzieren und dadurch ihre Gewinne zu schmälern	X
d)	$\frac{k_f}{x}$ nennt man die Stück-Fixkosten	X
e)	Unter unendlich großer Produktionsmenge x gehen die Stück-Fixkosten gegen 0	X

MC 9: Das Differenzial

Welche Aussage(n) ist/sind zur Ableitung mittelbarer Funktionen unter der Kettenregel (KR): $y'(x) = g'(h)*h'(x)$ uneingeschränkt richtig?

a)	Die innere Funktion umhüllt die äußere Funktion	
b)	g(h) ist die innere Funktion, h(x) die äußere	
c)	Ändert sich x bei der inneren Funktion, so ändert sich auch der Funktionswert der äußeren Funktion	X
d)	Ist eine äußere Funktion zugleich die innere Funktion einer weiteren Funktion, lässt sich Letztere mittels KR^xKR ableiten	X
e)	Die Kettenregel KR lässt sich nicht mit der Produktregel PR kombinieren	

MC 10: Differenzial im wirtschaftlichen Kontext

Welche Aussage(n) ist/sind zur Nutzenfunktion und zum Grenznutzen im Konsum uneingeschränkt richtig?

a)	Der Graph des Grenznutzens ist eine fallende Gerade	X
b)	Die Nutzenfunktion U(x) ist zugleich die Preis-Mengen-Funktion P(x)	
c)	Die „Willingsness-to-Pay" (WTP) ist ein Indikator für die Preisakzeptanz für Güter	X
d)	Die WTP ist im Bereich stark ansteigender U(x)-Graphen höher als in flacher verlaufenden Kurvensegmenten	X
e)	Es gilt: $U'(x) = P(x) = WTP$	X

4.24 Übungen

MC 11: Differenzial im wirtschaftlichen Kontext

Welche Aussage(n) ist/sind zur Evidenz-basierten Forschung zu Konsumnutzen und Preisbereitschaft uneingeschränkt richtig?

a)	Die P(x)-Funkton lässt sich mittels Umfrage der Preisakzeptanz für Testprodukte bestimmen	X
b)	Lehnen von n = 1000 repräsentativen Befragten 100 einen Kauf generell ab, kann man theoretisch 90 % des Marktvolumens mit dem Testprodukt abschöpfen	X
c)	Stimmen 55 % der Stichprobe dem niedrigsten Angebotspreis $P_1 = 5{,}99€$ zu, ist (1,0/5,99) ein Punkt auf der empirischen P(x)-Kurve	X
d)	Stimmen 55 % der Stichprobe den zweitniedrigsten Preis $P_2 = 7{,}99€$ zu, ist $(1{,}0 - 0{,}55 = 0{,}45/7{,}99)$ ein weiterer Punkt auf der empirischen P(x)-Kurve	X
e)	Die Ausgleichsgerade muss die äußersten Punkte der empirischen P(x)-Kurve verbinden	

MC 12: Differenzial im wirtschaftlichen Kontext

Welche Aussage(n) ist/sind zur Kostenfunktion und zu Grenzkosten der Produktion uneingeschränkt richtig?

a)	Unter linearem Kostenverlauf gilt: $GK(x) = k_v$	X
b)	Unter linearem Kostenverlauf steigen die Grenzkosten GK mit zunehmendem x an	
c)	Unter progressivem Kostenverlauf verursacht jede weitere produzierte Einheit des Gutes immer höhere Stückkosten	X
d)	Unter progressivem Kostenverlauf bleiben die Grenzkosten GK konstant	
e)	Sobald GK > P, steigen Gewinne an	

MC 13: Differenzial im wirtschaftlichen Kontext

Welche Aussage(n) ist/sind zum Zusammenhang zwischen Grenznutzen und Grenzkosten im Polypol uneingeschränkt richtig?

a)	Ökonomisch effizient ist es, wenn der Ertrag nicht mehr ansteigt als der Aufwand	
b)	In x^{opt} entsprechen die Tangentenneigungen der P(x)- und GK(x)-Funktionen einander	X
c)	x^{opt} lässt sich auch mittels Vergleich der P(x)- und U(x)-Kurven bestimmen	
d)	Auch die Gesellschaft macht Gewinne als Differenz zwischen U(x) und K(x)	X
e)	Unter Grenzkosten = Grenznutzen ist das Brutto-Inlands-Produkt (BIP) maximal	X

MC 14: Differenzial im wirtschaftlichen Kontext

Welche Aussage(n) ist/sind zum DK-Minimum (Unternehmen) und GK = GN (Markt) im Polypol uneingeschränkt richtig?

a)	Die Durschnittskostenfunktion DK(x) ergibt sich aus der Multiplikation von P(x) mit x	
b)	Die vertikale Asymptote der DK(x)-Funktion gibt Aufschluss über ein mögliches DK-Minimum	
c)	Im Polypol entspricht das Unternehmens-x^{opt} dem Markt-x^{opt}	
d)	Verteuert sich die Produktion, wandert das Unternehmens-x^{opt} in Richtung größerer x-Mengen	
e)	Im Polypol müssen Anbieter zu $P(U : x^{opt})$ anbieten	X

MC 15: Differenzial im wirtschaftlichen Kontext

Welche Aussage(n) ist/sind zur Monopolisierung des Polypols uneingeschränkt richtig?

a)	Unter Monopolisierung des Polypols mittels Produktvariation (PV) wird der P(x)-Graph steiler	X
b)	Der Cournot-Punkt ergibt sich im Schnitt der P(x)- und GK(x)-Funktion	
c)	Unter Monopolisierung des Polypols verkleinern sich die Angebotsmengen x	X
d)	Die Grenzerlösgerade GE(x) ist doppelt so steil wie die P(x)-Gerade	X
e)	Im reinen Monopol ergibt sich die optimale Menge x^{Mon} aus dem Schnittpunkt zwischen dem GE(x)- und dem GK(x)-Graphen	X

MC 16: Differenzial im wirtschaftlichen Kontext

Welche Aussage(n) ist/sind zur Differenzialanalyse der Gewinnmaximierung uneingeschränkt richtig?

a)	Die Monopol- und Polypol-Effizienz ergeben sich unter identischem x^{opt}	
b)	Die Polypol-Effizienz ist betriebswirtschaftlich und die Monopol-Effizienz ist volkswirtschaftlich relevant	
c)	Die effiziente Polypol-Menge x^{opt} liegt im Schnittpunkt der U(x)- und K(x)-Graphen	
d)	Monopolistische und polypolistische Effizienz ergeben sich aus der Analyse der Tangentensteigungen bzw. der Extrema jeweils zweier untersuchter Funktionen	X
e)	Erlösmaxima sind volkswirtschaftlich und Gewinnmaxima betriebswirtschaftlich relevant	X

MC 17: Differenzial im wirtschaftlichen Kontext

Welche Aussage(n) ist/sind zur Gewinnmaximierung unter linearem Kostenverlauf uneingeschränkt richtig?

a)	Unter linearem Kostenverlauf stellen die Fixkosten k_f zugleich die Grenzkosten als horizontale Gerade dar	
b)	Der monopolistische Stück-Gewinn $SG(x^{opt})$ ist die Differenz zwischen Cournot-Preis und den variablen Stückkosten k_v	X
c)	Der monopolistische Stück-Gewinn $SG(x^{opt})$ ist unter linearem und konvexem Kostenverlauf identisch	X
d)	Der monopolistische Gesamtgewinn $G^{Mon}(x^{opt})$ ist unter konvexem Kostenverlauf größer als unter linearem Kostenverlauf	X
e)	Die monopolistische Preissetzung (Cournot-Preis) kann theoretisch auch im Schnitt zwischen GK(x)- und P(x)-Gerade liegen	

4.24 Übungen

MC 18: Differenzial im wirtschaftlichen Kontext
Welche Aussage(n) ist/sind zur effizienten Umweltschadensvermeidung bei Produktion uneingeschränkt richtig?

a)	An die Produktion gekoppelte Schadenkosten SK(x) verlaufen ähnlich zum K(x)-Graphen	X
b)	Schadensreduktion durch Substitution ergibt nach Durchführung der Maßnahme größere Mengen x^{opt} des ursprünglich schadensverursachenden Gutes	
c)	Vermeidungskosten VK(x) durch Substitution nehmen mit zunehmender Differenz zwischen der Polypolmenge x^{opt} und der Reduktionsmenge x_{red} zu	X
d)	Zur Bildung der Transformationskosten TK(x) werden die Schadenskosten SK(x) von den Vermeidungskosten VK(x) abgezogen	
e)	Der Graph von TK(x) weist für konvexe VK(x)- und SK(x)-Graphen ein Maximum auf	

MC 19: Multivariate Funktionen im wirtschaftlichen Kontext
Welche Aussage(n) ist/sind zu Funktionen mit mehr als einer Variablen im wirtschaftlichen Kontext uneingeschränkt richtig?

a)	Mehrproduktunternehmen können die Unternehmensgewinnfunktion G(x) in Abhängigkeit zu den Produktgruppen multivariat mit mehreren x_i-Variablen ausdrücken	X
b)	Ein Koordinatensystem kann maximal nur bivariate Kombinationen zweier x-Variablen darstellen und mittels Graphen für nur einen Funktionswert ausdrücken	X
c)	Das partielle Differenzial leitet f(y) simultan für alle enthaltenen Variablen ab	
d)	Unter der Eliminationsmethode wird eine der Funktionsvariablen durch die andere ausgedrückt und ersetzt	X
e)	Das Lösen einer bivariaten Funktion unter restriktiver Nebenbedingung führt im Ergebnis zu gleichen x-Werten als wenn es keine Nebenbedingung gäbe	

MC 20: Integral
Welche Aussage(n) ist/sind zur Integralrechnung uneingeschränkt richtig?

a)	Das Integral für Flächen zwischen Integrand und der x-Achse ist immer unbestimmt	X
b)	Das Integral stellt die Funktion des Flächeninhalts über einem Graphen und der Geraden $y = \infty$ dar	
c)	Das Hinzufügen von Integrationsgrenzen macht das unbestimmte Integral bestimmt	X
d)	Besitzt der Graph eines Integranden Nullstellen, muss intervallweise integriert werden	X
e)	Gilt innerhalb der Integrationsgrenzen g(x) > f(x), ist das Ergebnis aus $\int (f(x) - g(x))$ positiv	

MC 21: Integral im wirtschaftlichen Kontext)

Welche Aussage(n) ist/sind zur Integralrechnung mit Kostenfunktionen uneingeschränkt richtig?

a)	Die Integralfunktion (= Flächeninhaltsfunktion) von GK(x) ist die Kostenfunktion K(x)	X
b)	Die Integralfunktion einer linearen Kostenfunktion K(x) stellt eine Rechteckformel dar	X
c)	Eine Zunahme der Fixkosten führt zu einer Zunahme des Integrals der Kostenfunktion K(x)	
d)	Das Integral progressiver Kostenverläufe für K(x) liefert als Ergebnis eine Dreiecksflächenformel	X
e)	Die abgeleitete Stammfunktion der Gesamtkosten K(x) ist GK(x)	X

MC 22: Integral im wirtschaftlichen Kontext

Welche Aussage(n) ist/sind zur Umsatzermittlung (Bruttonutzen) mittels Integralrechnung uneingeschränkt richtig?

a)	Das Integral der Erlösfunktion E(x) führt für Massengüter tendenziell zu einer Dreiecksflächenformel	
b)	Die Integralfunktion des Integranden P(x) ist die Nutzenfunktion U(x)	X
c)	Die Integration von P(x) zeigt, dass unter der Polypol-Perspektive der Erlös aus dem Verkauf von Gütern dem Nutzen aus dem Konsum dergleichen entspricht	X
d)	Die Preisakzeptanz P(x) kann für Luxusgüter als Horizontalgerade mit kostantem P dargestellt werden	
e)	Das Steigungsdreieck m der P(x)-Funktion ergibt durch Multiplikation mit x die Differenz aus Prohibitivpreis a und x-abhängigem Marktpreis P(x)	X

MC 23: Integral im wirtschaftlichen Kontext

Welche Aussage(n) ist/sind zum polypolitischen Nettonutzen mittels Integralrechnung uneingeschränkt richtig?

a)	Der Nettonutzen $U_{net}(x)$ ergibt sich aus der Subtraktion des Bruttonutzens $U_{brut}(x)$ von den Kosten K(x)	
b)	Im Polypol ist der Nettonutzen $U_{net}(x)$ als Ergebnis des Integrals von P(x) − GK(x) nur für x^{opt} eine Dreiecksfläche	X
c)	Das Brutto-Inlands-Produkt (BIP) entspricht dem Integral $\int(P(x)-GK(x))$	X
d)	Je größer die Steigungen m_P und m_c der P(x)- und GK(x)-Geraden, desto größer wird x^{opt}	
e)	Je größer der Prohibitivpreis a, desto kleiner wird x^{opt}	

Investitionsmanagement zur betrieblichen Plastik-Transformation

5.1 Ziele des Investitionsmanagements

Unternehmen müssen regelmäßig investieren, um langfristig im Markt bestehen zu können. Damit sie stetig wachsen können, sind die gewinnmaximierenden Maßnahmen immer wieder an die sich ändernden Marktbedingungen, regulierungspolitischen Vorgaben und technologischen Entwicklungen anzupassen. Diese Maßnahmen werden in der Regel zunächst in Form von Projekten parallel zum operativen Geschäft ergriffen. Für deren Durchführung sind Finanzmittel erforderlich, die meist jedoch in unzureichender Menge vorhanden sind, denn deren Beschaffung durch Gewinne aus operativer Tätigkeit ist aufwendig. Deshalb müssen diese knappen Finanzmittel effizient eingesetzt werden.

Die betriebliche Transformation hin zu biobasierten Kunststoffen, wie beispielsweise Wood-Plastic Composite (WPC), erfordert nicht nur organisatorische Anpassungen, sondern auch weitergehende Investitionen. Eine Herausforderung besteht darin, die bestehenden Produktionsanlagen an das neue Material anzupassen. Während vorhandene Extruderlinien grundsätzlich weiterverwendet werden können, müssen an ihnen Testläufe durchgeführt werden, um das neue Compound aus Kunststoffen und Holzfasern optimal auf die Anlage auszurichten, oder die Anlage auf das Compound.

Der Umstieg auf neue Extruder- oder Spritzgussanlagen ist jedoch kapitalintensiv. Eine einzelne Extruderlinie kann beispielsweise bis zu 500.000 € kosten. Darüber hinaus müssen Unternehmen entscheiden, ob sie das Compound zukaufen oder selbst herstellen wollen. Letzteres, bekannt als vertikale Integration, erfordert zusätzliche Investitionen in die Errichtung von Aufbereitungsanlagen, wie etwa Trockensilos für die Holzfasern.

Diese Transformation wird häufig durch Forschungs- und Entwicklungsprojekte unterstützt, die darauf abzielen, eine geeignete Rezeptur für das WPC-Compound zu entwickeln.

Dabei müssen unterschiedliche Produktanforderungen berücksichtigt werden, wie beispielsweise UV-Beständigkeit oder Feuchtigkeitsresistenz.

Gemäß dem ökonomischen Effizienzprinzip werden bei solchen Investitionsprojekten, wie auch den meisten anderen betrieblichen Tätigkeiten, zwei Grundprinzipien unterschieden, nämlich das **Minimalprinzip** und das **Maximalprinzip**. Beim Minimalprinzip geht es darum, ein gegebenes Ziel mit möglichst wenig Mitteleinsatz zu erreichen. Das Maximalprinzip hingegen strebt an, mit den vorhandenen Mitteln das bestmögliche Ergebnis zu erzielen. Für ein Unternehmen bedeutet dies, dass maximales Wachstum nur dann garantiert werden kann, wenn die verfügbaren Mittel effizient eingesetzt werden.

In der Praxis werden Unternehmensziele, wie zum Beispiel eine Umsatzsteigerung von 10 %, in der Regel von der Geschäftsführung vorgegeben. Diese Ziele sollen mit einem minimalen finanziellen Ressourceneinsatz erreicht werden, der beispielsweise aus Gewinnen, Beteiligungen oder Erlösen aus dem Verkauf von Unternehmenssparten stammen kann. Dabei stehen den Unternehmen meist mehrere Handlungsoptionen zur Verfügung, aus denen sie die effizienteste Projektauswahl treffen müssen.

Die effektivste Handlungsalternative ist jene, die mit den vorhandenen Investitionsmitteln das bestmögliche Ergebnis liefert. Dieses Ergebnis ist maximal, wenn es die größtmöglichen Übergewinne erzielt. Sie heißen deswegen Übergewinne, weil sie durch das Investieren vorhandener Gewinne aus operativer Tätigkeit zustande kommen. Ein maximaler Übergewinn führt schließlich zu einer hohen **Rendite** der Investition, welche berechnet wird als:

$$\text{Rendite} = \left[\frac{\text{Übergewinn}_{\text{Periode T}} - \text{investierter Gewinn}_{\text{Periode 0}}}{\text{investierter Gewinn}_{\text{Periode 0}}} \right] * 100 \, [\%].$$

Ein Beispiel soll diese verdeutlichen:

- Investitionsprojekt mit 5 Jahren Laufzeit (T = 5)
- Investitionsbudget in Periode T = 0: 1 Mio. €
- Gewinn nach Projektabschluss in Periode T = 5: 1,5 Mio. €
- Übergewinn in T = 5: 1,5 Mio. € − 1,0 Mio. € = 0,5 Mio. € → Rendite = 0,5/1,0 = 0,5 = **50 %**.

5.2 Abgrenzung des Investitionsmanagements vom betrieblichen Finanzmanagement

Unternehmensinvestitionen haben mittel- bis langfristigen Charakter, erstrecken sich also über eine Laufzeit von zwei bis fünf Jahren (mittelfristig) oder mehr als fünf Jahren (langfristig), wobei die Finanzmittel während dieser Zeit meist fest an das jeweilige Projekt gebunden sind. Dies erhöht das Risiko für das Unternehmen, da die Gelder über einen längeren Zeitraum nicht für andere Zwecke verfügbar sind. Gleichzeitig bieten solche langfristigen Investitionen jedoch höhere Gewinnaussichten im Vergleich zu kurzfristigen Investitionen mit einer Laufzeit von weniger als zwei Jahren.

Das Risiko mittel- bis langfristig gebundener Finanzmittel lässt sich aber reduzieren. Unternehmen können beispielsweise den Finanzmitteleinsatz sukzessiv, also zeitlich gestreckt, vornehmen. Dies ermöglicht regelmäßige Neubewertungen der Projektziele und der zu erwartenden Renditen, sodass bei negativen Entwicklungen frühzeitig Anpassungen vorgenommen werden können. Darüber hinaus besteht die Möglichkeit der Nachfinanzierung durch Gewinne aus dem parallel laufenden operativen Geschäft, was die finanzielle Belastung des Unternehmens reduziert. Vorteilhaft könnten sich auch positive Entwicklungen auf den Zinsmärkten während der Projektlaufzeit erweisen. Zudem können Unternehmen periodische Übergewinne vorzeitig entnehmen, was die Liquidität verbessert und das Risiko weiter minimiert.

Das betriebliche *Finanzmanagement* unterscheidet sich vom *Investitionsmanagement* dahingehend, dass es sich auf kurzfristige Maßnahmen erstreckt, wie zum Beispiel die Inanspruchnahme eines Dispokredits. Das primäre Ziel besteht darin, die Liquidität des Unternehmens sicherzustellen, sodass es jederzeit in der Lage ist, seine Verbindlichkeiten zu begleichen. Ein effektives Finanzmanagement trägt zudem zum operativen Gewinn des Unternehmens bei, insbesondere durch die Optimierung der Zahlungsströme. Dies bedeutet, dass Einzahlungen möglichst schnell und in maximaler Höhe erfolgen sollen, während Auszahlungen verzögert und minimiert werden. Im Vergleich zum Investitionsmanagement haben Entscheidungen des Finanzmanagements ein geringeres Gesamtrisiko, da es sich meist um kleinere Zahlungsbeträge handelt, die routinemäßig anfallen. Zur Risikominimierung setzt das Finanzmanagement häufig auf technokratische Prozesse und formalisierte Abläufe, im Gegensatz zu den weniger formalisierten und flexibleren Prozessen bei Investitionsprojekten. Diese Finanzierungsaktivitäten werden oft routiniert und mit viel Erfahrung durchgeführt, was auf langjährigen Beziehungen zu externen Partnern, wie Hausbanken und Lieferanten, basiert.

5.3 Finanzmathematische Grundlagen der Investitionstheorie

Die Investitionstheorie analysiert den gezielten Einsatz von Kapital für einen bestimmten Verwendungszweck. Dies umfasst Entscheidungen über die Auswahl geeigneter Investitionsobjekte sowie die Beurteilung des Einsatzes von Produktionsfaktoren und finanziellen Mitteln als Input. Ein zentrales Ziel besteht darin, die späteren Folgen dieser Investitionsentscheidungen, also den Output, möglichst präzise abzuschätzen und den zeitlichen Abstand zwischen Input und Output zu minimieren.

Die quantitative Investitionsanalyse ist die zahlenmäßige Erfassung und Darstellung der Konsequenzen einer Investitionsentscheidung. Diese Analyse wird ergänzt durch eine qualitative Betrachtung, bei der zusätzliche Aspekte, wie volkswirtschaftliche Entwicklungen, Arbeitsmarktbedingungen und die Verfügbarkeit von Rohstoffen, in die Entscheidungsfindung einbezogen werden. Investitionsprojekte lassen sich durch *Zahlungsreihen* darstellen, die den zeitlichen Verlauf von Ein- und Auszahlungen widerspiegeln (Abb. 5.1).

Abb. 5.1 Per Zahlenstrahl abgebildete Zahlungsreihe mit periodischen Ein- und Auszahlungssalden des Investitionsprojektes

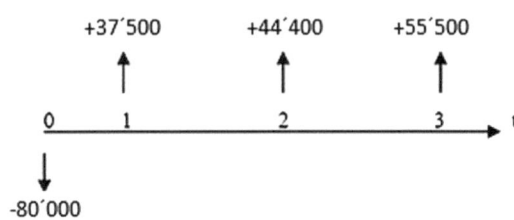

Dabei werden die anfänglichen Investitionsausgaben häufig aus den Unternehmensgewinnen finanziert. In den Folgeperioden generiert das Projekt dann Gewinne, die über die ursprünglichen Investitionen hinausgehen und als Übergewinne bezeichnet werden.

Die quantitative Investitionsanalyse wendet finanzmathematische Grundlagen wie die Zins- und Zinseszinsrechnung an. Bei der *einfachen Verzinsung* wird ein Kapital K_0, das jährlich zum Zinssatz i verzinst wird, nach T Jahren zu einem Endvermögen EV führen. Dabei werden die Zinsen Z nicht weiter verzinst. Die Formel für das Endvermögen lautet dann:

$$EV = K_0 + Z = K_0 + T * K_0 * i = K_0 * (1 + T * i)$$

Diese Methode kann sowohl bei Guthaben (Sparzinsen) als auch bei Krediten (Kreditzinsen) angewendet werden. Nicht immer ist der Zeitraum der Verzinsung auf ganze Jahre festgelegt. Deshalb berechnet die unterjährige Verzinsung das Endvermögen anhand der genauen Anzahl der Tage, und der Jahreszins i wird auf 360 Tage pro Jahr umgerechnet. Die Formel lautet:

$EV = K_0 + K_0 * i * \frac{\text{Tage } t}{360} = K_0 * \left(1 + \frac{\text{Tage } t}{360} * i\right)$, wobei t die Anzahl der Tage im Verzinsungszeitraum ist.

Ein Beispiel wäre ein Kredit mit einem Zinssatz von i = 0,025 und einem Kapital von K_0 = 10.000. Angenommen, der Zinsbetrag sei Z = 31,26, dann kann die Laufzeit des Kredits über die Formel rückwärts ausberechnet werden als:

$$Z = 31{,}26 = K_0 * i * \frac{\text{Tage } t}{360} \Rightarrow t = \frac{31{,}26 * 360}{10.000 * 0{,}025} = 45 \text{ Tage.}$$

In der Finanzpraxis wird jedoch nicht das anfängliche Kapital K_0, sondern das nach jeder Periode resultierende Endvermögen erneut in der darauffolgenden Periode verzinst. Dies kommt einer **nachschüssigen Verzinsung** unter Zinseszinsrechnung gleich, was zu einer exponentiellen Zunahme des Kapitals führt. Das Endvermögen EV_T nach T Jahren kann mit folgender Formel berechnet werden:

$$EV_T = K_0 * (1 + i)^T, \text{ mit Verzinsungsfaktor } q = (1 + i).$$

Beispielsweise führt ein Anfangskapital von $K_0 = 100'000$ bei einem Zinssatz von $i = 0{,}05$ nach $T = 47{,}19$ Jahren zu einem Endvermögen von 1 Mio. €. Der Zinssatzfaktor q entspricht hierbei $q = 1 + i$, und die Berechnung von T erfolgt durch den Logarithmus, der z. B. in Excel mit der Formel =LOG(Zahl;Basis) berechnet werden kann.

5.4 Endvermögensbildung aus einer Zahlungsreihe

Investitionsprojekte können eigenfinanziert oder kreditfinanziert werden. In beiden Fällen weist die Zahlungsreihe periodischen Einzahlungssalden e_t auf. Der Unterschied liegt darin, dass unter Eigenfinanzierung die Investitionsanfangsauszahlung e_0, mit der das Projekt angestoßen wird, aus eigenen, durch operatives Geschäft entstammenden Mitteln stammt. Bei Kreditfinanzierung wird e_0 durch die Bank oder durch andere Unternehmen als Risikokapitalgeber vorgestreckt, und die Salden e_t berücksichtigen auch den Kapitaldienst (= Annuität) als Zins- und Tilgungsauszahlung für den Kredit.

Am Ende jeder Periode, angefangen mit $t = 0$, lässt sich der Kontostand des Projektes ablesen. Bei einer *eigenfinanzierten Investition* beginnt das Projekt mit einer anfänglichen Investitionsausgabe e_0, was zu einem Kontostand von 0 führt, weil bereits Kapital aus bisherigen Unternehmensgewinnen bei Projekteröffnung in Höhe von e_0 auf das Projektkonto gebucht wurde. Anschließend generiert das Projekt in den folgenden Perioden Einzahlungsüberschüsse e_t, die positive Kontostände darstellen und als Übergewinne des Projektes betrachtet werden. Diese Einzahlungsbeträge können jedoch auch negativ ausfallen, falls das Projekt in bestimmten Perioden Verluste generiert.

Bei einer *kreditfinanzierten Investition* erfolgt zu Beginn eine Investitionsausgabe in Form einer Kreditsumme e_0, die den Kontostand auf einen negativen Betrag von $-e_0$ bringt. In den folgenden Perioden erfolgen Einzahlungen, von denen ein Teil als *Annuität* e^A den Kredit tilgt. Dadurch bewegt sich der Kontostand nach und nach von negativ zu positiv.

Egal ob eigen- oder fremdfinanziert, das Investitionsprojekt generiert am Ende der Laufzeit T ein **Endvermögen** als Kontoendstand. Dieses ergibt sich aus der Zahlungsreihe. Unter nachschüssiger Verzinsung wird jeder Einzahlungsbetrag e_t erst in der darauffolgenden Periode verzinst. Das Endvermögen der Investition resultiert dann aus die Summe der verzinsten Einzahlungsbeträge über die gesamte Projektlaufzeit T, wobei jeder Einzahlungsbetrag für eine Dauer von $T - t$ Perioden zum Endvermögen beiträgt. Die Formel für das Endvermögen EV_I lautet:

$EV_I = \sum_{t=1}^{T}(e_t * q^{T-t})$, wobei $q = 1 + i$ wieder den Verzinsungsfaktor darstellt. Wie man sieht beginnt die Summenformel bei $t = 1$ und nicht in der 0-ten Periode, denn nur die Übergewinne e_t tragen zum Vermögensaufbau bei. Somit gilt diese Formel sowohl für eigen- als auch kreditfinanzierte Projekte, denn im letzteren Falle berücksichtigt e_t bereits die ausgezahlte Annuität. Diese kann theoretisch auch negativ werden, was vermögensreduzierend wirkt.

Das Endvermögen stellt damit einen Zukunftswert des Investitionsprojektes zum Ende der T-ten Periode dar. Dieser lässt sich auch auf t = 0 herunterrechnen, quasi abzinsen. Das Ergebnis ist dann ein **Kapitalwert** (Barwert) der Zahlungsreihe einer eigenfinanzierten Investition. Dieser ist unter eigenfinanzierten Investition der auf die Anfangsperiode abgezinste Wert der zukünftigen Einzahlungsbeträge. Wenn eine Zahlungsreihe nach T Perioden zu einem Endvermögen EV_I führt, lautet der Kapitalwert: $KW_I = EV_I * q^{-T}$. Umgekehrt ergibt sich das Endvermögen auch aus dem Kapitalwert durch die Aufzinsungsformel: $EV_I = KW_I * q^T$.

Der Kapitalwert lässt ich also vereinfacht aus dem Endvermögen abzinsen. Das Endvermögen selbst ergab sich zuvor aus der aufgezinsten Zahlungsreihe. Ebenso lässt sich dann der Kapitalwert des Endvermögens auch durch Abzinsen der ursprünglichen Zahlungsreihe ermitteln, als: $KW_I = \sum_{t=1}^{T}(e_t * q^{-t})$

Bei kreditfinanzierter Investition wird der Kreditbetrag K_0, welcher einen anfänglichen Auszahlungsbetrag e_0 der Investition darstellt, durch gleichbleibende Beträge a_t (Annuitäten) am Ende jeder Zinsperiode zurückgezahlt. Der Kapitalwert dieser Annuitäten-Zahlungsreihe entspricht ebenfalls der Summe ihrer abgezinsten Annuitäten: $KW_K = \sum_{t=1}^{T}(a_t * q^{-t})$. Sollte trotz Annuitätenauszahlungen das Projekt, für das schließlich der Kredit in Höhe von e_0 als Anfangsfinanzierung aufgenommen wurde, Einnahmen generieren, die abzüglich der Kredit-Annuität einen positiven Saldo e_t bewirken, ist der Kapitalwert dieser abgezinsten Zahlungsreihe wie jener unter Eigenfinanzierung wieder: $KW_I = \sum_{t=1}^{T}(e_t * q^{-t})$.

5.5 Investitionstheoretische Kennzahlen

5.5.1 Endvermögen und Endwert

Das Endvermögen ließ bislang die Investitionsanfangsauszahlung e_0 unberücksichtigt, bildete den Kontoendstand ausschließlich aus den während des Projektes erfolgten Übergewinnen. Dies folgt bei Eigenfinanzierung der Annahme, dass zu Projektbeginn, also in t = 0, die Summe e_0 bereits auf dem Konto verfügbar ist und der Kontoendstand zum Periodenende von t = 0 nach Auszahlung von e_0 auf null gesetzt wird. Es könnte aber sein, dass der Kontoendstand nach Projektdurchführung, also zum Periodenende t = T, kleiner ist als der Zukunftswert von e_0 zum Zeitpunkt T. Dann wäre das Projekt nicht effektiv, denn es macht Verluste. Die Vorteilhaftigkeit eines Investitionsprojektes allein aus EV_I abzuleiten, kann zur falschen Entscheidung zugunsten des Projektes führen. Wenn also e_0 mit in die aufgezinste Zahlungsreihe aufgenommen wird, ist das Ergebnis aussagekräftig. Dieser Zukunftswert wird **Endwert** (EW_I) der Zahlungsreihe einer Investitionsalternative genannt. Er stellt die Summe aller mit dem Kalkulationszins i auf den Endzeitpunkt T aufgezinsten Zahlungen dar, wie z. B. $e_0 = -100, e_{1/2} = +10, e_3 = +100$. Die Berechnung des Endwerts einer Zahlungsreihe erfolgt gemäß allgemeiner Formel:

5.5 Investitionstheoretische Kennzahlen

$EW_I = \sum_{t=0}^{T} \left(e_t * (1+i)^{T-t}\right) = \sum_{t=0}^{T} (e_t * q^{T-t})$, mit e_0 = Investitionsbetrag als Auszahlung zu t_0.

Gemäß oben genannter Zahlungsreihe als Beispiel ergibt sich für i = 0,05 ein EW_I = $-100 * 1,05^3 + 10 * 1,05^2 + 10 * 1,05^1 + 100 = 5,763$. Das Endvermögen ist hingegen $EV_I = +10 * 1,05^2 + 10 * 1,05^1 + 100 = 121,525$ (Kontoendstand).

Wie man sieht, wird zur Berechnung von EW_I von EV_I der Zukunftswert von e_0, also $e_0 * q^T$, abgezogen. Dieser Zukunftswert stellt dasselbe Ergebnis dar, als wenn das Anfangskapital e_0 zu einem Zinssatz von i am Kapitalmarkt (z. B. bei einer Bank) angelegt würde. Diese Option repräsentiert quasi eine Alternative zur Investition in das Projekt und wird daher als **Unterlassungsalternative** bezeichnet. Der Endwert dieser Kapitalmarktanlage EV_U als Unterlassungsalternative wäre dann im Beispiel mit i = 0,05: $EV_U = 100 * 1,05^3 = 115,763$. EW_I weist also den Differenzbetrag als Kontoendstand unter eigenfinanzierter Projektdurchführung EV_I und der Unterlassungsalternative EV_U, also gilt: $EW_I = EV_I - EV_U$.

Theoretisch hat auch die Kapitalmarktanlage von e_0 eine Unterlassungsalternative, nämlich die Nicht-Verzinsung des Anfangskapitals. Der Unterschied zwischen dem Endvermögen der verzinsten Kapitalmarktanlage und der Nicht-Verzinsung stellt den reinen Zinseszins dar, nämlich: $100 * 1,05^3 - 100 = 15,763$.

Im Gegensatz zur Eigenfinanzierungsalternative kann für die kreditfinanzierte Projektrealisierung kein Endwert ausgerechnet werden, da e_0 als Eigenkapital nicht zur Verfügung steht und daher auch nicht als Unterlassungsalternative von EV_I abgezogen werden kann.

5.5.2 Interpretation des Endwertes

Angenommen, ein Investor verfüge über ein Investitionskapital e_0 und überlegt, dieses in ein Investitionsprojekt zu investieren oder alternativ zum Zinssatz i anzulegen.

Fall 1 – Durchführung der Investition mit erwartbaren Zahlungsströmen e_t: Der Investor tätigt zunächst eine Ausgangszahlung von -e_0 und erhält in den Folgeperioden positive Einzahlungsüberschüsse $e_t > 0$ für die Zeiträume t = 1, 2, 3, ..., T. Der Endwert dieser Zahlungsreihe lässt sich durch die Formel $EW_I = \sum_{t=0}^{T}(e_t * q^{T-t})$ berechnen. Ist $EW_I > 0$, so hat das Investitionsprojekt nach T Perioden ein höheres Endvermögen EV_I generiert, als das Anfangskapital e_0 allein über Verzinsung auf einem Konto als EV_U. Dies bedeutet, dass der Übergewinn aus dem Projekt die potenziellen Zins-Gewinne der Unterlassungsalternative übersteigt.

Fall 2 – Anlage von e_0 zum Sparzins i (Unterlassungsalternative): Falls der Investor sich stattdessen entscheidet, das Kapital e_0 zum Zinssatz i anzulegen, führt dies zum erzielbaren Endvermögen EV_U, welches nach T Perioden dem Wert $EV_U = e_0 * q^T$ entspricht. Der zusätzliche Wert, der durch die Verzinsung des Kapitals entsteht, ist der Endwert $EW_U = EV_U - e_0$.

Der Endwert hat eine zentrale strategische Bedeutung für Investitionsentscheidungen. Er gibt den Betrag an, um den das Vermögen nach Abschluss des Projektes höher ($EW_I > 0$) oder niedriger ($EW_I < 0$) ist als bei der Realisierung der Unterlassungsalternative. Wenn der Endwert negativ ist, müsste dem Investor mindestens dieser Betrag geboten werden, um ihn dennoch zur Durchführung des Projektes zu bewegen. Wenn der Staat also von den Produzenten eine Plastik-Transformation wünscht, diese aber aus industrieller Sicht weniger profitabel ist als eine Geldanlage, dann muss die Material-Umstellung mittels Subventionen gefördert werden. Umgekehrt müsste einem Investor bei einem positiven Endwert ein entsprechender Betrag angeboten werden, um ihn von der Durchführung der Investition abzuhalten. Der Endwert gibt somit Aufschluss darüber, welchen finanziellen Anreiz ein Investor benötigt, um eine bestimmte Investitionsentscheidung zu treffen oder zu unterlassen.

5.5.3 Vollständiger Finanzplan (VOFI) zur Berechnung des Endvermögens

Ein *vollständiger Finanzplan (VOFI)*, auch bekannt als Tilgungs- und Anlagenplan (TAP), bildet alle periodischen Ein- und Auszahlungsströme ab, verzinst die Salden und schließt in der letzten Periode des Projektes mit dem Endvermögen als Kontoendstand ab. Wird der VOFI für mehrere Projektalternativen inklusive Unterlassungsalternative und kreditfinanzierte Variante aufgestellt, lassen sich die Endvermögensstände vergleichen und die effektivste Alternative auswählen.

Der VOFI umfasst verschiedene Arten von Ein- und Auszahlungen (Tab. 5.1). Einzahlungen können aus Gewinnüberschüssen des Projektes e_t oder aus Zinseinkünften Z_t stammen. Auszahlungen umfassen Investitionsausgaben e_0, die Tilgung von Krediten $-e_t$ sowie Kreditzinsen $-Z_t$.

Der Finanzplan unterscheidet zwischen verschiedenen Alternativen, die jeweils unterschiedliche Kontoendstände C_T aufweisen. Bei der Unterlassungsalternative wird das Anfangskapital e_0 nicht investiert, sondern zum Sparzins i angelegt. Der Kontoendstand am Ende der Projektlaufzeit ist das erzielbare Endvermögen EV_U. Bei der eigenfinanzierten Investitionsalternative wird das Projekt vollständig aus eigenen Mitteln finanziert. Der

Tab. 5.1 VOFI-Schema für eigenfinanzierte, kreditfinanzierte Projektalternativen und der Unterlassungsalternative

Periode t	Zahlungsstrom e_t	Zinseinkünfte/-zahlung $Z_t = C_{(t-1)}{}^*i$	$\sum$Zahlungsströme: $e_t + Z_t$	Vermögen $C(t) = C_{(t-1)} + e_t + Z_t$
0	....	....	....	....
1	....	....	....	....
...	....	....	....	....

5.5 Investitionstheoretische Kennzahlen

Kontoendstand am Ende der Laufzeit ist das Endvermögen EV_I. Schließlich wird bei der kreditfinanzierten Projektalternative das e_0 durch einen Kredit finanziert, und der Kontoendstand ist dann das Endvermögen EV_K.

Der Endwert (EW_I) ergibt sich nun wieder aus der Differenz zwischen dem Endvermögen der eigenfinanzierten Projektalternative EV_I und dem erzielbaren Endvermögen der Unterlassungsalternative EV_U, also: $EW_I = EV_I - EV_U$. Der Endwert zeigt somit den Übergewinn aus der eigenfinanzierten Projektalternative gegenüber der Unterlassungsalternative an. Wenn $EW_I > 0$ ist, bedeutet dies, dass das Investitionsprojekt nach Abschluss eine höhere Vermögensposition erreicht als die reine Anlage des Anfangskapitals e_0.

Für die kreditfinanzierte Projektalternative gilt: $EV_K = EW_I$. Dies bedeutet, dass der Kontoendstand EV_K der kreditfinanzierten Projektalternative dem Endwert EW_I der eigenfinanzierten Alternative entspricht. Dies ist so, weil im VOFI am Ende der nullten Periode das $-e_0$ als die Kreditschuld in die Verzinsung geht, was einem Abzug der Unterlassungsalternativen gleichkommt. Wenn dann $EV_K = EW_I > 0$ ist, ist die kreditfinanzierte Projektdurchführung ebenfalls effektiv. In diesem Fall kann das Unternehmen, wenn es über Eigenkapital verfügt, nicht nur das Projekt kreditfinanziert durchführen, sondern auch das Anfangskapital e_0 parallel anlegen und verzinsen. Der Gesamtübergewinn ergibt sich dann aus der Summe des Endwertes der eigenfinanzierten Alternative und des reinen Zinseszinseffekts der Unterlassungsalternative: $\sum G = EW_I + EW_U = EW_I + (EV_U - e_0)$.

5.5.4 Kapitalwert des Endwertes

Die vorherigen Unterkapitel haben bereits erläutert, dass aus jedem Zukunftswert auch ein Gegenwartswert, genannt **Kapitalwert**, durch Abzinsung errechnet werden kann. Dies wurde bislang für ein zukünftiges Endvermögen gezeigt. Genauso gut lässt sich auch ein Endwert als der Unterschiedsbetrag zwischen Endvermögen des eigenfinanzierten Projektes und dessen Unterlassungsalternative zu einem Kapitalwert abzinsen. Ist von einem Kapitalwert die Rede, muss insofern mit angegeben werden, ob dieser aus einem Endvermögen oder einem Endwert stammt.

Der Kapitalwert des Endwertes berechnet sich folgendermaßen: $KW = \sum_{t=0}^{T} \left(e_t * (1+i)^{-t}\right) = \sum_{t=0}^{T} (e_t * q^{-t})$. Wie man sieht, wird mit zunehmendem Zinssatz i der Kapitalwert kleiner, da die künftigen Zahlungen stärker abgezinst werden.

Der Kapitalwert des Endwertes besitzt Aussagekraft. Er gibt nämlich an, wie viel heute angelegt werden muss, um unter einem festen Zinssatz i einen bestimmten Betrag in der Zukunft zu erhalten. Mathematisch ist es unmöglich, dass sich ein bereits positiver Endwert zu einem negativen Kapitalwert abzinst. Somit ermöglicht der Kapitalwert des Endwertes weiterhin eine Bewertung der Vorteilhaftigkeit eines Investitionsprojektes im Vergleich zu alternativen Anlageformen. Daher lässt sich der Kapitalwert des Endwertes auch als Opportunität des Projektes interpretieren. Da er die abgezinste Differenz zwischen dem

Endvermögen der eigenfinanzierten Projektalternative EV_I und der Unterlassungsalternative EV_U ausdrückt, gilt: $KW_I = (EV_I - EV_U) * (1 + i)^{-T}$. Ein positiver Kapitalwert (KW > 0) signalisiert dann eine Vermögenszunahme für den Investor, die er durch den Übergang von der Unterlassungsalternative zum Investitionsprojekt im Planungszeitpunkt (t = 0) erfährt. Ein negativer Kapitalwert (KW < 0) weist auf eine Vermögensabnahme hin.

Die bereits für den Endwert erläuterten strategischen Implikationen gelten auch für dessen Kapitalwert. Ein positiver Kapitalwert (KW > 0) stellt also den Betrag dar, der dem Investor zum Zeitpunkt t = 0 mindestens geboten werden müsste, um ihn zur Realisierung der Unterlassungsalternative zu bewegen. Ein negativer Kapitalwert (KW < 0) ist der Geldbetrag, der dem Investor angeboten werden müsste, um ihn zur Durchführung der Investition zu motivieren. Der Unterschied zum Endwert ist also der Zeitpunkt, zu dem die Ausgleichszahlung zu leisten ist.

Ein negativer Kapitalwert würde also zur Wahl der Unterlassungsalternativen führen, das Projekt also ablehnen. Um ihn ins positive zu verschieben, sollte die anfängliche Investition e_0 möglichst verringert werden. Allerdings ist dabei Vorsicht geboten, da eine Reduktion von e_0 die künftigen Einzahlungsüberschüsse e_t, und somit den operativen Gewinn des Projektes, beeinträchtigen könnte.

5.6 Opportunitätsentscheidungen unter Berücksichtigung der Projektlaufzeiten

Projektalternativen, die einem Unternehmen als Investitionsmöglichkeit zur Verfügung stehen, können untereinander mittels EW_I und KW_I auf Vorteilhaftigkeit überprüft werden. Jenes Projekt mit maximalem Ergebnis ist offensichtlich das effektivste. Dies gilt zunächst nur unter der Bedingung, dass alle Alternativen dieselbe Projektlaufzeit T besitzen. Dann nämlich lautet die grundlegende Entscheidungsregel, nur solche Projekte durchzuführen, die ein höheres Endvermögen (EV) aufweisen als die Unterlassungsalternative. Dies bedeutet, dass nur Projekte mit einem positiven Endwert (EW) infrage kommen. Wenn das Endvermögen positiv ist, ist auch der Kapitalwert (KW) positiv. In diesem Fall reicht der Kapitalwert als alleiniger Entscheidungsparameter aus, um die Vorteilhaftigkeit des Projektes zu beurteilen.

Bei unterschiedlichen Laufzeiten der Projekte müssen die Endvermögensstände jedoch auf den Endzeitpunkt des Projektes mit der längsten Laufzeit bezogen werden, um eine Vergleichbarkeit sicherzustellen. Dies geschieht, indem zuerst das Endvermögen auf Basis der Projekt-individuellen Laufzeit T durch Aufzinsung der Zahlungsreihe berechnet und dann das Ergebnis nochmals mittels Zinseszinsrechnung auf das maximale T aller betrachteten Projektalternativen aufgezinst wird. Theoretisch bedeutet dies, dass nach Abschluss des individuellen Projektes das Kontoendvermögen als reine Kapitalanlage weiter auf dem Konto stehen bleibt und sich automatisch mit dem Guthabenzins i weiterverzinst. Wird dieses Verfahren für alle Projektalternativen angewendet, braucht man am Ende nur noch jenes mit dem höchsten End- bzw. Kapitalwert auszuwählen. Dies allein wäre aber eine sehr einseitige Betrachtung. Zusätzlich bieten sich weitere Kriterien an, um eine fundierte Entscheidung zu treffen. Es sollte das Projekt gewählt werden, das möglichst früh Übergewinne erzielt, um frühzeitig Liquidität zu schaffen. Auch sollte das Projekt bevorzugt werden, das nach seiner individuellen Laufzeit bereits die größten Übergewinne generiert.

Bereits jetzt zeigt sich, dass eine effektive Entscheidungsfindung auch Grenzen hat. Dazu zählen Unsicherheiten in der Zinsentwicklung, Schwierigkeiten bei der Prognose künftiger Zahlungsströme sowie volatile Zielsetzungen, die das Ergebnis der Entscheidung beeinflussen können. Solche Unsicherheiten machen es schwer, eine eindeutige und nachhaltige Investitionsentscheidung zu treffen.

5.7 Äquivalente Annuität für Gewinnentnahmen während der Projektlaufzeit

Die bisherigen Ausführungen machten deutlich, dass es unter positivem Endwert am Projektende einer eigenfinanzierten Investition zu einem Übergewinnsaldo kommt. Grundlage hierzu ist eine Zahlungsreihe, die aus unregelmäßigen Einzahlungsbeträgen e_t besteht. Der berechnete Endwert enthält dann die kumulierten periodischen und aufgezinsten Übergewinne im Vergleich zur Unterlassungsalternative, die nämlich lediglich das e_0 verzinst hatte. Diese Differenzgewinne, also der zusätzliche Gewinn des Projektes im Vergleich zur Alternative, werden im Endwert über den Zeitraum T kumuliert und aufgezinst und stehen am Projektende zur Verfügung. Nun wäre es verlockend, bereits während der Projektlaufzeit Übergewinnentnahmen zu entnehmen, um damit eventuelle andere Projekt parallel zu finanzieren. Diese periodischen Entnahmen sollten dann gerade so hoch sein, dass nach Projektende zumindest kein negativer Endwert resultiert, dieser also bestenfalls gerade null wird.

Da die Übergewinne oft unregelmäßig auftreten, kann die Zahlungsreihe der Differenzbeträge, Δe_1, Δe_2, Δe_3, ..., Δe_T, auf eine konstante Zahlungsreihe umgestellt werden. Diese konstanten Beträge, Δe^A_t, stellen dann die **äquivalente Annuität** (e^A) dar. Sie repräsentiert den konstanten Betrag an periodischen Übergewinnen, die über T aufgezinst den Endwert bilden. Der Investor kann den Betrag periodisch entnehmen, ohne dass das Investitionsprojekt schlechter gestellt wird als die Unterlassungsalternative. Die äquivalente Annuität lässt sich bestenfalls aus dem Kapitalwert des Endwertes berechnen, indem dieser in eine alternative Zahlungsreihe immer gleicher e^A-Faktoren anstatt der bereits bekannten e_t-Werte überführt wird. Für T = 4 wäre dies: $KW_I = e^A + e^A * q^{-1} + e^A * q^{-2} + e^A * q^{-3} = e^A * (1 + q^{-1} + q^{-2} + q^{-3})$. Der Klammerausdruck lässt sich als Summenformel ausdrücken zu: $\sum_{t=0}^{T-1} q^t$ und aufgelöst ergibt sich $e^A = \frac{EW_I}{\sum_{t=0}^{T-1} q^t}$. Einfacher ist es, den Klammerinhalt als einen einzigen Faktor, den sogenannten **Rentenbarwertfaktor** (RBF), auszudrücken. Er ist offensichtlich abhängig von der Periodenzahl T und vom Zins i und wird daher angegeben als RBF(T;i). Der RBF lässt sich über folgende Formel berechnen: $RBF = \frac{q^T - 1}{q^T * i}$ bzw. kann Tab. 5.2 entnommen werden.

Tab. 5.2 Rentenbarwertfaktor RBF(T;i) in Abhängigkeit der Periodenzahl T und Zinssatz i

Rentenbarwertfaktor RBF:

i= T=	0,01	0,02	0,03	0,04	0,05	0,06	0,07	0,08	0,09	0,10
1	0,9901	0,9804	0,9709	0,9615	0,9524	0,9434	0,9346	0,9259	0,9174	0,9091
2	1,9704	1,9416	1,9135	1,8861	1,8594	1,8334	1,8080	1,7833	1,7591	1,7355
3	2,9410	2,8839	2,8286	2,7751	2,7232	2,6730	2,6243	2,5771	2,5313	2,4869
4	3,9020	3,8077	3,7171	3,6299	3,5460	3,4651	3,3872	3,3121	3,2397	3,1699
5	4,8534	4,7135	4,5797	4,4518	4,3295	4,2124	4,1002	3,9927	3,8897	3,7908
6	5,7955	5,6014	5,4172	5,2421	5,0757	4,9173	4,7665	4,6229	4,4859	4,3553
7	6,7282	6,4720	6,2303	6,0021	5,7864	5,5824	5,3893	5,2064	5,0330	4,8684
8	7,6517	7,3255	7,0197	6,7327	6,4632	6,2098	5,9713	5,7466	5,5348	5,3349
9	8,5660	8,1622	7,7861	7,4353	7,1078	6,8017	6,5152	6,2469	5,9952	5,7590
10	9,4713	8,9826	8,5302	8,1109	7,7217	7,3601	7,0236	6,7101	6,4177	6,1446
11	10,3676	9,7868	9,2526	8,7605	8,3064	7,8869	7,4987	7,1390	6,8052	6,4951
12	11,2551	10,5753	9,9540	9,3851	8,8633	8,3838	7,9427	7,5361	7,1607	6,8137
13	12,1337	11,3484	10,6350	9,9856	9,3936	8,8527	8,3577	7,9038	7,4869	7,1034
14	13,0037	12,1062	11,2961	10,5631	9,8986	9,2950	8,7455	8,2442	7,7862	7,3667
15	13,8651	12,8493	11,9379	11,1184	10,3797	9,7122	9,1079	8,5595	8,0607	7,6061

5.7 Äquivalente Annuität für Gewinnentnahmen während der … 277

n									
16	14,7179	13,5777	12,5611	11,6523	10,8378	10,1059	9,4466	8,8514	8,3126	7,8237
17	15,5623	14,2919	13,1661	12,1657	11,2741	10,4773	9,7632	9,1216	8,5436	8,0216
18	16,3983	14,9920	13,7535	12,6593	11,6896	10,8276	10,0591	9,3719	8,7556	8,2014
19	17,2260	15,6785	14,3238	13,1339	12,0853	11,1581	10,3356	9,6036	8,9501	8,3649
20	18,0456	16,3514	14,8775	13,5903	12,4622	11,4699	10,5940	9,8181	9,1285	8,5136
21	18,8570	17,0112	15,4150	14,0292	12,8212	11,7641	10,8355	10,0168	9,2922	8,6487
22	19,6604	17,6580	15,9369	14,4511	13,1630	12,0416	11,0612	10,2007	9,4424	8,7715
23	20,4558	18,2922	16,4436	14,8568	13,4886	12,3034	11,2722	10,3711	9,5802	8,8832
24	21,2434	18,9139	16,9355	15,2470	13,7986	12,5504	11,4693	10,5288	9,7066	8,9847
25	22,0232	19,5235	17,4131	15,6221	14,0939	12,7834	11,6536	10,6748	9,8226	9,0770
26	22,7952	20,1210	17,8768	15,9828	14,3752	13,0032	11,8258	10,8100	9,9290	9,1609
27	23,5596	20,7069	18,3270	16,3296	14,6430	13,2105	11,9867	10,9352	10,0266	9,2372
28	24,3164	21,2813	18,7641	16,6631	14,8981	13,4062	12,1371	11,0511	10,1161	9,3066
29	25,0658	18,0969	10,0049	3,8520	1,0046	0,1854	0,0254	0,0026	0,0002	0,0000
30	25,8077	22,3965	19,6004	17,2920	15,3725	13,7648	12,4090	11,2578	10,2737	9,4269

Der Kapitalwert des Endwertes lässt sich also mittels Multiplikation einer noch unbekannten äquivalenten Annuität e^A und eines T- und i-abhängigen RBF abbilden. Wieder aufgelöst nach e^A ergibt sich dann vereinfacht der periodische Entnahmebetrag aus dem Projekt als: $e^A = \frac{KW_I}{RBF}$.

Ein Rechenbeispiel soll dies verdeutlichen. Gegeben sei die Zahlungsreihe eines Projektes mit $e_0 = -100$; $e_1 = +60$; $e_2 = +50$; $i = 5\%$.

$\Rightarrow EW_I = -100 * 1{,}05^2 + 60 * 1{,}05^1 + 50 = 2{,}75$ Übergewinn der Investition gegenüber der Unterlassungsalternative. Die Alternativreihe lässt sich wie folgt aufstellen: $e^A * 1{,}05^0 + e^A * 1{,}05^1 = 2{,}75 \Rightarrow 2{,}75 = e^A * (1 + 1{,}05^1) \Rightarrow e^A = 2{,}75/(1 + 1{,}05^1) = \mathbf{1{,}34}$ äquivalente Annuität. Dies ist dasselbe Ergebnis wie: $KW_I = -100 + 60 * 1{,}05^{-1} + 50 * 1{,}05^{-2} = 2{,}49$ Kapitalwert der Investition und $RBF(2; 0{,}05) = 1{,}8594$ (Tab. 5.2) $\Rightarrow e^A = 2{,}49/1{,}8594 = \mathbf{1{,}34}$ äquivalente Annuität bzw. periodisch maximaler Entnahmebetrag.

Wie auch schon für den Endwert oder dessen Kapitalwert kann die äquivalente Annuität je nach Vorzeichen strategische Relevanz besitzen. Erstens sagt sie etwas über die praktische Gewinnentnahme und -einlage während eines Investitionsprojektes, wie z. B. einer betrieblichen Plastik-Transformation, aus. Eine positive Annuität beschreibt dann den Betrag, der in jeder Periode entnommen werden kann, während dennoch das gleiche Endvermögen wie bei der Unterlassungsalternative (EV_U) erreicht wird. Im Gegensatz dazu bedeutet eine negative Annuität, dass in jeder Periode ein zusätzlicher Betrag eingezahlt werden muss, um mindestens das Endvermögen der Unterlassungsalternative zu sichern. Zweitens beschreibt sie den strategischen Puffer für den Unternehmenserfolg. Demnach stellt eine positive Annuität den maximalen Verlustbetrag dar, der in jeder Periode entstehen darf, um trotzdem das Endvermögen der Unterlassungsalternative (EV_U) zu erreichen. Eine negative Annuität hingegen zeigt an, dass in jeder Periode ein zusätzlicher Übergewinn erforderlich ist, um das Vermögen der Unterlassungsalternative zu erreichen. Schließlich weist die Annuität auch auf den finanziellen Puffer bei kreditfinanzierter Investition. Hierbei stellt eine positive Annuität den Überschuss dar, der nach Abzug des Kapitaldienstes (Zinsen und Tilgung) in jeder Periode verbleibt. Eine negative Annuität bedeutet hingegen ein periodisches Defizit, das nach Abzug des Kapitaldienstes entsteht und entsprechend gedeckt werden muss.

5.8 Interner Zinsfuß r für Investitionsentscheidungen

Ob ein Projekt den Unterlassungsalternativen vorzuziehen ist, lässt sich durch den Endwert oder dessen Kapitalwert leicht erkennen. Das Ergebnis ist primär abhängig vom Zinssatz i, je nach dessen Größe ergibt sich ein positives oder negatives Vorzeichen für beide Kennwerte. Von Interesse ist daher jener Zinssatz, der genau diesen Wechsel provoziert. Dieser wird **interner Zinsfuß** (r) genannt und ist genau der Zinssatz, bei dem der Kapitalwert (KW) einer Zahlungsreihe gerade 0 wird. Dies bedeutet, dass die mit dem internen Zinsfuß aufgezinsten Zahlungsströme des Projektes gegenüber der Unterlassungsalternative sowohl zu Projektbeginn, also auch zum Projektende keine Übergewinne abwerfen. Die Formel zur Berechnung lautet: $KW(r) = \sum_{t=0}^{T}\left[e_t * (1+r)^{-t}\right] = 0$.

5.8 Interner Zinsfuß r für Investitionsentscheidungen

Ein Beispiel soll den internen Zinsfuß verdeutlichen. Gegeben seien eine Zahlungsreihe mit einer anfänglichen Ausgabe von $e_o = -100$ und Einzahlungen von $e_1 = 20$, $e_2 = 40$ und $e_3 = 60$. Um den internen Zinsfuß zu bestimmen, muss der Zinssatz r gefunden werden, für den der Kapitalwert gleich null ist. Dies erfolgt entweder durch Probieren oder die Verwendung von Excel, wo für verschiedene Zinssätze i der Kapitalwert berechnet wird und r abgelesen werden kann, sobald KW = 0 erreicht wird. Abb. 5.2 zeigt das Ergebnis grafisch. Wie man sieht, ist $r \approx 9\,\%$. Unter größerem i ist die Unterlassungsalternative effektiver, denn e_0 wird nun mit einem ausreichend hohem Zins unter längsmöglicher Dauer von T zu einem EV_U verzinst, sodass demgegenüber die vergleichsweise kleineren e_t-Beträge unter kürzerer Dauer nicht in der Lage sind, EV_U zu überbieten. Unter $i < r$ reicht die Verzinsung von e_0 nicht aus, das aus der Aufzinsung der e_t-Werte gebildete EV_I zu überbieten. Aus dieser Tatsache resultiert auch die ökonomische Bedeutung des internen Zinsfußes als Schwellenwert für die *Effektivverzinsung*. Eine eigenfinanzierte Investition ist nur dann effektiv, wenn der interne Zinsfuß r den höchsten Zinssatz i am Kapitalmarkt überschreitet, dann ist nämlich $i < r$ (Abb. 5.2). Bei Kreditfinanzierung gilt, dass der interne Zinsfuß r größer sein muss als der Kreditzins i_K, dann ist das kreditfinanzierte Projekt effektiver als die Unterlassungsalternative, weil der Kapitaldienst gering ist. Dies wird auch deutlich aus dem bereits bekannten Zusammenhang $EV_K = EW_I$. Nur links von r (Abb. 5.2) ist EW_I positiv, weil dort auch KW_I positiv ist, und dann muss auch das Endvermögen EV_K unter Kreditfinanzierung positiv sein. Trotz Kredittilgung und Zins verbleibt nach Projektdurchführung ein positives Endvermögen auf dem Projektkonto. Unter einer Niedrigzinspolitik, wie sie von der Europäischen Zentralbank (EZB) gerne angestrebt wird, fallen Investitionsentscheidungen tendenziell zugunsten der eigen- und fremdfinanzierten Projektdurchführung aus, was durchaus auch das wirtschaftspolitische Ziel der EZB ist.

Dass unter r der Kontoendstand nach Kreditfinanzierung gerade null wird, macht der VOFI deutlich (Tab. 5.3). Er zeigt dies am Beispiel mit $e_0 = -80$ (= Kreditbetrag); $e_1 = -10$; $e_2 = +50$, $e_3 = +60$ unter $r = 8,5\,\%$ internem Zinsfuß, und wie man sieht, ist $EV_K = 0$.

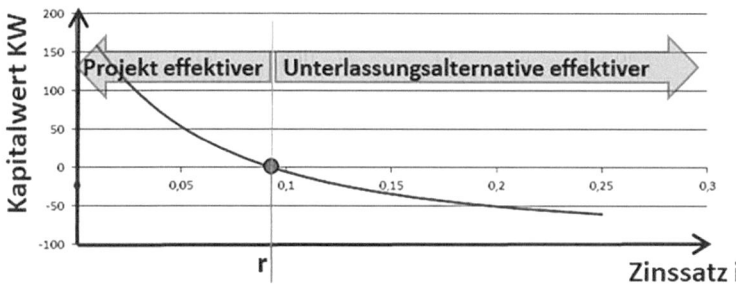

Abb. 5.2 Verlauf des Kapitalwertes einer Zahlungsreihe

Tab. 5.3 VOFI für kreditfinanzierte Projektalternative gemäß Zahlenbeispiel

Periode t	Zahlungsstrom e_t	Zinseinkünfte/-zahlung $Z_t = C_{(t-1)} * i$	$\sum$ Zahlungsströme: $e_t + Z_t$	Vermögen $C(t) = C_{(t-1)} + e_t + Z_t$
0	−80	0	−80	$0 - 80 = -80$
1	−10	$-80 * 0{,}085 = -6{,}8$	$-10 - 6{,}8 = -16{,}8$	$-80 - 16{,}8 = -96{,}8$
2	+50	$-96{,}8 * 0{,}085 = -8{,}228$	$50 - 8{,}228 = 41{,}772$	$-96{,}8 + 41{,}772 = -55{,}028$
3	60	$-55{,}028 * 0{,}085 = -4{,}677$	$60 - 4{,}677 = 55{,}322$	$-55{,}028 + 55{,}322 \approx \mathbf{0{,}00}$

5.9 Leasing als Instrument für Investitionsanschaffungen

Leasing stellt ein mittelfristiges Finanzierungsinstrument dar, bei dem Wirtschaftsobjekte im Rahmen eines Dauerschuldverhältnisses vermietet oder verpachtet werden. Der Leasinggeber bleibt dabei der Eigentümer des Objektes, während der Leasingnehmer es nutzt. Es gibt verschiedene Formen des Leasings, darunter das Operate Leasing und das Finanzierungsleasing.

Beim *Operate Leasing* handelt es sich um einen Vertrag, der einem Mietvertrag ähnelt und in der Regel kürzere Laufzeiten hat. Der Vertrag endet entweder durch Zeitablauf oder Kündigung. Der Leasinggeber ist hierbei für die Wartung und den Service des Objektes verantwortlich, was durch die Leasingrate abgedeckt wird. Nach Vertragsende nutzt der Leasinggeber das Objekt weiter.

Das *Finanzierungsleasing* hingegen ist durch langfristige Verträge gekennzeichnet, die in der Regel von beiden Seiten nicht gekündigt werden können oder nur gegen hohe Verluste. Es gibt eine Anfangszahlung sowie laufende Leasingraten, und am Ende des Vertrags kann eine Schlusszahlung anfallen. Da der Leasinggeber nach Vertragsende meist kein Interesse mehr an der Weiternutzung hat, kann der Leasingnehmer das Objekt häufig kaufen.

Es gibt zwei Grundtypen des Finanzierungsleasings, nämlich Vollamortisationsverträge und Teilamortisationsverträge. Bei einem *Vollamortisationsvertrag* amortisieren die Leasingraten das Leasingobjekt vollständig. Am Ende des Vertrages hat der Leasingnehmer die Möglichkeit, das Objekt zurückzugeben, es zu kaufen oder den Mietvertrag zu verlängern. Bei *Teilamortisationsverträgen* wird das Leasingobjekt nicht vollständig amortisiert, sodass zusätzliche Abschlagszahlungen erforderlich sind. Hier kommt oft das *Andienungsrecht* zum Einsatz, bei dem der Leasinggeber dem Leasingnehmer das Objekt zum Ende der Laufzeit zum Kauf anbietet, der Nehmer es aber nicht zwingend abkaufen muss. Zudem kann eine Aufteilung des Mehrerlöses aus der Veräußerung des Objektes nach der Rückgabe vereinbart werden, wobei der Leasingnehmer unter Umständen an einem erzielten Gewinn beteiligt wird.

Die Berechnung der Leasingraten erfolgt abhängig von der Vertragsart. Bei einem Vollamortisationsvertrag ohne Kaufoption müssen die abgezinsten Leasingraten die Anschaffungskosten (A_K) abdecken, wobei auch Verwaltungskosten ($Verw_K$) zu berücksichtigen sind. Falls die Verwaltungskosten sofort zu Beginn fällig werden, ergibt sich der Kapitalwert des Leasingobjektes als $KW_L = A_K + Verw_K = L_1 * q^{-1} + L_2 * q^{-2} + \ldots + L_T * q^{-T}$. Die Anschaffungs- und Verwaltungskosten müssen also insgesamt durch die abgezinsten Leasingraten erwirtschaftet werden. Werden die Verwaltungskosten hingegen periodisch fällig, lautet die Formel $KW_L = A_K = (L_1 - Verw_K) * q^{-1} + (L_2 - Verw_K) * q^{-2} + \ldots + (L_T - Verw_K) * q^{-T}$.

Bei einem Teilamortisationsvertrag mit Andienungsrecht ergibt sich der Kapitalwert aus den abgezinsten Leasingraten sowie dem Barwert des Andienungspreises (A_P). Hier lautet die Berechnungsformel $KW_{L+AP} = A_K = L_1 * q^{-1} + L_2 * q^{-2} + \ldots + L_T * q^{-T} + A_P * q^{-T}$. Auch in diesem Fall sind die Verwaltungskosten wie zuvor entweder einmalig in $t = 0$ oder periodisch zu berücksichtigen.

Die Plastik-Transformation kann für Produzenten eine höhere Investition in Produktionskapazitäten abverlangen, wie z. B. die Anschaffung von speziellen Trocknungssilos für die Holzfasern, Aufbereitungsanlagen der Rohstoffe und Extrusions- bzw. Spritzgussanlagen. Deren Finanzierungmittel als Leasing streckt die Investitionsanfangsausgabe e_0 auf den Zeitraum T, und wenn sich in Verrechnung mit der Leasingrate positive Übergewinnsalden ergeben, erwirtschaftet die Investition auch positive Endwerte.

5.10 Investitionsanalyse im Unternehmensgesamtkontext

5.10.1 Typische Investitionen der Polypolisten

Wie bereits erläutert zielen Polypolisten darauf ab, ihre Durchschnittskosten zu minimieren, um dadurch die Gewinne zu maximieren (Abb. 5.3). Der Fokus von Investitionsprojekten sollte dieses Ziel unterstützten, und Maßnahmen müssen dann zur Steigerung der Kosteneffizienz beitragen. Typische Investitionen betreffen dabei Rationalisierungsmaß-

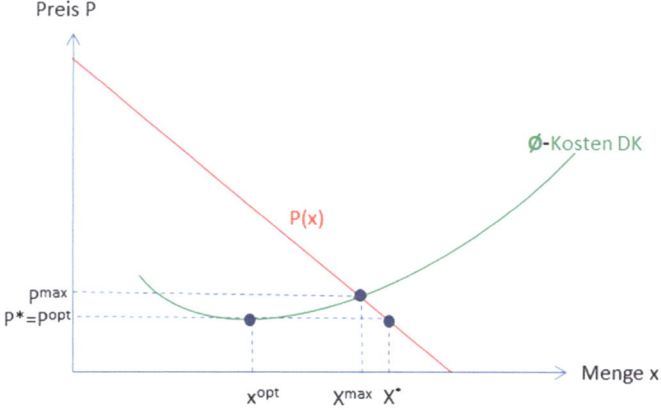

Abb. 5.3 Polypolisten versuchen, ihre Durchschnittskosten minimal zu halten

nahmen, die Standardisierungs- und Spezialisierungsprojekte umfassen, um Skaleneffekte (Economies of Scale) zu nutzen. Ein Beispiel hierfür ist die Investition in Automatisierungsmaßnahmen, wie Robotertechnologien, künstliche Intelligenz und die Umsetzung von Smart-Factory-Konzepten.

Darüber hinaus können Investitionen in die zirkuläre Kreislaufwirtschaft Entsorgungskosten minimieren. Dies umfasst die Wieder- und Weiterverwertung von Produktionsabfällen, die Implementierung von Produktrücknahmesystemen (Reverse Logistics) sowie die Optimierung von Produktionsverfahren, um Verschnittabfälle zu minimieren. Ein weiterer Ansatz ist die Steigerung des Marktanteils durch den Ausbau von Vertriebsaktivitäten, die Einstellung von mehr Verkaufspersonal oder die Schaffung eines flächendeckenden Händlernetzes.

Das Gewinnmaximierungsprinzip eines Polypolisten wird durch die Funktion $G(x) = P(x) * x - k_v(x) * x - k_f$ beschrieben, wobei k_v die variablen Kosten, k_f die Fixkosten und x die Ausbringungsmenge darstellen. Polypolisten konzentrieren sich darauf, sowohl die variablen als auch die fixen Kosten zu senken und gleichzeitig die Produktionsmenge x zu erhöhen. Ihre wichtigste Strategievariable ist somit die Kostenfunktion $K(x)$.

Ein Polypolist, der die Plastik-Transformation anstrebt, tut dies nicht allein aus Umweltgründen, sondern wird höchstwahrscheinlich darin auch ein Kostensenkungspotenzial sehen. Wood-Plastic Composite könnte hier tatsächlich eine interessante Substitutionstechnologie für Polypolisten sein, denn je nach Produkt kann ein hoher Holzfaseranteil infolge vergleichsweise geringerer Materialkosten als Kunststoff den variablen Stückkostenfaktor k_v reduzieren helfen. Investitionsprojekte sollten daher in der Compound- und Prozessentwicklung liegen, ggf. Produktionsanlagen modifizieren und Produkte kreieren.

5.10.2 Typische Investitionen der Monopolisten

Investitionsprojekte eines Monopolisten zielen darauf ab, die Preise zu maximieren und gleichzeitig die produzierten Mengen zu minimieren, was wiederum Gewinne maximal macht. Es wird die im Markt größtmögliche Preisbereitschaft für die Angebotsmenge abgeschöpft. Dies ist unter der Bedingung „Grenzerlös = Grenzkosten" gegeben (Abb. 5.4). Der Fokus liegt dabei auf der Differenzierung und der Besetzung von Nischenmärkten. Typische Investitionen umfassen Werbekampagnen, bei denen Werbeagenturen beauftragt, Sponsoring-Aktivitäten durchgeführt und Social-Media-Auftritte sowie Web-basierte Plattformen implementiert werden. Auch Influencer-Marketing ist neuerdings ein effektives Werbeinstrument geworden.

Ein weiterer Investitionsbereich ist die Produktentwicklung, die auch Forschung für neue Innovationen und Weiterentwicklung von Produktenvarianten leistet, bis hin zur Grundlagenforschung gänzlich neuer Technologien. Zudem investieren Monopolisten in Marktforschungsprojekte, um durch Marktanalysen, Umfragen und Interviews die Trends sowie Bedürfnisse der Verbraucher zu identifizieren. Ein wichtiger strategischer Bereich ist die Sicherung der Marktführerschaft, etwa durch Investitionen in Patente oder den Aufbau

5.10 Investitionsanalyse im Unternehmensgesamtkontext

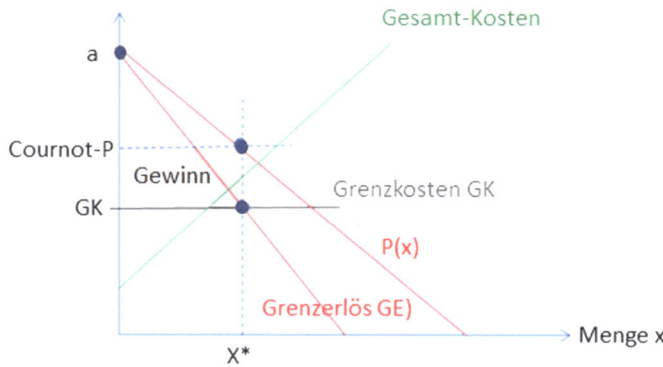

Abb. 5.4 Monopolisten schöpfen hohe Preisbereitschaft ab unter kleinem Angebot

von Forschungs-, Vertriebs-, Produktions- und Beschaffungskartellen, soweit rechtlich möglich.

Das Gewinnmaximierungsprinzip der Monopolisten wird wieder durch die Gleichung $G(x) = P(x) * x - k_v(x) * x - k_f$ beschrieben. Im Gegensatz zu Polypolisten erhöhen sie gezielt den Preis $P(x)$, um ihre Gewinne zu maximieren, wobei ihre zentrale Strategievariable der Preis bzw. die Preisbereitschaft des Marktes ist.

Monopolisten, also Anbieter spezieller Produkte, könnten theoretisch auch durch Plastik-Transformation zumindest in einem wohl definierten Marktsegment etwas anbieten, das höher geschätzt wird als herkömmliche Plastik-Produkte. Ein solches Segment könnte Konsumenten dann interessieren, wenn sie besonders sensibel auf petrochemisches Plastik reagieren und gezielt nach biobasierten Lösungen unter gleicher Funktionalität suchen. Denkbar sind Produkte aus dem Gesundheitswesen, wie z. B. Medikamentenblister oder Prothesen, oder aus dem Lifestyle-Segment, wie Schuhe mit biobasierten Kunststoffsohlen.

5.10.3 Typische Investitionen der Mass-Customizer

Bei Investitionsprojekten zur Diversifizierung, beispielsweise bei Mass-Customizern oder Großkonzernen, liegt das Ziel darin, durch Größenvorteile die Marktführerschaft zu erlangen. Dazu zählen Investitionen in Unternehmensfusionen zur Eingliederung benachbarter Wertschöpfungsketten, etwa durch den Kauf anderer Unternehmen, um diese mit dem Mutterkonzern zu verschmelzen. Alternativ kann eine rechtliche Selbstständigkeit der Tochterunternehmen beibehalten werden, während die Muttergesellschaft eine Mehrheitsbeteiligung erwirbt. Weitere Strategien umfassen den Aktienkauf, um die Beteiligungsquote zu steigern und eine spätere Übernahme vorzubereiten, die Lizenznahme an patentierten Technologien sowie Joint Ventures, bei denen Unternehmen temporär kooperieren, aber ihre rechtliche Eigenständigkeit wahren.

Auch Neutralisierungsprojekte können eine Rolle spielen, bei denen Unternehmensbereiche abgespalten und entweder veräußert oder liquidiert werden. Das Gewinnmaximierungsprinzip für Diversifizierungsstrategien folgt ebenfalls der Gleichung $G(x) = P(x) * x - k_v(x) * x - k_f$, wobei durch Diversifizierung sowohl der Preis $P(x)$ als auch die Menge x vergrößert und gleichzeitig die variablen k_v und fixen Kosten k_f gesenkt werden. Die Strategievariablen umfassen somit sowohl den Preis als auch die Kosten. Mass-Customizer vereinen in ihren Investitionsstrategien das Beste aus den beiden Extremwelten „Polypol" und „Monopol", also Massenvorteile unter gleichzeitig personalisiertem Angebot.

5.11 Übungen

Die folgenden Übungen beziehen sich auf konkrete Produzenten. Hierbei geht es um die Firma „Compolytica", die als Wirtschaftseinheit Güter herstellt. Compolytica hat sich auf innovative biobasierte Kunststoff-Anwendungen (Bioplastik oder Wood-Plastic Composites) spezialisiert und sieht darin ein hohes künftiges Potenzial. Zu ihren Kunststoffbasierten Produkten zählen unter anderem Plastik-Transport- und Aufbewahrungsboxen, Verschlussclips etc., sie beliefert aber auch die Industrie mit Halbteilen wie Kunststoffgehäusen für Elektrogeräte.

Unter der zunehmenden Diskussion zu Umwelt- und Gesundheitsschäden aus petrochemischem Kunststoff stellt Compolytica ihre Produktion zunehmend auf biobasierten Kunststoff um und strebt eine betriebliche Plastik-Transformation an.

Aufgabe 5.11.1: Grundlagen der Investitionstheorie
Compolytica möchte in bestimmte Projekte investieren mit Ziel der Gewinnmaximierung. Überlegen Sie, welche nicht-monetären Inputs und Outputs bei den folgenden Projektalternativen zu erwarten sind.

	Investitionsprojekt
1	Kauf neuer Laborausstattung
2	Durchführung einer Werbekampagne für neue Biokunststoff-Produkte
3	Automatisierung der vorhandenen Produktionsaggregate zur Biokunststoff-Verarbeitung
4	Implementierung eines Produktentwicklungsprojektes für die Substitution von Petroplastik in „Biokunststoff"
5	Mitarbeiterschulungen zur Verarbeitung von Biokunststoff, dessen Nachhaltigkeitsbewertung und fachgerechtere Entsorgung solcher Produkte
6	Durchführung einer Unternehmensbeteiligung aus der Biokunststoff-produzierenden Industrie

Lösung:

	Input	Output
1	Kauf und Lieferung der Labor-Maschinen	Zusätzlich mehr Forschungsprüfungen durchführen, weniger Fehlerquote, höhere Qualität bei der Produktion
2	Marktumfrage, Marktanalyse, Beauftragung einer externen Agentur	Erhöhung der Marktpräsenz, des Marktanteiles, des Absatzes
3	Lieferung und Implementierung von Soft- und Hardware, Wartungs-(Leasing)vertrag mit Anbieter, Mitarbeiterschulungen	Steigerung der Produktivität, Verringerung der Ausschussquote, Steigerung des Diversifizierungspotenzials
4	Arbeitsteam, Recruiting von Experten, Bereitstellung von Laborräumen und Equipment, Anschaffung von Literatur	Neue Produktsparte (Produktpolitische Differenzierung), mehr Absatz, Gewinnsteigerung, Verringerung der Wettbewerbsintensität
5	Analyse des Schulungsbedarfs (Assessmentcenter), Beauftragung externer Agenturen, Bereitstellung von Schulungsräumen (evt. Anmieten externer Schulungshotels)	Höhere Arbeitsproduktivität, geringere Belastung am Arbeitsplatz, Verringerung der Krankentage
6	Branchenanalysen, Beschaffung von Finanzmittel, Kauf von Aktien des Zielunternehmens, Einbindung in den eigenen Konzern	Erzielung von Skalenerträgen, Verringerung der Wettbewerbsintensität, Preissteigerungen infolge Monopolisierung, Erschließung neuer Märkte

Aufgabe 5.11.2: Grundlagen der Investitionstheorie

Compolytica möchte ein mehrjähriges Forschungsprojekt zu Biokunststoffen durchführen. Damit die Forscher*innen möglichst viel experimentieren können, plant die Geschäftsführung hierzu ein Gebäude mit Laboren für 480.000 € zu kaufen. Die Forschungseinrichtung soll zunächst 4 Jahre lang auch an andere Kunststoff-verarbeitende Unternehmen vermietet werden; mit Einnahmen von 2500 € pro Monat wird gerechnet. Noch im letzen Jahr soll das Gebäude für 500.000 € (steuerfrei) an eine Forschungsstiftung verkauft werden. Compolytica bietet das angrenzende Gästehaus nicht nur ihren Mitarbeitern und deren Familien zur Erholung an, sondern auch externen Forschungspartnern und nimmt dabei weitere 166,67 € pro Monat steuerbefreit ein. Auf die Mieteinkünfte werden nachschüssig 30 % Steuer erhoben, zusätzlich zahlt das Bundesforschungsministerium (BMBF) einmalig eine Förderung von 50.000 € für Laborgeräte. Bilden Sie die Zahlungsströme in einer Zeitreihe ab, Bezugspunkt ist immer Ende des Jahres. Werte *1000-fach.

Lösung:

t = 0: Labor-Kaufpreis von −480; Zuschuss BMBF von + 50

t = 1,2,3: Labor-Mieteinnahmen von 3*12*2,5 (= 3*30) und Einnahmen Gästehaus + 3*12*0,16667 (= 3*2) und nachschüssige Steuerzahlung 2*− 12*2,5*0,3 (= 2*− 9) auf Labor-Mieteinnahmen

t = 4: + 12*2,5 Labor-Mieteinnahmen (= + 30), Steuer *0,3 (= − 9), Labor-Verkaufserlös + 500, Gästehaus (+ 2)
t = 5: Letzte nachschüssige Steuerzahlung aus t = 4: − 12*2,5*0,3 (= − 9)
Zahlungsreihe:

Werte in Tausend	t = 0	t = 1	t = 2*	t = 3	t = 4	t = 5
Einzahlungen./.Auszahlungen	+ 50 0 − 480	+ 30 + 2	+ 30 + 2 − 9	+ 30 + 2 − 9	+ 500 + 30 + 2 − 9	− 9
= e_t	− 430	+ 32	+ 23	+ 23	+ 523	− 9

*) Steuern werden erst Ende t = 2 für t = 1 gezahlt usw.

Aufgabe 5.11.3: Finanzmathematische Grundlagen
Compolytica ist fasziniert von den Projektideen eines Startups zu Biokunststoff-basierten Produkten und gewährt diesem ein Risikokapital von 100.000 € für Forschungszwecke. Vertraglich wird vereinbart, dass Compolytica nach 4 Jahren 146.410 € zurückbekommt. Welchem Zinssatz i entspricht dies?

Lösung:
Zinseszinsrechnung:

$$EV = K_0 * (1 + i)^T \Rightarrow 146'410 = 100'000 * (1 + i)^4$$
$$\Rightarrow (1 + i)^4 = 146'410 / 100'000$$
$$\Rightarrow (1 + i) = \sqrt[4]{\frac{146'410}{100'000}}$$
$$\Rightarrow i = \sqrt[4]{\frac{146'410}{100'000}} - 1$$
$$\Rightarrow 0,10 = \mathbf{10\ \%}$$

Aufgabe 5.11.4: Finanzmathematische Grundlagen
Compolytica will selbst auch für künftige Investitionen Geld ansparen und legt 500.000 € zu i = 5 % Zinsen an. Wie viel Endvermögen hat Compolytica nach 10 Jahren infolge:

a) einfacher Verzinsung
b) Zinseszins?
c) Wie viel € bring der Zinseszinseffekt?
d) Unter welcher Laufzeit würde Compolytica 1.326.649 € Endvermögen erzielen?

5.11 Übungen

Lösung:

a) Einfache Verzinsung: $EV = K_0 + T*(K_0 * i)$

$= 500'000 + 10 * (500'000 * 0,05) = 500'000 + 10 * 25'000 = \mathbf{750'000\ €}$

b) Zinseszins: $EV = K_0 * (1+i)^T$

$\Rightarrow EV = 500'000 * (1 + 0,05)^{10} = 500'000 * 1,05^{10} = \mathbf{814'447,31\ €}$

c) Zinseszinseffekt $= 814'437,31\ € - 750'000\ € = \mathbf{64'447,13\ €}$

d) $1'326'649 = 500'000 * 1,05^T \Rightarrow 1'326'649/500'000 = 1,05^T \Rightarrow T = \log_{1,05}(2,6533) =$ **20 Jahre**

Aufgabe 5.11.5: Investitionstheoretische Kennzahlen

Ein weiteres Investitionsprojekt von Compolytica weist folgende Zahlungsreihe auf:
$e_0 = -100$; $e_1 = +10$; $e_2 = +10$ und $e_3 = +100$. Der Zinssatz i beträgt 5 %.

a) Berechnen Sie den Kapitalwert KW_I der Investition.
b) Berechnen Sie den Endwert KW_I und das Endvermögen EV_I aus der Investition.
c) Ermitteln Sie den Endwert EW aus dem Kapitalwert.
d) Wie ist das Endvermögen EV_U der Unterlassungsalternative, die Zinsgewinne aus dem Projekt, und ist das Investitionsprojekt für Compolytica effektiv?

Lösung:

a) Kapitalwert: $KW_I = -100 + 10 * 1,05^{-1} + 10 * 1,05^{-2} + 100 * 1,05^{-3} = \mathbf{4,9779}$
b) Endwert: $EW_I = -100 * 1,05^3 + 10 * 1,05^2 + 10 * 1,05^1 + 100 = \mathbf{5,7625}$
   Endvermögen $EV_I = 10 * 1,05^2 + 10 * 1,05^1 + 100 = \mathbf{121,525}$
c) Kapitalwert auf t = 3 aufgezinst ergibt $EW = 4,9779 * (1,05)^3 = \mathbf{5,7625}$, dies entspricht dem EW_I
d) Das Endvermögen aus der Unterlassungsalternative ist $EV_U = 100 * 1,05^3 = \mathbf{115,7625}$

Zinsgewinne entstehen aus den saldierten Zinseszinsen: $(10 * 1,05^2 + 10 * 1,05^1) - 10 - 10$
$= \mathbf{1,525}$
Effektiv ist das Projekt, wenn $EV_I - EV_U = EW_I > 0$, also: $EW_I = \mathbf{5,7625 > 0}$! bzw.
$EV_I - EV_U = \mathbf{121,525 - 115,7625 = 5,7625}$!

Aufgabe 5.11.6: Investitionstheoretische Kennzahlen

Compolytica stehen drei Projektalternativen mit folgenden Zahlenreihen zur Auswahl, von der sie, ungeachtet der Unterlassungsalternative, eines aus betrieblichen Erfordernissen durchführen muss:

$$a_1 : e_{1,0} = -378; e_{1,1} = +380; e_{1,2} = -320; e_{1,3} = +400$$

$$a_2 : e_{2,0} = -150; e_{2,t} = +20 \text{ für } t = 1, \ldots, 20$$

$$a_3 : e_{3,0} = -350; e_{3,1} = +120; e_{3,2} = +140; e_{3,t} = +20 \text{ für } t = 3, \ldots, 30$$

Berechnen Sie das Endvermögen gemäß individueller Laufzeit der drei Projekte für $i = 10\,\%$ Zinssatz und danach das Endvermögen zum Endzeitpunkt des längsten Projektes. Wählen Sie dann das vorteilhafteste Projekt für Compolytica aus, indem Sie EV-Stände vergleichen. Diskutieren Sie Ihre Entscheidung kritisch!

Lösung: I_2 und I_3 zuerst KW ohne e_0 berechnen, dann mit T aufzinsen und dann Zinseszinsrechnung bis 30!

$$EV_1 = 380 * 1,1^2 - 320 * 1,1^1 + 400 * 1,1^0 = 507,80$$

$$\Rightarrow EV_1(t=30) = 507,80 * 1,1^{(30-3)} = \mathbf{6'657,26}$$

$$EV_2(t=20) = 20 * RBF(20; 0, 10) * 1,1^{20} = 20 * \frac{1,10^{20}-1}{1,10^{20} * 0,10} * 1,1^{20} = 20 * 8,5136$$
$$* 1,1^{20} = 1'145,50$$

$$\Rightarrow EV_2(t=30) = 1'145,50 * 1,1^{(30-20)} = \mathbf{2'971,11}$$

$$KW_3(\text{ohne } e_0!) = 120 * 1,1^{-1} + 140 * 1,1^{-2} + 20 * RBF(30; 0, 10) - 20 * RBF(2; 0, 10)$$

$$= 120 * 1,1^{-1} + 140 * 1,1^{-2} + 20 * \frac{1,10^{30}-1}{1,10^{30} * 0,10} - 20 * \frac{1,10^{2}-1}{1,10^{2} * 0,10} = 120 * 1,1^{-1}$$
$$+ 140 * 1,1^{-2} + 20 * 9,4269 - 20 * 1,7355$$

$$= 378,62$$

$$\Rightarrow EV_3(t=30) = 378,62 * 1,1^{(30-0)} = \mathbf{6'606,69}$$

$\Rightarrow$ Das vorteilhafteste Projekt ist offensichtlich I_1 mit höchstem EV nach 30 Jahren, und auch sonst ist dieses Projekt sehr früh abgeschlossen, und Übergewinne können angelegt oder in ein Anschlussprojekt investiert werden!

Aufgabe 5.11.7: Investitionstheoretische Kennzahlen
Compolytica hat folgende Zahlungsreihe für ein Investitionsprojekt kalkuliert:

$$e_0 = -100; e_t = 10 \text{ für } t = 1, \ldots, 30$$

a) Stellen Sie die Kapitalwert-Formel auf. Was besagt der Kapitalwert einer Zahlungsreihe?
b) Stellen Sie die Kapitalwerte 1/1000-fach für Zinssätze i von 0 % bis 25 % grafisch per Excel dar.
c) Ab wann ist die Investition nicht mehr effektiv für Compolytica?

Lösung:

a) $KW = -100 + 10 * RBF(30; i)$

Der Kapitalwert gibt als abgezinster EW den Unterschied zwischen einer Investition per Zahlungsreihe und einer Unterlassungsalternative (Anlage zu festem Zins am Kapitalmarkt) in t = 0 an. Ist KW > 0, ist die Investition effektiv gegenüber der Unterlassungsalternative

b) .

i	0	0,01	0,02	0,03	0,04	0,05	0,06	0,07	0,08	0,09	0,1	0,11	0,12
KW	0	158	124	96	73	54	38	24	13	3	−6	−13	−19
i	0,13	0,14	0,15	0,16	0,17	0,18	0,19	0,2	0,21	0,22	0,23	0,24	0,25
KW	−25	−30	−34	−38	−42	−45	−48	−50	−53	−55	−57	−58	−60

c) Wie man sieht, wird der KW ab r ≈ 0,095 negativ, was die Unterlassungsalternative effektiver macht (Abb. 5.5).

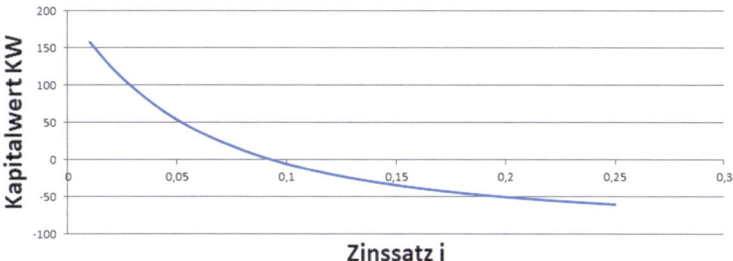

Abb. 5.5 Kapitalwertverlauf in Abhängigkeit des Zinses i

Aufgabe 5.11.8: Investitionstheoretische Kennzahlen
Eine weitere projektbezogene Zahlungsreihe könnte eine interessante Investition für Compolytica darstellen. Sie lautet: $e_0 = -200$; $e_1 = +20$; $e_2 = +20$ und $e_3 = +200$. e_0 stehen als liquide Finanzmittel zur Verfügung und könnten auch alternativ am Kapitalmarkt zu $i = 5\,\%$ angelegt werden. Als Laufzeit kommen 3 Jahre in Betracht.

a) Wie hoch sind EV_U und EV_I in $t = 3$?
b) Stellen Sie beide Alternativen als VOFI vergleichend dar und leiten Sie den EV_I ab.

Lösung:

$$EV_U = 200 * 1{,}05^3 = \mathbf{231{,}525} \text{ und } EV_I = 20 * 1{,}05^2 + 20 * 1{,}05^1 + 200 = \mathbf{243{,}05}$$

c) .

VOFI Unterlassungsalternative				
Periode t	Zahlungsstrom e_t	Zinseinkünfte/-zahlung $Z_t = C_{(t-1)} * i$	∑Zahlungsströme: $e_t + Z_t$	Vermögen $C(t) = C_{(t-1)} + e_t + Z_t$
0	0	0	0	+200
1	0	$200 * 0{,}05 = 10$	10	$200 + 10 = 210$
2	0	$210 * 0{,}05 = 10{,}5$	10,5	$210 + 10{,}5 = 220{,}5$
3	0	$220{,}5 * 0{,}05 = 11{,}025$	11,025	$220{,}5 + 11{,}025 = \mathbf{231{,}525}$ $= EV_U$
VOFI Investitionsalternative				
Periode t	Zahlungsstrom e_t	Zinseinkünfte/-zahlung $Z_t = C_{(t-1)} * i$	∑Zahlungsströme: $e_t + Z_t$	Vermögen $C(t) = C_{(t-1)} + e_t + Z_t$
0	−200	0	−200	$+200 - 200 = 0$
1	20	0	20	$0 + 20 = 20$
2	20	$20 * 0{,}05 = 1{,}0$	$20 + 1{,}0 = 21{,}0$	$20 + 21 = 41{,}0$
3	200	$41{,}0 * 0{,}05 = 2{,}05$	$200 + 2{,}05 = 202{,}05$	$41 + 202{,}05 = \mathbf{243{,}05}$ $= EV_I > EV_U$

$EW_I = 243{,}05 - 231{,}525 = \mathbf{11{,}525}$ als die Summe, die die Investition die Unterlassungsalternative übersteigt.

Aufgabe 5.11.9: Investitionstheoretische Kennzahlen
Compolytica hat 150 an liquiden Mitteln und möchte diese in $t = 0$ in eine Beteiligung an einem Biokunststoff-Produzenten investieren, aus der in $t = 1$ zunächst ein Gewinnüberschuss von $e_1 = +50$ zu erwarten ist. Gleichzeitig soll die Beteiligung sukzessive in eine Fusion übergehen, in der der Produzent gänzlich in Compolytica eingeht. Es ist anzunehmen, dass diese Konsolidierung das operative Geschäft zunächst erschwert, weshalb in $t = 2$ mit einem Verlust von $e_2 = -25$ gerechnet wird. Danach soll sich die Fusion in deutlichen Konsolidierungsgewinnen von $e_3 = +150$ für Compolytica niederschlagen.

a) Berechnen Sie den Kontoendstand zu t = 3 mittels VOFI und kontrollieren Sie Ihr Ergebnis mit der Berechnung von EV_I durch Aufzinsung. Der Guthabenzins i sei 5 %.
b) Um wie viel schlechter würde eine alternative Geldanlage von e_0 am Kapitalmarkt abschneiden?

Lösung:

a) .

VOFI Investitionsalternative

Periode t	Zahlungsstrom e_t	Zinseinkünfte/-zahlung $Z_t = C_{(t-1)} * i$	∑Zahlungsströme: $e_t + Z_t$	Vermögen $C(t) = C_{(t-1)} + e_t + Z_t$
0	− 150	0	− 150	+ 150 − 150 = 0
1	+ 50	0	+ 50	0 + 50 = 50
2	− 25	50 ∗ 0,05 = 2,5	− 25 + 2,5 = −22,5	50 − 22,5 = 27,5
3	150	27,5 ∗ 0,05 = 1,375	150 + 1,375 = 151,375	27,5 + 151,375 = **178,875** = EV_I

$$EV_I = 50 * 1{,}05^2 - 25 * 1{,}05^1 + 150 = \mathbf{178{,}875}$$

b) $EV_U = 150 * 1{,}05^3 = \mathbf{173{,}644} \Rightarrow 178{,}875 - 173{,}644 = \mathbf{5{,}231}$ geringerer Gewinn bei Unterlassung. Die Fusion ist also effektiv.

Aufgabe 5.11.10: Investitionstheoretische Kennzahlen

Compolytica analysiert folgende Zahlungsreihe in Verbindung mit der Investition in die Laborausstattung für das neu gekaufte Forschungsgebäude: $e_0 = -200$; $e_1 = +20$; $e_2 = +20$ und $e_3 = +200$.

Obwohl e_0 als liquide Finanzmittel zur Verfügung stehen, überlegt sich Compolytica auch, die Summe als Kredit K_0 zu $i_K = 5\,\%$ Zinsen fremdzufinanzieren. Stellen Sie das Projekt als VOFI dar und vergleichen Sie Ihr Ergebnis mit dem VOFI der Unterlassungsalternative.

Lösung:

VOFI kreditfinanzierte Investitionsalternative

Periode t	Zahlungsstrom e_t	Zinseinkünfte/-zahlung $Z_t = C_{(t-1)} * i$	∑Zahlungsströme: $e_t + Z_t$	Vermögen $C(t) = C_{(t-1)} + e_t + Z_t$
0	− 200	0	− 200	0 − 200 = − 200
1	20	−200 ∗ 0,05 = −10	20 − 10 = 10	− 200 + 10 = − 190
2	20	−190 ∗ 0,05 = −9,5	20 − 9,5 = 10,5	− 190 + 10,5 = − 179,5
3	200	−179,5 ∗ 0,05 = −8,975	200 − 8,975 = 191,025	

(Fortsetzung)

VOFI kreditfinanzierte Investitionsalternative

Periode t	Zahlungsstrom e_t	Zinseinkünfte/-zahlung $Z_t = C_{(t-1)} * i$	∑Zahlungsströme: $e_t + Z_t$	Vermögen $C(t) = C_{(t-1)} + e_t + Z_t$
				$-179{,}5 + 191{,}025 =$ **+ 11,525** $= EV_K$

VOFI Unterlassungsalternative

Periode t	Zahlungsstrom e_t	Zinseinkünfte/-zahlung $Z_t = C_{(t-1)} * i$	∑Zahlungsströme: $e_t + Z_t$	Vermögen $C(t) = C_{(t-1)} + e_t + Z_t$
0	0	0	0	+ 200
1	0	200 * 0,05 = 10	10	200 + 10 = 210
2	0	210 * 0,05 = 10,5	10,5	210 + 10,5 = 220,5
3	0	220,5 * 0,05 = 11,025	11,025	220,5 + 11,025 = **231,525** $= EV_U$

Bei Projektdurchführung mittels Eigenkapital zeigt der EW den Übergewinn im Vergleich zur Unterlassungsalternative. Bei fremdfinanzierter Projektdurchführung mittels Kredit entspricht der Kontostand dann dem Eigenfinanzierungs-bezogenen EW_I. In diesem Falle wäre eine Eigenfinanzierung effektiv, denn offensichtlich ist $EW_I = +\,11{,}525$ ($=EV_K$). Kreditfinanzierung ist aber noch effektiver, denn Compolytica könnte die Übergewinne aus der Kreditfinanzierung zzgl. Übergewinne aus der Unterlassungsalternative abschöpfen, was zu $\sum G = 11{,}525 + (231{,}525 - 200) = \mathbf{43{,}05}$ führt.

Aufgabe 5.11.11: Investitionstheoretische Kennzahlen
Compolytica möchte für ihre Forscher*innen zehn voll ausgestattete High-Tech-Labore anschaffen, die stundenweise auch den anderen Nutzern im Forschungszentrum vermietet werden. Die Anschaffung erfolgt in t = 0 für 750.000 €, es werden mit maximal 1000 Mietstunden/Jahr/Labor gerechnet. Compolyticas Forschungsmarketing hat festgelegt, mit einer Niedrigpreisstrategie in den Markt für Entwicklungsforschung zu gehen, deshalb soll in t = 1 eine Mietstunde nur $P_1 = 80$ € kosten, und $x_1 = 1'000$ Stunden/Labor sind unter Vollauslastung geplant. Ab t = 2 soll der Preis schrittweise angehoben werden auf $P_2 = 100$ € ($x_2 = 900$ Std./Labor), dann $P_3 = 120$ € ($x_3 = 800$ Std./Labor) und $P_4 = 150$ € ($x_4 = 600$ Std./Labor). Variable Kosten für die Labore als Wartung/Service sind kalkuliert mit $k_{v1} = 30$ €/Std., $k_{v2} = 40$ €/Std., $k_{v3} = 45$ €/Std. und $k_{v4} = 50$ €/Std. Nach Projektabschluss plant Compolytica alle Labore noch für P = 100.000 € an die Forschungsstiftung weiterzuveräußern. Der Kalkulationszins sei i = 5 %.

a) Berechnen Sie KW_I, EW_I, EV_I.
b) Berechnen Sie nun EV_U und danach $EV_I - EV_U$ und vergleichen Sie Ihr Ergebnis mit EW_I.
c) Treffen Sie nun Ihre Wahl zwischen der Investition und der Unterlassungsalternative.

5.11 Übungen

Lösung:

a) $KW_I = -750'000 + 10*1'000*(80-30)*1,05^{-1} + 10*900*(100-40)*1,05^{-2} + 10*800*(120-45)*1,05^{-3} + 10*600*(150-50)*1,05^{-4} + 100'000*1,05^{-4} =$ **1'310'180,686**

$EW_I = -750'000*1,05^4 + 10*1'000*(80-30)*1,05^3 + 10*900*(100-40)*1,05^2 + 10*800*(120-45)*1,05^1 + 10*600*(150-50) + 100'000 =$ **1'592'532,813**
und $EV_I = 1'592'532,813 + 750'000*1,05^4 =$ **2'504'162,5**

b) $EV_U = 750'000*1,05^4 =$ **911'629,6875** und $EV_I - EV_U = 2'504'162,5 - 911'629,6875 =$ **1'592'532,813**

c) ⇒ Investition ist effektiv weil $EW_I > 0$

Aufgabe 5.11.12: Investitionstheoretische Kennzahlen
Wieder steht den Analysten von Compolytica folgende Zahlungsreihe zur Begutachtung: $e_0 = -100$; $e_1 = +50$; $e_2 = +50$. Compolytica besitzt in t = 0 liquide Mittel von 100. Der Guthaben- und Kreditzins betrage i = 5 %.

a) Welcher Betrag müsste Compolytica in t = 0 mindestens geboten werden, um die Investition durchzuführen?
b) Verdeutlichen Sie anhand eines VOFI, dass dieser in t = 0 angebotene Betrag tatsächlich zum selben Endvermögen führt, wie wenn Compolytica die Unterlassungsalternative durchführt.
c) Führen Sie nun den VOFI durch unter der Annahme, dass die $e_0 = -100$ vollständig kreditfinanziert sind und Compolytica die Ausgleichszahlung erhält.

Lösung:

a) Endvermögen bei Projektdurchführung: $EV_I = 50*1,05^1 + 50 =$ **102,5**

Endvermögen bei Unterlassungsalternative: $EV_U = 100*1,05^2 =$ **110,25**
Übergewinn aus Investition G = 102,5 − 110,25 = **−7,75** (in t = 2)
Barwert des Übergewinns in t = 0: $KW_G = -7,75*1,05^{-2} =$ **−7,03**
Compolytica müssten 7,03 in t = 0 geboten werden, um das Projekt durchzuführen.
oder: EW_I als Zukunftswert der Differenz zwischen Projektdurchführung und Unterlassungsalternative berechnen und Ergebnis auf t = 0 abzinsen: $EW_I = -100*1,05^2 + 50*1,05^1 + 50 =$ **−7,75** ⇒ $KW_I = -7,75*1,05^{-2} =$ **−7,03**

b) .

VOFI Projektdurchführung unter Ausgleichszahlung

Periode t	Zahlungsstrom e_t	Zinseinkünfte/-zahlung $Z_t = C_{(t-1)} * i$	$\sum$Zahlungsströme: $e_t + Z_t$	Vermögen $C(t) = C_{(t-1)} + e_t + Z_t$
0	$-100 + 7{,}03$	0	$-100 + 7{,}03 = -92{,}97$	$100 - 92{,}97 = +7{,}03$
1	$+50$	$7{,}03 * 0{,}05 = 0{,}3515$	$50 + 0{,}3515 = 50{,}3515$	$50{,}3515 + 7{,}03 = 57{,}3815$
2	$+50$	$57{,}3815 * 0{,}05 = 2{,}8691$	$50 + 2{,}8691 = 52{,}8691$	$57{,}3815 + 52{,}8691$ $=\mathbf{110{,}25} = \mathbf{EV_I}$

VOFI Unterlassungsalternative

Periode t	Zahlungsstrom e_t	Zinseinkünfte/-zahlung $Z_t = C_{(t-1)} * i$	$\sum$Zahlungsströme: $e_t + Z_t$	Vermögen $C(t) = C_{(t-1)} + e_t + Z_t$
0	0	0	0	$+100$
1	0	$100 * 0{,}05 = 5$	5	$100 + 5 = 105$
2	0	$105 * 0{,}05 = 5{,}25$	$5{,}25$	$105 + 5{,}25 = \mathbf{110{,}25}$ $=\mathbf{EV_U}$

c) .

VOFI kreditfinanzierte Investitionsalternative

Periode t	Zahlungsstrom e_t	Zinseinkünfte/-zahlung $Z_t = C_{(t-1)} * i$	$\sum$Zahlungsströme: $e_t + Z_t$	Vermögen $C(t) = C_{(t-1)} + e_t + Z_t$
0	$-100 + 7{,}03$	0	$-92{,}97$	$0 - 92{,}97 = -92{,}97$
1	50	$-92{,}97 * 0{,}05 = -4{,}6485$	$50 - 4{,}6485 = 45{,}3515$	$-92{,}97 + 45{,}3515$ $= -47{,}6185$
2	50	$-47{,}6185 * 0{,}05 = -2{,}3809$	$50 - 2{,}3809 = 47{,}6191$	$-47{,}6185 + 47{,}6191$ $=\mathbf{0{,}00} = \mathbf{EV_K}$

Der Kontoendstand (= Endvermögen EV_K) muss 0 sein, denn es gilt $EV_K = EW_I$ und unter Ausgleichszahlung wurde hier $EV_I = EV_U$ realisiert, sodass $EW_I = 0$ gilt. Damit ist auch $EV_K = 0$.

Aufgabe 5.11.13: Gewinnentnahmen während der Projektlaufzeit
Compolytica hat während Entwicklungsarbeiten zu einem neuen Biokunststoff-Produkt zufällig eine innovative Entdeckung gemacht und diese patentieren lassen. Der Patentschutz gilt 5 Jahre, und während dieser Zeit verdient Compolytica aus den Lizenzeinnahmen in jeder Periode + 20, also ist die Zahlungsreihe: $e_t = +20$ für $t = 1, \ldots, 5$. Da für die Entdeckung kein extra Aufwand anfiel ist $e_0 = 0$.
Der Zinssatz i beträgt 5 %.

a) Berechnen Sie den Kapitalwert der Zahlungsreihe.
b) Berechnen Sie das Endvermögen.
c) Wie hoch ist die äquivalente Annuität e^A?

5.11 Übungen

Lösung:

a) Kapitalwert: KW = + 20 ∗ 1,05^{-5} + 20 ∗ 1,05^{-4} + 20 ∗ 1,05^{-3} + 20 ∗ 1,05^{-2} + 20 ∗ 1,05^{-1} = **86,59**

$$\text{oder KW}_I = +20 * \text{RBF}(T=5; i=0{,}05) = +20 * \frac{q^T - 1}{q^T * r} = +20 * \frac{1{,}05^5 - 1}{1{,}05^5 * 0{,}05} =$$
$$+ 20 * 4{,}3295 = \mathbf{86{,}59}$$

b) Endvermögen: EV_I = + 20 ∗ 1,05^4 + 20 ∗ 1,05^3 + 20 ∗ 1,05^2 + 20 ∗ 1,05^1 + 20 = **110,51**

c) Äquivalente Annuität e^A = KW/RBF = 86,59/4,3295 = **20**, was e_t entspricht, und weil diese ja auch gleiche Zahlungsbeträge innerhalb der Reihe darstellen und es keine Investitionsausgaben e_0 gibt waren sie von Anfang an bereits Annuitäten, also der Übergewinn zur Unterlassungsalternative, die ja bei $e_0 = 0$ auch nur 0 sein kann!

Aufgabe 5.11.14: Gewinnentnahmen während der Projektlaufzeit

Gegeben seien folgende Zahlungsreihen I_1 eines bereits abgeschlossenen Investitionsprojektes von Compolytica, das ein Produkt aus reinem Biokunststoff entwickelte: I_1 = (−100; +20; +20; +120). Für die nächsten drei Perioden sollen aus dem neuen Produkt gleich hohe Übergewinne erwirtschaftet werden, also eine Zahlungsreihe folgender Form ergeben: $I_2 = (+0; +e^A{}_1; +e^A{}_2; +e^A{}_3)$.

Bestimmen Sie für I_2 die Annuitäten $e^A{}_t$ als Zielgröße für die Übergewinne, sodass beide Reihen vermögensäquivalent sind. Es sei i = 8 %.

Lösung:

$$I_1 : KW_{I,1} = -100 + 20 * 1{,}08^{-1} + 20 * 1{,}08^{-2} + 120 * 1{,}08^{-3} = \mathbf{30{,}93}$$

$$\text{RBF}(3; 0{,}08) = 2{,}5771 \Rightarrow e^A{}_t = 30{,}94/2{,}5771 = \mathbf{12{,}01}$$

12,01 sind also die aus dem Projekt stammenden saldierten und gleichmäßig auf die Perioden verteilten Übergewinne unter Berücksichtigung des Zinseffektes.

I_2 muss nun die gleiche (Ein-)Zahlungsreihe ergeben. Da es keine Investitionsausgabe e_0 gibt, stellen die 12,01 auch gleichzeitig die e_t-Größen dar. *Merke*: Bei Zahlungsreihen ohne e_0 als Investitionsausgabe sind die e_t-Werte bereits äquivalente Annuitäten, bzw. ist e^A bereits der e_t-Übergewinnbetrag.

$$\text{D.h.} I_2 : KW_{I,2} = + e_t * \text{RBF}(3; 0{,}08) = e_t * 2{,}5771 = \mathbf{30{,}93}$$
$$\Rightarrow e_t = 30{,}93/2{,}5771 = \mathbf{12{,}01}$$

$$\Rightarrow I_2 : (+\mathbf{0}; +\mathbf{12{,}01}; +\mathbf{12{,}01}; +\mathbf{12{,}01})$$

Aufgabe 5.11.15: Gewinnentnahmen während der Projektlaufzeit
Compolytica muss nun eine Projektentscheidung treffen und hat diese zwei Zahlungsreihen entsprechender Projektalternativen ausgearbeitet mit Zins i = 5 %:

$$a_1 : e_{1,0} = -80; e_{1,1} = +40; e_{1,2} = +50; e_{1,3} = +60$$

$$a_2 : e_{2,0} = -80; e_{2,t} = +45 \text{ für } t = 1, ..., 5.$$

a) Vergleichen Sie die beiden äquivalenten Annuitäten und die Kapitalwerte der Projekte.
b) Interpretieren Sie Ihr Ergebnis hinsichtlich der Wahl des effektiveren Projektes.

Lösung:

a) a_1: $KW_{I,1} = -80 + 40 * 1{,}05^{-1} + 50 * 1{,}05^{-2} + 60 * 1{,}05^{-3} =$ **55,28** und $RBF_1(3, 0{,}05)$ = **2,7232**

a_1 ist zwar keine Zahlungsreihe mit konstanten e_t, dennoch kann $e^{A,1}$ über RBF berechnet werden (Fall 1), oder die Zahlungsreihe kann in eine alternative Reihe mit konstanten e_t (t = 1 ... T) und gleichem Endwert umgerechnet werden (Fall 2). Dann zeigt die Alternativreihe, welche konstanten Übergewinne e_t nach T-Perioden zum gleichen Übergewinn gegenüber der Unterlassungsalternative führen, wie die Ursprungsreihe selbst.

Fall 1: $e^{A,1} = 55{,}28/2{,}7232 =$ **20,30**
Fall 2: $EW_{I,1} = -80 * 1{,}05^3 + 40 * 1{,}05^2 + 50 * 1{,}05^1 + 60 =$ **63,99** als Übergewinn zur Unterlassungsalternative
Alternativreihe: $63{,}99 = e^A_1 * 1{,}05^2 + e^A_1 * 1{,}05^1 + e^A_1 * 1{,}05^0 = e^A_1 * (1{,}05^2 + 1{,}05^1 + 1{,}05^0)$

$e^A_1 = \frac{63{,}99}{1{,}050 + 1{,}051 + 1{,}052} =$ **20,30** als konstante Übergewinne e_t in der Alternativreihe.

oder: per Formel als $e^A_1 = \frac{EW_I}{\sum_{t=0}^{T-1} q^t} = \frac{63{,}99}{1{,}050 + 1{,}051 + 1{,}052} =$ **20,30**

$$a_2 : RBF_2 = \frac{q^T - 1}{q^T * i} = \frac{1{,}05^5 - 1}{1{,}05^2 * 0{,}05} = \textbf{4,3295}$$

$$a_2 : KW_{I,2} = -80 + 45 * RBF(5; 0{,}05) = -80 + 45 * 4{,}3295 = \textbf{114,83}$$

$$\Rightarrow e_{A,2} = 114{,}83/4{,}3295 = \textbf{26,52}$$

Auch für a_2 kann $e^{A,2}$ über eine Alternativreihe ermittelt werden:

$$EW_{I,2} = -80 * 1{,}05^5 + 45 * 1{,}05^4 + 45 * 1{,}05^3 + 45 * 1{,}05^2 + 45 * 1{,}05^1 + 45 = \textbf{146,55}$$

Alternativreihe: $146{,}55 = e^A_2 * 1{,}05^4 + e^A_2 * 1{,}05^3 + e^A_2 * 1{,}05^2 + e^A_2 * 1{,}05^1 + e^A_2 * 1{,}05^0$

5.11 Übungen

$$= e^A{}_2 * \left(1,05^4 + 1,05^3 + 1,05^2 + 1,05^1 + 1,05^0\right)$$

$e^{A,2} = \frac{146,55}{1,050+1,051+1,052,053+1,054} = \mathbf{26,51}$ als konstante Übergewinne e_t in der Alternativreihe.

b) Gegenüberstellung der Ergebnisse:

$$a_1 : KW_{I,1} = \mathbf{55,28} \text{ und } e^A{}_1 = \mathbf{20,30}$$

$$a_2 : KW_{I,2} = \mathbf{114,826} \text{ und } e^A{}_2 = \mathbf{26,51}$$

a_2 weist einen viel höheren Kapitalwert auf, d. h., der in T_1 zu erwartende Kontenstand ist auf $t = 0$ bezogen viel höher. Auch ist die äquivalente Annuität höher als $e^A{}_1$, d. h., es kann in der jeweiligen Periode mehr Geld entnommen werden. Schliesslich kann die höhere Entnahme auch zwei Perioden länger erfolgen, was die Alternative auch effektiver macht. Damit wird a_2 zur dominanten Strategie.

Aufgabe 5.11.16: Gewinnentnahmen während der Projektlaufzeit
Compolyticas Produktion für konventionelle Kunststoffprodukte aus petrochemischen Polymeren äuft so langsam aus. Um noch ein paar Restaufträge einzuholen und Gewinne zu erwirtschaften, müsste die Fertigungsanlage nochmal aufwendig gewartet werden bevor die Gewinne überhaupt realisiert werden können. Dies entspräche dann folgender Zahlungsreihe: $e_0 = -100$; $e_1 = +10$; $e_2 = +10$ und $e_3 = +100$. Compolytica ist sich aber auch bewusst, dass sie dann nochmal in eine wenig umweltverträgliche Technologie investieren würde. Externe Berater drängen Compolytica deshalb dazu, auf diese Investition zu verzichten und stattdessen die vorhandenen liquiden Mittel von $e_0 = +100$ erstmal zu 5 % anzulegen. Ein staatliches Ausstiegsprogramm aus dem Petro-Zeitalter gewährt der Industrie bei freiwilligem Produktionsverzicht konkrete Ausgleichszahlungen für entgangene Gewinne. Solche Prämien in Höhe der Annuität würden dann jeweils zum Jahresende an Compolytica ausgezahlt werden.

a) Bestimmen Sie die Prämie und erstellen Sie einen VOFI für die Unterlassungsalternative unter Ausgleichszahlung.
b) Erzielt Compolytica dann tatsächlich dasselbe EV wie bei Projektdurchführung?

Lösung: $KW_I = -100 + 10 * 1,05^{-1} + 10 * 1,05^{-2} + 100 * 1,05^{-3} = \mathbf{4,98}$
$RBF(3; 0,05) = 2,7232 \Rightarrow e^A = 4,98/2,7232 = \mathbf{1,83}$ Prämienzahlung

c) $EV_I = 10 * 1{,}05^2 + 10 * 1{,}05^1 + 100 = \mathbf{121{,}53} \Rightarrow$ Die EV's sind tatsächlich identisch!

VOFI Unterlassungsalternative unter Prämienzahlung

Periode t	Zahlungsstrom e_t	Zinseinkünfte/-zahlung $Z_t = C_{(t-1)} * i$	$\sum$Zahlungsströme: $e_t + Z_t$	Vermögen $C(t) = C_{(t-1)} + e_t + Z_t$
0	0	0	0	+ 100
1	+ 1,83	$100 * 0{,}05 = 5$	$1{,}83 + 5 = 6{,}83$	$100 + 6{,}83 = 106{,}83$
2	+ 1,83	$106{,}83 * 0{,}05 = 5{,}3415$	$5{,}3515 + 1{,}83 = 7{,}1715$	$106{,}83 + 7{,}1715 = 114{,}00$
3	+ 1,83	$114{,}0 * 0{,}05 = 5{,}7001$	$5{,}7001 + 1{,}83 = 7{,}5301$	$114{,}00 + 7{,}5301 = \mathbf{121{,}53} = EV_I?$

Aufgabe 5.11.17: Kreditfinanzierte Investitionsentscheidungen

Auf der Suche nach effektiven Investitionsalternativen zur Umsetzung der betrieblichen Plastik-Transformation ist Compolytica nun auf folgendes Projekt mit entsprechender Zahlungsreihe gestoßen: $e_0 = -80$; $e_1 = -10$; $e_2 = +50$; $e_3 = +60$.

a) Bestimmen Sie den internen Zinsfuß r per Excel.
b) Führen Sie mit r nun einen VOFI durch und vergleichen Sie das EV_I mit dem EV_U. Welche Bedeutung hat r auch für nicht-kreditfinanzierte Projekte?

Lösung:

a) In Excel eine Spalte mit i-Spalte Zinssatz 0,01 ... 0,20 erstellen, q-Spalte $q = i + 1$ und KW-Spalte mit Formel $= -80 - 10 * q^{-1} + \ldots\ldots + 60 * q^{-3}$ hinzufügen. Dann Diagramm aus i-Spalte und KW-Spalte erstellen. Ablesen, wo KW-Kurve die x-Achse schneidet bzw. für welches i der Wert für KW = 0 ist.

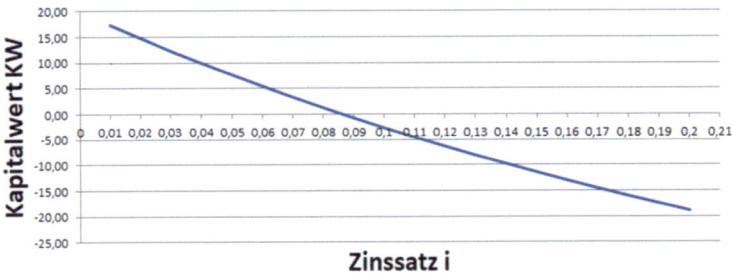

Ergebnis: **r = 8,5 %**

5.11 Übungen

b) .

Periode t	Zahlungsstrom e_t	Zinseinkünfte/-zahlung $Z_t = C_{(t-1)} * i$	$\sum$Zahlungsströme: $e_t + Z_t$	Vermögen $C(t) = C_{(t-1)} + e_t + Z_t$
0	− 80	0	− 80	+ 80 − 80 = 0
1	− 10	0	− 10	0 − 10 = − 10
2	+ 50	−10 ∗ 0,085 = − 0,85	50 − 0,85 = 49,15	− 10 + 49,15 = 39,15
3	60	39,15 ∗ 0,085 = 3,3278	60 + 3,3278 = 63,3278	39,15 + 63,3278 = **102,48** ≈ **102,18**

VOFI Projektdurchführung unter r = 0,085

$EV_U = 80 * 1,085^3 = \mathbf{102{,}18}$. Das heißt, ein Projekt unter r-Verzinsung ist genauso effektiv wie die Unterlassungsalternative, genauso wie bei fehlendem e_0 ein kreditfinanziertes Projekt unter r ein Kontoendstand von 0 ergibt und deren Unterlassungsalternative mangels verzinsbarem K_0 auch keinen Endstand.

Aufgabe 5.11.18: Investitionsanalyse im Unternehmensgesamtkontext

Compolytica stellt als Polypolist noch immer Kunststoff-intensive Massenprodukte her. Da reines Petro-Plastik in Alltagsprodukten von der EU Kommission immer mehr verboten wird, plant die Geschäftsführung, nun noch mehr in Biokunststoff zu investieren. Man hofft damit kurzfristig auch höhere Preise im reinen Polypol zu erzielen, sodass eine Nachhaltigkeitstransformation das Unternehmensziel der Gewinnmaximierung unterstützt.

Recherchen haben tatsächlich gezeigt, dass zwar Preisbereitschaften kurzfristig steigen würden, im Polypol unter vollkommener Konkurrenz diese dann schnell wieder erodieren. Die mittelfristig erwartbaren Preisbereitschaften hat Compolyticas Marketing deshalb mit P(t) = 0,725 − 0,025∗t mit t∈{Periode: 1;2;3;4;5} analysiert. In t = 0 sollen e_0 = − 60 aus bisherigen Gewinnen in das Entwicklungsprojekt Biokunststoff investiert werden. Aktuell beträgt der Marktpreis des Hauptproduktes P_0 = 0,725 und es werden x = 100 bei voller und künftig gleichbleibender Produktionsauslastung abgesetzt. Die Produktionskostenfunktion ist $K(x) = 0{,}005x^2 − 0{,}5x + 50$, Kapitalzins i = 5 %.

a) Zeichnen Sie ein P(t)-t-Diagramm für die mittelfristige Preisentwicklung unter Biokunststoff.
b) Berechnen Sie die in den Perioden t = 1, … 5 erzielbaren Übergewinne, und berechnen Sie die Rendite.
c) Leiten Sie daraus die Zahlungsreihe bei Projektdurchführung ab.
d) Ist das Projekt für Compolytica effektiv?
e) Kann Compolytica in t = 1 … 5 bereits Gewinne abschöpfen und wie viel? Stellen Sie hierzu auch einen VOFI auf.
f) Ist es ratsam, e_0 auch über Kredit zu finanzieren? Überprüfen Sie per internem Zinsfuß und per VOFI!

Lösung:

a) P(1) = 0,725 − 0,025 ∗ 1 = **0,70**

$$P(2) = 0{,}725 - 0{,}025 * 2 = \mathbf{0,675}$$

$$P(3) = 0{,}725 - 0{,}025 * 3 = \mathbf{0,65}$$

$$P(4) = 0{,}725 - 0{,}025 * 4 = \mathbf{0,625}$$

$$P(5) = 0{,}725 - 0{,}025 * 5 = \mathbf{0,60}$$

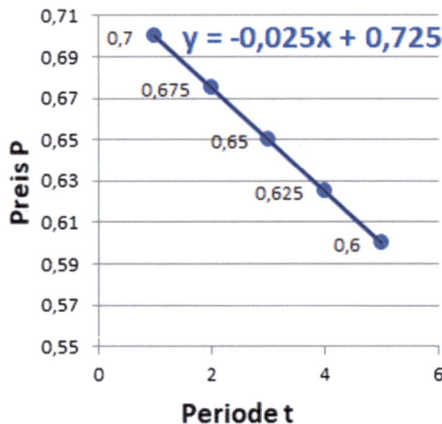

b) G(t) = P(t) ∗ x − K(x)
G(1) = 0,70 ∗ 100 − 0,005 ∗ 100^2 + 0,5 ∗ 100 − 50 = **20**
G(2) = 0,675 ∗ 100 − 0,005 ∗ 100^2 + 0,5 ∗ 100 − 50 = **17,5**
G(3) = 0,65 ∗ 100 − 0,005 ∗ 100^2 + 0,5 ∗ 100 − 50 = **15**
G(4) = 0,625 ∗ 100 − 0,005 ∗ 100^2 + 0,5 ∗ 100 − 50 = **12,5**
G(5) = 0,60 ∗ 100 − 0,005 ∗ 100^2 + 0,5 ∗ 100 − 50 = **10**
ΣG = 20 + 17,5 + 15 + 12,5 + 10 = **75**

⇒ Übergewinn = 75-investierter Gewinn = 75 − 60 = 15

Rendite = (Übergewinn/investierter Gewinn) ∗ 100 = (15/60) ∗ 100 = **25 %**

c) Zahlungsreihe I: $e_0 = -60$; $e_1 = 20$; $e_2 = 17{,}5$; $e_3 = 15$; $e_4 = 12{,}5$; $e_5 = 10$

5.11 Übungen

d) Das Projekt ist effektiv, wenn das Endvermögen des Projektes EV_I abzüglich dem Endvermögen der Unterlassungsalternative EV_U positiv ist, also wenn gilt $EW_I > 0$.

$$EV_I = 20 * 1{,}05^4 + 17{,}5 * 1{,}05^3 + 15 * 1{,}05^2 + 12{,}5 * 1{,}0^1 + 10 = \mathbf{84{,}23}$$

$$EV_U = 60 * 1{,}05^5 = \mathbf{76{,}58} \Rightarrow \mathbf{84{,}23 - 76{,}58 = 7{,}65 > 0}$$

oder: $EW_I = -60 * 1{,}05^5 + 20 * 1{,}05^4 + 17{,}5 * 1{,}05^3 + 15 * 1{,}05^2 + 12{,}5 * 1{,}05^1 + 10 = \mathbf{7{,}65}$

Das Projekt ist effektiv, denn es übersteigt das Endvermögen der Unterlassungsalternative um 7,65.

e) Ist die äquivalente Annuität positiv, können in jeder Periode entsprechend hohe Gewinne entnommen werden, ohne das Projekt schlechter zu stellen als die Unterlassungsalternative.

$$KW_I = -60 + 20 * 1{,}05^{-1} + 17{,}5 * 1{,}05^{-2} + 15 * 1{,}05^{-3} + 12{,}5 * 1{,}05^{-4} + 10 * 1{,}05^{-5} = \mathbf{6{,}00}$$

oder: $7{,}65 * 1{,}05^{-5} = \mathbf{6{,}00}$ und $RBF(5; 0{,}05) = \mathbf{4{,}3295} \Rightarrow e^A = 6{,}00/4{,}3295 = \mathbf{1{,}384}$
$\Rightarrow$ es können in jeder Periode bis 1,384 entnommen werden, $\sum \Delta G = 5 * 1{,}384 = \mathbf{6{,}92}$

f) Wenn $i = 0{,}05 < r$, dann ist auch Kreditfinanzierung ratsam, um nicht schlechter zu stehen als die Unterlassungsalternative.

VOFI Projektdurchführung unter Entnahme von 1,384				
Periode t	Zahlungsstrom e_t	Zinseinkünfte-/zahlung $Z_t = C_{(t-1)} * i$	$\sum$Zahlungsströme: $e_t + Z_t$	Vermögen $C(t) = C_{(t-1)} + e_t + Z_t$
0	-60	0	-60	$+60 - 60 = 0$
1	$+20 - 1{,}384 = 18{,}616$	0	$+18{,}616$	$0 + 18{,}616 = 18{,}616$
2	$+17{,}5 - 1{,}384 = 16{,}116$	$18{,}616 * 0{,}05 = 0{,}931$	$16{,}116 + 0{,}931 = 17{,}046$	$18{,}616 + 17{,}046 = 35{,}660$
3	$+15 - 1{,}384 = 13{,}615$	$35{,}660 * 0{,}05 = 1{,}783$	$13{,}615 + 1{,}783 = 15{,}398$	$35{,}660 + 15{,}398 = 51{,}058$
4	$+12{,}5 - 1{,}384 = 11{,}115$	$51{,}058 * 0{,}05 = 2{,}553$	$11{,}115 + 2{,}553 = 13{,}668$	$51{,}058 + 13{,}668 = 64{,}726$
5	$+10 - 1{,}384 = 8{,}615$	$64{,}726 * 0{,}05 = 3{,}236$	$8{,}615 + 3{,}236 = 11{,}851$	$64{,}726 + 11{,}851 = \mathbf{76{,}577} = EV_U$

Interner Zinsfuß r: Es muss gelten $KW_I(i) = 0$, also muss der Zinssatz gefunden werden, bei dem der Kapitalwert der Investition gerade 0 wird.

$$KW_I(i) = 0 = -60 + 20 * q^{-1} + 17{,}5 * q^{-2} + 15 * q^{-3} + 12{,}5 * q^{-4} + 10 * q^{-5}$$

Lösung muss durch Probieren gefunden werden, bestenfalls per Excel.

i	0,01	0,02	0,03	0,04	0,05	0,06	0,07	0,08	**0,09**	0,1	0,11	0,12	0,13	0,14	0,15	0,16	0,17	0,18
q	1,01	1,02	1,03	1,04	1,05	1,06	1,07	1,08	**1,09**	1,1	1,11	1,12	1,13	1,14	1,15	1,16	1,17	1,18
KW	13,0	11,2	9,4	7,6	6,0	4,4	2,9	1,4	**0,0**	−1,3	−2,6	−3,9	−5,1	−6,3	−7,4	−8,5	−9,5	−10,5

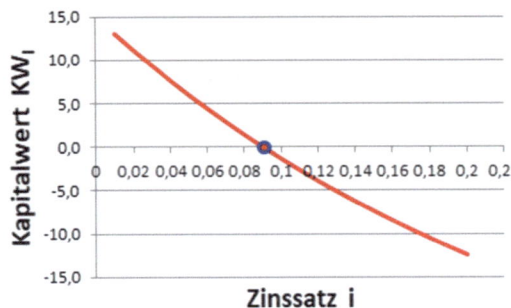

Der interne Zinsfuß beträgt 9 %, der Kapitalmarktzins = Kreditzins i ist kleiner, nämlich 5 %. Damit ist es auch möglich, die Investition per Kredit zu finanzieren.

Es muss gelten: $EV_K = EW_I > 0$?

VOFI kreditfinanzierte Projektdurchführung				Vermögen
Periode t	Zahlungsstrom e_t	Zinseinkünfte/-zahlung $Z_t = C_{(t-1)} * i$	$\sum$Zahlungsströme: $e_t + Z_t$	$C(t) = C_{(t-1)} + e_t + Z_t$
0	−60	0	−60	0 − 60 = −60
1	+20	−60 ∗ 0,05 = −3,00	+20 − 3 = +17	−60 + 17 = −43
2	+17,5	−43 ∗ 0,05 − = 2,15	+17,5 − 2,15 = +15,35	−43 + 15,35 = −27,65
3	+15	−27,65 ∗ 0,05 = −1,383	+15 − 1,383 = +13,618	−27,65 + 13,618 = −14,033
4	+12,5	−14,044 ∗ 0,05 = −0,702	+12,5 − 0,702 = +11,799	−14,033 + 11,799 = −2,235
5	+10	−2,235 ∗ 0,05 = −0,112	+10 − 0,112 = 9,888	−2,235 + 9,888 =**7,65** = $EW_I > 0$

Aufgabe 5.11.19: Leasing zur Finanzierung

Compolytica least eine Maschine (Anschaffungskosten 2 Mio.) auf 5 Jahre. Extruwa ist Leasinggeber (LG) und rechnet mit periodischen Verwaltungskosten von $Verw_K = 0{,}03$ Mio./Jahr für regelmäßigen Wartungsservice und i = 10 %.

5.11 Übungen

a) Wie hoch ist Compolyticas Leasingrate für einen Vollamortisationsvertrag, aber ohne Andienung?
b) Wie hoch ist die Leasingrate, wenn nun eine Andienung von $A_P = 0{,}4$ Mio. erfolgt?

Lösung:

a)
$$\text{RBF}(5; 0,10) = 3{,}7908 \Rightarrow \text{KW}_L = 2'000'000 = (L - 30'000) * 3{,}7908$$
$$\Rightarrow L = \mathbf{557'593{,}12\ €}$$

b)
$$\text{KW}_{LG} = 2'000'000 = (L - 30'000) * 3{,}7908 + 400'000 * 1{,}1^{-5} \Rightarrow L = \mathbf{492'074{,}36\ €}$$

Aufgabe 5.11.20: Leasing zur Finanzierung
Extruwa bietet Compolytica eine neue Produktionsanlage für 3 Mio. € an. Compolytica möchte diese aber auf 5 Jahre leasen und verlangt danach eine Andienung zu 1,5 Mio. €. Die Anlage stellt im Jahr 0,25 Mio. Kunststoffteile her, die zum Stückpreis P = 10 verkauft werden, die variablen Stückkosten betragen $k_v = 6$, die Fixkosten belaufen sich auf 8 % der Anschaffungskosten.

a) Berechnen Sie für diesen Teilamortisationsvertrag Compolyticas Leasingrate, wenn $i_{LG} = 10\%$ beträgt.
b) Stellen Sie die Zahlungsreihe der Investition aus Sicht von Compolytica auf.
c) Berechnen Sie EV_1 und beurteilen Sie, ob die Investition in die Anlage effektiv ist, wenn $i_{LN} = 5\%$ ist.

Lösung:

a) $\text{RBF}(5;0{,}10) = 3{,}7908 \Rightarrow \text{KW}_{LG} = 3'000'000 = L * 3{,}7908 + 1'500'000 * 1{,}10^{-5} \Rightarrow$ $L = \mathbf{545'694{,}32\ €}$

oder: $\text{KW}_{LG} = 3'000'000 = L * 1{,}10^{-1} + L * 1{,}10^{-2} + L * 1{,}10^{-3} + L * 1{,}10^{-4} + L * 1{,}10^{-5} + 1'500'000 * 1{,}10^{-5}$

$$\Rightarrow L = \mathbf{545'696{,}22\ €}$$

b) Periodischer Gewinn aus Produktion: $G = (10 - 6) * 250'000 - 0{,}08 * 3'000'000 = \mathbf{760'000\ €}$

Periodischer Übergewinn: $G - L = 760'000 - 545'694{,}32 = \mathbf{214'305{,}68€}$, daraus folgt die Zahlungsreihe I:

$$e_1 = (+214'305,68); e_2 = (+214'305,68); e_3 = (+214'305,68); e_4 = (+214'305,68); e_5 = (+214'305,68)$$

c) $EV_I = 214'305{,}68 * 1{,}05^4 + 214'305{,}68 * 1{,}05^3 + 214'305{,}68 * 1{,}05^2 + 214'305{,}68 * 1{,}05 + 214'305{,}68$

$$= 1'184'174{,}16 \text{€} \quad oder : RBF(5; 0{,}05) = 4{,}3295$$
$$\Rightarrow KW_I = 214'305{,}68 * 4{,}3295 = \mathbf{927'836{,}44} \text{ €}$$

$$\Rightarrow EV_I = 927'836{,}44 * 1{,}05^5 = \mathbf{1'184'180{,}54} \text{ €}$$

⇒ Compolytica kann mit dieser Investition Übergewinne abschöpfen, was das Projekt effektiv macht.

Aufgabe 5.11.21: Multiple Choice (MC) Aufgaben zur Vertiefung und Konsolidierung
MC 1: Grundlagen der Investitionstheorie
Welche Aussage(n) ist/sind zum effizienten Investieren uneingeschränkt richtig?

a)	Effizient ist eine Investition, wenn sie mehr Ertrag abwirft, als man für sie aufwenden musste	X
b)	Wenn ein Unternehmen eine feste Summe investieren will, um ein festes Vermögensziel zu erreichen, geht es nach dem Minimalprinzip vor	
c)	Wenn ein Unternehmen eine feste Summe investieren will, um damit ein größtmögliches Vermögen zu erzielen, geht es nach dem Maximalprinzip vor	X
d)	Wenn ein Unternehmen ein festgelegtes Vermögen erzielen möchte und dafür möglichst wenig investieren will, geht es nach dem Maximalprinzip vor	
e)	Die Forderung, ein maximales Vermögen mit minimalem Investitionsbudget zu erzielen, ist ökonomisch nicht eindeutig lösbar (1 Gleichung mit 2 Unbekannten)	X

MC 2: Grundlagen der Investitionstheorie
Welche Aussage(n) ist/sind zu den Eigenschaften von Investitionsprojekten uneingeschränkt richtig?

a)	Investitionen sind kurzfristige Finanzmittelverwendungen (≤1 Jahr) des Unternehmens	
b)	Das Risiko ist bei Investitionsprojekten geringer, wenn die Finanzmittel gleich zu Beginn vollständig in das Projekt fließen	
c)	Während eines unternehmerischen Investitionsprojektes muss wegen der Finanzmittelbindung das operative Geschäft ruhen	
d)	Je länger die Projektlaufzeit, desto geringer ist der Einfluss der Marktzinsentwicklung auf die Rendite des Projektes	
e)	Periodische Übergewinne aus Investitionsprojekten sind Erträge, die die investierten Unternehmensgewinne aus vorheriger operativer Tätigkeit nun zusätzlich als weitere Gewinne abwerfen	X

5.11 Übungen

MC 3: Grundlagen der Investitionstheorie
Welche Aussage(n) ist/sind zum Investitions- und Finanzmanagement uneingeschränkt richtig?

a)	Investitionsmanagement hat kurzfristigen Charakter, Finanzmanagement eher langfristigen	
b)	Das Finanzmanagement unterstützt das Investitionsmanagement	X
c)	Das Risiko ist im Investitionsmanagement geringer als im Finanzmanagement	
d)	Das Finanzmanagement ist im Vergleich zum Investitionsmanagement mehr von Routinetätigkeiten geprägt	X
e)	Das Investitionsmanagement trägt mehr als das Finanzmanagement zum operativen Gewinn des Unternehmens bei	

MC 4: Grundlagen der Investitionstheorie
Welche Aussage(n) ist/sind zum Zahlenstrahl für Investitionsverläufe uneingeschränkt richtig?

a)	Der Zahlenstrahl beginnt mit einer Investitionsauszahlung in t = 0	X
b)	T gibt die jeweilige Periode an, t ist die Projektlaufzeit	
c)	Der periodische Saldo ergibt sich als Einzahlungen minus Auszahlungen	X
d)	Entlang des Zahlenstrahles müssen die Salden immer positiv sein	
e)	Entlang des Zahlenstrahles müssen die Salden stets größer werden	

MC 5: Finanzmathematische Grundlagen
Welche Aussage(n) ist/sind zur Zinsrechnung uneingeschränkt richtig?

a)	Bei der einfachen Verzinsung ist über die Laufzeit T der periodische Zinsertrag Z stets gleich	X
b)	Bei der einfachen Verzinsung wird über die Laufzeit T dem Ausgangsvermögen K_0 der Zinsertrag Z hinzuaddiert	X
c)	Bei der einfachen Verzinsung wird über die Laufzeit T das Ausgangsvermögen K_0 mit dem T-fachen Verzinsungsfaktor q multipliziert	
d)	Bei der Zinseszinsrechnung wird über die Laufzeit T das Ausgangsvermögen K_0 mit der um den Exponenten T potenzierten Basis (1 + i) multipliziert	X
e)	Je größer der Exponent T, desto kleiner wird das Endvermögen EV bei gleichem Zinssatz i	

MC 6: Finanzmathematische Grundlagen

Welche Aussage(n) ist/sind zur eigen- und fremdfinanzierten Investitionsprojekten uneingeschränkt richtig?

a)	Bei eigenfinanzierten Investitionen beträgt der Kontoanfangsstand $-e_0$	
b)	Bei kreditfinanzierten Investitionen dient ein Teil der periodischen Übergewinne zur Kredittilgung (Annuität)	X
c)	Ein Zahlungsbetrag als Übergewinn in Periode t trägt bei Projektlaufzeit T für eine Dauer von T zum Aufbau von Endvermögen bei	
d)	Nur gleiche Übergewinnbeträge e_t lassen sich auf t = 0 abzinsen	
e)	Was e_t als Übergewinn bei der Eigenfinanzierung darstellt, ist bei Kreditfinanzierung die Annuität a_t	X

MC 7: Investitionstheoretische Kennzahlen

Welche Aussage(n) ist/sind zum Endwert und Endvermögen uneingeschränkt richtig?

a)	Der Endwert der Investition ist die Differenz zwischen den verzinsten periodischen Übergewinnen und der verzinsten Investitionsanfangsauszahlung	X
b)	Der Endwert EW_U der Unterlassungsalternative sind die Zinserträge	X
c)	Die Unterlassungsalternative stellt den Verzicht auf das Investitionsprojekt dar bei Verzinsung von e_0 als Bankguthaben	X
d)	Die Unterlassungsalternative der Unterlassungsalternative kommt dem Effekt einer Spardose zu Hause gleich	X
e)	Die Investitionsanfangsauszahlung e_0 ist die Differenz zwischen dem Endvermögen der Unterlassungsalternative und deren Zinsgewinnen	X

MC 8: Investitionstheoretische Kennzahlen

Welche Aussage(n) ist/sind zum Endwert uneingeschränkt richtig?

a)	Ist $EW_I > EW_U$, dann sollte das Projekt unterlassen werden	
b)	Gilt $EW_U > EW_I$, dann sollte die Unterlassungsalternative gewählt werden	X
c)	Gilt $EW_I > 0$, dann sollte man dem Investor den über 0 hinausgehenden Betrag als Ausgleichszahlung für die Projektdurchführung anbieten	
d)	Gilt $EW_I < 0$ und sind der Zins für Projektdurchführung und Bankguthaben identisch, dann ist die Unterlassungsalternative immer die bessere Wahl	X
e)	Um Investoren von der unerwünschten Durchführung bestimmter Investitionsprojekte abzuhalten, kann der Staat die Summe EW_I als Pflichtabgabe erheben	X

5.11 Übungen

MC 9: Investitionstheoretische Kennzahlen
Welche Aussage(n) ist/sind zum vollständigen Finanzplan (VOFI) uneingeschränkt richtig?

a)	Endvermögen entsprechen dem Kontoendstand	X
b)	Der VOFI kann nur für Projektdurchführung und Unterlassungsalternative angewendet werden, für Kreditfinanzierung aber nicht	
c)	Der Kontoendstand in T bei Kreditfinanzierung entspricht dem Endwert EW_I	X
d)	Ist $EW_I < 0$, dann kann ein aufgenommener Kredit über die Projektübergewinne nicht vollständig getilgt werden	X
e)	Um VOFI-Endstände zwischen Eigen-, Unterlassungs- und Kreditvariante vergleichbar zu machen, muss der Zins i in allen drei Fällen identisch sein	

MC 10: Investitionstheoretische Kennzahlen
Welche Aussage(n) ist/sind zum Kapitalwert uneingeschränkt richtig?

a)	Der Kapitalwert ist ein Zukunftswert als Summe aller mit i auf T aufgezinsten Zahlungen e_t einer Investition	
b)	Der Kapitalwert ist der mit i über T abgezinste Endwert EW_I	X
c)	Soll in der Zukunft ein bestimmter Betrag zur Verfügung stehen, dann muss in $t = 0$ der Barwert dieses Betrages angelegt werden	X
d)	Der Barwert einer Investition ist die abgezinste Differenz zwischen EV_I und EV_U	X
e)	Gilt $EW_I < 0$, dann muss auch der Barwert negativ sein	X

MC 11: Projektindividuelle Entscheidungsoptionen
Welche Aussage(n) ist/sind zu Entscheidungsoptionen auf Basis des EW und KW uneingeschränkt richtig?

a)	Die Entscheidung auf Basis des KW zu fällen ist genauso richtig wie das Fällen anhand des EW	X
b)	Gilt $KW < 0$, so ist die Unterlassungsalternative vorzuziehen, sofern auch hier der Zins i gleich groß ist	X
c)	Projekte unterschiedlicher Laufzeiten sollen auf den längsten T-Wert aufgezinst werden, um sie für eine Entscheidung vergleichbar zu machen	X
d)	Projekte, die früher Übergewinne abwerfen, sollten jenen mit später eintretenden Gewinnen vorgezogen werden	X
e)	Je größer T, desto kleiner die Unsicherheiten bei der Entscheidungsfindung	

MC 12: Gewinnentnahmen während der Projektlaufzeit
Welche Aussage(n) ist/sind zur äquivalenten Annuität uneingeschränkt richtig?

a)	Die äquivalente Annuität ist eine gedanklich konstante periodische Übergewinndifferenz zwischen Projektdurchführung und Unterlassungsalternative	X
b)	Ist $e^A > 0$, wirft das Projekt periodische Übergewinne ab	X
c)	Ist $e^A < 0$, ist das Projekt der Unterlassungsalternative vorzuziehen	
d)	Die äquivalente Annuität entspricht dem Wert des Rentenbarwertfaktors	
e)	Der Rentenbarwertfaktor ist ein fiktiver Geldbetrag in $t = 0$	

MC 13: Gewinnentnahmen während der Projektlaufzeit

Welche Aussage(n) ist/sind zur Bestimmung der äquivalenten Annuität über eine alternative Zahlungsreihe uneingeschränkt richtig?

a)	Die alternative Zahlungsreihe enthält T − 1 Summanden als äquivalente Annuitäten e^A	
b)	Der aufgezinste Wert der alternativen Zahlungsreihe muss dem Endwert der projektbezogenen Überschussgewinne entsprechen	X
c)	Die alternative Zahlungsreihe kann auch ungleiche e^A-Beträge enthalten	
d)	Die alternative Zahlungsreihe muss auch e_0 enthalten	
e)	Bei der Bestimmung von e^A über alternative Zahlungsreihen muss i so groß sein wie bei der Bestimmung von e^A über den RBF	X

MC 14: Gewinnentnahmen während der Projektlaufzeit

Welche Aussage(n) ist/sind zur ökonomische Interpretation der äquivalenten Annuität uneingeschränkt richtig?

a)	Ist $e^A > 0$, darf dieser Betrag periodisch entnommen werden, ohne die Unterlassungsalternative besser zu stellen	X
b)	Ist $e^A < 0$, ist die Unterlassungsalternative immer die bessere Wahl	X
c)	Ist $e^A < 0$, ist die Kreditfinanzierung immer besser als die Eigenfinanzierung	
d)	Ist $e^A < 0$, müssen die periodischen Übergewinne als Projektziel höher festgelegt werden	X
e)	Ist $e^A = 0$, ist das Projekt indifferent zur Unterlassungsalternative	X

MC 15: Kreditfinanzierte Investitionsentscheidungen

Welche Aussage(n) ist/sind zum internen Zinsfuß uneingeschränkt richtig?

a)	Unter dem interne Zinsfuß r einer Zahlungsreihe wird deren Endwert gerade 0	X
b)	Übersteigt der Zins i den internen Zinsfuß r, dann ist das Projekt effektiv	
c)	Übersteigt der Kreditzins i_K den internen Zinsfuß r, dann ist die Kreditfinanzierung effektiver als die Eigenfinanzierung	
d)	Entspricht der Zins i dem internen Zinsfuß r, dann generiert das Projekt keinen künftigen Wertezuwachs für das Unternehmen	X
e)	Der interne Zinsfuß r kann nur durch Probieren ausgerechnet werden	X

MC 16: Leasing zur Finanzierung

Welche Aussage(n) ist/sind zum Leasing uneingeschränkt richtig?

a)	Leasinggeber ist Eigentümer und Leasingnehmer ist Nutzer des Leasingobjektes	X
b)	Bei Operate Leasing muss der Geber auch Pflichten der Instandhaltung und Wartung des Objektes wahrnehmen	X
c)	Beim Finanzierungsleasing hat der Geber kaum Interesse nach Leasingende das Objekt weiter zu nutzen	
d)	Beim Vollamortisationsvertrag werden die Anschaffungskosten des Objektes allein über die Leasingraten getilgt	X
e)	Beim Teilamortisationsvertrag sind feste Zusatzzahlungen neben der Leasingrate zu leisten	X

5.11 Übungen

MC 17: Leasing zur Finanzierung
Welche Aussage(n) ist/sind zur Leasingrate uneingeschränkt richtig?

a)	Beim Vollamortisationsvertrag ist die Leasingrate höher als beim Teilamortisationsvertrag	X
b)	Beim Vollamortisationsvertrag ohne Verwaltungskosten ergibt die Summe aller auf $t = 0$ abgezinsten Leasingraten die Anschaffungskosten A_K	X
c)	Kommen beim Vollamortisationsvertrag zusätzlich noch Verwaltungskosten hinzu, erhöht sich die Leasingrate	X
d)	Beim Teilamortisationsvertrag mit Andienungsrecht erhöht sich die Leasingrate mit zunehmendem Andienungspreis A_P	
e)	Beim Teilamortisationsvertrag mit Andienungsrecht verringert sich die Leasingrate mit zunehmenden Verwaltungskosten	

MC 18: Investitionsanalyse im Unternehmensgesamtkontext
Welche Aussage(n) ist/sind zur Investitionsstrategie von Polypolisten uneingeschränkt richtig?

a)	Polypolisten versuchen durch Investitionsprojekte die Kosteneffizienz zu steigern	X
b)	Investitionsprojekte von Polypolisten sind meisten im Marketing verankert	
c)	Die Strategievariable von Polypolisten ist der Marktpreis	
d)	Skaleneffekte sind Vorteile, die durch möglichst viel Ausbringungsmenge entstehen, z. B. Mengenrabatte bei Rohstoffbestellungen	X
e)	Durchschnittskostenminimierung ist das Ziel der Polypolisten	X

MC 19: Investitionsanalyse im Unternehmensgesamtkontext
Welche Aussage(n) ist/sind zur Investitionsstrategie von Monopolisten uneingeschränkt richtig?

a)	Monopolisten versuchen, durch Investitionsprojekte ihre Kosten zu senken	
b)	Monopolisten versuchen, durch Investitionsprojekte neue Produkte zu entwickeln	X
c)	Die Strategievariable von Monopolisten ist der Marktpreis	X
d)	Automatisierte Produktion ist ein typisches Investitionsprojekt von Monopolisten	
e)	Innovationsführerschaft ist das Ziel von Monopolisten	X

MC 20: Investitionsanalyse im Unternehmensgesamtkontext
Welche Aussage(n) ist/sind zur Investitionsstrategie von Mass-Customizern uneingeschränkt richtig?

a)	Mass-Customizer investieren oft in die Übernahme anderer Unternehmen	X
b)	Mass-Customizer investieren oft in Aktien anderer Unternehmen	X
c)	Die Strategievariablen von Mass-Customizern sind die Menge, Kosten und Marktpreis	X
d)	Mass-Customizer sind Polypolisten, die sich monopolisieren	X
e)	Mass-Customizer sind eher unter den Klein- und mittleren Unternehmen zu finden	

Literaturstudie zum Stand der Forschung über biobasierte Kunststoffe in Industrie und Markt 6

6.1 Studienziel und Stichprobenumfang

Biobasierte Kunststoffe sind nicht gänzlich neu für die Industrie, erfuhren jedoch mit wachsenden Umweltproblemen aus Plastikkonsum zunehmend an Bedeutung. Bereits in den 1990er-Jahren startete die Bio-Produktwelle, zuerst im Lebensmittelsektor, und seit den 2000ern dann auch in anderen Segmenten, wie Kosmetik, Verpackung, Chemie etc. Die Forschung zu biobasierten Werkstoffen als Substitutionstechnologien für wenig nachhaltige Materialien startete im gleichen Zeitraum. Wood-Plastic Composites (WPC) fanden ebenfalls Einzug in das Bauwesen. Der Grund ihrer Entwicklung und Markteinführung lag in der Vermeidung von Tropenholz für materialintensive Anwendungen, wie Terrassen oder Fensterrahmen. Erstere blieben bei WPC, Letztere setzten sich nicht durch und PVC übernahm erstmal die Hauptrolle. Die Forschung zu biobasierten Kunststoffen und ihren Verbundwerkstoffen ist bis heute ein wertvoller Beitrag für die Entwicklung künftiger Produkte daraus und wird seit einigen Jahren durch die Diskussion um petrochemische Kunststoffe und deren Wirkung auf die Umwelt und den Menschen angeheizt. Studien zu diesem Material sind einerseits induktiv, d. h., dass sie aus einem praktischen Problem heraus Lösungen erarbeiten, wie eben die funktionale Verwendung von WPC in belasteten oder dauerhaften Anwendungen. Sie kann aber auch deduktiv sein, indem sie bereits bestehende Erkenntnisse aus themenaffinen Bereichen aufgreift und diese für das Zielmaterial verwertbar macht. Beispielsweise ist das Recycling von reinen Kunststoffen Stand der Technik, aber die Frage, ob die Wiederverwertungstechniken unmittelbar auch auf WPC übertragbar sind, ist derzeit noch in der Forschungsphase.

Im Rahmen einer Literaturstudie zum Thema „betriebliche Marktforschungsstrategie für biobasierte Plastikprodukte" wurden 100 wissenschaftliche Quellen nach einem festgelegten Merkmalskatalog analysiert. Studierende der IU Internationalen Hochschule in Mainz führten die Auswertungen im Modul Marktforschung zwischen April und Juli 2024 durch. Folgende Forschungsfragen standen dabei im Vordergrund. (1) Was macht die Vermarktung biobasierter Plastikprodukte aus Konsumenten- und Expertensicht erfolgreich? (2) Welche Erfolgsbarrieren bestehen? (3) Mit welchen zukünftigen Trends müssen Unternehmen nach einer Umstellung rechnen? (4) Welche Forschungslücken gibt es noch? (5) Und zu welchen Produktkategorien liegt bereits umfangreiche Forschung vor?

Tab. 6.1 zeigt den Merkmalskatalog. Zu den 16 Kontextfaktoren zählen die Art des Zielmaterials, beispielsweise reine Biopolymere oder biobasiert-petrochemische Kunststoff-Verbundwerkstoffe (Nr. 3), deren Einsatzzweck, der eher Umwelt-relevant oder gesellschaftlich motiviert ist (Nr. 2), sowie die Haupt-Zielanwendungen als Produkte oder Verpackungen (Nr. 5). Weitere Faktoren umfassten die Zielobjekte, nämlich welche konkreten Produkte untersucht wurden; die Zielgruppen, von der die Literaturquelle berichtetet, nämlich als Konsumenten oder Experten; sowie das Segment, wie z. B. Lebensmittelbereich; und die genutzten Untersuchungsinstrumente als Umfragen oder Interviews.

Tab. 6.1 Kontextfaktoren des Merkmalskatalogs und deren Codierung zur Auswertung der Literaturquellen

Nr.	Merkmalsausprägung und Codierung
1	Jahr der Veröffentlichung, z. B. 2017
2	Warum war biobasierter Kunststoff von Interesse? Umwelt ($= 0$), z. B. Verschmutzung, Ölabbau; Gesellschaft ($= 1$), z. B. Gesundheit
3	Welche Art Kunststoff wurde untersucht? Biopolymere ($= 0$); Biomasse-vergütetes Petroplastik ($= 1$)
4	Lag der Fokus auf Herkunft ($= 0$), z. B. Ölressourcenschonung; oder End-of-Live ($= 1$), z. B. CO_2-Emissionen für Plastik?
5	Was ist das Zielobjekt? Produkt ($= 0$); Verpackung ($= 1$)
6	Wurde ein konkretes Testobjekt, z. B. Trinkflasche, verwendet? nein ($= 0$); ja ($= 1$)
7	Falls ein Testobjekt verwendet wurde, was für eins? Zum Beispiel Schlagwort Trinkflasche
8	Wer wurde befragt? Konsumenten ($= 0$); Experten ($= 1$)
9	Wie wurde untersucht? Umfragebogen ($= 0$); persönliches Interview ($= 1$)
10	Steht das Thema bzw. das Ergebnis in Verbindung mit Lebensmitteln? nein ($= 0$); ja ($= 1$)
11	Wurde eine Preisbereitschaft (WTP) untersucht? nein ($= 0$); ja ($= 1$)
12	War ein Effekt aus soziodemografischen Eigenschaften signifikant? nein ($= 0$); ja ($= 1$)
13	Spielte die Informiertheit ($=$ Wissen über biobasiertes Plastik) eine Rolle? nein ($= 0$); ja ($= 1$)
14	Wurde biobasiertes Plastik eher für den Massenmarkt ($= 0$), z. B. Massengüter; oder den Nischenmarkt ($= 1$), Spezialanwendungen wie z. B. Pharma, empfohlen?
15	Welche Barrieren wurden für eine effektive Plastik-Vermeidung mittels biobasiertem Plastik gesehen? Zum Beispiel Schlagwort Kosten
16	Welche Zukunftsprodukte aus biobasiertem Plastik wurden konkret vorgeschlagen? Zum Beispiel Schlagwort Autoteile

6.2 Methode

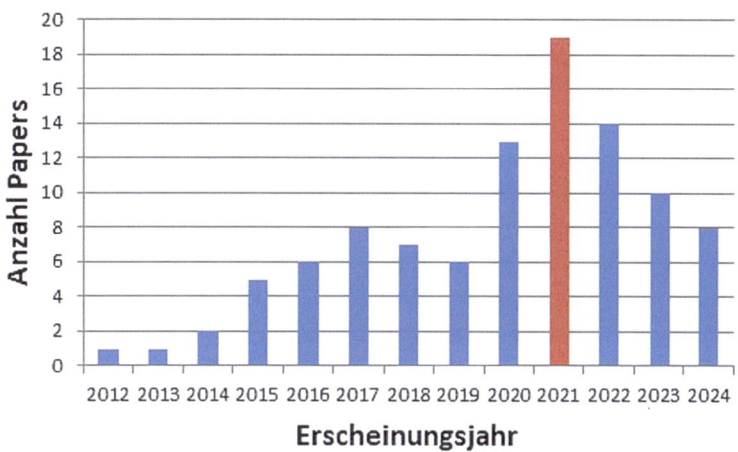

Abb. 6.1 Verteilung der Stichprobe aus 100 wissenschaftlichen Publikationen nach Erscheinungsjahr

Stimuli, wie soziodemografische Eigenschaften, Zahlungsbereitschaft (WTP), der Informiertheitsgrad (Involvement), sowie die Marktstruktur (Polypol oder Monopol), wurden ebenfalls berücksichtigt. Schließlich wurden aus den Quellen mögliche Erfolgsbarrieren und Zukunftsaussichten abgeleitet, die als Input für spätere SWOT-Analysen relevant werden.

Die Fundstellen der analysierten wissenschaftlichen Arbeiten wurden überwiegend über die Suchmaschine GoogleScholar ermittelt, unter Anwendung folgender Suchbegriffe, nämlich „Biobased Plastic", „Consumer", „Expert" und „Survey". Die verwendeten Publikationen stammen aus den Verlagen Elsevier, Springer, Taylor&Francis und Wiley und umfassen Veröffentlichungen aus dem Zeitraum von 2012 bis heute. Abb. 6.1 zeigt, dass neuere Veröffentlichungen dominieren, die maximale Anzahl an Papers macht etwa 10 % des Stichprobenumfangs aus und stammte aus dem Jahr 2021.

6.2 Methode

Die identifizierten Wissenschaftspublikationen bilden eine repräsentative Stichprobe, die aus 100 Merkmalsträgern besteht. Jede Publikation besitzt Merkmalsausprägungen, wie sie in Tab. 6.1 festgelegt sind. Eine Überführung der qualitativen Ausprägungen in quantitative Daten geschieht anhand der ebenfalls in Tab. 6.1 enthaltenen Codierungen, wie z. B. dichotom als nein = 0 und ja = 1 der Merkmale 6; 10; 11; 12; 13. Im Ergebnis entsteht ein Datensatz mit 100 Zeilen für die Publikationen, denen pro Zeile 16 Spalten mit quantitativen Merkmalsausprägungen zugeordnet sind. Damit lassen sich explorative Analysen durchführen, die Effekte zwischen den Merkmalen ausdrücken. Eine solche bivariate Korrelation zwischen zwei Merkmalen beschreibt dann beispielsweise, ob sich das Erscheinungsjahr der Publikation (Merkmal-Nr. 1) auf die Art des untersuchten Kunststoffes (Nr. 3) auswirkt. Oder anders formuliert, ob sich im Laufe der Jahre der Forschungsschwerpunkt von reinen Biopolymeren auf neuartige, biobasierte Kunststoff-Verbundwerkstoffe, wie WPC, verlagert hat. Die Korrelationsanalyse wendet ein Signifikanzniveau von 5 % an und unterteilt die Effektstärke in schwach ($0{,}10 < r \leq 0{,}30$), mittel ($0{,}30 < r \leq 0{,}50$) und stark ($r > 0{,}50$) ein. Zusätzlich zur explorativen Analyse dienten die codierten Merkmalsausprägungen auch dazu, innerhalb einer Charakterisierung der Stichprobe, die Verteilung der Ausprägungen je Merkmal deskriptiv als Kuchendiagramm darzustellen.

Die Merkmale 7; 15 und 16 bleiben rein qualitativ in ihren möglichen Ausprägungen, die wegen der hohen Anzahl an Papers, aber auch der sechs Studierenden, die die Auswertungen der Papers vornahmen, vielfältige Schlagwörter einnehmen können. Um diese auf wenige aussagekräftige Ausprägungen zu reduzieren, wurde eine induktive Textanalyse angewendet. Hierzu wurden zunächst alle Schlagwörter tabellarisiert und anschließend in einer zweiten Auswertungsrunde 4 bis 6 Überkategorien abgeleitet, denen sich die Schlagwörter zuordnen ließen. Das Ergebnis wurde rein deskriptiv als Kuchendiagramm der prozentualen Nennungen je Überkategorie dargestellt.

Die Ergebnisinterpretation erfolgte anhand einschlägiger ökonomischer Theorien, wie sie in den vorherigen Buchkapiteln bereits behandelt wurden. Hierzu wurden folgende ausgewählt:

(1) **Gossen'sches Gesetz der Nutzenmaximierung und -begrenzung**: Innerhalb dieser Theorie spielen insbesondere Merkmale, wie Preisbereitschaft (Tab. 6.1: Merkmal-Nr. 11), das beforschte Konsumobjekt (Nr. 5) oder Persönlichkeitsmerkmale der Zielgruppen (Nr. 12), eine Hauptrolle. Diese Theorie hilft zu klären, ob Konsumenten eher ihren Nutzen aus nachhaltigeren Verpackungen oder Produkten ziehen, und ob dies dann auch für alle Konsumenten gleichermaßen gilt oder von bestimmten Personeneigenschaften abhängt.

(2) **Cournot'sche Gewinnmaximierung im Monopol**: Innerhalb dieser Theorie interessiert die Preisbereitschaft der Konsumenten, denn sie legt die P(x)-Linie im Marktmodell fest. Dieses Modell stützt sich auf das Monopol als vorherrschende Marktform. Wenn sich im Ergebnis aus der Stichprobe ableiten lässt, dass das Zielmaterial biobasierter Kunststoff eher im Monopol eine signifikante Rolle spielt, lässt sich daraus ein höheres Gewinnpotenzial für Plastik-substituierende Unternehmen ableiten, als wenn dies für ein Polypol der Fall wäre. Letzteres wäre aber für die Umwelt effektiver, denn dann beträfe die Umstellung eine viel größere Anzahl an Güter, da der Massenmarkt im Vordergrund steht.

(3) **3-Komponententheorie der Kaufentscheidung**: Diese Theorie besagt, dass ein Kauf eher vollzogen wird, wenn beispielsweise der Informiertheitsgrad (Merkmal-Nr. 13) bei Konsumenten ausgeprägter ist. Andererseits kann eine Ablehnung des Zielmaterials auch wegen formeller Rahmenbedingungen vorherrschen, was bei Experten als betriebliche Entscheider häufig der Fall ist (Merkmal-Nr. 8). Daraus lässt sich z. B. aus

der Studie ableiten, ob biobasierter Kunststoff dann im Markt erfolgreicher ist, wenn zuvor die Konsumenten durch informatorische Werbung auf das Material hingewiesen wurden.

(4) **SCP-Paradigma zur Beschreibung der Marktdynamik**: Diese Theorie besagt, dass Marktgegebenheiten einem permanenten Wandel unterworfen sind. Für die Studie könnte dies bedeuten, dass die Art des Forschungsobjektes (Merkmal-Nr. 3) mit dem Erscheinungsjahr der Publikation (Merkmal-Nr. 1) assoziiert ist, sich also im Laufe der Zeit das Interesse für eine bestimmte Art biobasierten Kunststoffs ändert. Plastik-substituierende Unternehmen sollten dann sehr wohl eruieren, welcher Kunststoff aktuell in der Forschung untersucht wird und in naher Zukunft zum Stand der Technik avanciert, denn darin wird sicherlich Innovationspotenzial liegen, das für eine effektive Monopolisierung des Marktes unerlässlich ist.

6.3 Ergebnisse

6.3.1 Charakterisierung der Stichprobe

Die deskriptive Auswertung der Merkmal-Nr. 2 über die Forschungsgründe ergab, dass biobasiertes Plastik in 76 % der berichteten Studien aus Umweltinteresse untersucht wurde (Abb. 6.2a) und dass es sich dabei zu 72 % um reine Biopolymere handelte (Abb. 6.2b). Ob die 28 % Biomasse-vergütetes petrochemisches Plastik als eine neuartige Variante biobasierter Kunststoffe ein Trend der jüngsten Vergangenheit darstellt, kann später nur eine explorative Analyse mit dem Merkmal Nr. 1 zeigen.

Ferner zeigt Abb. 6.3a, dass das Thema mehrheitlich, also zu 73 %, aus der Perspektive nachhaltigen Ressourcenverbleibs interessierte, also wie Plastik-basierte Güter umweltgerechter mit biobasieren Kunststoffen entsorgt werden können. Dabei handelte es sich zu 59 % um Verpackungen (Abb. 6.3b). Die Ergebnisse sind erwartbar, denn tatsächlich

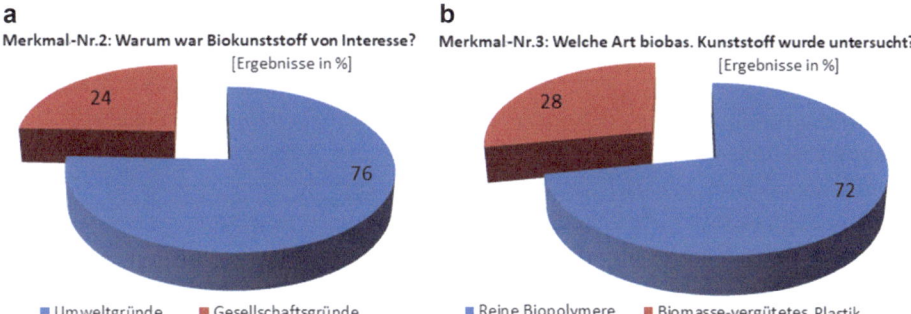

Abb. 6.2 Deskriptive Ergebnisdarstellung der (a) Merkmale 2 „Transformationsgründe" und (b) 3 „Art des biobasierten Kunststoffes"

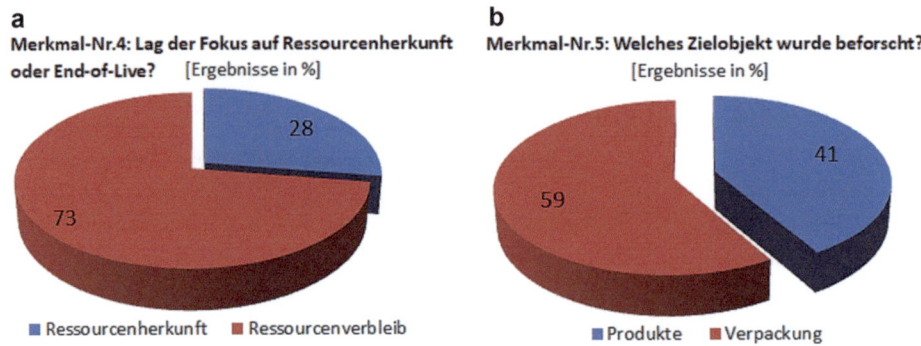

Abb. 6.3 Deskriptive Ergebnisdarstellung der (a) Merkmale 4 „Fokus im Lebenszyklus" und (b) 5 „Produkte versus Verpackung"

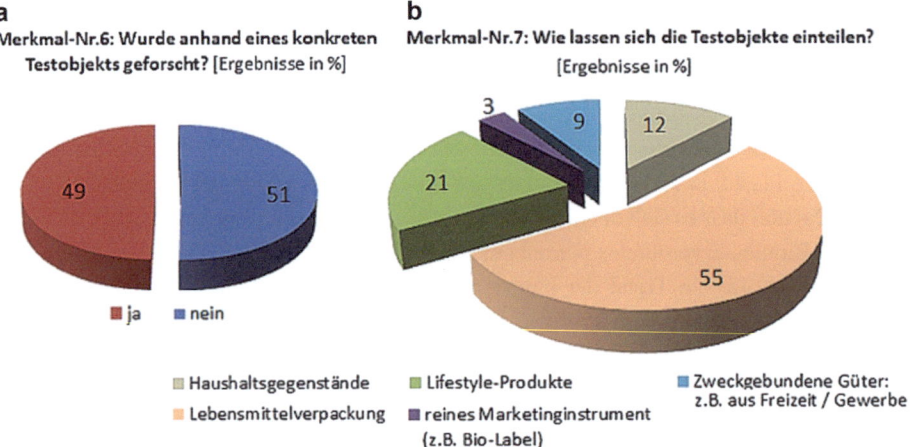

Abb. 6.4 Deskriptive Ergebnisdarstellung der (a) Merkmale 6 „vorhandene Testobjekte zur Einstellungsmessung" und (b) 7 „Produktkategorien für Testobjekte"

verursacht Verpackungsmüll die größten Umweltprobleme, und biobasierte Kunststoffe, meist als reine Biopolymere, werden hier anscheinend als Lösung des Problems gesehen.

Es könnte ein Unterschied bestehen, ob Konsumenten oder Experten nur allgemein über biobasierte Kunststoffe befragt werden, oder ob sie ihre Antworten zu einem konkreten Produkt aus diesem Material abgeben. Ob die Stichprobe tatsächlich beide Optionen berücksichtigt, klärt das Merkmal Nr. 6, und Nr. 7 schildert deskriptiv, welche konkreten Objekte dann auch angewendet wurden. Abb. 6.4a zeigt, dass nahezu genauso häufig anhand konkreter Objekte als auch allgemein das Zielmaterial erforscht wurde. Im Falle konkreter Objekte ergab die zweite induktive Auswertungsrunde fünf Überkategorien für alle genannten Stichwörter. Darin sind zu 55 % Lebensmittelverpackungen zur Demonstration des Zielmaterials eingesetzt worden, gefolgt von 21 % Life-Style-Produkten, wie

6.3 Ergebnisse

Textilien als T-Shirts, Outdoor-Jacken oder ein Laufschuh. Funktionale Güter aus Haushalt und Gewerbe, wie Kugelschreiber, Laminat-Boden oder ein Stuhl, waren zu je 12 % und 9 % vertreten. In nur wenigen Fällen, nämlich 3 %, hat man biobasiertes Plastik lediglich an einem Label ohne Produktbezug getestet (Abb. 6.4b).

Ob die Markt- oder die Unternehmensperspektive im Vordergrund der Studie stand, zeigt die befragte Zielgruppe als Konsumenten oder Experten. Abb. 6.5a, demonstriert klar ein Vorherrschen der Marktperspektive, wenngleich mit 16 % enthaltener Expertenbefragungen in der Stichprobe noch ausreichend Items für eine Korrelationsanalyse enthalten sind. Dass die Präferenzen von Experten besser mittels Interviewtechnik und jener der Konsumenten per Umfragebogen gemessen werden sollten, zeigt auch das Ergebnis zum Merkmal Nr. 9, Abb. 6.5b. Zu 78 % wurde die Studie zur Marktsicht an Konsumenten mittels Umfragebogen, online oder klassisch per Paper&Pencil, durchgeführt. Demgegenüber haben die 22 % Interviewstudien mehr Tiefenwirkung und können eher herausfinden, warum und wie das Zielmaterial in Produkten effektiv einzusetzen ist oder worin Erfolgsbarrieren liegen (Merkmal Nr. 15). Insgesamt zeigt sich jedoch, dass das Thema biobasierte Kunststoffe im Kontext der Substitutionstechnologie zur Milderung von Umweltschäden eher ein Marktthema ist, das sich an Konsumentenmeinungen orientiert. Dies muss nicht zwangsläufig bedeuten, dass Marketing-Entscheidungen personalisiert ausfallen sollten, sondern kann auch darin liegen, dass die Transformation von Gütern als risikoreicher gesehen wird, und daher zunächst die Akzeptanz des Marktes abzuklären ist.

Die Ergebnisse zu Merkmal Nr. 5, dass Verpackungen mehrheitlich erforscht wurden, und Merkmal Nr. 7, dass diese dann meist im Lebensmittelsegment angesiedelt waren, werden nochmals durch das Resultat zu Merkmal Nr. 10 rückbestätigt (Abb. 6.6a) und dies erhöht somit die Reliabilität der Studie. Auch, dass offensichtlich die Marktperspektive dominiert, ist gemäß Merkmal Nr. 11 (Abb. 6.6b) nicht überraschend, denn in 59 % der Papers interessierte die Preisbereitschaft der Probanden gegenüber biobasierter Kunststoff-

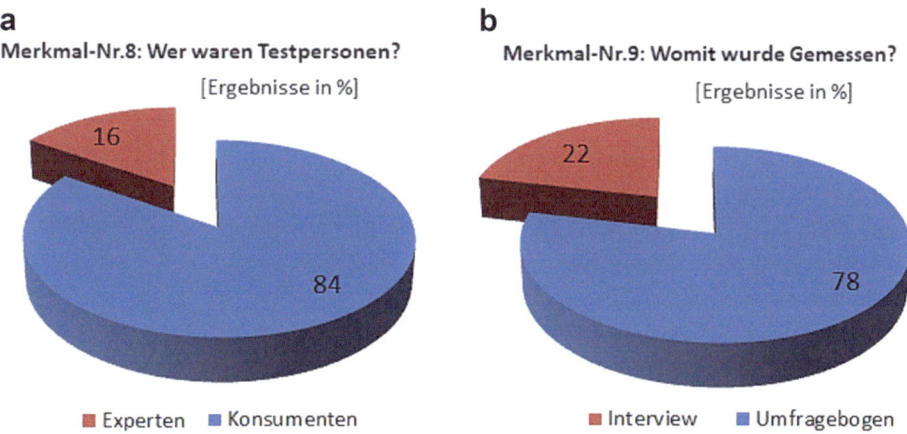

Abb. 6.5 Deskriptive Ergebnisdarstellung der (a) Merkmale 8 „Experten-versus–Konsumenten-Studie" und (b) 9 „Interview-versus-Umfrage-Studie"

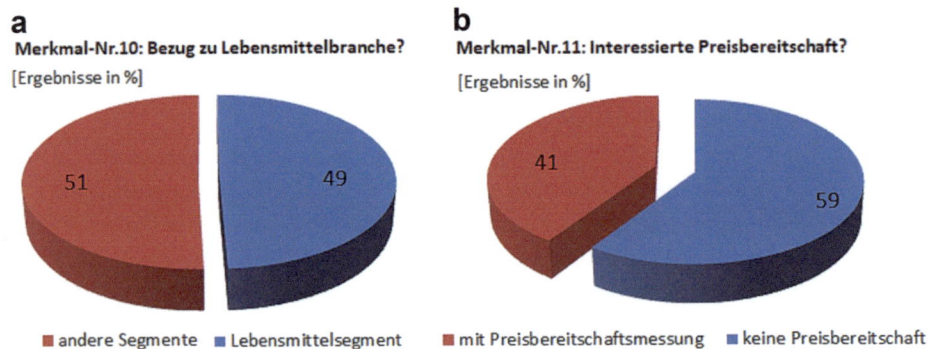

Abb. 6.6 Deskriptive Ergebnisdarstellung der (a) Merkmale 10 „Bezug zu Lebensmittelsegment" und (b) 11 „Preisbereitschaft"

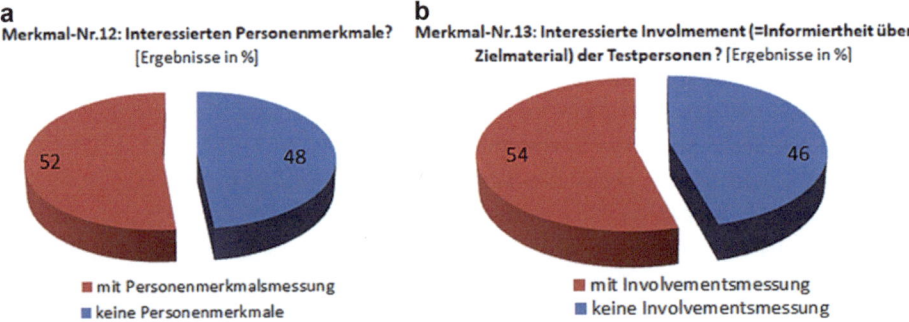

Abb. 6.7 Deskriptive Ergebnisdarstellung der (a) Merkmale 12 „Personenmerkmale" und (b) 13 „Involvement"

Lösungen. Auch dies zeugt von einer hohen Validität der Messergebnisse, also dass die Auswertung der 100 Publikationen per Merkmals-Katalog korrekt erfolgte.

Wenn Konsumpräferenzen die Hauptrolle in der Stichprobe spielen, dann ist es naheliegend, auch die Personenmerkmale mitzuuntersuchen, um die Abhängigkeit der Einstellung zu überprüfen. Daraus lassen sich personalisierte Marketing-Strategien ableiten. Tatsächlich zeigt Abb. 6.7a, dass Merkmal Nr. 12 zu Verwendung soziodemografsicher oder psychografischer Messvariablen in 52 % den Studien vertreten waren. Das heißt, dass die 84 % reiner Konsumentenstudien (Merkmal Nr. 8) nicht immer Personeneigenschaften mit untersuchten, die Ableitung von Marketing-Instrumenten auch nicht primäres Ziel der Studie war, sondern auch gesamtgesellschaftliche Präferenzen oder volkswirtschaftliche Effekte im Vordergrund standen. Damit gibt die Stichprobe ein breiteres Bild ab, als das Ergebnis zu Merkmal Nr. 8 zunächst vermuten ließ. Abb. 6.7b, präsentiert das Ergebnis zu Merkmal Nr. 13 und klärt, wenn Studien Personenmerkmale messen, ob dann auch die persönlich wahrgenommene Informiertheit zum Zielmaterial niedrig oder hoch eingeschätzt wurde. Dies zeugt nämlich von einem Grad an Involvement der Befragten, also

6.3 Ergebnisse

dem Ausmaß an persönlicher Betroffenheit zum Thema. Da biobasierte Kunststoffe in wenig mehr als 50 % der Studien in Verbindung mit Lebensmittelverpackungen getestet wurden, ist gemäß Abb. 6.7b, kaum überraschend, denn mit 54 % spielt dieses Involvement tatsächlich in ähnlicher Höhe eine Rolle. Das Thema macht also den Markt betroffen, immerhin standen Umweltgründe (Merkmal Nr. 2) und Ressourcenverbleib (Merkmal Nr. 4) im Vordergrund. Die Forschung zu biobasierten Kunststoffen als Substitutionstechnologie umweltschädlicher petrochemischer Plastiks ist also auch ein emotionales Thema, das Konsumenten bewegt.

Der anfängliche Eindruck aus Merkmal Nr. 8, dass Studien zum Thema biobasierte Kunststoffe hauptsächlich aus Gründen des Marketings durchgeführt werden, wurde bereits von Merkmal Nr. 12 relativiert, dass nicht nur Personeneigenschaften zählen. Es ist also nicht gänzlich ein Thema zur Marktdifferenzierung mittels personalisiertem Angebot, sondern auch oder vielleicht eher ein gesellschaftliches. Tatsächlich unterstützt das Ergebnis zu Merkmal Nr. 14 (Abb. 6.8) diese Vermutung, denn in der Tat dominierte der Bezug zum Massenmarkt als klassisches Polypol. Auch wenn dies zunächst widersprüchlich erscheint, denn Merkmal Nr. 13 offenbarte ein hohes Involvement bei diesem Thema, was bei Massengütern im Convenience-Segment eher weniger der Fall ist, scheint die Umweltproblematik aus Petroplastik-basierten Massengütern durchaus die breite Masse an Konsumenten zu betreffen. Insofern bezeugt Abb. 6.8, dass biobasierte Kunststoffe und Verbundwerkstoffe daraus wenig geeignet sind, um sich als Produzent mit Produktvarianten daraus im Markt gegen Wettbewerber zu differenzieren, und damit des Polypol zu monopolisieren. Für diese Strategie ist schlichtweg das Involvement zu ausgeprägt im Markt und die Nachfrage nach solchen transformierten Gütern wäre für ein Monopol zu groß, was gemäß der in x (= Menge) fallenden P(x)-Geraden zu kleinen Preisbereitschaften führen würde. Das Zielmaterial ist also eine Technologie für den Massenmarkt, denn immerhin ist auch die Problematik rund um Petroplastik-basierte Güter ein Massenphänomen. Biobasierte Kunststoffe sollten also in möglichst vielen Gütern in hoher Stückzahl eingesetzt und nicht künstlich knapp gehalten werden mit der Absicht, Preise zu steigern.

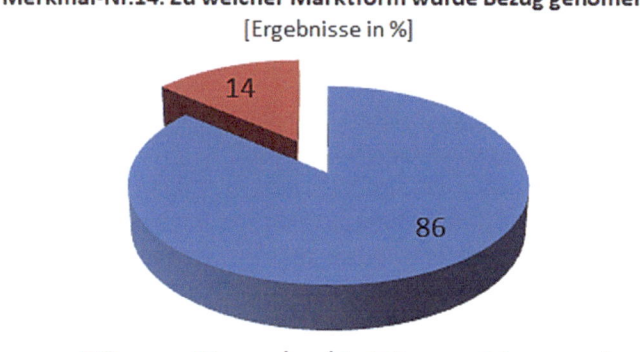

Abb. 6.8 Deskriptive Ergebnisdarstellung des Merkmals 14 „Monopol versus Polypol"

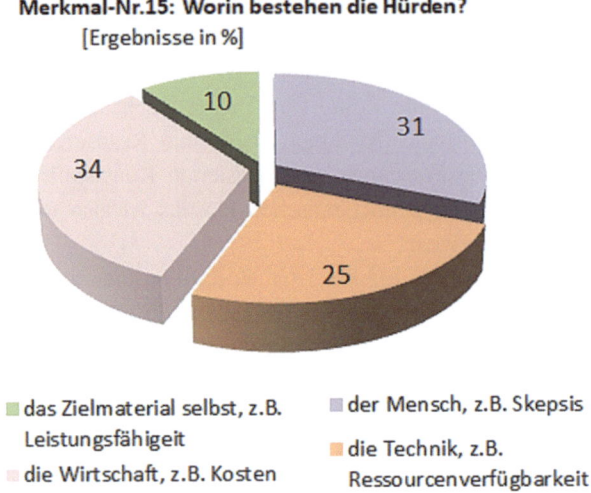

Abb. 6.9 Deskriptive Ergebnisdarstellung des Merkmals 15 „Hürden der Plastiktransformation"

Wenn also biobasierte Kunststoffe eher als Lösung für den Massenmarkt gesehen werden, dann stellt sich die Frage, warum nicht schon mehr transformierte Güter zu finden sind. Konsumentenumfragen, als auch Expertenstudien, versuchen oft auch herauszufinden, warum eine bestimmte Meinung vertreten wird oder warum nicht. Publikationen berichten dann häufig über die festgestellten Hürden des beforschten Zielmaterials. Tatsächlich konnte diese Information aus 77 Papers gewonnen werden, und Abb. 6.9 zeigt, dass sich induktiv vier Überkategorien der abgeleiteten Schlagwörter bilden ließen. So sind mit 34 % die Kosten das Hauptproblem der Plastikumstellung, gefolgt von persönlichen Kriterien, wie Skepsis oder Mistrauen (31 %) von Seiten der Verbraucher, aber auch der Industrie. An dritter Stelle werden mit 25 % technische Hemmnisse genannt, z. B. im Bereich Rohstoffverfügbarkeit oder Verarbeitungstechnologien, und schließlich ist mit immerhin 10 % der Nennungen das Material als biobasierte Kunststoffe selbst das Problem, und hier wurde beispielsweise die mangelnde Unterscheidbarkeit zu Petroplastik geäußert oder vergleichsweise schlechtere Leistungsfähigkeit, Dauerhaftigkeit oder auch die angezweifelte Nachhaltigkeit trotz Biomasse als Basis der Inhaltsstoffe. Es zeigt sich also, dass obwohl das Zielmaterial durchaus als potenzieller Problemlöser der Schäden aus Massenkonsum von Plastikprodukten gesehen wird, es dieses aber unter dem hohen Kostendruck im Polypol schwer hat, sich kurzfristig durchzusetzen. Hier scheinen staatliche Subventionen effektiver als künstliche Verteuerung durch eine Plastiksteuer, die Polypolisten ohnehin an den Markt weitergeben müssten. Immerhin können die 31 % persönliche Gründe durch Aufklärung gemildert werden, sodass insgesamt die Hindernisse nicht unüberwindbar erscheinen.

Die Forscher der in den 100 Papers berichteten Studien erhielten nicht nur Einblick in die Hemmnisse der Plastiksubstitution mittels biobasierter Kunststoffe, sondern auch über

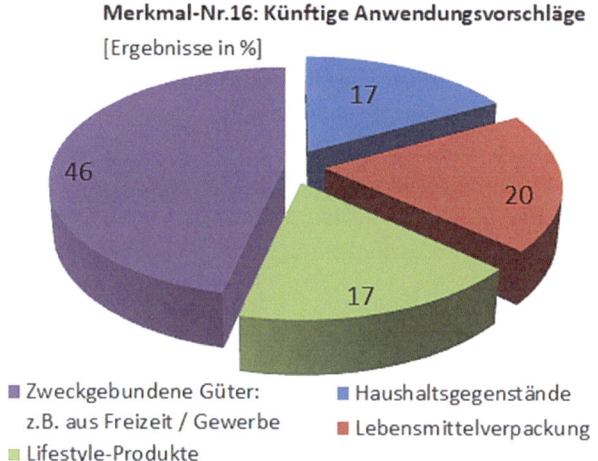

Abb. 6.10 Deskriptive Ergebnisdarstellung des Merkmals 16 „vorgeschlagene Testobjekte künftiger Studien"

jene Anwendungsfelder, die hierfür besonders geeignet erschienen. Immerhin spiegeln diese nicht nur die Nachfrage des Marktes wider, sondern auch die Einschätzung von Experten mit ihren fachlichen Expertisen. Abb. 6.10 fasst die Ergebnisse aus der induktiven Analyse der 41 aus den Papers abgeleiteten Stichwörter über künftige Anwendungen zusammen. Diese konnten fünf Überkategorien zugeordnet werden. Darin machen 46 % Produkte aus, die einem ganz bestimmten Anwendungszweck dienen. Hierzu zählen auch Verpackungen und Füllmaterialien, die je nach Inhalt bestimmte funktionale Anforderungen erfüllen müssen, aber in hoher Stückzahl gehandelt werden, bis hin zu sehr speziellen Produkten, wie beispielsweise aus dem Bereich Pharma und Medizin, die ebenfalls in großen Mengen gebraucht werden und gleichermaßen zum Abfallproblem beitragen. Mit je 17 % folgen tägliche Gebrauchsgegenstände aus Haushalt, wie Geschirr oder auch Kinderspielzeug, und aus dem Bereich Life-Style, wie Sportgegenstände und Textilien. Allen gemeinsam ist, dass sie heute Produkte darstellen, die mit hohem Müllaufkommen verbunden werden. Somit bestätigen diese Ergebnisse die bereits identifizierten Schwerpunkte des Zielmaterials für End-of-Life-Aspekte (Merkmal Nr. 4) und Massenmarktanwendungen (Merkmal Nr. 14). Auffallend ist aber, dass bei dieser Zukunftsfrage das Zielmaterial neben Verpackungslösungen daraus auch ein Einsatz in funktionalen Gütern zugetraut wird, sofern die in Abb. 6.9 genannten Hemmnisse überwunden werden.

Die wichtigsten Ergebnisse aus der Charakterisierungsanalyse der Stichprobe lassen sich wie folgt zusammenfassen. Biobasierte Kunststoffe und ihre Verbundwerkstoffe werden eher als Technologie für die Nachhaltigkeitssteigerung von Massengütern und deren Verpackungen in Verbindung gebracht. Gründe dafür sind Umweltbedenken aus Massenkonsum, und der Einsatz von biobasiertem Kunststoff wird dann eher als eine umweltfreundlichere Lösung für die Entsorgung als die Herkunft dieser Güter gesehen.

Dem Prinzip des heute vorherrschenden Käufermarktes folgend sind Studien darüber mehrheitlich an Konsumenten adressiert, und daher interessieren deren Informiertheitsgrad und Persönlichkeitsmerkmale bei der Einstellungsmessung. Bedenken hat der Markt mehrheitlich zu den womöglich höheren Kosten, die im Massenmarkt dann zwangsläufig auch zu höheren Preisen führen müssen.

Die bisherigen Ausführungen betrachteten lediglich Einzelmerkmale hinsichtlich deren Ausprägungen. Wie aber Merkmale untereinander assoziiert sind, das kann im Folgenden nur eine explorative Analyse herausfinden.

6.3.2 Effektanalyse zwischen den Merkmalsvariablen

Um festzustellen, ob beispielsweise das Erscheinungsjahr der Publikation, also der Studienzeitpunkt, die Art des untersuchten Biokunststoffes als reines Bioplastik oder Biomassevergütetest Petroplastik wie WPC, beeinflusst, dient die Korrelationsmatrix zwischen den in Tab. 6.1 gelisteten Merkmals-Variablen Nr. 1 bis 16, außer Nr. 7, 15 und 16, denn diese sind rein nominal skaliert, lassen sich also nicht in eine Rangfolge bringen. Tab. 6.2 zeigt die Korrelationsmatrix, und vereinfacht sind nur signifikante Ergebnisse dargestellt.

Wie man sieht, ergaben sich zehn mittlere ($0,2 \leq r < 0,50$) und starke ($r \geq 0,50$) Assoziationen. Tab. 6.3 leitet aus den signifikanten Korrelationen eine nomologische, also empirisch nachgewiesene Aussage im Lichte der Forschungsfrage ab. Demnach verschoben sich die Rechtfertigungsgründe der Studie in der jüngsten Vergangenheit vom Fokus auf den Ressourcenabbau, also dass man mit Biokunststoff Ölressourcen schont, in Richtung Ressourcenverbleib, also dass Biokunststoff-basierte Güter nach dem Konsum die Umwelt weniger belasten. Dass Verpackungen hierbei am meisten in den Fokus der Studien rückten, belegte bereits Abb. 6.3a. Neu ist nun, dass diese dann auch eher für Lebensmittel und im Massenmarkt gelten. Die Korrelationsergebnisse bilden die aktuelle Umweltproblematik reliabel ab. Interessant ist das Ergebnis zu M6/M13, wonach im Falle verwendeter Testobjekte die Messung der Informiertheit der Probanden eine Rolle spielte. Dies erklärt sich eher aus der Tatsache, dass im Falle einer Objekt-unabhängigen Studie die Probanden nur allgemein zu deren Einschätzung über Biokunststoffe befragt wurden und deren Aussagen dann aber davon abhängig sind, wie gut sie über das Zielmaterial informiert sind. Testobjekte aus Biokunststoff hingegen sind eine effektive Assoziationshilfe für die Probanden. Deren Einschätzung zum Material wird tendenziell vereinheitlicht, weil sie ihre Meinung über die Umweltauswirkungen aus Biokunststoff vom Testobjekt, also meist Lebensmittelverpackungen, ableiten. Demnach können sie sich die positiven Effekte aus dem Biomaterial relativ zu den Umweltschäden aus Petroplastik besser vorstellen, und sie fühlen sich dadurch informierter, sodass die Testvariable „Informiertheit" kaum noch auf Personen-spezifischen Testvariablen reagiert. M8/M9 bestätigt die bereits erfolgte Feststellung, dass im Falle einer Konsumentenstudie eher Umfragen und bei Experten eher Interviews geführt werden. Naheliegend ist auch das Ergebnis zu M8/M11 und M9/M11, dass bei Konsumentenstudien dann auch deren WTP und Personenmerkmale mit zu messen sind und dann aber auch deren Informiertheitsgrad eine Rolle spielen könnte

6.3 Ergebnisse

Tab. 6.2 Korrelationsmatrix mit Effektstärke, Signifikanzniveau (≤ 0,05) und Anzahl der Items

r = sign. = N =	M1	M2	M3	M4	M5	M6	M8	M9	M10	M11	M12	M13	M14
M1	– – –			0,25 0,028 80									
M2		– – –											
M3			– – –										
M4				– – –									
M5					– – –				0,62 0,001 78				− 0,39 0,002 62
M6						– – –					− 0,24 0,029 82		
M8							– – –	0,71 0,001 64		− 0,28 0,012 77			
M9								– – –			− 0,33 0,013 55		
M10									– – –				
M11										– – –	0,28 0,012 78		
M12											– – –	0,29 0,011 76	
M13												– – –	− 0,27 0,030 64
M14													– – –

Tab. 6.3 Nomologische Aussagen aus der Korrelationsmatrix

Korrelation	Aussage
M1/M4_r = + 0,25	Je jünger die Publikation, desto eher interessiert End-of-Life-Option von Bioplastik
M5/M10_r = + 0,62	Je eher Verpackung erforscht wurde, desto eher dann i. V. m. Lebensmitteln
M5/M14_r = − 0,39	Je eher Verpackung erforscht wurde, desto eher dann i. V. m. Massenmarkt
M6/M13_r = − 0,24	Je eher anhand eines konkreten Testobjektes geforscht wurde, desto weniger spielte Informiertheit über Bioplastik eine Rolle
M8/M9_r = + 0,71	Je eher Konsumenten befragt wurden, desto eher wird eine Umfrage durchgeführt und bei Experten eher ein Interview
M8/M11_r = − 0,28	Je eher Konsumenten befragt wurden, desto eher spielte WTP eine Rolle, bei Experten eher weniger
M9/M12_r = − 0,33	Je eher per Umfrage erforscht wurde, desto eher spielten soziodemografische Eigenschaften eine Rolle
M11/M12_r = + 0,28	Je eher in der Studie WTP mit untersucht wurde, desto eher spielten dann auch soziodemografische Eigenschaften eine Rolle
M12/M13_r = + 0,29	Je eher soziodemografische Eigenschaften eine Rolle spielten, desto eher interessierte auch die Informiertheit über Bioplastik
M13/M14_r = − 0,27	Je eher die Informiertheit eine Rolle spielte, desto eher interessierte auch Bioplastik für den Massenmarkt

(M12/M13). M13/M14 schließt den Kreis, denn wie zuvor aus M5/M14 abgeleitet wurde, ist Kunststoff-basierte Verpackung ein Thema für den Massenmarkt, und es scheint nun auch effektiv zu sein, bei Befragungen hierzu auch die Informiertheit der Probanden mit zu prüfen (M13/14). Somit lässt sich zusammenfassend aussagen, dass Konsumentenstudien über biobasierte Kunststoffe und deren Verbundwerkstoffe aktuell das Thema am Polypol orientieren, Lebensmittelverpackungen als Testobjekte einsetzen, für die dann die Zahlungsbereitschaft, Personenmerkmale und deren Informiertheit über das Zielmaterial als effektive Messvariablen dienen.

6.4 Schlussfolgern aus den Ergebnissen anhand ökonomischer Theorien

6.4.1 Gossen'sches Gesetz

Die Aussagen in Tab. 6.3 sollen nun im Lichte der jeweiligen ökonomischen Theorien in den betriebswirtschaftlichen Kontext gestellt werden. Ausgehend vom Gossen'schen Gesetz der Nutzenmaximierung und -begrenzung lässt sich feststellen, dass je eher Verpackungen erforscht wurden, desto eher standen sie dann im Zusammenhang mit Lebensmitteln. Wurden Konsumenten befragt, spielte die Zahlungsbereitschaft (WTP) eine größere Rolle als bei Expertenbefragungen. Bei solchen Konsumentenumfragen kamen dann auch vermehrt soziodemografische Eigenschaften ins Spiel, und wurden WTP und soziodemografische Faktoren als weitere Merkmale in die Analyse einbezogen.

Diese Erkenntnisse können wie folgt interpretiert werden. Biobasierte Kunststoffe scheinen insbesondere bei Lebensmittelverpackungen für Konsumenten einen höheren Nutzen zu stiften als herkömmliche Verpackungen. Dieser gesteigerte Nutzen sollte sich in einer erhöhten Zahlungsbereitschaft niederschlagen, was darauf hinweist, dass Konsumenten bereit sind, für Biokunststoff-basierte Verpackungen höhere Preise zu zahlen.

Daraus lässt sich die Schlussfolgerung ziehen, dass die Entwicklung biobasierter Kunststoffverpackungen in den Augen der Konsumenten einen ökologischen Mehrwert besitzt. Unternehmen, die solche Lösungen im Markt anbieten, sollten dann auch auf eine entsprechende Nachfrage stoßen, weil damit ein Mehrwert assoziiert wird.

6.4.2 Cournot'sche Gewinnmaximierung im Monopol

Eine Schlussfolgerung im Lichte der Cournot'schen Gewinnmaximierung sollte sich mit dem Monopolisierungseffekt aus Biokunststoffen befassen. Aus den gewonnenen Erkenntnissen lässt sich ableiten, dass je intensiver Verpackungen erforscht wurden, desto häufiger stehen diese im Zusammenhang mit dem Massenmarkt. Konsumentenbefragungen zeigten, dass die Zahlungsbereitschaft (WTP) eine bedeutendere Rolle spielte als bei Expertenbefragungen. In entsprechenden Konsumentenumfragen traten zudem soziodemografische Eigenschaften vermehrt in den Vordergrund. Dabei zeigte sich auch, je größer die Bedeutung der Zahlungsbereitschaft, desto stärker wurde der Einfluss soziodemografischer Merkmale. Auch wenn die Informiertheit der Konsumenten eine Rolle spielte, war das Interesse an Bioplastik für den Massenmarkt stärker ausgeprägt als für das reine Monopol.

Daraus lässt sich schließen, dass Unternehmen im Polypol die Möglichkeit haben, sich über den Einsatz biobasierter Kunststoffverpackungen zu monopolisieren, also gegen nicht transformierende Unternehmen ein temporäres Alleinstellungsmerkmal im Massenmarkt zu verschaffen. Sie müssen aber ihre Zielgruppen über die transformierten Güter informieren, um das Potenzial dieser Verpackungen besser auszuschöpfen. Die Entwicklung biobasierter Kunststoffverpackungen braucht gerade im Massenmarkt, wo die Güter sehr stark gegeneinander austauschbar sind, eine zielgruppenspezifische Kommunikationsstrategie. Nur so kann die daraus resultierende höhere Preisbereitschaft im monopolisierten Polypol erfolgreich abgeschöpft werden, um Gewinne mindestens konstant zu halten, da die Umstellung zunächst höhere Kosten verursachen wird.

6.4.3 3-Komponenten-Theorie über Kaufentscheidungsprozess

Die 3-Komponenten-Teorie interessiert sich dafür, wie stark kognitive, gesellschaftlich-soziale und situative Effekte die Zustimmung zu Biokunststoff-basierten Gütern prägen.

Die Ergebnisse zeigen, dass je konkreter ein Testobjekt in der Forschung verwendet wurde, desto weniger spielte die Informiertheit der Konsumenten über Bioplastik eine Rolle. Wurde die Forschung per Umfrage durchgeführt, gewannen soziodemografische Eigenschaften zunehmend an Bedeutung. Dies korrelierte mit der Tatsache, dass je eher die Zahlungsbereitschaft (WTP) mit untersucht wurde, desto relevanter waren auch soziodemografische Eigenschaften. Diese wiederum hatten eine direkte Verbindung zur Informiertheit der Konsumenten über Bioplastik.

Die Interpretation dieser Ergebnisse legt nahe, dass standardisierte Massengüter aus biobasiertem Kunststoff bei Konsumenten auf ein einheitlich gleich niedriges oder hohes Involvement stoßen, denn der Grad an Informiertheit ist in solchen Studien kaum relevant. Dies passt auch zu den Gegebenheiten des Polypols, in dem Produkt-Werbung weniger effektiv ist als im Monopol. Jegliche informatorische Werbung über das Nachhaltigkeitspotenzial Biokunststoff-transformierter Güter wäre dann nicht nur für das werbende Unternehmen allein, sondern auch für die Konkurrenz von Vorteil. Daher sollte nicht das transformierte Gut, sondern das transformierende Unternehmen selbst beworben werden, indem es ein Markenimage aufbaut. Daran gekoppelt ist dann die empirisch abgeleitete Tatsache, dass zumindest ein Teil der Konsumenten mit entsprechender Zahlungsbereitschaft darauf reagiert und das Unternehmen daraus Gewinne abschöpfen kann. Schlussfolgernd sollte die Entwicklung biobasierter Kunststoffverpackungen eher auf Markenbildung als auf informative Werbung setzen. Durch eine starke Markenidentität fällt der Markteffekt differenzierter zugunsten des Einzelunternehmens im Massenmarkt aus.

6.4.4 SCP-Paradigma zur Beschreibung der Marktdynamik

Das Structure-Conduct-Performance-Paradigma sieht den Markt als ein hoch dynamisches Konstrukt an, in dem Impulse des Unternehmers den Markt verändern. Die Transformation hin zu Biokunststoff-basierten Gütern könnte dann den Massenmarkt zu eigenen Gunsten gestalten, was im reinen Polypol für Einzelanbieter so kaum möglich ist.

Die Auswertung zeigt, dass in neueren Publikationen zunehmend die End-of-Life-Optionen von Bioplastik in den Fokus rücken. Je eher solche Güter dann im Massenmarkt anzutreffen sind, können sich Konsumenten allein aus dem Begriff des Biokunststoffes über die nachhaltige Wirkung aus dem Gut bewusst werden, ohne dass das Gut selbst vom Hersteller entsprechend beworben werden muss. Die Interpretation dieser Ergebnisse legt nahe, dass sich biobasierte Kunststoffprodukte und -verpackungen zunehmend zu einer Internalisierungstechnologie entwickeln können, da Konsumentenbewusstsein vorhanden ist. Internalisierung bedeutet, dass die durch Produktion und Konsum verursachten Umweltschäden durch nachhaltigere Materialien ausgeglichen werden. Der größte Nutzen dieser Internalisierung liegt dabei im Bereich der Massengüter, da hier durch die hohen Mengen besonders viel Umweltschaden vermieden werden kann. Da im Markt bereits das Involvement mit dem Angebot assoziiert ist, liegt eine Marktdynamik vor, transformierende Unternehmen können also mit einer Marktreaktion rechnen. Diese Dynamik lässt erwarten, dass künftig immer mehr Anwendungen auf biobasierte Materialien umgestellt werden könnten, was die Marktentwicklung beschleunigen würde. Die betriebliche Transformation hin zu biobasierten Kunststoff-Anwendungen steht kaum im Widerspruch zum Massenkonsum. Unternehmen müssen also nicht einen Rückgang der Nachfragemenge aus schlechtem Gewissen der Konsumenten befürchten. Im Gegenteil führt die Internalisierung zu Bewusstwerdung der nachhaltigen Wirkung aus Biokunststoffen in Massengütern.

6.5 Abschließendes Fazit aus der Studie

Unternehmen, die sich für den Einsatz biobasierter Kunststoffe in ihrer Wertschöpfungskette interessieren, sollten diese Technologie nicht primär für die Entwicklung neuer, innovativer Produkte nutzen, sondern vielmehr ihre bestehenden Produkte damit transformieren. Besonders geeignet hierfür sind Verpackungen von Massenkonsumgütern.

Statt solche transformierten Güter durch informative Werbung zu vermarkten, sollte der Fokus auf die Schaffung eines starken Markenimages gelegt werden. Dies ermöglicht es, bei bestimmten Zielgruppen eine höhere Preisbereitschaft zu erzielen. Die Motivation dieser Zielgruppen liegt darin, ihren Konsum aufrechtzuerhalten und gleichzeitig einen Beitrag zur Schonung der Umwelt und Gesellschaft zu leisten.

Für Unternehmen kann die Transformation durch biobasierte Kunststoffe somit als eine Strategie zur Monopolisierung innerhalb eines Polypols angesehen werden, indem sie auf Mass-Customization setzen und damit ihre Wettbewerbsposition stärken.

Die Ergebnisse geben aber auch praktische Hinweise für die effektive Durchführung von Studien im Vorfeld einer betrieblichen Transformation. Es zeigte sich, dass die aktuelle Forschung zu diesem Thema verstärkt auf Konsumentenstudien setzt, was insgesamt mehr Aussagekraft generiert als über Experteninterviews allein, denn immerhin scheint das Thema Massenmarkt-relevant zu sein, wo es um große Mengen geht und deren Absatz fast ausschließlich von der Kaufbereitschaft der Konsumenten abhängt. Dann sollten Umfragen unter Einbeziehung der Zahlungsbereitschaft und der Personenmerkmale durchgeführt werden. Fragen sollten sich primär an konkreten Produkten orientieren und sich um deren Verbleib am Lebensende drehen. Berücksichtigt man bei der Produktentwicklung und Vermarktung dann jene Merkmale, die tatsächlich bei allen oder bestimmten Zielgruppen zu höheren WTPs führen, verspricht die Transformation trotz höherer Kosten mindestens weiterhin konstante Gewinne.

7 Experten-Studie zum betrieblichen Erfolgspotential aus WPC-Transformationstechnologie

7.1 Studienziel

Um Klarheit zu schaffen über die künftige Rolle von WPC in der Industrie, wurde eine Experten-Interview-Studie über das Erfolgspotenzial von Holz-Kunststoff-Technologien (WPC) im Rahmen der betrieblichen Plastiktransformation durchgeführt. Ziel war es, die Einstellung von Experten des produzierenden und dienstleistenden Gewerbes gegenüber WPC zu erfassen. Bereits bestehende theoretische Grundlagen haben gezeigt, dass das Plastikproblem im Massenmarkt aufgrund der großen Gütermengen besonders dringlich ist. Die Preise sind in diesem Markt exogen vorgegeben und lassen sich von einzelnen, auf Transformation setzenden Produzenten kaum beeinflussen. Gewinnsteigerungen sind in diesem Kontext fast ausschließlich durch Kostenreduktion möglich, was es für neue Technologien, wie WPC, schwer macht, sich zu etablieren. Allerdings bietet WPC den Vorteil, dass bis zu 70 % des Kunststoffs durch kostengünstigere Holzfasern ersetzt werden können. Daher sollten sich Investitionsprojekte von Unternehmen im Polypol stärker auf WPC-Materialien und die zugehörigen Fertigungstechnologien konzentrieren.

Im Nischenmarkt hingegen stellt Plastik weniger ein Problem dar. Dennoch bietet WPC in diesem Bereich eine Neuheit mit Innovationspotenzial. Ein Teil der Konsumenten zeigt hier eine höhere Preisbereitschaft für innovative und nachhaltige Produkte. Über höhere Preise und kleinere Ausbringungsmengen können Monopolisten in diesem Marktsegment ihre Gewinne maximieren. Investitionen sollten sich dabei gezielt auf die Konsumentenpräferenzen fokussieren und personalisierte Angebote mit WPC entwickeln.

Die Klärung der Frage, unter welchen Umständen die Industrie eine WPC-Substitutions- und Transformationstechnologie als mehr Nutzen-, Kompetenz- und Nachhaltigkeitssteigernd erachtet, und welche Art Produkte sie primär umstellen würde ist daher von entscheidender Bedeutung für den erfolgreichen Einsatz dieser Technologie.

7.2 Methode

Von Oktober 2023 bis April 2024 wurde ein Leitfragen-gestütztes Interview mit Expertinnen und Experten aus der Industrie durchgeführt, an dem Studierende der IU Internationalen Hochschule in Mainz aus diversen Managementstudiengängen im Bereich Marketing und Marktforschung als Interviewer agierten. Der Leitfragebogen war in zwei Abschnitte unterteilt (Abb. 7.1). Der erste Teil beinhaltete zwei quantitative Schätzfragen zum Kunststoffverbrauch im eigenen Unternehmen, während der zweite Teil sechs qualitative Fragen zur Einstellung gegenüber dem Einsatz von Wood-Plastic Composites (WPC) als Ersatzmaterial für Kunststoff in eigenen Produkten umfasste.

Die zu beantwortenden Forschungsfragen zielten darauf ab, verschiedene Aspekte der Plastiktransformation zu untersuchen. So wurde gefragt, wie intensiv Unternehmen synthetische Kunststoffe in ihrer Wertschöpfung einsetzen und ob sie bereits Erfahrungen mit Plastiktransformation gesammelt haben. Eine zentrale Frage war, ob die Einschätzung des Erfolgspotenzials von WPC von der Art der Wertschöpfung, also als Produzent oder Dienstleister, abhängt. Zudem sollte geklärt werden, wie Experten den Nutzen der Plastiktransformation bei ihren Zielgruppen einschätzen, und ob diese Transformation ein Monopolisierungspotenzial mit sich bringt, das zur Gewinnmaximierung beitragen kann. Ebenso wurde ergründet, ob die Plastiktransformation zur Stärkung des Nachhaltigkeitsimages eines Unternehmens beitragen und in der Corporate Identity und Corporate Communications verankert werden kann. Schließlich wurde auch der Frage nachgegangen, ob WPC ein relevanter Erfolgsfaktor für die Marketingstrategie sein könnte.

Zur Einschätzung der Stichprobe gab es verschiedene Charakterisierungsfragen, darunter der Funktionsbereich der befragten Person, die Abteilungszugehörigkeit, die Frage, ob die Produkte selbst produziert oder zugekauft werden, die Rolle der Verpackung sowie die Erfahrungen mit Biokunststoffen als Ersatz für petrochemische Kunststoffe.

Bei der Durchführung und Auswertung der Interviews wurden die Statements teilweise transkribiert. Die qualitativen Antworten aus acht nicht-quantitativen Fragen wurden zunächst codiert und danach quantitativ analysiert. Fünf der Fragen waren danach dichotom (Tab. 7.1; Var3;4;5;7;12), z. B. wurde „nein" bzw. „Nischenmarkt" als 0 und „ja" bzw. „Massenmarkt" als 1 erfasst. Weitere drei Fragen wurden durch qualitativ-induktive Textanalysen in Antwortkategorien eingeteilt, die dann entweder dichotom oder polytom codiert wurden (Var8;9;11). Für sie erfolgte anschließend eine deskriptive Analyse der Nennungen in den verschiedenen Antwortkategorien, wobei die Verteilung mittels Kuchendiagrammen dargestellt werden konnte. Drei Fragen waren metrisch skaliert (Var2;6;10), sodass deren Antworten unmittelbar als Häufigkeitsverteilung dargestellt wurden. Die letzte verbleibende Frage (Var1) wurde dichotomisiert in „0" für Abteilungen,

7.2 Methode

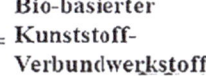

Abb. 7.1 Leitfragen für das Interview-Protokoll

Antwort:
Warum?:………………

Frage 4: Angenommen, in Ihrem Unternehmen würden Produkte tatsächlich auf biobasierten Kunststoff-Verbundwerkstoff umgestellt. Es gäbe aber nur die Möglichkeit für eine einzelne, gezielte Umstellung. Welches konkrete Produkt, welche Produktgruppe würden Sie dann umstellen wollen und WARUM?
Antwort:
Warum?:………………

Frage 5: Der Grad an Biobasiertheit von Kunststoff-Produkten kann flexibel eingestellt werden von wenig (20%) bis viel (80%-100%) was Produkte daraus dann auch etwas bis viel teurer macht. Wenn, gemäß vorheriger Frage, das Plastik-haltige Produkt nun auf Biobasiert umgestellt würde, wie hoch schätzen Sie dann die Biobasiertheit ein, die preislich von Kunden akzeptiert wäre? Begründen Sie, warum gering oder hoch?
Antwort:
Warum?:………………

Frage 6: Was müsste mit dem biobasierten Kunststoff-Produkt dann passieren, damit die maximale Biobasiertheit auch wahrgenommen wird? Kennzeichnung/Label „Bioplastik"? Produktbeschreibung? Andere Farbe, Form? ……
Antwort:

Frage 7: Wenn Sie an Ihre Kernkompetenz im Unternehmen denken und das umgestellte Produkt wäre nun maximal biobasiert. Welchen Effekt (positiv wie negativ) würden Sie aus der Biobasiertheit auf Ihre Kernkompetenz vermuten? (z.B. Kernkompetenz wird mehr wahrgenommen oder angezweifelt)
Antwort:

Abb. 7.1 (Fortsetzung)

7.2 Methode

Tab. 7.1 Leitfragen im Interview und Zuordnung der Variablen-Nummer

Variablen-Nr.	Frage
Var1	In welcher Abteilung oder Funktionsbereich sind Sie tätig?
Var2	Wie viel Prozent vom Kerngeschäft machen bei Ihnen Produkte aus?
Var3	Produzieren Sie Produkte selbst?
Var4	Sind Ihre Produkte i. d. R. verpackt?
Var5	Haben Sie schon biobasierte Kunststoffe ausprobiert?
Var6	Wie viel Prozent schätzen Sie den durchschnittlichen Anteil an synthetischen Kunststoffen (PET, PP, PVC, etc.) in den angebotenen Technik-/Konsumprodukten bzw. während der Ausführung Ihrer Dienstleistungen ein?
Var7	Sehen Sie Ihr Unternehmen eher in der Marktnische mit hohem Spezialisierungsgrad oder in einem Konkurrenzmarkt mit vielen anderen gleichartigen Anbietern zusammen? Begründen Sie!
Var8	Angenommen, erdölbasierte Kunststoffe ließen sich in Ihren angewendeten/verkauften Produkten durch biobasierte Kunststoff-Verbundmaterialien technisch gleichwertig ersetzen. Würden Kunden dies überhaupt in Verbindung mit dem Produkt/der Dienstleistung merken und wertschätzen und was würde mehr wertgeschätzt? (z. B. gesünderer Kontakt, umweltfreundlichere Entsorgung, Erdölschonung)
Var9	Angenommen, in Ihrem Unternehmen würden Produkte tatsächlich auf biobasierten Kunststoff-Verbundwerkstoff umgestellt. Es gäbe aber nur die Möglichkeit für eine einzelne, gezielte Umstellung. Welches konkrete Produkt, welche Produktgruppe würden Sie dann umstellen wollen und WARUM?
Var10	Wenn, gemäß vorheriger Frage, das Plastik-haltige Produkt nun auf biobasiert umgestellt würde, wie hoch [%] schätzen Sie dann die Biobasiertheit ein, die preislich von Kunden akzeptiert wäre? Begründen Sie, warum gering oder hoch?
Var11	Was müsste mit dem biobasierten Kunststoff-Produkt dann passieren, damit die maximale Biobasiertheit auch wahrgenommen wird? Kennzeichnung/Label „Bioplastik"? Produktbeschreibung? Andere Farbe, Form? …
Var12	Wenn Sie an Ihre Kernkompetenz im Unternehmen denken, und das umgestellte Produkt wäre nun maximal biobasiert. Welchen Effekt (positiv wie negativ) würden Sie aus der Biobasiertheit auf Ihre Kernkompetenz vermuten? (z. B. Kernkompetenz wird mehr wahrgenommen oder angezweifelt)

die eher intern arbeiten (Entwicklung/Forschung; Einkauf/Controlling/Finanzen/Personal; Produktion/Lager) und „1" für jene, die primär in den Markt hinein tätig sind (Marketing/Produktmanagement; Vertrieb/Kundenmanagement).

Zusätzlich wurden explorative Effektanalysen durchgeführt. Diese erfolgten mittels des Korrelationskoeffizienten r auf einem Signifikanzniveau von 5 %, um zum Beispiel herauszufinden, ob Unternehmen, die im Massenmarkt tätig sind, dann eher einen höheren oder niedrigeren Biobasiertheitsgrad in WPC bevorzugen. Tab. 7.1 fasst die Leitfragen zusammen.

7.3 Ergebnisse

7.3.1 Charakterisierung der Stichprobe

Im Rahmen der Studie wurden insgesamt 251 Interviews durchgeführt. Die Stichprobe lässt sich gemäß Abb. 7.2 wie folgt charakterisieren. Gemäß Var1 stammen etwa 22 % der Befragten aus dem Marketingbereich, während 23 % im Kundenmanagement und Vertrieb tätig sind. Nur 5 % der Interviewten arbeiten in der Logistik oder Spedition. Damit entfallen ca. 50 % der Meinungen auf Positionen mit direkter Marktperspektive.

Für die interviewten Unternehmen machen Produkte im Schnitt zu 39 % das Kerngeschäft aus (Var2; keine Abbildung) und der Anteil synthetischer Kunststoffe an den verwendeten Produkten wurde mit 45 % angegeben (Var6; keine Abbildung). Abb. 7.3 zeigt, dass die Unternehmen durchaus heterogen aufgestellt sind. Gemäß Var3 ist gut ein Drittel (38 %) im Dienstleistungssektor tätig, weil sie nicht selbst produzieren (Abb. 7.3a), während zwei Drittel als Produzenten agieren (62 %). Dabei spielt gemäß Abb. 7.3b für fast die Hälfte der Unternehmen (45 %) die Verpackung eine zentrale Rolle (Var4), und mehr

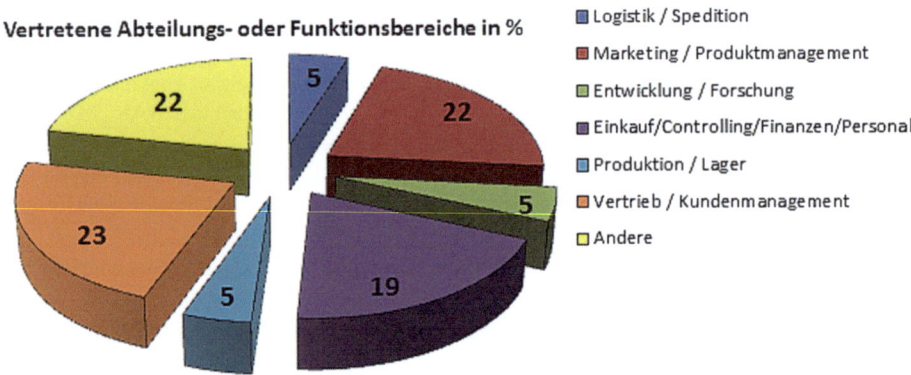

Abb. 7.2 Anteile der Funktionsbereiche in der Stichprobe

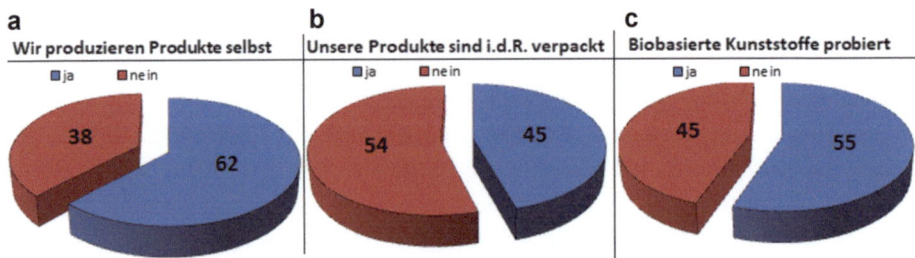

Abb. 7.3 Bedeutung von Produkten, Verpackungen und des Zielmaterials für die vertretenen Unternehmen

7.3 Ergebnisse

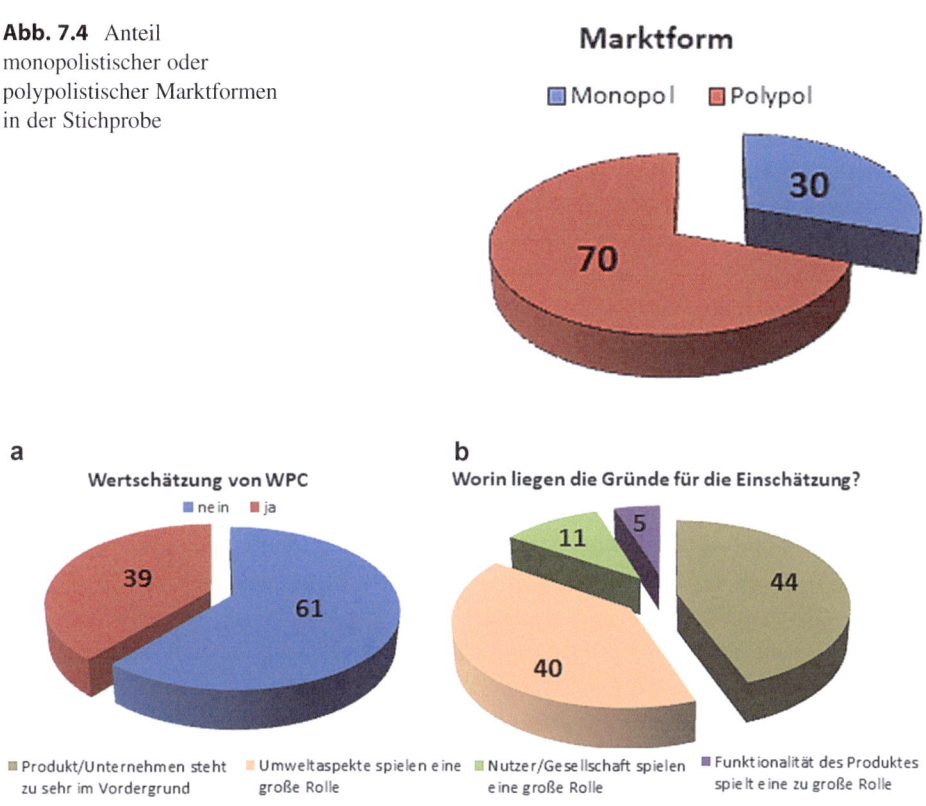

Abb. 7.4 Anteil monopolistischer oder polypolistischer Marktformen in der Stichprobe

Abb. 7.5 Wertschätzung von WPC als Substitutionstechnologie (a) und Gründe hierzu (b)

als die Hälfte (55 %) hat Erfahrung mit Plastiktransformation (Var5; Abb. 7.3c), was durchaus eine gewisse Sensibilisierung für die Plastikproblematik unterstellt. Var7 zeigt, dass zwei Drittel der befragten Unternehmen in einem Konkurrenzmarkt operieren (Abb. 7.4).

7.3.2 Einstellung gegenüber WPC als biobasierter Kunststoff

Die nächste Fragestellung befasste sich damit, ob Wood-Plastic Composite (WPC) überhaupt von Konsumenten als wertvoll angesehen wird (Var7). Abb. 7.5 zeigt, dass gut ein Drittel (39 %) der Experten eine mögliche Nutzensteigerung durch den Einsatz von Holz-Kunststoff sieht, was dann auch auf ein Preissteigerungspotenzial hindeutet. Allerdings sehen zwei Drittel der Befragten (61 %) kein solches Potenzial.

Die Gründe für die Einschätzung variieren. Zum einen hängt in 44 % der Fälle die empfundene Wertschätzung maßgebend vom Produkt selbst ab, und darunter gaben einige Meinungen zu bedenken, dass Konsumenten zu wenig physischen Kontakt zum WPC-

Produkt haben würden, um es überhaupt mehr wertzuschätzen. In 40 % der Meinungen wurde vertreten, dass eine Wertschätzung durchaus wegen des Umweltbewusstseins der Konsumenten erfolgen und WPC hier positiv in Erscheinung treten könnte. 11 % würden eine Wertschätzung auf gesellschaftliche Normen zurückführen, also wenn der Druck für nachhaltigeres Handeln zunimmt, dann würde WPC auch mehr wertgeschätzt sein. Nur 5 % vermuten, dass eine Wertschätzung unter dem Einfluss der Funktionalität des Produktes stünde, die dann auch in Konkurrenz zum Nachhaltigkeitsaspekt aus WPC stehen dürfte. Daraus leitet sich ab, dass in den meisten Fällen die Vorteilhaftigkeit von WPC im Produkt erkennbar sein muss, damit es im Markt mehr wertgeschätzt würde.

7.3.3 Prädestinierte Güter für eine WPC-Transformation

Die Befragten äußerten unterschiedliche Meinungen dazu, welche Produkte (Var9) und wie weit, also mit welchem maximalen Holzanteil (Var10), durch Wood-Plastic Composite (WPC) substituiert werden könnte. Gemäß Abb. 7.6a sehen die Experten das Transformationspotenzial von WPC vor allem in Bereichen wie Office-Equipment (z. B. Tastaturen und Mäuse), Verpackungen und Give-aways. Die Ergebnisse zeigen hier, dass der Fokus der vorgeschlagenen Substitutionsmöglichkeiten eher nach innen ins Unternehmen gerichtet ist. Dies spricht dafür, dass die WPC-Substitutionstechnologie und der damit verbundene Transformationsprozess vor allem dazu beitragen könnten, das Unternehmen nachhaltiger nach außen zu präsentieren. Besonders im Dienstleistungssektor könnte WPC als physischer Bestandteil einer verfolgten Marktdifferenzierungsstrategie dienen.

Die durchschnittliche Substitutionsmenge in Bezug auf den Grad der Biobasiertheit liegt laut den Befragten bei 29 % (Abb. 7.6b). Dabei tendieren viele Befragte eher zu einem geringeren Biobasiertheitsgrad als zu größeren Holzfasergehalten von über 50 %, was bis

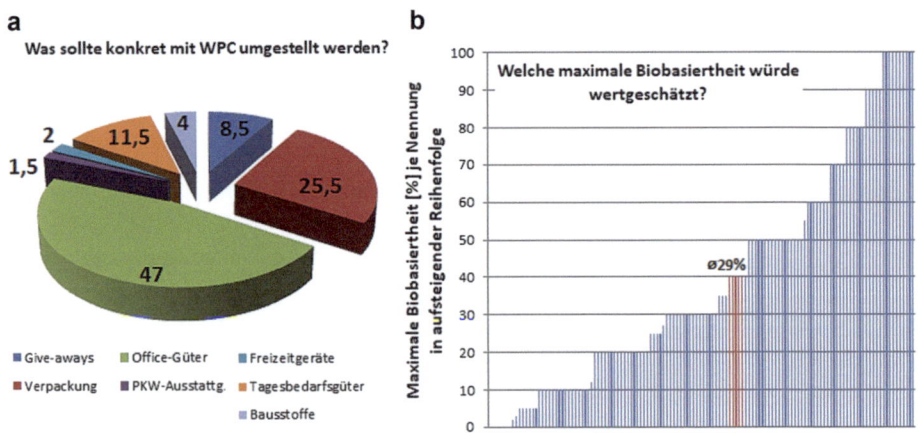

Abb. 7.6 Was konkret mit WPC zu welchem maximalen Biobasiertheitsgrad umgestellt werden sollte

7.3 Ergebnisse

100 % nur unter einer zusätzlich vorhandenen Biopolymer-Matrix in WPC erreichbar wäre. Die Gründe hierfür könnten in einem gewissen Misstrauen gegenüber der Leistungsfähigkeit von Produkten mit hohem Biogehalt liegen. Zudem bestehen möglicherweise Bedenken, dass eine vollständige Umstellung auf WPC vom Markt als Greenwashing kritisch wahrgenommen werden könnte.

7.3.4 Prädestinierte Güter für eine WPC-Transformation

Sollte, wie zuvor befürchtet, ein maximal angestrebtes Substitutionspotenzial am Markt sogar als Greenwashing gesehen werden, scheint den Experten offensichtlich die Außenwahrnehmung besonders wichtig zu sein. Um einer Fehlinterpretation der Konsumenten hinsichtlich der betrieblichen Bemühungen um mehr Nachhaltigkeit entgegenzuwirken, müssten die WPC-Produkte dann auch objektiv als nachhaltiger gekennzeichnet sein. Welche Möglichkeiten die Befragten hierzu sehen, schätzt Var11 ein. Um die Einführung von Wood-Plastic Composite (WPC) erfolgreich zu kommunizieren, sehen 48 % der Befragten eine Produktmarkierung als entscheidendes Differenzierungspotenzial (Abb. 7.7). Weitere 21 % setzen darauf, das umgestellte Produkt auch optisch von den konventionellen Varianten unterscheidbar zumachen. 27 % empfehlen eine verstärkte Kommunikation und Public Relations. Eine abgeleitete Strategie könnte demnach sein, WPC-Produkte durch eine Produktvariation mit Bio-Label zu kennzeichnen und diese mit einer begleitenden Werbekampagne oder Imagekampagne zu bewerben. Die letzte Prüfvariable Var12 zeigt schließlich, dass 44 % der Befragten eine Verbesserung des Unternehmensimages durch den Einsatz von WPC und die damit verbundenen Nachhaltigkeitsbemühungen erwarten würden (Abb. 7.8).

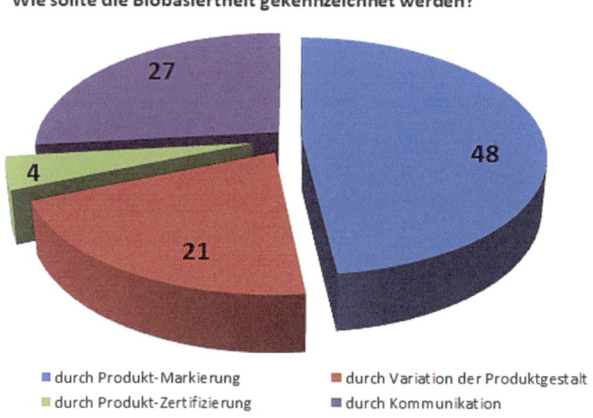

Abb. 7.7 Maßnahmen zur Steigerung der Außenwahrnehmung der betrieblichen Plastik-Transformation

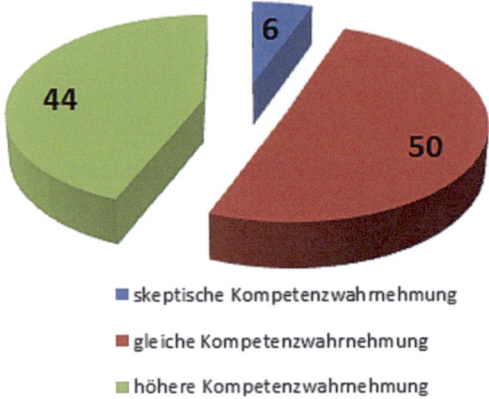

Abb. 7.8 Effekte auf die Kompetenzwahrnehmung aus der Plastik-Transformation im Unternehmen

7.3.5 Effektanalyse der Prüfvariablen

In der Effektanalyse zwischen neun codierten Variablen wurde eine bivariate Korrelationsanalyse auf 5 %-Signifikanzniveau durchgeführt, um zu untersuchen, ob das Zustandekommen einer bestimmten Merkmalsausprägung durch eine andere beeinflusst wird. Ziel war es, nomologische Aussagen zur Marktgestaltung mittels WPC-Substitution zu treffen.

Die Ergebnisse der Korrelationsmatrix in Tab. 7.2 zeigen eine geringe Korrelation zwischen Var2 und Var6, was bedeutet, dass je stärker Produkte zum Kerngeschäft eines Unternehmens gehören, desto dominanter sind synthetische Kunststoffe in der Wertschöpfung ($r = 0{,}15$). Weiterhin besteht eine mittlere Korrelation von $r = 0{,}20$ zwischen der Eigenfertigung von Produkten (Var3) und der Wahrscheinlichkeit, dass diese auch verpackt werden (Var4). Auch wird unter mittlerer Effektstärke deutlich, dass Konsumenten eine Bio-Umstellung von Produkten im Kerngeschäft tendenziell mehr wertschätzen, wenn diese die Hauptrolle im Unternehmen spielen (Var2:Var8; $r = 0{,}31$), und dann wird auch die Kernkompetenz des Unternehmens höher eingeschätzt (Var2:Var12; $r = 0{,}26$).

Besonders signifikant und mittelstark ausgeprägt ist, dass Unternehmen, die ihre Produkte selbst produzieren (Var3), bereits häufiger Biokunststoffe ausprobiert haben (Var5, $r = 0{,}44$). Unter einer solchen Eigenfertigung ist dann auch zumindest schwach ausgeprägt, dass sie zu einem höheren Biobasiertheitsgrad tendieren (Var10, $r = 0{,}19$). Zudem zeigt sich mittelstark, dass Unternehmen, die ihre Produkte verpacken (Var4), ebenfalls häufiger Biokunststoffe getestet haben (Var5, $r = 0{,}26$).

Unternehmen im Polypol scheinen unter sehr geringer Effektstärke der Ansicht zu sein, dass in ihrem Markt die Konsumenten ihre Bio-Umstellung als Kompetenzsteigerung wahrnehmen würden (Var12, $r = 0{,}14$). Demgegenüber ist folgende Tatsache mittelstark ausgeprägt, dass wenn Konsumenten bio-umgestellte Produkte mehr wertschätzen (Var8),

7.3 Ergebnisse

Tab. 7.2 Korrelationsmatrix mit Effektstärke, Signifikanzniveau und Anzahl der Items

r= sign.= N=	Var2 Produkte % Kerngeschäft [0%…100%]	Var3 selbst produzieren [n=0;j=1]	Var4 Produkte verpackt [n=0; j=1]	Var5 Erfahrung Biobas. Kunststoff [n=0;j=1]	Var6 Anteil synth. Kunststoffe [0%… 100%]	Var7 Marktform: Nische=0; Massenmarkt=1	Var8 Biobasiert wertgeschätzt [n=0;j=1]	Var10 Max. Biobasiertheit [0%…100%]	Var12 Kompetenzwahrnehmung [n=0;j=1]
Var2	–	0,01 0,858 219	0,01 0,842 217	– 0,13 0,068 213	**0,15** **0,021** **227**	0,03 0,696 217	**0,31** **0,000** **206**	– 0,02 0,812 125	**0,26** **0,000** **203**
Var3		–	**0,20** **0,003** **233**	**0,44** **0,000** **227**	0,06 0,366 232	0,02 0,807 232	– 0,06 0,359 220	**0,19** **0,030** **130**	0,01 0,874 213
Var4			–	**0,26** **0,001** **225**	0,04 0,566 230	– 0,09 0,195 230	0,03 0,693 218	– 0,14 0,122 128	0,07 0,309 211
Var5				–	0,09 0,167 223	– 0,10 0,127 225	– 0,03 0,589 214	– 0,01 0,910 124	– 0,01 0,928 206
Var6					–	– 0,04 0,593 230	– 0,01 0,832 218	– 0,11 0,221 129	– 0,09 0,200 212
Var7						–	0,02 0,738 219	0,11 0,196 130	**0,14** **0,048** **212**
Var8							–	0,00 0,973 127	**0,35** **0,000** **210**
Var10								–	0,10 0,260 127
Var12									–

sie dann auch dem Unternehmen eine höhere Kompetenz zuschreiben (Var12, r = 0,35). Tab. 7.2 verrät aber auch, dass die Marktform alleine kein effektiver Trigger ist für Erfolgsfaktoren der WPC-Substitutionstechnologie, denn Var7 ist nur mit Var12 signifikant korreliert und das nur sehr schwach. Demnach kann WPC sowohl im Nischenmarkt als auch im Massenmarkt bei Vorhandensein der anderen sich gegenseitig beeinflussenden Rahmenbedingungen effektiv seine Wirkung entfalten. Beispielsweise würden Monopolisten als auch Polypolisten unter Eigenfertigung einen höheren Biobasiertheitsgrad in WPC wählen, als wenn sie primär mit Zukaufprodukten operierten. Abschließend lassen sich folgende nomologische Aussagen treffen:

(1) Wenn produktintensive Unternehmen, die ihre Güter selbst produzieren und diese meist verpacken, auf biobasierte Kunststoffe, wie WPC, umstellen, haben sie bereits Erfahrungen mit Biokunststoffen gesammelt. Ihnen WPC als Substitutionstechnologie anzubieten, ist daher effektiv.
(2) Dann würden auch Ihre Kunden eine solche Umstellung wertschätzen, da sie das Unternehmen als kompetenter wahrnehmen.
(3) Im Markt würden solche Güter durchschnittlich nachhaltiger werden als Erzeugnisse, die von weniger Produkt-intensiven Herstellern ohne Verpackung angeboten werden.

WPC als Substitutions- bzw. Transformationstechnologie für eine Plastikwende in Unternehmen ist also aus Expertensicht eher eine Lösung für den Massenmarkt mit hohem Verpackungsmüllaufkommen, denn dann kann durch die Umstellung mit höherer Wertschätzung auf Konsumentenseite gerechnet werden, und die Unternehmen profitieren überdies auch von einer höheren Kompetenzwahrnehmung im Markt. Offensichtlich haben solche Unternehmen bereits die Plastikwende angedacht und Erfahrungen mit biobasierten Kunststoffen gesammelt. Für die Umwelt wäre das Ergebnis auch effektiver, denn es ergäbe sich offensichtlich ein höherer Biobasiertheitsgrad im Markt.

7.4 Empfehlungen für eine effektive Plastiktransformation mittels WPC-Substitutionstechnologie

Unter den befragten Experten dominierte die Marktperspektive, und es waren in der Strichprobe sowohl Dienstleister als auch Produzenten vertreten. Dies macht die Ergebnisse reliabel. In Bezug auf die Marketingstrategie für WPC als Substitutionstechnologie zeigt sich, dass eine Produktumstellung durchaus im Massenmarkt als Nutzen-steigernd wahrgenommen wird, jedoch eine gezielte Kommunikation und Markierungsstrategie erfordert. WPC bietet Differenzierungspotenzial und Spielraum für Preissteigerungen. Produkte, die umgestellt werden, sollten entsprechend gekennzeichnet und durch Werbemaßnahmen begleitet werden, um den Mehrwert zu kommunizieren.

Für reine Dienstleister kann Holz-Kunststoff dabei helfen, ein nachhaltiges Geschäftsmodell im Rahmen des Sustainable Business Management (SBM) zu unterstützen. Auch hier ist Kommunikation entscheidend, um die Außenwirkung der Kompetenzsteigerung zu verstärken, was wiederum Preissteigerungspotenzial bietet. Allerdings wird eine 100 %-ige Umstellung sogar kritisch betrachtet, da dies mit Greenwashing in Verbindung gebracht oder als wenig machbar und damit als unglaubwürdig eingeschätzt wird. Holz-Kunststoff sollte daher eher in Kombination mit anderen Nachhaltigkeitsmaßnahmen, wie z. B. eine Nachhaltigkeitszertifizierung des Unternehmens, eingesetzt werden, um das Vertrauen zu stärken.

Literatur

Statista (2024). Prognose zum Absatz von Holz-Polymer-Werkstoffen weltweit in den Jahren 2014 bis 2022. https://de.statista.com/statistik/daten/studie/668616/umfrage/prognose-zum-globalen-marktvolumen-fuer-wpc/ (abgerufen 29.08.2024).

van den Oever, M., Molenveld, K., van der Zee, M., Bos, H. (2017). Bio-based and biodegradable plastics – Facts and Figures Focus on food packaging in the Netherlands. Wageningen Food & Biobased Research, 9789463431217.

Sommerhuber, P.F., Welling, J., Krause, A. (2015). Substitution potentials of recycled HDPE and wood particles from post-consumer packaging waste in Wood – Plastic Composites. Waste Management 46, 76–85.

Keskisaari, A., Kärki, T. (2018). The use of waste materials in wood-plastic composites and their impact on the profitability of the product. Resources, Conservation & Recycling 134, 257–261.

Umweltbundesamt (2023). Aufkommen an Kunststoffabfällen. https://www.umweltbundesamt.de/daten/ressourcen-abfall/verwertung-entsorgung-ausgewaehlter-abfallarten/kunststoffabfaelle#aufkommen-an-kunststoffabfaellen (abgerufen 10.07.2023).

NABU (2023). Naturschutzbund Deutschland e.V. Kunststoffabfälle in Deutschland. https://www.nabu.de/umwelt-und-ressourcen/abfall-und-recycling/22033.html (abgerufen 10.07.2023).

Deutsches Institut für Wirtschaftsforschung e.V. (2023). Klimaneutralität braucht koordinierte Maßnahmen zur Stärkung von hochwertigem Recycling. https://www.diw.de/de/diw_01.c.820722.de/publikationen/wochenberichte/2021_26_1/klimaneutralitaet_braucht_koordinierte_massnahmen_zur_staerkung_von_hochwertigem_recycling.html (abgerufen 10.07.2023).

Lancaster (1966). A New Approach to Consumer Theory. Journal of Political Economy 74(2), 1966, 132–157.

Accorsi, R., Cascini, A., Cholette, S., Manzini, R., Mora, C. (2014). Economic and environmental assessment of reusable plastic containers: A food catering supply chain case study. International Journal of Production Economics 152, 88–101.

Brockhaus, S., Petersen, M., Kersten, W. (2016). A crossroads for bioplastics: exploring product developers' challenges to move beyond petroleum-based plastics. Journal of Cleaner Production, 127, 84–95.

Carus, M., Partanen, A. (2018). Natural fibre-reinforced plastics: establishment and growth in niche markets. nova-Institut, Germany.

Cohen, J. (1988). Statistical Power Analysis for the Behavioral Sciences (2nd ed.) Hilsdale, N.J.: L. Erlbaum Associates.

Destatis (2021). German Federal Statistical Office. https://www.destatis.de (abgerufen 12.03.2021).

Friedrich, D. (2021). Consumer and expert behaviour towards biobased wood-polymer building products: a comparative multi-factorial study according to theory of planned behaviour. Architectural Engineering and Design Management 18(1), 73–92.

Friedrich, D. (2020). Consumer behaviour towards Wood-Polymer packaging in convenience and shopping goods: a comparative analysis to conventional materials. Journal of Resources, Conservation & Recycling 163, 105097.

Hao, Y., Liu, H., Chen, H., Sha, Y., Ji, H., Fan, J. (2019). What affect consumers' willingness to pay for green packaging? Evidence from China. Resources, Conservation & Recycling 141, 21–29.

Heidbreder, M., Bablok, I., Drewsd, S., Menzel, C. (2019). Tackling the plastic problem: A review on perceptions, behaviors, and interventions. Science of the Total Environment 668, 1077–1093.

Herbes, C., Beuthner, C., Ramme, I. (2018). Consumer attitudes towards biobased packaging – A cross-cultural comparative study. Journal of Cleaner Production 194, 203–218.

Klaiman, K., Ortega, D.L., Garnache, C. (2016). Consumer preferences and demand for packaging material and recyclability. Resources, Conservation and Recycling 115, 1–8.

Klein, F., Emberger-Klein, A., Menrad, K., Möhring, W., Blesin, J.M. (2019). Influencing factors for the purchase intention of consumers choosing bioplastic products in Germany. Sustainable Production and Consumption 19, 33–43.

Koutsimanis, G., Getter, K., Behe, B., Harte, J., Almenar, E. (2012). Influences of packaging attributes on consumer purchase decisions for fresh produce. Appetite, 59(2), 270–280. https://doi.org/10.1016/j.appet.2012.05.012.

Kuzman, M.K., Klaric, S., Barcic, A.P., Vlosky, R.P., Janakieska, M.M., Grošelj, P. (2018). Architect perceptions of engineered wood products: An exploratory study of selected countries in Central and Southeast Europe. Construction and Building Materials 179, 360–370.

Lazzarini, G.A., Visschers, V., Siegrist, M. (2018). How to improve consumers' environmental sustainability judgements of foods. Journal of Cleaner Production 198, 564–574.

Magnier, L., Schoormans, J. (2015). Consumer reactions to sustainable packaging: The interplay of visual appearance, verbal claim and environmental concern. Journal of Environmental Psychology 44, 53–62.

Martinho, G., Pires, A., Portela, G., Fonseca, M. (2015). Factors affecting consumers' choices concerning sustainable packaging during product purchase and recycling. Resources, Conservation and Recycling 103, 58–68.

Onwezen, M.C., Machiel J. Reinders, Siet J. Sijtsema (2017). Understanding intentions to purchase bio-based products: The role of subjective ambivalence. Journal of Environmental Psychology 52, 26–36.

Osburg, V.S., Strack, M., Toporowski, W. (2016). Consumer acceptance of Wood-Polymer Composites: a conjoint analytical approach with a focus on innovative and environmentally concerned consumers. Journal of Cleaner Production 110, 180–190.

Peschel, A.O., Grebitus, C., Steiner, B., Veeman, M. (2016). How does consumer knowledge affect environmentally sustainable choices? Evidence from a cross-country latent class analysis of food labels. Appetite 106, 78–91.

Scherer, C., Emberger-Klein, A., Menrad, K. (2018). Consumer preferences for outdoor sporting equipment made of biobased plastics: Results of a choice-based-conjoint experiment in Germany. Journal of Cleaner Production 203, 1085–1094.

Sijtsema, S.J., Onwezen, M.C., Reinders, M.J., Dagevos, H., Partanen, A., Meeusen, M. (2016). Consumer perception of bio-based products – An exploratory study in 5 European countries. NJAS – Wageningen Journal of Life Sciences 77, 61–69.

Sommerhuber, P.F., Welling, J., Krause, A. (2015). Substitution potentials of recycled HDPE and wood particles from post-consumer packaging waste in Wood – Plastic Composites. Waste Management 46, 76–85.

Steenis, N.D., van Herpen, E., van der Lans, I.A., Ligthart, T.N., van Trijp, H. (2017). Consumer response to packaging design: The role of packaging materials and graphics in sustainability perceptions and product evaluations. Journal of Cleaner Production 162, 286–298.

Teuber, L., Osburg, V.S., Toporowski, W., Militz, H., Krause, A. (2016). Wood polymer composites and their contribution to cascading utilisation. Journal of Cleaner Production 110, 9–15.

Carus, C, Partanen, A. (2018). Natural fibre-reinforced plastics: establishment and growth in niche markets. nova-institute, Hürth, Germany.

Aeschelmann, F. et al. (2017). Bio-based Building Blocks and Polymers, Global Capacities and Trends 2016–2021. nova-Institut 2017.

Ajzen, I. (1991). The theory of planned behavior. Organizational Behavior and Human Decision Processes 50, 179–211.

Buschmann, R., Freund, J. (2019). Plastikatlas 2019: Daten und Fakten über eine Welt voller Kunststoff. Heinrich-Böll-Stiftung sowie Bund für Umwelt und Naturschutz Deutschland (BUND), 2019.

Carus, M., Partanen, A., Dammer, L. (2016). Are there GreenPremium prices for bio-based plastics?. Hürth 2016. http://bio-based.eu/downloads/are-there-greenpremium-prices-for-bio-based-plastics/.

Eder, A., Carus, M. (2013). Global trends in wood-plastic composites (WPC). BioplasticsMagazin. 8, 16–17.

Feucht, Y., Zander, K. (2018). Consumers' preferences for carbon labels and the underlying reasoning. A mixed methods approach in 6 European countries. Journal of Cleaner Production 178, 740–748.

Granarić, A.M., Jerković, I., Tarbuk, A. (2013). Bioplastics in Textiles. Polimeri 34, 9–14. https://www.researchgate.net/publication/260396838_Bioplastics_in_Textiles.

Khoshnava, S.M., Rostami, R., Valipour, A., Ismail, M., Rahmat, A.R. (2018). Rank of green building material criteria based on the three pillars of sustainability using the hybrid multi criteria decision making method. Journal of Cleaner Production 173, 82–99.

Lettner, M., Schöggl, J.P., Stern, T. (2017). Factors influencing the market diffusion of biobased plastics: Results of four comparative scenario analyses. Journal of Cleaner Production 157, 289–298.

Panichsombat, K., Panbangpong, W., Poompiew, N., Potiyaraj, P. (2019). Biodegradable fibers from poly (lactic acid)/poly (butylene succinate) blends. Materials Science and Engineering 600, https://doi.org/10.1088/1757-899X/600/1/012004.

PlasticsEurope (2024). Plastics – the Facts. An analysis of European plastics production, demand and waste data. PlasticsEurope – Association of Plastics Manufacturers, Brussels.

Reinders, M.J., Onwezen, M.C., Meeusen, M. (2017). Can bio-based attributes upgrade a brand? How partial and full use of bio-based materials affects the purchase intention of brands. Journal of Cleaner Production 162, 1169–1179.

Todeschini, B.V., Cortimiglia, M.N., Callegaro-de-Menezes, D., Ghezzi, A. (2017). Innovative and sustainable business models in the fashion industry: Entrepreneurial drivers, opportunities, and challenges. Business Horizons 60, 759–770.

Inhaltsverzeichnis

A
Abbauarbeit 8
Ablauforganisation 37
Ableitung 142
Ableitungsregeln 139
Abnehmer
   -gewinn 33
   Informationsstand 33
   -konzentration 33
   -stärke 33
   Umstellungskosten 33
   -volumen 33
Absatz
   horizontaler 100
   vertikaler 99
Absatzkanalbreite 100
Absatzkanalsystem 99
Absatzkanaltiefe 100
Absatzpotenzial 85
Aggregate 52
Aggregation 130
   horizontale 122
   vertikale 122
Aggregierter Kostenverlauf 125
Akquisitorische Distribution 99
Andienungsrecht 280
Angebotsüberhang 22
Anlagenplan 272
Annuität 269
   äquivalente 275
   negative 278
   positive 278
Anreiz der Kaufentscheidung 33
Äquivalente Annuität 275
Äquivalenzziffernkalkulation 56

Artenteilung 36
Asymptote
   horizontale 135
Aufbauorganisation 36
Aufzinsungsformel 270
Außenwahrnehmung 337
Austrittsbarriere 32

B
Barwert 270
Basisaxiom 15
Basisentscheidung
   produktpolitische 92
   sortimentspolitische 93
BCG-Analyse 85
Bedingung erster Ordnung 143
Bestimmtes Integral 161
Betriebswirtschaftslehre 13
Biobasierter Kunststoff 311
Bioplastik 2
Biopolymer 2
BioWPC 2
Bivariate Funktion 157
Bivariate Korrelation 313
Bivariate Korrelationsanalyse 338
Branche 30
Branchenwachstum 31
Break-Even-Punkt 121
Break-Even-Stückzahl 57

C
Cash Cow 47
Cobb-Douglas-Funktion 158

Compound 1
Consumer Benefit 98
Convenience-Gut 92
Cournot-Punkt 152
Cournot'sche Gewinnmaximierung 314, 325

D
Degressive Gewinnentwicklung 134
Degressiver Verlauf 27
Degressives Nutzenempfinden 132
Degressive Umsatzentwicklung 133
Differenzgewinn 275
Differenzial 138
　partielles 158
Dispositiver Faktor 25
Distribution 32
　akquisitorische 99
Distributionspolitik 83, 98
Diversifikation 47, 94
Divisionskalkulation 55
Durchschnittliche Fixkosten 136

E
Economies of Scale 32, 47, 96
Economies of Scope 96
Effektanalyse 322, 338
Effektivität 19
Effektivverzinsung 279
Effizienz 19
　monopolistische 152
　ökonomische 223
　polypolistische 148
Eigenfinanzierte Investition 269
Einfache Verzinsung 268
Einliniensystem 37
Eintrittsbarrieren 32
Elementarfaktor 25
End-of-Life-Option 326
Endvermögen 269, 270
Endwert 270
Erbauungsnutzen 91
Erlös 27
Ersatzprodukt 33
Erzeugnisstruktur 53
Europäische Zentralbank 279
Extremstelle 121
Extruderschnecke 3

F
Faktor
　dispositiver 25

Fertigungsstufe 53
Finanzierungsleasing 280
Finanzmanagement 267
Finanzplan
　vollständiger 272
Fixkosten 124
　durchschnittliche 136
Folge
　(mathematisch) 118
Führungskompetenz 35
Führungsstil 35
Fundamentalsatz der Algebra 121
Fünf-Kräfte-Modell 30
Funktion
　Ableitung 142
　bivariate 157
　Cobb-Douglas 158
　Differenzial einer 138
　ganzrationale 120
　gebrochenrationale 120, 135
　Integral einer 159
　irrationale 120
　mittelbare 139
　multivariante 158
　Polynom- 121
　rationale 120

G
Gegenstromverfahren 49
Geltungsnutzen 92
Gerade 122
Geradengleichung 122, 124
Gesamtkosten 130
Gesamtkostenfunktion 125
Gesamtmarktfunktion 127
Gesamtmarktmenge
　gesellschaftlich optimale 149
Gesamtnutzen 132
Gesellschaftlich optimale Gesamtmarktmenge 149
Gestaltungsaufgabe 26
Gesundheitsbewusstsein 10
Gewinn 27, 134
Gewinnentwicklung
　degressive 134
Gewinnmaximierung 13
　Cournot'sche 314, 325
　Differenzialanalyse 152
　Monopolist 283
　Polypolist 282
Gewinnpotenzial 7
Gossen'sches Gesetz 132, 314, 324
Grad der Funktion 121
Green-Composite 7

Greenwashing 337
Grenzkosten 60
Grenzkostenfunktion 146
Grenznutzen 143
Grenzwert 119
Gut
　gewinnmaximierendes 132

H
Holz-Kunststoff-Verbundwerkstoff 1
Homo Oeconomicus 16
Horizontale Asymptote 135

I
Idealtypischer Betrieb 25
Imitationsstrategie 89
Industrieökonomik 31
Informationslage 32
Informiertheitsgrad 314
Inkrementalismus 49
Inkrementelle Planung 48
Innovation 93
Innovationsmanagement 79
Innovationsprozess 81
Integral 159
　bestimmtes 161
　unbestimmtes 159
Integration
　Regeln 160
Integrationsstrategie
　vertikale 47
Interdependenzen 50
Internalisierung 326
Interner Zinsfuß 278
Investition
　eigenfinanzierte 269
　kreditfinanzierte 269
Investitionsanalyse
　quantitative 267
Investitionsmanagement 265, 267
Investitionstheorie 267
Involvement 83

K
Kannibalismus-Effekt 71, 93
Kapitalbedarf 32
Kapitalwert 270, 273
Kaufentscheidung
　extensiv 17
　habitualisiert 18
Käuferverhalten 16, 82
Kennzahl 270

Kettenregel 139
Knappheit 14
Kommunikationspolitik 83, 97
Kompetenzwahrnehmung 338
3-Komponenten-Theorie 10, 314, 325
Konsument 16
Konsumentensouveränität 16
Konsumententheorie 7
Konsumentenverhalten
　Prozesscharakter 17
Konvergenz 119
Korrelation
　bivariate 313
Korrelationsanalyse
　bivariate 338
Korrelationsmatrix 322
Kosten 26, 55
　-aggregation 131
　variable 124
　-verlauf (aggregierter) 125
Kostenentwicklung
　degressive 125
　progressive 125, 130
Kostenvergleich 8
Kostenverlauf 27, 124
Kreditfinanzierte Investition 269

L
Lancaster-Theorie 145, 219
Laufzeit 274
Leasing 280
　Finanzierungs- 280
　operate 280
Leasingrate 280
Lernrate 96
Lieferanten
　-konzentration 32
　Macht 32
　Umstellungskosten 32
Logischer Inkrementalismus 49

M
Management
　by Decision Rules 35
　by Delegation 36
　by Exception 35
　mittleres 41
　oberes 40
　by Results 36
　strategisches 43
　by Systems 36
　unteres 41
Managementebenen 40

Managementfunktion 40
Markenbindung 95
Markenidentität 31, 32, 33
Markenimage 326
Markenware 95
Marketing 79
    -Zyklus 80
Marketinginstrument 83
Marketingmanagement 84
Marketing-Mix 79, 83
    Distributionspolitik 98
    Instrumente für den 91
Markt
    Güteraustausch 18
    Polypolisierung 30
    -positionierung 87
    -segmentierung 86, 151
    -struktur 19
Marktallokation 19
Marktanalyse 5, 79
Marktanteil 86
Marktanteils-Portfolio 45
Marktdifferenzierungsstrategie 336
Marktdynamik 315
Markteintrittshürde 91
Marktform 19
Marktforschung 82
Marktführerschaft 283
Marktpotenzial 85
Marktpreis
    exogener 21
Marktsegment 86
Marktvolumen 85
Marktwachstum 86
Marktwachstums-Portfolio 45
Mass-Customizer 283
Massenmarkt 19
Matrixorganisation 39
Maximalprinzip 15, 266
Mediaselektion 98
Mehrliniensystem 37
Mengeneffekt 96
Mengenteilung 36
Minimalprinzip 15, 266
Mission 41
Monopol 20, 23
Monopolisierung des Polypols 151
Monopolistische Effizienz 152
Monopolistische Stück-Gewinnfläche 154

N
Nachfrageüberhang 22
Nachhaltigkeit 81, 321

Nachschüssige Verzinsung 268
Nettonutzen 166
Neudimensionierungsstrategie 89
Nutzenbegrenzung 324
Nutzenempfinden 132
Nutzenfunktion 143
Nutzenkomponente 91
Nutzenkurve 132
Nutzenmaximierung 16, 314, 324

O
Ökonomische Effizienz 223
Oligopol 20
Operate Leasing 280
Optimierungsproblem
    bivariantes 158
Organisation
    divisionale 39
    funktionale 38

P
Parabel 128
    Scheitelform 129
Pareto-optimal 19
Partielles Differenzial 158
Patent 23
Petroplastik 2
PetroWPC 2
Planung
    bottom-up 49
    inkrementelle 48
    Merkmale der 49
    synoptische 48
    top-down 49
Plastiktransformation
    Empfehlungen 340
Polynom 120
Polynom-Form 128
Polynom-Funktion
    ersten Grades 122
    zweiten Grades 128
Polypol 19, 20
    Monopolisierung des 151
Polypolisierung 30
Polypolistische Effizienz 148
Poor Dog 47
Positionierung 87
    Planungsstufen 88
    Strategien 89
Potenzen 117
Prägnanz 42

Preference-Gut 92
Preisbereitschaft 143
Preisbereitschaftsfunktion 145
Preiselastizität 127
Preisempfindlichkeit 33
Preisfunktion 127
Preis-Mengen-Funktion 127
Preispolitik 83
Preissetzung
   strategische 95
Produktausweitung 93
Produktdifferenzierung 93
Produkteindämmung 94
Produktionsfaktoren 52
Produkt-Kannibalismus 47
Produktklassifizierung 92
Produktlebenszyklus 89
Produktmarkierung 95
Produktpolitik 91
Produktpolitische Basisentscheidung 92
Produktunterschied 31, 33
Produktvariation 93
Profilierungsstrategie 89
Progressive Kostenentwicklungen 130
Progressiver Verlauf 27
Prohibitivpreis 127, 133
Projektlaufzeit 274
Proportionaler Verlauf 27
Pull-Ansatz 80
Push-Ansatz 80

Q
Quadratische Ergänzung 129
Querschnittsfunktionslehre 13

R
RBF(T;i) 275
Recycling 311
Reduktionstechnologie 157
Reihe
   (mathematisch) 118
Relaunch 94
Rendite 266
Rentenbarwertfaktor 275
Repositionierungsstrategie 89
Resource-Based-View 45, 49
Ressourcenabbau 322
Ressourcenallokation 19
Ressourcenverbleib 322
Revival 94
Rivalität 31
Rückwärtsintegration 33
Ruinöse Konkurrenz 224

S
Sank Costs 23
Scheitelform 129
SCP-Paradigma 49, 315, 326
Segmentierung 87
Segmentierungskriterien 87
Sekundäre y-Achse 124
Sensitivitätsanalyse 133
Shopping-Gut 92
Skalenertrag 28
Sortimentspolitische Basisentscheidung 93
Specialty-Gut 92
Spezialisierung 94
Spritzgusstechnik 3
Staatliche Politik 32
Stab-Linien-System 38
Stakeholder 29, 79
Stammfunktion 160
Standardisierung 94
Stärken/Schwächen-Analyse 84
Statisch optimaler Preis 96
Steigung 142
Strategie
   aufgegebene 44
   deliberate 44
Strategien
   emergente 44
Strategietypologie 44
Strategische Preissetzung 95
Structure-Conduct-Performance-Paradigma 49, 326
Stück-Gewinnfläche 154
Stückkosten-Minimum 137
Substitutionstechnologie 311
Sustainable Business Management 17
SWOT-Analyse 81, 84
Synergie 47
Synoptische Planung 48

T
Teilamortisationsvertrag 280
Tilgungsplan 272
Transformationskostenkurve 157
Transformationspotenzial 336
Transformationstechnologie 7

U
Übergewinn 266
Überkapazität 31
Umsatz 133
Umsatzentwicklung
   degressive 133

Umsatzpotenzial 85
Umstellungskosten 31, 32, 157
Umweltschadensvermeidung 156
Unbestimmtes Integral 159
Unique Selling Position 98
Unterlassungsalternative 271
Unternehmen
   ideales 24
   Organisation in 35
   Umfeld 29
Unternehmensanalyse 45
Unternehmensführung 40
Unternehmenskultur 35, 42

V
Variable Kosten 124
Verankerungstiefe 42
Verbreitungsgrad 42
Verbundeffekt 96
Verbund-Werkstoff 1
Vergeltungsmaßnahmen 32
Verlauf
   degressiver 27
   progressiver 27
   proportionaler 27
Vermeidungskosten 157
Verzinsung
   einfache 268
   nachschüssige 268
Vision 41
VOFI 272

Vollamortisationsvertrag 280
Vollständiger Finanzplan 272

W
Wertkette 51
Wertschöpfung 51
Wertschöpfungspotenzial 37
Wettbewerbskräfte 30
Willingness-to-Pay 143
Wirtschaftsanalyse 168
Wohlbefinden 10
Wood-Plastic Composite 1, 311
WPC 1
WPC-Verpackung 10
Wurzelrechnen 117

Z
Zahlungsbereitschaft 6
Zahlungsreihe 267
Zielantinomie 43
Zielformulierung 42
Zielidentität 43
Zielkomplementarität 43
Zielkonkurrenz 43
Zielneutralität 43
Zielsystem 43
Zinsfuß
   interner 278
Zusatzkosten 125
Zuschlagskalkulation 56

Daniel Friedrich

Angewandte Bauphysik und Werkstoffkunde naturfaserverstärkter Kunststoffe

Eine Anleitung für Studium und Praxis

Jetzt bestellen:
link.springer.com/978-3-658-30937-4

MIX
Papier aus verantwortungsvollen Quellen
Paper from responsible sources
FSC® C105338

If you have any concerns about our products,
you can contact us on
ProductSafety@springernature.com

In case Publisher is established outside the EU,
the EU authorized representative is:
**Springer Nature Customer Service Center GmbH
Europaplatz 3, 69115 Heidelberg, Germany**

Printed by Libri Plureos GmbH
in Hamburg, Germany